U0265280

国家自然科学基金项目研究成果

科学的数学本质

The Mathematical Nature of Science

张国涵　张宝贵／著

西南财经大学出版社
中国·成都

图书在版编目(CIP)数据

科学的数学本质/张国涵,张宝贵著.--成都:
西南财经大学出版社,2025.2.--ISBN 978-7-5504-6486-5

Ⅰ.O1-49

中国国家版本馆 CIP 数据核字第 20245U72W0 号

科学的数学本质

KEXUE DE SHUXUE BENZHI

张国涵　张宝贵　著

责任编辑:石晓东
责任校对:张　博
封面设计:墨创文化
责任印制:朱曼丽

出版发行	西南财经大学出版社(四川省成都市光华村街 55 号)
网　　址	http://cbs.swufe.edu.cn
电子邮件	bookcj@swufe.edu.cn
邮政编码	610074
电　　话	028-87353785
照　　排	四川胜翔数码印务设计有限公司
印　　刷	成都金龙印务有限责任公司
成品尺寸	170 mm×240 mm
印　　张	26
字　　数	409 千字
版　　次	2025 年 2 月第 1 版
印　　次	2025 年 2 月第 1 次印刷
书　　号	ISBN 978-7-5504-6486-5
定　　价	98.00 元

1. 版权所有,翻印必究。
2. 如有印刷、装订等差错,可向本社营销部调换。

前 言

当今世界，科学技术迅猛发展，人们在享受现代科学技术带来的各种便利时，很少会意识到：很多的科学发现和技术发明，都得益于数学的发展。如何运用数学的思维智慧和理论工具，发现各种现象的本质和事物发展规律，以促进科学技术的进步，无疑是人们在实现让世界变得更加美好的目标时所要面对的重要课题。《科学的数学本质》一书正是在这样的背景下应运而生的，旨在为高等学校本科生和研究生提供一条全面理解和掌握科学研究方法的路径。

本书内容源于作者对科研探索和教学实践的经验的反思。2021 年 10 月，笔者参与了袁健华教授主持的国家自然科学基金面上项目“微纳光学结构设计中若干偏微分方程约束优化问题的数学和算法研究”（项目批准号：12171052）；2023 年，笔者承担国家自然科学基金青年项目“单调拓展二阶锥优化及相关问题研究”（项目批准号：12201064）的研究工作。同时，笔者在最优化算法、数学建模与模拟、数学试验等教学中，也融入自己对科学研究获取知识过程的思考。本书另一作者研究了数学在教育、经济等学科的应用，积累了一定的实践经验，也取得了一些科研成果。这些科研成果不仅推动了相关领域的发展，也为本书的编写奠定了坚实的基础。

我们在从事教学与研究工作的过程中，在面对“科学研究方法论”这门课程时有很多困惑。例如，为什么人工智能时代的科学研究更需要数学？在科学研究中，怎样才能发现数学的魅力？为什么从事数学研究才算是挑战“最伟大的人类心灵”？为了深入理解和把握科学研究的实质和精髓，笔者对科学发展史中经典的研究方法进行梳理和反思，力求为读者揭示数学科学研究价值的有关理论和观点，同时阐释数学在科学研究和实际运用中的操作规范和目标方向。

本书首先从科学的产生与发展过程出发，运用历史和逻辑的方法揭示数学是科学研究的先导。本书除了对数学基础理论，如数论、代数、几何学、微积分、拓扑学、概率论和统计学等发展情况进行概括说明外，还通过揭示科学知识发展的内在逻辑，阐释数学在科学理论中的哲学问题。在科学研究的地位方面，数学究竟是科学的工具还是科学的基础？在自然科学中，数学被广泛应用于建模和预测，但数学本身究竟是一种工具，还是科学研究的核心？柏拉图主义的数学实在论、符号体系的形式主义和直觉构造主义的数学哲学流派，各自的特点是什么？为什么数学可以如此有效地描述物理世界？数学解释的成功性是否意味着自然界本质上是数学的？数学是被发现的还是被发明的？解答这些问题有助于更深入地理解科学与数学在描述物理世界时的深层次联系，以及数学在科学哲学中的重要地位。

柏拉图主义的数学实在论的数学哲学观认为，数学是被发现的，因为数学对象和真理被视为客观存在，独立于人类的思想和文化。数学通过研究和探索来揭示早已存在的数学真理。形式主义的数学哲学观认为，数学是被发明的，因为数学对象、符号和规则都是人类创造的。数学知识是通过设计和操作这些符号系统创造的，而不是发现预先存在于某个独立世界中的数学真理。直觉构造主义的数学哲学观认为，只有那些可以在思想上构造出来的数学对象才是有效的，数学对象和命题的存在性必须通过明确的构造方法来证明。这三种哲学观在数学发展中是互补并相辅相成的，其中的相互联系和作用丰富了数学的理论基础和实践应用，推动了科学的进步和创新。通过理解这些哲学观，我们可以更深入地认识数学的本质及其在科学中的核心地位。

虽然哲学在科学的产生与发展过程中具有重要的推动作用，但是这种作用具有一定的局限性。而数学具有特殊的抽象性与普适性，可以通过抽象化将物理现象简化为基本的模式和关系。同时，数学通过一种精确和严格的语言，无歧义地定义物理世界的概念和关系，即通过数学推理从已知的定律和条件出发，推导出新的结果并进行预测。这样，自然界中的规律本身具有内在的数学结构，可以通过实验进行验证。用实验数据来检验模型的准确性，就使得数学在描述和理解物理世界方面极为有效。所以，我们认为：相对于哲学思考，科学通过数学可以实现更大的价值。科学研究不仅需要哲学化，而且必须数学化。科学研究只有通过数学化，才能达到哲学化的最高境界。数学不仅是一种工具，而且是科学理论的基础。通过数学，人们才能在更高层次上理解自然界、人的思维和社会发展的运动规律，实现科学与哲学的统一。

现代科学的发展，将数学和编程技术结合起来，实现科学研究技术的数学化编程，从而提升科学研究技术的准确性和创新性，用以解决复杂的科学问题。为什么实现人工智能机械化的梦想离不开数学研究？科学研究技术如何进行数学化编程？本书将回答这些问题，以期说明：科学研究技术通过数学化编程，将科学问题转化为数学模型，并通过编程实现模型的计算和仿真，提高研究的准确性和创新性。因为数学提供了科学研究所需的基本工具和方法，能够实现科学研究的系统化、精确化和自动化。可以说，科学研究技术的本质是数学。

数学是科学的本质规定。科学理论的构建依赖于数学的表达和推导。数学模型可以描述现有现象，并预测未观察到的现象，然后通过实验或观察来验证，从而推动科学理论的发展。数学可以揭示自然界中隐藏的关系和规律，数学的发展会促进新理论的产生和发展。因此，数学更是科学理论发展的核心和关键因素。科学不仅是人们认识客观世界的思考方式，更是人们理解、掌握、发现、发明数学本质或规律的内在范式。甚至可以说，一项科学研究成果的价值，只须看其在应用数学方面的创新便一目了然。

本书按照科学研究方法与技术发展的基本规律，通过数学在自然科学、工程技术以及其他学科研究方面的实例，回答数学在科学研究中的以下应用问题：

（1）数学工具应用。哪些数学工具和方法在科学研究中得到应用？这些数学工具如何在不同学科领域应用？如何选择适当的数学方法来解决具体的科研问题？

（2）数据分析与建模。如何利用数学方法进行有效的数据分析？如何建立科学的数学模型来描述和解释实验现象？如何通过数学模型进行预测？

（3）实验设计与优化。如何应用数学理论进行实验设计？如何优化实验方案以提高研究效率和结果的可靠性？如何通过统计分析评估实验结果的有效性？

（4）理论推导与证明。如何运用数学理论进行科学理论推导和证明？如何通过数学方法验证科学假说的合理性？如何构建数学模型来支持科学研究结论？

(5) 科学计算与数值模拟。如何利用数学进行科学计算和数值模拟？如何选择和应用数值方法解决复杂科学计算问题？如何分析和解释数值模拟的结果？

(6) 跨学科研究的数学应用。如何应用数学解决综合性问题？如何通过数学促进不同学科间研究的合作与创新？如何在跨学科研究中构建统一的数学框架？

解答这些问题，有助于人们理解和掌握科学的数学本质，提升人们的科研创新实践能力。

本书分析了数学之美与科学研究艺术之间的关系，两者相互依存、相互促进，共同推动了科学的进步和创新。数学是科学研究创新之美的发展方向，通过提供精确的工具和方法，揭示了自然界的深层次规律。而数学之美通过简洁、对称和逻辑的形式，展现对自然界的深刻理解和优雅解释。这种辩证关系使得科学研究不仅具有理性的精确性，而且充满了创造性的艺术美感。所以，数学之美是科学研究艺术的本质。

想要理解本书的基本内容，需要掌握数学、物理学、化学、生物学、经济学等学科的基础知识。

数学知识包括：基本微积分，变量微积分（特别是偏导数和多重积分）；线性代数中的向量和矩阵运算，特别是矩阵的对角化、特征值和特征向量，线性变换和线性方程组；微分方程（如常微分方程，尤其是简单一阶和二阶微分方程、线性微分方程和简单的偏微分方程）；复分析（如复数及其基本操作、复变函数）的基础知识。

物理学知识包括：经典力学方面，牛顿力学中的运动定律、万有引力定律、动量守恒和能量守恒等概念；分析力学中的拉格朗日力学和哈密顿力学的基础，特别是它们与数学中的变分法的联系。电磁学方面，麦克斯韦方程组中，电场、磁场、电磁波的基本性质；电磁理论中的矢量场、标量场的概念。相对论方面，狭义相对论中，时空的四维结构、质能方程等。广义相对论基础方面，爱因斯坦场方程的基本思想。量子力学方面，波粒二象性中，电子和光子的波动与粒子特性、薛定谔方程及其在微观物理系统中的应用，量子力学中的概率解释、波函数的概念。热力学与统计力学方面，热力学三大定律及其数学表述，微观统计力学与宏观热力学量之间的关系，特别是熵的概念。群论和对称性方面，对称性在物理学中的应用，特别是在粒子物理中的群论应用。规范场论方面，规范不变性和规范场的基本概念，杨-米尔斯场论的基本思想及其数学结构。

除此之外，想要掌握本书的理论观点，还要理解其他学科，如化学、生物学、经济学等基本科学的概念和原理，注意通过科学研究的现象和实验结果深化对知识的直观性理解。掌握以上各学科的基础知识，将有助于理解书中涉及的各个定律的数学描述、自然现象的数学建模，以及科学与数学之间的深层次联系。这些基础知识有助于更深入地理解数学在科学中的应用，以及如何通过数学工具探索和描述客观世界。在学习有关科学概念和原理时，读者可以使用开放课程和在线资源。掌握一定的数学、物理学、生物学、经济学等方面的基础知识，能够为读者掌握数学在现代科学研究中的应用方法打下坚实基础，使读者能够从不同学科的科学研究中进行交叉借鉴和融合参照，进而找到应用点和创新点。

希望本书能够为高等学校师生、科研人员，以及对科学研究方法感兴趣的广大读者，在理解和掌握科学研究方法的基础理论上提供帮助，为培养更多具有创新能力的科技人才贡献力量。

著者

2024 年 9 月

目　录

第 1 章　科学发展中的数学

数学是科学的女王，而算术是数学的女王。

——卡尔·弗里德里希·高斯（Carl Friedrich Gauss）《数学大全》（1801）

科学的未来将更多地依赖于数学方法。

——约翰·冯·诺依曼（John von Neumann）《计算机与人脑》（1958）

1.1　科学的含义与特征

1.1.1　含义

1.1.1.1　知识体系

“科学”一词源于国外“science”的概念。“science”源于拉丁文“scientia”。在拉丁语中，“scientia”是指知识、技能或专业知识，源于动词“scire”，意思是“知道”或“了解”。事实上，以欧几里得几何学形式逻辑推理为重要标志的科学，最早源于古希腊。因此，可以推断，术语“科学”最早出现在古希腊，拉丁文“scientia”来自希腊文“episteme”。所以，科学最广泛的含义，是学问或知识。但英语词语“science”却是“natural science”，是自然科学的简称，最接近的德语对应词“wissenschaft”，是包括一切有系统的学问，不仅包括“science”（科学），也包括历史、语言学及哲学①。这是对科学含义最早的解释，即把科学视为一种理论知识。因此，排除那些只反映事物表面经验知识后，我们仅把

① 丹皮尔. 科学史及其与哲学和宗教的关系［M］. 李珩，译. 张今，校. 桂林：广西师范大学出版社，2009：8.

反映对象本质的、经过理性思维加工过的知识视为科学。

《现代汉语词典》（第7版）中，将科学解释为："反映自然、社会、思维等的客观规律的分科的知识体系。"科学在《现代汉语词典》中被视为一种知识体系。这种观点认为，一般知识不能被视为科学，即使单个的理论知识也不能算科学，只有系统化的知识和理论按照事物的本来面貌联系起来并形成一个完整的知识体系时才可称为科学，就像物理学、心理学、经济学等学科一样，具有完整的知识体系。

从一般分类来看，科学大致分为自然科学和社会科学两大类。自然科学研究自然现象，包括物理学、生物学、地质学等。社会科学研究社会和人类行为，包括心理学、经济学、社会学等。这样，科学就成为关于自然、人的思维和社会各个学科的知识体系。

1.1.1.2　物格致知

在中国传统文化中，原本没有与西方概念中的"science"完全对等的词汇。但在我国，与科学的含义相同的词语很早就有。例如，在我国古代《礼记·大学》中就有与科学研究相近的论述，"……欲诚其意者，先致其知，致知在格物。物格而后知至……"。这句话的含义是：要想使意念真诚，先要获取知识，获取知识的途径在于分析和研究万事万物。只有对万事万物进行分析和研究后，才能获取知识。"格物"的含义是分析和研究事物，"致知"的含义是获得、掌握科学知识。

中国从19世纪末、20世纪初才开始使用科学一词。在甲午战争失败后，"科学"一词通过日本的翻译引入中国。1898年4月，康有为在《日本书目志》《戊戌奏稿》中使用"科学"一词。在日本，"science"被翻译为"科学"（かがく，kagaku），这个词由两个汉字组成："科"指的是系统的分类，"学"指的是学问或学术。1896年8月，梁启超在《变法通议》中，也使用"科学"一词。科学翻译家严复在翻译《天演论》等著作时，正式将"science"翻译成科学。康有为、梁启超、严复等人使用的"科学"的含义明显与西方的"science"的概念相对应①。这个组合词汇被引入中国后，逐渐成为对西方科学概念的标准翻译和表述，具有"研究"和"知识"的意思。

随着科学的发展，人们对科学的理解和认识更加深入，也提出了一些

① 周程，纪秀芳. 究竟谁在中国最先使用了"科学"一词？［J］. 自然辩证法通讯，2009(31)：93-98.

新的观点。例如，1965 年诺贝尔物理学奖得主理查德·费曼（Richard Feynman）提出："'科学'一词通常是指以下三个方面的含义之一或是三者的混合。有时研究人员谈起科学，是指揭示科学规律的具体方法；在另一些情况下，研究人员所说的科学是指源于科学发现的知识；同时，科学也可以是指，当你有了某些科学发现后所能做的新事情或实际上正在做的新事情，这通常被称为技术。"[①] 显然，费曼强调，科学不仅包括知识和发现知识的具体方法，而且包括发现过程中的思维、技术手段和应用技术步骤。

科学不仅是一种系统和有组织的知识体系，而且是一个研究过程，即通过实验、观察和逻辑推理等方法，运用技术探索自然现象和事物的本质、规律和关系，并提供准确、可靠的方法来获取和验证知识。

事实上，17 世纪初，特别是 1609—1610 年，"现代实验科学之父"伽利略·伽利雷（Galileo Galilei）通过改进望远镜进行系统的天文观测，并发表《星际信使》一文，记录其观察到的现象。这些发现，不仅挑战了地心说，而且展示出实验观察在科学研究领域的重要性，标志着现代科学方法的形成。探究自然界秘密的主要步骤如下：

（1）观察。研究人员强调观察自然现象的重要性，科学研究应该基于对自然界的直接观察和记录，通过观察和实验来收集数据，用来验证或者反驳科学假说。

（2）假说。研究人员在观察的基础上，通过归纳和演绎来推导假说，以解释观察到的现象。假说是对现象背后可能的解释。利用技术性实验来证明或者反驳假说的正确性，是科学研究的目的之一。

（3）实验。伽利略特别重视通过实验来验证假说的正确性，设计和执行实验来观察在特定条件下自然现象的表现，从而收集数据来支持或反驳假说。

（4）数学化。将数学视为科学研究语言，通过数学方式来描述自然现象，可以更准确地理解和预测自然界行为。数学化强调将观察和实验结果用数学公式来表达。

（5）重复和验证。研究人员认识到重复实验的重要性，以确保结果的可靠性。进行重复实验，有助于验证现象的普遍性和准确性。

---

① 刘兵. 认识科学［M］. 北京：中国人民大学出版社，2006：5.

这样的方法论通过观察、假说、实验和数学化过程，逐步揭示自然界的规律，至今仍是科学研究的模板。这一创新的研究方法还提出科学研究的基本原则：遵循方法、应用技术、探寻规律、创新知识，解释和预测自然现象，探寻事物的本质、规律和关系。

1.1.2 特征与价值

1.1.2.1 理论特征

科学在生产知识、优化知识体系结构方面的基本特征主要包括以下四个：

（1）客观性

科学的客观性是指科学研究必须关注事实，不能受主观情感或者偏见的影响。例如，研究人员通过使用望远镜和数学模型来观测并描述太阳系中行星的轨道运动，就是强调科学研究的客观性。这一过程包括：可观测性，即多地多次独立验证观测数据；可验证性，即通过数据建模和调整数学模型来验证结论；结论一致性，即不同研究者得出相似结果；预测确切性，即准确模型预测行星位置。具备这些特征，才能使整个研究过程不受主观因素的影响，确保研究结果的客观性。

只有科学研究方法，才能保证科学研究的客观性。例如，双盲随机对照试验是医学研究中用于评估药物或疗效的关键，其保证科学客观性的方式如下：

①随机分配。参与者被随机分为实验组和对照组，以排除选择偏见。

②双盲设计。实验的参与者和评估者均不知道谁接受实验药物或安慰剂，防止主观偏见。

③对照组比较。研究人员通过比较实验组与接受安慰剂或标准治疗的对照组效果，确定治疗的客观效果。

④双盲数据分析。在数据分析时，参与者不知道数据结果，以确保分析的客观性。

这种设计确可以保证试验结果的科学性和可信度。

（2）可重复性

科学的可重复性是指科学结论必须能被重复验证。换句话说，研究人员在同样的条件下在不同的时间和地点进行实验，可以得出相同的结果。这一特性能够确保科学结论的有效性和一致性。科学历史上的所有发现都可以说明科学实验结论在不同地点的可重复性。科学发现都具有在不同地点进行的独立复制和验证的特征，以确保其可重复性。

例如，1929 年，爱德文·鲍威尔·哈勃（Edwin Powell Hubble）在威尔逊山天文台观测到不同星系红移现象并提出以下观点：

①宇宙膨胀。远处星系以与距离成比例的速度远离地球。

②红移现象。远处星系的光谱向红色端移动，显示它们正在远离。

③速度与距离的关系。星系退行速度与其距离呈线性关系。

④哈勃常数。哈勃常数是描述速度与距离关系的比例常数，是宇宙学研究的关键参数。

哈勃定律发现后，全球天文学家通过独立观测验证这些理论，证实科学发现的全球性、客观性和可重复性。这些独立验证是科学进步的关键。

（3）批判性

科学的批判性是指科学的方法包括质疑和怀疑的元素等，所有的观点和理论都需要通过实证的检验。例如，伽利略通过望远镜进行观察和实验，挑战当时普遍接受的地心说，即地球是宇宙中心的观念。伽利略的关键观察对象包括月球表面、木星的卫星及金星的光学现象，特别是木星卫星的发现，表明不是所有天体都围绕地球旋转，直接质疑地心说。这些批判性理论促进了科学革命，改变了人们对宇宙结构的理解。

20 世纪著名的哲学家卡尔·波普尔（Karl Popper）曾经提出，科学理论的标准应为能用实验证伪。这个标准的关键观点包括：一是可验证性，就是说，科学理论必须具备可验证的特征，且能够通过实验或观察来进行测试。这意味着科学理论必须提供一种方式来验证或反驳其主张，以便进一步发展和完善科学知识。二是可证伪性，就是说，科学理论应该是可被证伪的，存在通过实验或观察来证明它是错误的可能性。如果一个理论不能被测试或验证，或者不可能被证明是错误的，那么这个理论就不是科学理论。

这个标准的实质是不断质疑和测试科学理论的有效性。这样就可以排除虚假科学，确保科学理论建立在客观的、可验证的基础上，而不是基于信仰、主观观点或无法验证的主张。

（4）创新性

科学的创新性是指体现在科学劳动成果——知识的新颖性。这意味着科学研究能够产生新的知识、概念、理论或技术。知识的新颖性不仅是指全新的发现，而且包括对现有知识的新的理解或应用。

科学创新必须具备的特征是可验证性。科学知识不是静态的，而是可以通过不断的实验和观察来验证、修正或推翻的。新的科学发现或理论，都可以通过实验、观察或其他科学方法进行检验。

例如，20 世纪前，艾萨克·牛顿（Isaac Newton）的经典力学是物理学的基础。但在 20 世纪初，阿尔伯特·爱因斯坦（Albert Einstein）创立相对论，对物理学界产生重大影响。相对论引入了关于时间、空间和引力的新观念。其中，狭义相对论提出光速不变性、时间膨胀和长度收缩等概念，改变了人们对电磁学和相对运动的理解。广义相对论则认为，引力是物质和能量弯曲时空所产生的，提出等效原理，预测光线的引力弯曲和黑洞的存在。1919 年，爱因斯坦的理论通过观测日食时太阳附近恒星光线的弯曲得到验证，这一实验结果与预测一致，就证实了相对论的正确性。

1.1.2.2　实践价值

科学研究是生产知识的劳动。科学研究生产的知识，不断优化着人类的知识体系结构，指导人类认识和改造自然。

（1）认识自然

通过科学研究，人们可以更全面、深入地认识、理解自然界的运作原理。例如，牛顿通过观察苹果落地提出万有引力定律，阐述地球物体运动及行星间引力关系，为宇宙学研究奠定基础。查尔斯·达尔文（Charles Darwin）《进化论》中的自然选择理论，改变了人们对生物多样性和物种起源的看法。门捷列夫（Dmitri Mendeleev）创造的元素周期表不仅揭示了元素间的关系，还预测了未知元素的存在。这些科学发现深化了人们对自然界原理的理解，并推动了技术与社会的发展。

（2）改造自然

科学研究使人们开发新技术和方法来有效地利用和保护自然资源，也在解决环境问题方面发挥着重要作用。例如，科学研究通过开发太阳能板促进可再生能源技术的应用，将太阳光转换为电能，减少对化石燃料的依赖和温室气体排放。同时，卫星遥感和地理信息系统（GIS）的使用能有效监测环境变化，如森林砍伐和海平面上升，这对制定环境保护策略至关重要。此外，电动汽车和氢燃料汽车的开发能够减少交通运输的温室气体排放，显示出科学研究引导技术创新的价值，并促进自然资源的高效利用与环境保护，能够有效解决各种环境问题。

（3）塑造科学思维方式

科学不仅是一系列的事实和理论，还包括一种特殊的思考方式——科学思维。科学思维方式是一种以批判性思考、逻辑推理、实证主义和系统性分析为基础的思考模式。科学的思维方式，可以指导人们在日常生活中使用逻辑和批判性思维来分析问题。例如，面对大肆宣传的新健康食品或治疗方法时，具备科学思维的人会提出以下关键问题：

①证据来源。信息是否来自同行评审的科学研究？

②研究方法。结论是如何通过实验设计和数据分析得出的？

③样本代表性。研究涉及的样本大小及其代表性如何？

④偏见和阈限。研究是否存在潜在偏见？结果的解释是否全面？

⑤共识与争议。科学界对此问题是否有共识或存在争议？

这种批判性思维可以让人科学地处理信息，避免采纳无科学依据的建议。此外，这种思维方式也适用于评估新闻报道、金融投资、环境问题等，有助于提升理性思考能力，构建一个更明智和健康的社会。

科学研究强调实证方法，强调通过观察、实验和数据分析来获取知识。这种对证据的重视在社会决策过程中越来越受到重视。科学发展通过这些方式在全社会促进科学思维方式的形成，这不仅对科学领域产生了深远影响，也在文化、经济、政治等方面具有积极作用。

（4）科学社会实践

科学研究在医学、工程、经济等众多领域起着关键作用。在医学领域，科研人员利用病毒学、免疫学和分子生物学的相关知识，迅速开发有效的疫苗应对传染病暴发。在工程领域，科学研究推动太阳能、风能等可再生能源技术的发展，这些技术有助于缓解能源危机并减少环境污染。此外，科学还提供解决污水处理、废物管理和空气污染等环境问题的方法。在经济领域，经济学研究为制定宏观经济政策提供理论基础，通过大数据和统计模型预测市场趋势，辅助政府和企业做出明智的经济决策。

科学研究提供解决社会问题的科学方法和有效策略的领域还有很多，不仅能丰富和优化人类的知识体系，还能促进社会的发展和进步。

综上所述，科学研究是通过观察、实验和逻辑推理等方法，探索自然现象和事物的本质、规律和相互关系，优化人类知识体系结构以指导认识和改造自然的实践活动。

1.2　数学：科学发展的根基

1.2.1　发展基础

1.2.1.1　基石作用

数学是科学发展的基石。人类最为基础的科学研究，就是数学应用，最早的科学活动就是计数，这对于交易、建筑、天文观察等活动至关重要。从天文学的发展来看，古巴比伦人和玛雅人使用数学来记录时间和制定历法，观察天体运动、发展天文学等都依赖于数学工具，如角度测量和周期计算。例如，在古埃及，人们凭借对星星的观察建立 365 天的日历；在古希腊，希波达摩斯和阿利斯塔克斯等天文学家对天体的运动进行精确的计算和描述，等等。

在中国古代、古埃及、古巴比伦和古希腊，人们就开始使用算术和几何来解决诸如贸易、土地测量和天文导航等实际问题。尼罗河的季节性泛滥与天文事件相关，人们通过观察天狼星的位置变化以预测尼罗河的涨水。古埃及人为了解决尼罗河泛滥后的土地测量问题，发现几何学的基础知识，涉及单位分数、线性方程等问题。其中，埃及人在建造金字塔时就运用了复杂的几何知识。

这些事实说明：数学是最早的科学探索，是人类文明发展的重要标志和推动力量。从普遍意义上讲，解决任何科学问题，首先需要从数学抽象的高度进行分析和研究，体现数学的抽象性。例如，经济问题中生产和商品的交换问题首先是事物之间数量的关系。马克思曾指出，“有用物……都可以从质和量两个角度考察”“为有用物的量找到社会尺度也是这样”。“在考察使用价值时，总是以它的量的规定性为前提”。“商品尺度之所以不同，部分是由于被计量的物的性质不同，部分是由于约定俗成[①]”。其中的“约定俗成”就是数学中的公理。两种商品“1 夸特小麦 = a 英担铁”。“有一种等量的共同东西”“二者中的每一个只要交换价值，就必定能化为这第三种东西”。“一种使用价值就是和其他任何一使用价值安全相等”就

① 马克思．资本论（第一卷）[M]．中共中央马克思恩格斯列宁斯大林著作编译局，编译．北京：人民出版社，2009：48.

如同“确定和比较各种直线型的面积”“分成三角形”“转化为底乘高的一半”进行计算一样[①]。这说明：数学抽象，既是人类科学创立与发展的模板和标准，也是经济社会发展所依赖的方法和结构。

在早期科学探索中，数学的抽象性就使得数学作为一种语言和工具，为科学研究提供精确和系统的表达方式。在抽象符号发展方面，数学的符号体系的发展，为更复杂的抽象思考提供工具。例如，阿拉伯数字的引入确实极大简化了计算方法，并对数学和科学的发展产生了深远的影响。其中，阿拉伯数字使用的是十进制位置记数制，如数字“123”中，“3”表示三个单位，“2”表示二十，“1”表示一百。与罗马数字等其他古老数字系统相比，这种方法简化了数的书写和运算，有力推动了商业交易、科学计算和工程设计等领域的发展。

数学是自古希腊开始，从早期需要观测、测量的学科（如天文学、地理学、物理学等）分离出来，成为建立在其他所有学科基础之上具有方法论意义的学科。毕达哥拉斯（Pythagoras）将数学从经验上升到系统性的学科，确定数学必须是严格遵循逻辑证明得出结论的研究方法，确定数学的本质是遵循严格的逻辑证明。公元前300年左右，古希腊数学家欧几里得（Euclid）在著作《几何原本》中，阐释几何学是基于公理和推导证明定理的知识系统。这种严格的逻辑推理方式不仅被应用于数学，也影响着人们对自然现象的理解方式，使得人们认为宇宙中的一切都可以通过数学证明和推理来解释。这说明，数学逻辑证明是科学认识世界的基础工具。

因此，数学的抽象性和逻辑性，是认识和研究一切宇宙规律的基础。毕达哥拉斯学派名言“数统治着宇宙”（number rules the universe），即一切自然现象和事物都可以通过数学来描述和解释。只有数学才能解释宇宙最基本和最普遍的规律。公元前347年，柏拉图（Plato）强调数学和几何的重要性，以致许多人认为“上帝乃几何学家”是柏拉图说的。数学作为一种哲学和美学形式，在几何学和数论等领域的应用尤为突出，如黄金分割比例等。英语中数学“math”一词，源于古希腊语“máthêma”，是学习的意思。这表明，任何科学知识的学习，首先都需要理解和掌握数学。换句话说，只有理解和掌握数学的抽象性和逻辑性，才能进行科学的学习和研究。数学是学习和研究科学的基本要求和本质规定。

---

① 马克思. 资本论（第一卷）[M]. 中共中央马克思恩格斯列宁斯大林著作编译局，编译. 北京：人民出版社，2009：50.

1.2.1.2 根基扩展

19 世纪，随着人类认识客观世界范围的扩大，数学研究领域不断拓展和深化。数学发展呈现出现代数学的重要特点。

（1）研究领域广泛拓展

①非欧几何诞生。尼古拉·罗巴切夫斯基（Nikolai Lobachevsky）和鲍耶·亚诺什（Bolyai János）独立发现非欧几何，直接挑战欧几里得几何唯一性，为黎曼几何发展铺平道路，而黎曼几何是广义相对论的数学基础。

②复分析和解析函数论发展。奥古斯丁·路易斯·柯西（Augustin Louis Cauchy）对复数函数的严密研究奠定了复分析的基础。波恩哈德·黎曼（Bernhard Riemann）进一步深化这一领域，提出黎曼面和黎曼映射定理。复分析在数学物理、量子力学等领域具有广泛应用。

③代数结构化发展。埃瓦里斯特·伽罗瓦（Évariste Galois）的群论研究、阿贝尔（Niels Henrik Abel）的方程解理论等为抽象代数奠定了基础。代数结构理论在 20 世纪得到极大发展，成为现代数学的重要分支。

（2）数学基础严密化

①分析基础严密化。魏尔斯特拉斯（Weierstrass）、柯西和黎曼等对微积分进行了严密化研究，定义了极限、导数、积分的严格概念。这一过程奠定了实分析的基础，并推动了 20 世纪数学分析的进一步发展。

②数理逻辑与集合论兴起。19 世纪晚期，康托尔（Cantor）创立集合论，突破传统数学数值观念，提供了处理无穷集合的工具。弗雷格（Frege）和皮亚诺（Peano）的数理逻辑和集合论为 20 世纪的形式主义数学、数学基础研究如公理化集合论和模型论等提供了核心内容。

（3）数学与自然科学交融

①微分方程广泛应用。数学家如拉普拉斯（Laplace）等在微分方程的研究中取得显著进展。微分方程在 20 世纪成为物理学、工程学的基本工具，特别是在描述物理现象（如热力学、流体力学、电磁学）等方面得到广泛应用。

②统计学与概率论发展。拉普拉斯和高斯对概率论的研究为现代统计学的形成打下了基础。20 世纪，统计学成为各个科学领域的关键工具，概率论的发展也催生出如随机过程等重要理论。

总之，19 世纪的数学研究不断拓展和深化了现代数学的根基。

1.2.2 理论深化与数学定义

1.2.2.1 理论与应用特征

（1）理论深化

20 世纪以来，纯数学理论逐渐深化，其特征如下：

①抽象化。数学研究从具体实体和计算方法转向更为抽象的概念和结构，如抽象代数和拓扑学的发展。

②公理化方法。数学分支通过定义基本公理系统来发展理论，强调从一组基本假说出发逻辑推导出整个理论体系。最为典型的是，20 世纪初大卫·希尔伯特（David Hilbert）对数学的公理化研究。

③跨学科融合。数学与物理学、计算机科学等其他科学领域的交叉融合，形成如量子计算、密码学等新的研究方向。

④数学逻辑与基础研究。数学本身的逻辑结构和基础的研究，可以提升数学的应用层次并拓宽研究领域。例如，1931 年，奥地利数学家和逻辑学家库尔特·哥德尔（Kurt Gödel）提出的不完全性定理（Gödel's incompleteness theorems），深刻影响着数学基础的理解和数学哲学的发展。

（2）广泛应用

20 世纪以来，数学应用更加广泛。其中，在计算技术进步方面，随着计算机和算法的发展，应用数学在计算能力方面获得了巨大的提升，使得复杂的数学模型和大规模数值计算成为可能。

在模型与仿真使用方面，应用数学在物理科学、工程学以及生物学等领域中，通过建立和优化数学模型，进行精确仿真和预测，极大推动了科技和工业的发展。

在优化理论应用方面，线性和非线性优化理论的发展及其在经济学、管理科学、交通运输等领域的广泛应用，有效提升了决策质量和效率。

在数据科学方面，应用数学与统计学的结合，尤其是在大数据时代背景下，推动了数据科学的快速发展，成为解决复杂数据分析问题的关键工具。

随着人工智能时代的到来，科学研究对数学的需求显著增加，具体体现在以下六个方面：

①算法开发和优化。在机器学习算法方面，大多数机器学习和深度学习算法都基于数学模型。例如，线性回归、支持向量机、神经网络等都需

要深厚的数学基础，特别是线性代数、微积分和概率论。在优化问题方面，很多机器学习问题可以归结为优化问题，需要数学优化方法来找到最佳解。

②数据分析和统计。在数据处理方面，在数据驱动的研究中，大量的数据需要通过统计学方法进行分析和解释。理解和应用统计学是确保数据分析结果有效性和可靠性的基础。在模型评估方面，机器学习模型的性能评估通常要使用各种统计指标，如准确率、召回率等，这些都是基于统计学原理的。

③数值计算和模拟。在高效计算方面，人工智能和大数据分析需要数值计算方法，这涉及数值线性代数、数值微分方程等数学领域的内容。在模拟和仿真方面，在科学研究中，复杂系统的模拟和仿真需要精确的数学模型来描述物理现象。

④理解和改进模型。在理论理解方面，数学提供了理解算法行为和性能的理论基础。例如，学习理论就有助于理解模型的泛化能力和过拟合问题。人们通过数学分析，改进现有算法，提出更高效、更准确的模型。

⑤跨学科应用。跨学科研究是现代科学研究的重要内容。在多学科结合方面，数学作为一种通用语言，可以在物理、化学、生物、经济等各个领域与人工智能结合，推动科学研究的进步。在模型转换方面，许多领域的科学问题都要转换为数学模型，通过解决数学问题来解决实际科学问题。

⑥新领域的发展。随着人工智能的广泛应用，理解和解释模型决策过程变得越来越重要，这需要强大的数学工具来解析复杂的模型结构。在量子计算与量子机器学习方面，这些新兴领域结合了量子力学与计算机科学，涉及大量高深的数学理论。

1.2.2.2 数学的定义及其扩展

(1) 概念逻辑关系

人们都是从已有的研究经验来定义数学。所以，随着数学的发展，数学的定义也要进一步完善。阿弗烈·诺夫·怀海德（Alfred North Whitehead）指出："纯数学这门科学在其现代发展阶段，可以称作是人类精神之最具独创性的创造。"同时，他将数学定义为："一门专门探索数、量、几何的科学。在现代社会，这门科学还包括了更为抽象的次数概念和纯逻辑关系的类似形式[①]。”由此可以看出，数学不仅仅是“量的科学”，而且是“一门从一组给定的公理或前提所隐含的东西中按逻辑抽取出结论的最完善的学科”。大卫·希尔伯特指出，最基本的数学任务，“是揭示出命题之间纯粹的相关逻辑关系”[②]。虽然这些定义与其他观点很难进行统一的表述，但表达出的基本含义是：数学是一种利用严谨推理去研究数量、结构、空间及变化等概念之间的逻辑关系的基础科学。

此定义突出逻辑推理在数学研究中的核心地位和方法论特点，具体体现在以下四个方面：

①数量。数量（number）是基础，涉及数字、运算、数论等领域。

②结构。结构（structure）是实体的构建与运算，如代数、群论、环论等。

③空间。空间（space）研究形状、大小、相对位置等，如几何学、拓扑学。

④变化。变化（change）研究对象之间变化关系，如微积分、动力系统等。

数学是一门研究数量、结构、变化及空间等概念的抽象学科，通过使用符号语言进行推理和计算。应用数学解决现实世界问题也成为现代数学的研究内容，涵盖从基础数学理论到复杂的数学理论和方法的广泛领域。

20世纪至今，数学分支学科组成越来越多，各个分支越来越细。同时，一些全新的学科不断涌现，如复杂性理论与动态系统理论等。

（2）研究模式的科学

罗素提出：“纯数学是一门我们不知道正在谈论的是什么，或者不知所谈的是否为真的一门学科。”[③] 但从数学应用方面来看，基思·德夫林（Keith Devlin）认为，数学是研究模式的科学。这些模式可以存在于自然界中，如对称性、周期性等，存在于数据中，如趋势、分布等，甚至存在于数学自身的结构中，如数列、函数、方程等。因此，数学是研究“规

---

① 阿弗烈·诺夫·怀海德. 科学与近代世界［M］. 黄振威，译. 北京：北京师范大学出版社，2017：25-26.

② 欧内斯特·内格尔，詹姆士·纽曼. 哥德尔证明［M］. 陈东威，译. 北京：中国人民大学出版社，2008：9-10.

③ 欧内斯特·内格尔，詹姆士·纽曼. 哥德尔证明［M］. 陈东威，译. 北京：中国人民大学出版社，2008：10.

律、模式、结构与逻辑关系的科学”①，其基本含义具体体现在以下四个方面：

①规律。规律（laws）是指数学研究事物之间的重复和相似性。这些规律可以出现在自然界、数据集中，或者抽象的数学对象中。通过识别和分析这些规律，数学家可以预测行为、简化复杂问题。

②模式。模式（patterns）是指在一组数据或现象中可辨认的形式和结构。数学通过识别和理解这些模式，有助于揭示隐藏在现象背后的本质，如数列中的递增模式、几何图形中的对称性等。

③结构。数学中的结构（structures）涉及对象之间的关系和安排。代数结构如群、环、域，几何结构如点、线、面，拓扑结构等，都是数学研究的重要内容。理解这些结构有助于解决具体问题和构建理论框架。

④逻辑关系。逻辑关系（logical relationships）是指数学依赖严格的逻辑推理和证明，所有数学陈述都必须通过逻辑推导得到验证，确保其正确性。逻辑关系帮助人们构建可靠的理论体系，并在此基础上进行进一步的探索和应用。

数学的核心在于发现和理解世界中的规律、模式、结构和逻辑关系，使数学成为解决问题和解释现象的有力工具。

在模式应用方面，斐波那契数列（Fibonacci sequence）是一组按特定规律排列的数字序列，其中每个数字都是前两个数字之和。这种模式在自然界中广泛存在，如向日葵的种子排列、松果的鳞片排列、贝壳的螺旋结构等。人们通过理解数列规律，可以解释植物生长模式及种子分布规律。

在结构应用方面，牛顿的运动定律为描述物体运动提供了数学结构。这些定律基于逻辑关系，通过数学精确描述力和运动之间的关系。利用牛顿运动定律，人们可以设计桥梁、建筑物、车辆等，确保它们在各种力作用下能够安全运行。

正态分布是一种统计模式，能够描述大量独立随机变量的分布情况，呈现出钟形曲线。这种分布广泛应用于各种数据分析中。通过正态分布，统计学家可以分析数据集的中心趋势和变异性，预测事件发生的概率，应用于质量控制、金融风险管理等领域。

---

① 基思·德夫林. 数学犹如聊天：人人都有的数学基因［M］. 谭祥柏，等译. 上海：上海科技教育出版社，2022：72.

算法是一系列解决问题的步骤，具有明确的逻辑关系和结构。设计高效的算法是计算机科学的重要任务。算法应用于各种计算问题，如搜索、排序、路径规划等，极大提高了计算机的处理能力和效率。

这些事实表明，数学通过发现和理解规律、模式、结构和逻辑关系，提供了强大的工具来解决问题和解释现象。在各个学科和实际应用中，数学的这种核心作用都得到了充分体现。

（3）研究领域扩展

由于“数学是不可预测的”且“充满着对持续创造力的永恒需求”①，因此数学不断扩大研究领域并涌现新的研究分支，但基本分为纯数学和应用数学两大类。纯数学，顾名思义，关注数学本身的理论和结构，专注于抽象概念和理论的发展和探索。纯数学包括诸如集合论、拓扑学、实数理论、复数理论、线性代数、抽象代数、数论、微积分、实分析、复分析、微分几何、代数几何等领域。应用数学将数学原理和方法应用于其他学科，以解决理论和实践问题。数学研究不仅能够产生一套严谨的定理和公理体系，还为许多其他学科，包括物理学、化学、生物学、计算机科学、经济学和社会科学等，在解决科学问题中提供理论支撑和分析工具。这些学科的发展也对纯数学研究提出新的问题和研究方向。

纯数学的研究结果经常在一段时间后会在科学研究中找到应用，而应用数学问题也反过来推动纯数学的发展。例如，在 20 世纪几何学的发展过程中，“就因为物理学上重要的突破而屡次改变其航道”②。其中，保罗·狄拉克（Paul Dirac）在将狭义相对论应用于电子的量子运动理论时，发现著名的狄拉克方程，成功结合量子力学与狭义相对论。该方程是描述自旋 -1/2 粒子（如电子）行为的基础方程，不仅预言了电子的反粒子——正电子的存在，而且在现代几何物理学发展中起到关键作用，特别是在规范场论和量子场论等领域，为理论物理学发展奠定了坚实的基础。

在应用数学解决科学研究问题中遇到的理论问题，也会成为纯数学研究的问题。例如，普林斯顿四色猜想——四色定理（four-color theorem），即任何平面地图都可以用四种颜色来着色，使得任何相邻区域都不同色。这一问题最初是解决地图制图时的实际问题，最终在 1976 年由肯尼思·阿

---

① 欧内斯特·内格尔，詹姆士·纽曼. 哥德尔证明［M］. 陈东威，译. 北京：中国人民大学出版社，2008：8.

② 丘成桐. 真与美：丘成桐的数学观［M］. 南京：江苏凤凰文艺出版社，2023：7.

佩尔（Kenneth Appel）和沃尔夫冈·哈肯（Wolfgang Haken）使用计算机辅助证明解决。四色定理证明过程促进了图论和计算机科学方法在纯数学研究中的应用，这说明：应用数学与纯数学之间存在着紧密联系和互相促进的关系。

如果说应用数学理论阐释学科问题的本质和规律，是一门学科是否科学的基本要求，那么就可以说，在应用数学中提出新的问题和方法使得纯数学进一步发展，这是一门科学成为现代科学的重要标志。

1.2.3 数学：科学革命的先导

1.2.3.1 数学与科学发展

（1）基础和工具

数学，不仅是人类在生产劳动和社会生活中最早创立的先导性科学，而且是其他学科发展的基础性学科。各门科学只有借助数学才能更好地发展。对于早期天文学和物理学的发展，恩格斯指出："自然科学各个部门的循序发展……天文学只有借助数学才能发展。因此，数学也开始发展……力学也需要数学的帮助，因而它又推动了数学的发展。"[①] 虽然科学理论的创新也依赖于其他因素，但数学发现一定是科学理论创新的基础。

数学成为科学研究中不可或缺的基础理论部分，说到底是因为，数学研究的根本目的是揭示自然规律。只有通过构建和分析数学模型，我们才能理解和描述自然界中的各种现象。数学不仅可以解释已知的自然现象，还能预测未知的现象。

例如，古希腊阿基米德（Archimedes）通过数学方法深入研究了许多自然现象。阿基米德发现浮力定律，提出著名的"阿基米德原理"，即浸在液体中的物体所受浮力等于它排开液体的重量。这个定律通过数学计算揭示液体对物体浮力的本质。还有，阿基米德研究了杠杆的平衡条件，得出了杠杆原理的数学公式，使得理解和应用机械平衡变得更加系统和精确。

事实上，"数学家以其对大自然的感受的深刻程度来决定研究方向"[②]。这种感受源于对自然现象的观察和对其背后数学结构的领悟。牛顿通过数

---

① 恩格斯. 自然辩证法［M］. 中共中央马克思恩格斯列宁斯大林著作编译局，编译. 北京：人民出版社，2015：28.

② 丘成桐. 真与美：丘成桐的数学观［M］. 南京：江苏凤凰文艺出版社，2023：6.

学理论揭示自然规律。其中，牛顿提出三大运动定律，通过数学公式描述了物体的运动规律，解释力和运动的关系。这些定律成为经典力学的基础，揭示了物体运动的本质。牛顿通过对行星运动的观察和数学计算，提出了万有引力定律，解释了天体运动的规律。为了处理运动和变化问题，牛顿发明了微积分。这一数学工具使得描述和分析连续变化的现象成为可能，对整个科学界产生了深远影响。这说明，通过数学，人类才可以找到自然界中隐藏的模式和规律，揭示宇宙运行的基本法则。

科学认识自然现象的第一步是对数学的认识和理解，数学的发现和应用是科学产生的基础。例如，1855 年，英国数学家凯莱（Arthur Cayley）创立的矩阵理论在量子力学中应用，包括：建立矩阵理论，用于描述线性变换和多维数据集；在量子力学中的应用，用以描述微观粒子行为；形成描述量子系统的数学框架，推动量子力学发展；矩阵理论对量子力学发展具有关键作用，能精确揭示原子和分子物理性质。

自然现象的研究也会催生数学的开创性发明。例如，在对变分法的研究中，费马提出光沿着传播时间最短的路径行进的原理。这一原理通过最小化光在介质中传播的时间，解释光的折射和反射现象。费马原理实际上是一个变分问题，因为它涉及寻找使某个函数如光的传播时间达到最小值的路径。费马原理为变分法奠定了基础。变分法研究如何找到某些函数的极值如最短路径、最小能量等，在物理学中有广泛应用。

数学理论方法，在科学研究中为理解自然现象和其他复杂现象提供了理论方法，在创立科学理论中具有先导和基础作用。

（2）关键和源泉

数学思想方法和研究结论是科学技术发展的基础和前提。恩格斯曾经指出："在自然科学的这一刚刚开始的最初时期，主要工作是掌握现有的材料。在大多数领域中必须完全从头做起。古代留传下欧几里得几何学和托勒密太阳系，阿拉伯人留传下十进位制、代数学、现代的数字和炼金术；基督教的中世纪什么也没有留下。在这种情况下，占首要地位的必然是最基本的自然科学，即关于地球的物体和天体的力学，和它靠近并且为它服务的，是一些数学方法的发现和完善化。"① 古代科学研究中，数学方法的发现和完善是推动科学进步的关键。

---

① 恩格斯. 自然辩证法［M］. 中共中央马克思恩格斯列宁斯大林著作编译局，编译. 北京：人民出版社，2015：11.

其中，欧几里得通过总结和系统化几何学知识，编写了《几何原本》。这一数学体系通过提出严格的公理化方法，使几何学成为一种逻辑严谨、可证明的科学。欧几里得几何的理论框架，使得后来的数学家能够在此基础上进一步扩展和探索几何学。《几何原本》中的几何原理被广泛应用于天体运动的研究、星图的绘制，以及物体运动和力学问题的分析。如天文学家利用几何方法来计算天体轨道，物理学家则用几何原理来描述力和运动的关系。欧几里得的体系不仅奠定了几何学的基础，还为这些科学领域提供了分析工具，推动了古代科学的发展。

阿基米德通过创新的数学方法，如几何和早期的积分法，研究了物体的重心和浮力等问题。阿基米德利用几何原理，推导出物体重心的位置，通过分割物体并计算各部分的平衡，找出整体的重心。同时，他使用类似积分的方法，将复杂的形状分割成简单的部分，求和得到总量，从而精确计算出浮力，通过几何分析，提出著名的“阿基米德原理”，即浸入流体中的物体所受浮力等于其排开流体的重量。这些数学方法为他在力学和流体力学上的突破性发现奠定了基础。

在现代科学的发展中，数学方法的发现和完善已经成为科学创新必不可少的工具和前提，推动着科学的不断发展。

1902—1917 年，爱因斯坦为提高科学研究创造力而学习数学，特别是各种形式的微分几何，随之改变对物理学的伟大创意。他认为：“……理论物理的公理基础不可能从经验中提取，而必须自由地创造出来……经验可能提示适当的数学观念，可是它们绝对不能从经验中演绎而出……但是创造源泉属于数学。”

例如，爱因斯坦的广义相对论采用了 19 世纪的德国数学家伯恩哈德·黎曼所发展的黎曼几何来描述时空的弯曲由。根据相对论，物体如地球并非被神秘力量吸引，而是在弯曲的时空中沿测地线自由移动。时空的这种弯曲由物质与能量的分布决定。黎曼几何提供了描述和计算时空弯曲的数学框架，使得广义相对论的方程能够被构建。

爱因斯坦在书中写道：“我作为一个学生并不懂得获取物理学基本原理的深奥知识的方法是与最复杂的数学方法紧密相连的。在许多年独立的科学工作以后，我才渐渐明白了这一点。[①]”这句话表明爱因斯坦对数学在

---

① 阿尔伯特·爱因斯坦. 爱因斯坦自述［M］. 王强，译. 西安：陕西师范大学出版社，2010.

物理研究中重要地位的认识，表达了他对于物理学基本原理与复杂数学方法之间具有紧密联系的看法，以及数学工具在理解和推动物理学发展中核心作用的独到见解。杨振宁认为，这是爱因斯坦的远见卓识，因为“他的追求已经渗透理论物理基础研究的灵魂，这是他的勇敢、独立、倔强和深邃眼光的永久证明①”。这种研究理念，已经成为现代科学研究的普遍共识。深入理解和应用数学，是物理学研究以及其他科学研究的关键和源泉。

1.2.3.2 数学与科学革命

（1）数学革命

在数学发展的历史中，著名纯数学问题的解决常常会引发数学革命，而数学革命则通过提供新的方法和视角，进一步揭示出更多的数学问题，从而推动数学的不断发展。创新地解答纯数学问题是数学创新的根本标志，也是数学研究中面临的一个核心挑战。从数学发展历史来看，创新地解答纯数学问题的途径包括：

①重新定义问题或引入新的视角。例如，“只用直尺和圆规三等分一个角”是古希腊三大作图难题之一。虽然有许多方法，但仅对特定角有效，如 30 度角可三等分，而任意角的三等分未能成功。18—19 世纪，人们认识到仅靠几何工具无法解决这一问题，使将其转化为代数问题。19 世纪，法国数学家伽罗瓦的研究表明，直尺和圆规只能解决与二次方程相关的问题，而角的三等分涉及三次方程，其根无法通过有限次平方根运算表示，因此任意角的三等分不可解。通过将几何问题转化为代数问题，数学家不仅解决了角三等分的问题，还揭示了古希腊作图问题的本质，为群论和场论的发展提供了新视角。

②借助新的数学工具和方法。19 世纪末，数学家们对无穷集的性质感到困惑，尤其是是否存在比自然数集更大的无穷集。德国数学家康托尔引入集合论，开发了基数和序数，利用对角线法证明了实数集，即区间［0，1］上的点集是不可数的，其基数大于自然数集的基数。这证明了比可数集更大的无穷集的存在，改变了人们对无穷的理解。集合论及基数和序数的引入，为无穷集的精确分类和比较奠定了基础，开辟了现代数学的新领域。新方法的启示是，新的工具如计算机和符号计算可以提供解决复

---

① 阿尔伯特·爱因斯坦. 我的世界观［M］. 方在庆，编译. 北京：中信出社，2018（11）：64-68.

杂问题的新途径。

③抽象和推广问题。经典问题之一是寻找五次及以上代数方程的解析解。数学家们长期未能找到一般五次方程的解法。伽罗瓦将这一问题推广到多项式方程的可解性，创立了伽罗瓦理论。他通过研究方程根的对称性和伽罗瓦群，证明只有当伽罗瓦群是可解群时，方程才有根式解。伽罗瓦理论不仅解决了五次方程不可通过根式求解的问题，还开创了群论和域论的新领域，深化了人们对对称性和方程可解性的理解。

④提出反直觉的假设。欧几里得几何作为几何学基础已有 2 000 多年，其中平行公设最具争议："通过一条直线外一点，仅能作一条直线与已知直线平行。"虽然科研人员尝试从其他公设推导出这一公设，但均未成功。19 世纪初，高斯、罗巴切夫斯基等提出不同于平行公设的假设，发展出双曲几何，即将平行公理改为通过一点可作无数条平行线和椭圆几何，将平行公理改为不存在平行线。这些非欧几里得几何虽然与欧几里得几何矛盾，但逻辑自洽，推动了物理学的发展，如广义相对论中的黎曼几何。由此可见，挑战传统假设和创新思维是数学进步的关键。

⑤跨学科的思想和方法。20 世纪 60 年代，美国气象学家爱德华·洛伦兹通过计算机模拟大气对流，发现微小的初始条件差异会导致截然不同的结果，这一现象被称为"蝴蝶效应"（butterfly effect）。这一发现表明，天气预报的长期精确性受限于初始条件的微小误差，并推动了混沌理论的发展。数学家进一步研究发现，某些非线性动态系统对初始条件极其敏感，导致长期行为不可预测，即"混沌"。混沌理论不仅影响气象学，还在物理学、生物学和经济学等领域产生深远影响，开辟了新的研究方向。

⑥反复实验和逐步优化。例如，四色定理指出，任何平面地图都可以用四种颜色填充，使相邻区域颜色不同。这一猜想于 1852 年提出，直到 1976 年才被证明。在证明过程中，人们通过手工分析大量特例，逐步了解问题结构并优化方法。最终，借助计算机辅助证明，验证了所有可能情况，完成了这一历史性证明。四色定理的证明表明，面对复杂问题时，通过逐步处理特例、改进方法、引入新工具和数值验证，最终可以找到创新解答。

（2）科学革命

在科学发展史上，科学问题的解决常常是科学革命的起点，而科学革命则通过新的理论和方法，重新定义并提出更多、更深刻的科学问题，从而推动科学的持续进步。数学理论的创新和应用，在解决著名的科学问题中起到至关重要的作用，具体体现在：

①创新数学工具。例如，20 世纪初，量子力学的发展带来对微观世界的新理解。在这一过程中，新的数学工具——概率论，变得至关重要。量子力学的核心概念是对粒子行为的描述不再是确定性的，而是概率性的。科学家们使用概率论来描述粒子的波函数，并预测粒子的行为。这种数学工具在解释电子轨道、隧道效应和量子纠缠等现象时起到了关键作用。因此，发展新的数学工具，可以精确描述和解决复杂的科学问题。

②创新数学形式。例如，18 世纪，物理学家们面对如何描述热在固体中传播的难题，缺乏合适的数学方法。在数学创新中，傅里叶引入了傅里叶级数，发展了傅里叶分析这一工具，用以表示任意周期函数为正弦函数和余弦函数的和。这种新形式的傅里叶级数方法应用于求解热传导方程，有力推动了物理学中热传导理论的发展。因此，新形式的数学表达，可以对科学问题进行创新解答。

③创新解释框架。例如，19 世纪，如何从微观粒子运动的角度解释宏观热力学现象成为一个重大科学难题。在数学创新方面，玻尔兹曼和吉布斯等人将概率论应用于粒子运动，发展了统计力学。这一理论使用统计方法来描述大量微观粒子的行为，成功解释了热力学定律和熵的概念。因此，将新的数学分支内容应用于新的科学领域，可以产生全新的解释框架，解决原本无法解决的问题。

④创新数学概念。例如，传统的相变理论如固液气三态的相变，无法解释量子物理中一些新型物质状态的出现，如拓扑绝缘体的行为。在数学创新方面，拓扑学（特别是同伦群和同调群的概念）被引入物理学以解释拓扑绝缘体的行为。这种新的数学工具帮助科学家理解了材料在不同量子状态下的性质，开辟了新的研究领域。因此，将高度抽象的数学概念如拓扑学引入物理学，可以解释新发现的物理现象，推动新物质科学的发展。

⑤创新数学理论。例如，传统的线性方程难以预测复杂系统如天气系统的长期行为，且对初始条件极为敏感。在数学创新方面，20 世纪 60 年代，洛伦兹发展混沌理论，发现即使是简单的非线性方程组也可以表现出极其复杂和不可预测的行为。这种研究揭示了天气系统中混沌现象的重要性，极大改变了人们对天气预测的理解。因此，发展新数学理论如混沌理论，可以揭示出复杂系统中不可预测性的根本原因，并引导新的应用

方向。

⑥创新数学领域。例如，传统经济学难以解释在多个参与者之间如何分配资源或做出决策的问题。在数学创新方面，博弈论和最优化理论为理解经济行为提供了新工具。如纳什均衡概念的引入，有助于理解在多人参与的决策环境中如何达到稳定的状态。因此，引入和应用新数学领域如博弈论，可以为社会科学中的复杂问题提供精确分析工具，改变原有的理论基础。

综上所述，数学理论的创新和应用在科学问题的解决中起到了关键作用。通过发展新数学工具、引入抽象概念或跨领域应用，数学能够为复杂的科学问题提供新的视角和解决方案。因此，数学不仅仅是描述自然现象的语言，还是推动科学革命的重要力量。

1.2.3.3 从数学发现到科学应用：周期越来越短

(1) 科学发现：应用数学是逻辑前提

数学在科学研究中的作用还有：科学发现是以应用数学为逻辑前提的。恩格斯明确指出："在自然界和历史的每一科学领域中，都必须从既有的事实出发，在自然科学中要从物质的各种实在形式和运动形式出发；因此，在理论自然科学中也不能构想出种种联系塞到事实中去，而要从事实中发现这些联系，而且这些联系一经发现，就要尽可能从经验上加以证明。"① 达尔文说过："发现的每一个新的群体在形式上都是数学的，因为我们不可能有其他的指导。"② 因为，"从各种实在形式和运动形式出发"是对研究对象进行数学规定或定义，使得系统之间的各种关系用数学语言进行规定性描述；"从事实中发现这些联系"是应用"公理化"形式的数学逻辑推导提出假说，对于实质是因果关系的阐释，是发现研究对象的数学关系。只有这样，才能避免"构想出种种联系塞到事实中去"。而"这些联系一经发现"就需要"从经验上加以证明"，就需要建立数学关系式。这是因为，数学形式是科学研究理论创新的逻辑前提。

(2) 数学理论的发现到应用：周期越来越短

虽然现代科学问题的复杂性和多样性要求更高水平的数学工具和方

---

① 恩格斯. 自然辩证法［M］. 中共中央马克思恩格斯列宁斯大林著作编译局，编译. 北京：人民出版社，2015：46.

② 埃里克·坦普尔·贝尔. 数学大师：从芝诺到庞加莱［M］. 徐源，译. 上海：上海科技教育出版社，2018：5.

法，但研究人员可以在更短时间内发明新的数学理论来解决问题。数学理论从发现到在科学研究中应用，再到重大发现的周期越来越短。

例如，公元前2世纪，古希腊几何学家阿波洛尼乌斯（Apollonius）总结了圆锥曲线的性质，包括圆、椭圆、抛物线和双曲线。这些曲线的几何特性是数学形式逻辑体系的一部分。17世纪末至18世纪初，德国天文学家约翰内斯·开普勒（Johannes Kepler）发现行星运动的三个基本定律，被称为“开普勒三定律”。开普勒的第一定律表明，行星沿着椭圆轨道运动，而太阳位于椭圆的一个焦点上。这说明：圆锥曲线理论的数学形式逻辑体系为描述和解释行星轨道的形状提供了关键的理论指导作用。这一数学理论从发现到最初确立行星运动基本原理的科学应用，时间周期为1 800年左右。

1736年，瑞士数学家莱昂哈德·欧拉（Leonhard Euler）在解决哥尼斯堡七桥问题时提出了图论的基本概念。随着计算机和互联网的兴起，20世纪末到21世纪初，图论被广泛应用于计算机科学、生物学、社会网络分析等领域。特别是在网络科学中，图论用于分析和解释网络结构、动态以及网络上的复杂过程，引致了许多重大科学发现，诸如，通过网络的结构特性来预测疾病传播模式、社交网络中信息的传播动态等。这说明：从发现图论到现代科学和技术应用再到产生重大发现，时间周期为260年左右。

1922年，美国数学家赫尔曼·外尔（Hermann Weyl）在研究规范场论（Gauge Theory）时引入了纤维丛概念。20世纪30—40年代，数学家哈斯勒·惠特尼（Hassler Whitney）和诺曼·斯廷罗德（Norman Steenrod）等人将纤维丛理论系统化，使其成为现代数学中的一个基础概念。世界著名几何学家、“微分几何之父”陈省身教授创立的整体微分几何、纤维丛理论（Fiber Bundle Theory）等，不仅在数学界具有划时代的意义，而且为物理学的发展提供了重要的数学工具。1954年，物理学家杨振宁和罗伯特·米尔斯（Robert Mills）通过纤维丛的数学框架来描述基本粒子之间的相互作用。

现代数学发展越来越注重实际应用，许多数学研究从一开始就考虑到实际应用的需求，让数学在科学研究中的应用更加直接和迅速；互联网和全球化加快了学术信息共享和交流的速度。最新的数学理论一旦被提出，就会迅速传播并得到应用。随着教育水平的提高，科研人员的整体素质和专业能力不断提升，科研人员可以快速理解和应用新的数学理论。随着计算机技术、信息技术和实验技术的快速进步，科学研究的效率显著提高。新的数学理论和方法不断涌现，可以更高效地解决问题，从而加速科学发现进程和重大发现的涌现，使得从数学理论发现到实际科学研究应用的周期越来越短。

（3）数学的科学发展价值

随着数学创新理论从发现到在科学发现中应用的周期越来越短，数学在现代科学发展的先导性、基础性的地位和作用更加重要和突出，这具体体现在以下五个方面：

①加速科学进步。数学创新理论迅速应用于科学发现，人们可以快速采用最新数学工具解决复杂问题，加速科学研究进程。例如，概率论、统计学和线性代数的创新迅速应用于机器学习和人工智能领域。20 世纪后半叶，微积分和线性代数被应用于反向传播算法，推动了深度学习的发展，加快了图像识别、自然语言处理、自动驾驶等领域的发展。

②推动跨学科融合。数学的创新理论能够跨多个学科应用，随着应用周期的缩短，数学在不同科学领域间架起桥梁，促进跨学科研究的发展，催生新的学科领域和研究方向，推动整体科学进步。例如，数学理论，如微分方程和非线性动力学迅速应用于生态学，研究生态系统的稳定性和种群动力学。20 世纪 20 年代提出的洛特卡-沃尔泰拉模型（Lotka-Volterra model）迅速扩展，推动了生物数学的发展，有助于科研人员更好地理解生态系统的复杂性和环境变化的影响。

③提高预测与建模能力。现代科学越来越依赖数学模型来描述、预测和控制复杂现象。随着数学理论应用的加速，这些模型将更加精确和强大，帮助科学家更好地理解自然规律并做出更准确的预测。例如，金融数学中的随机微积分、期权定价模型和风险度量工具如“风险价值”（value at risk）在提出后迅速应用于金融市场，用于预测市场波动、评估风险和制定对冲策略。布莱克-斯科尔斯模型（Black-Scholes model）提出后，也很快应用于期权定价，显著提高了金融市场的预测能力，能够帮助投资者更有效地管理风险。

④增强科学创新基础性。数学为科学奠定了坚实的理论基础。随着数学创新在科学中的快速应用，科学研究将更加依赖数学的指导。例如，20 世纪初的微分几何，为爱因斯坦的广义相对论提供了描述引力场和时空结构的数学框架。广义相对论依赖黎曼几何中的曲率张量等概念，将引力阐

释为时空曲率的结果。可以说，正是数学的创新，天文学和物理学的科学发现才得以进一步展开。

⑤缩短科学发现周期。数学创新理论的快速应用将缩短从提出科学假设到验证和发现的时间，使科学发现周期更短，更迅速回应社会需求和技术挑战。例如，20 世纪末，组合数学和图论迅速应用于基因组学中的基因组测序问题。汉密尔顿路径和最短超级字符串问题的算法优化直接用于 DNA 序列拼接。人类基因组计划借助这些数学工具，将原计划 15 年的项目在 13 年内完成，显著加快了基因组科学的发现速度，并推动个性化医疗和基因治疗等新领域的快速发展。

总之，随着数学创新理论应用周期的缩短，数学在推动科学发展中的价值将进一步凸显，成为引领科学革命和跨学科创新的关键力量。这将使科学发现更加频繁和高效，同时也使数学在科学进步中扮演更为重要的角色。

第2章 数学：科学知识的核心

哲学是写在这个伟大宇宙书上的，它的字符是几何图形。

——伽利略·伽利莱（Galileo Galilei）《实验者》（1623）

如果没有数学，我们将无法理解世界。

——艾萨克·牛顿（Isaac Newton）《自然哲学的数学原理》（1687）

2.1 数学知识与科学知识

2.1.1 数学知识的体系结构

2.1.1.1 基本内容

（1）定义

定义（definition）为数学对象提供了清晰和准确的描述。例如，“集合”的定义是：一个集合是由某些确定的对象组成的，称为集合的元素。集合用大写字母表示，如 A、B、C，而元素用小写字母表示，如 a、b、c。再如，“偶数”的定义是：一个整数如果能够被2整除，则称之为偶数。当人们研究某个集合的构成要素或者某个数字是偶数，只需要按照这些定义来进行判断即可。

（2）公理

公理（axiom）是数学体系中的基础假设。“从哲学的观点看，任何结论刨根问底，最终总会归于一些无法证明的最基本的假设，也就是公理”[①]。因此，公理被认为是不证自明的真理，是研究问题最底层、最基本的假设。公理为数学知识体系中的所有后续推论和证明提供了逻辑起点。

① 袁亚湘. 数学漫谈［M］. 北京：科学出版社，2021：32.

例如，欧几里得的五个公理如下：

①给定任意两点，可以画出一条唯一的直线经过这两点。

②给定任意一条线段，该线段可以延长到任意长度，并且仍然是直线。

③给定任意一个点和任意一个长度，以这个点为中心可以画出一个唯一的圆，其半径为给定的长度。

④所有的直角都是相等的。

⑤平行公理。如果一条直线与另外两条直线相交，使得在相交的同一侧的内部角之和小于两个直角，则这两条直线如果无限延长，最终会在那一侧相交。

基于以上公理，欧几里得在《几何原本》中证明了许多其他的性质和定理。

（3）律、公式、法则

①律（law）：是用来描述某种基础的、普遍接受的规律或模式。

例如，加法和乘法交换律（commutative law），用公式表示为

$$a+b=b+a,\quad a\times b=b\times a$$

②公式（formula）：是一种具体的数学表达式，通常用来为特定的问题或模型提供明确的计算或描述方法。如一个圆的半径为 r，则圆面积 A 的计算公式如下：

$$A=\pi r^2$$

③法则（rule）：是用来描述某种常规操作或过程的方法。

例如，微积分中的链式法则（chain rule）：对复合函数进行求导，方法是遵循链式法则。假设两个函数 $u(x)$ 和 $v(u)$，对 $v(u(x))$ 关于 x 求导，链式法则是：

$$\mathrm{d}v/\mathrm{d}x=\mathrm{d}v/\mathrm{d}u\times \mathrm{d}u/\mathrm{d}x$$

（4）引理

数学引理（lemma）是一个中间的或辅助性的命题，是为了证明一个更重要或更复杂的定理。

例如，用于计算两个正整数的最大公约数（GCD）欧几里得算法。

引理：如果 a 是任意正整数，而 b 是小于 a 的正整数，那么，GCD（a，b）= GCD（b，amod b）

为了找到两个数 a 和 b 的 GCD，可以将问题简化为找到 b 和 amod b 的

GCD。主定理：给定任意两个正整数 a 和 b，可以通过有限的迭代过程找到它们的 GCD。

通过使用引理，可以简化并解决主要的问题。这正是引理在数学中的典型用途：为了证明更大或更复杂的定理而提供辅助性的证明。

（5）命题

命题（proposition）是一个可以被证明的陈述，其重要性通常介于引理和定理之间，不像引理那样具有辅助性，但通常提供有用的信息或见解。例如，命题：奇数减去奇数得到的结果是偶数。

（6）定理

定理（theorem）是数学中的重要结构内容，是经过严格证明陈述，并通常具有深远的意义和广泛的应用。定理是基于给定公理和或其他已证明定理、引理等证明的。

例如，勾股定理（Pythagoras' theorem）：在一个直角三角形中，直角边上的两个边的平方之和等于斜边的平方。数学表达式为：$a^2+b^2=c^2$。其中，a 和 b 是两条直角边，c 是斜边。

证明勾股定理有多种方法，这里就不详细写出。

（7）推论

推论（corollary）是在证明了某个定理后可以直接或很容易得出的结论。其本身可能很重要，但证明通常比原始定理更为简单和直接。

例如，中值定理：如果一个函数在闭区间 $[a, b]$ 上连续，并在开区间 (a, b) 上可导，那么在开区间 (a, b) 内存在至少一个点 c，使得：$f'(c)=f(b)-f(a)/(b-a)$

如果一个函数在某个区间上是连续的且可导的，那么函数的斜率在该区间内的某个点与该区间端点所形成的割线的斜率相同。

推论：如果函数在区间上的导数恒为零，则该函数在该区间上是常数。

证明：考虑任意两点 a 和 b 在该区间上。由中值定理可知，存在一个点 c 在 (a, b) 中，使得：$f'(c)=f(b)-f(a)/(b-a)$。$f'(c)=0$，因此：$f(b)-f(a)=0$，$f(b)=f(a)$。a 和 b 是任意选取的，所以函数 f 在该区间上的值处处相同，即 f 是常数。

这说明，上面的推论证明直接依赖于中值定理，定理成立就可以得出推论。

2.1.1.2　基本特征

（1）永恒性

数学知识具有永恒不变的特征，这是因为数学具有抽象性和逻辑性。

①抽象性。数学抽象（abstraction）是指从特定的实际情况中提取抽象概念和结构规律，如数字、形状、运算等规律，以便更好反映客观事物这一侧面的本质和彼此间的相互关系。数学知识不直接描述现实世界的具体现象，而要描述现象背后的抽象结构和关系。数学的不断抽象化，不仅在于实际应用的需要，而且也是数学本身发展的需要。

数学的抽象性不仅仅表现在具体的概念或数值上，还体现在数学的结构上。这种结构的抽象性表现为建立一套规则或模式，在各种不同场景中得到普遍应用。

例如，方程组 $\begin{cases} 2x + y = 3 \\ x - 2y = -1 \end{cases}$ 在各种不同的实际场景中的不同应用如下：

第一，以行视点来看，在平面直角坐标系中，表示直线 L_1：$2x+y=3$ 与另一条直线 L_2：$x-2y=-1$ 相交于点（1，1）。

第二，以列视点来看，在平面直角坐标系中，表示向量 $V_1=\begin{bmatrix} 2 \\ 1 \end{bmatrix}$ 和另一个向量 $V_2=\begin{bmatrix} 1 \\ -2 \end{bmatrix}$，通过分别乘以 x 和 y 的运算，等于向量 $\begin{bmatrix} 3 \\ -1 \end{bmatrix}$。

第三，找到 $\begin{bmatrix} x \\ y \end{bmatrix}$，使其在矩阵 $\begin{bmatrix} 2 & 1 \\ 1 & -2 \end{bmatrix}$ 的变换下，得到 $\begin{bmatrix} 3 \\ -1 \end{bmatrix}$。

这样的结构有群、环、域的结构，是代数中的基本结构。其中，加法和乘法在整数、有理数、实数和复数上的行为都符合某些抽象的代数性质，这些性质可以在不同的数学对象上统一进行研究。

这样的结构还有向量空间。无论是物理中的力和速度，还是计算机图形中的点和颜色，都可以被视为向量空间中的元素。这种抽象的结构提供了一种统一的方法来处理各种不同类型的“向量”。

②逻辑性。数学知识系统的逻辑性（logic）是指数学知识系统要求严格的逻辑推理和证明。数学知识体系具有高度的逻辑性，从一组给定的公理出发，人们可以推导出各种定理和性质。其中，各个概念、定理和推论之间都建立在严密的逻辑基础之上，必须经过严谨的逻辑推导，以确保其

合理性和准确性。只要这些公理不变，基于这些公理推导出的定理就是永恒的。

例如，现代数学中集合论的基本公理如 ZFC 公理系统，定义集合的存在性、元素的归属关系等基本概念。这些公理，构建起整个现代数学的框架，推导出关于函数、数、序列等更广泛领域的精细结构。

这种从基本公理到广泛定理的推导过程，不仅展现了数学知识体系的逻辑性，而且也体现了数学的创造性和严密性。

（2）自洽性

数学知识系统的自洽性（consistency）是指，数学知识系统内部的陈述、定理以及各个分支之间的理论和定理之间存在一种逻辑上的一致性和内在的连接性，而且相互支持，不会产生矛盾。

20 世纪初，大卫·希尔伯特提出：通过一系列明确定义的公理来建立，以确保其严密性和一致性，具体体现在：

①公理化，基于严格逻辑基础的公理系统，作为推导数学定理的基础。

②一致性（自洽性、无矛盾性），强调通过公理化确保数学体系内部无矛盾，避免悖论。

③形式化，数学作为符号游戏，强调推导规则性，与符号具体含义无关。

④可判定性，关注数学命题的可判定性问题，尽管哥德尔的不完备定理表明存在不可判定命题。

数学的核心目标之一就是满足自洽结构，即理论和规则的一致性，使得所有的数学公式和定理构成一个完整、一致的体系。例如，在数学中，运算都要遵循规则和逻辑。除法作为最基本的算术计算之一，其规则就有：除数不能为零。为什么要有这样的规定？这个问题就可以通过自洽性原理进行说明。

首先，重新审视一下除法的本质。简单来说，除法是乘法的逆运算。

当我们问“a 除以 b 等于多少？”时，实际上是在寻找一个数 c，这个数满足等式 $b \times c = a$。这里的 a 被称为被除数，b 是除数，而 c 是要找的商。

现在，假设除数 b 是零，会得到一个形式为 $a \div 0 = c$ 的等式。但这里就有个大问题了。根据乘法的基础规则，任何数乘以零都会得到零，这就意味着无论 c 是什么数，等式 $0 \times c = a$ 都无法成立，除非 a 也是零。

然而，即使 a 也为零的情况下，也会面临一个不定式的问题。这在传统数学中是“不确定形式”，因为 $0\times c = 0$ 中，c 没有唯一确定的结果。

数学的美体现在自洽性。除法的规则规定除数不能为零。这不仅确保了每个除法运算有且只有一个确定的结果，也避免了引入任何数学上的矛盾。

（3）有效性

数学的有效性（validity）是指：数学知识的逻辑论证中，只要所有前提都为真，那么其结论就一定为真。数学定理的证明就是基于这种演绎推理的证明。给定一组公理和已经证明定理前提都为真，就可以通过逻辑推理证明新定理的结论也为真。这就是数学中的有效性。

数学有效性的基础是数学抽象性和逻辑性。数学抽象性是指从具体的实例中提取普遍的、不变的性质或模式，这些概念、性质或模式不直接依赖于人们的具体经验，但可以用来描述和理解现实世界中的现象。数学逻辑性是在数学抽象性基础上的逻辑论证，得出的数学工具和理论可以为实际应用、预测和理解提供准确的结果。虽然数学是基于纯粹的逻辑和定义构建的，但其预测和描述常常与实际世界中的现象相一致。数学的抽象概念和理论工具，可以作为桥梁连接人们的直观经验和更深层次的真实世界结构。虽然数学可能看起来与现实世界无关，但可以提供一个有效的工具来描述和预测现实。

数学的抽象性和逻辑性，使得数学描述和预测现实具有广泛通用性。例如，欧几里得几何的定理在任何平面上都是有效的定理，而算术的基本定律在任何数学系统中都是适用的定律。这就是数学知识具有的普适性。数学具有抽象性和逻辑性，意味着同一个数学模型可以应用于各种不同的实际场景。这种普适性使得数学知识超越了特定的文化、时间和地点。如线性方程可以描述物理中的力和运动、经济学中的供求关系、生物学中的种群增长等。

数学的有效性，是基于数学的自洽性，从而使得数学具有广泛普适性。

（4）无限发展性

数学知识无阈限发展性（unlimited growth）是指数学知识系统不断吸纳新的思想并产生概念而发展和进化，无阈限地产生新的理论知识。

①纯数学自我发展。纯数学自我发展性是指数学可以通过自身的逻辑

和理论结构来发展和扩展。这种特性使得数学成为一个不依赖于其他科学发展的自我完备和自我扩展的学科。

例如，古希腊数学家最初认为所有数字均可用整数比率表示。然而，当发现某些长度如正方形对角线与边长的比无法用整数比率表达，直接挑战了古希腊毕达哥拉斯学派认为的所有数都可以用整数比率来表示的“万物皆数”的核心信念。这是数学发展史上的第一次危机。为了解决这一问题，从古希腊开始，人们就探索新的数学概念和工具。如无理数的定义促进了对实数概念的深入研究，实数构成连续数轴理论，为后来数学分析奠定了基础等。

除此之外，18 世纪，数学的第二次危机涉及微积分中无穷小量的概念；20 世纪初主要涉及集合论中出现悖论的第三次数学危机，都同样促进数学的自洽性和完备性发展，具体表现在：

——引入新的概念和工具来解决存在的问题。如无理数的发现使人们接受无法用整数比表示的数，从而扩展了数的概念。

——努力使数学理论更加严格。如微积分的发明初期存在逻辑上的不严格性，后来通过极限、连续性和导数等概念的严格定义，建立数学分析的严格逻辑基础。

——寻求更加坚实的基础，通过公理化方法来构建数学理论。

——更加关注数学推理的正确性和有效性，如希尔伯特公理化计划。

解决纯数学问题从某种意义上说，就是同时追求数学的自洽性（consistency）和完备性（completeness）。其中，自洽性指的是在一个数学系统中，不可能同时证明一个命题及其否定命题。完备性指的是一个数学系统中的所有命题都可以在该系统内被证明为真或假。

然而，一个完备数学体系（包括所有数学真理的体系）是否存在？这一命题曾经是 20 世纪初数学家的理想追求。直到奥地利数学家库尔特·哥德尔提出哥德尔不完备性定理，即在任何数学体系中，总会存在一些数学命题，它无法在该体系内被证明其真假。这意味着：数学知识永远无法在一个单一的完备的公理体系中达到完全的自洽性和完备性。典型实例是哥德尔自指命题，无法在其所在的体系内证明或证伪，这凸显出数学体系内的某些命题超出公理系统的范围。

②应用数学催化发展。应用数学催化发展是指科学研究中遇到需要数学精确描述和解决的问题，超出现有数学理论的范畴，需要探索新的数学

概念和方法去解决，从而解决纯数学问题。其中，社会生产和生活中的问题是推动数学发展的催化剂，具体体现在：

——生产问题。许多生产问题都需要数学工具来解决。例如，运筹学和最优化理论就是为了解决物资分配和调度问题而发展起来的，这些问题是第二次世界大战期间和战后生产管理中的关键问题。工业工程、质量控制、供应链管理等领域也需要用到概率论、统计学和线性代数等数学工具。

——交通和物流问题。随着社会的发展，交通和物流问题变得越来越复杂。解决这些问题需要大量的数学工具。其中，图论可以帮助解决最短路径问题，线性规划可以解决最优调度问题，概率论和统计学可以帮助预测交通流量等。这些问题推动了这些数学工具的发展。

——信息和通信问题。现代社会是信息社会，信息的处理和传播需要大量的数学工具。例如，信息论是为了解决通信问题而发展起来的，这一领域的基础是概率论和统计学。同样，密码学是保障信息安全的重要手段，也是基于数论和抽象代数等数学理论的。

——金融和经济问题。现代经济学和金融学大量地使用数学工具，如微积分、线性代数、概率论和随机过程等。这些工具帮助经济学家和金融学家建立模型，进行预测，优化决策等。

总的来说，社会生产和生活中的问题需要解决，而解决这些问题需要数学工具。随着问题的变得越来越复杂，数学也不断发展，提供了更强大的工具来解决这些问题。

2.1.2　科学知识的体系结构

2.1.2.1　基本内容

科学知识体系的基本内容如下：

（1）概念

概念（concept）是反映客观对象的本质属性的思维形式。在科学知识体系中，概念具有的重要特征，具体体现为：

①定义性。概念需要有清晰和精确的定义，这有助于统一理解和使用这些概念，保证交流的准确性和效率。

②系统性。概念在科学体系中彼此关联，形成一种有逻辑的结构，每个概念都在整个知识体系中占有特定的位置和作用。例如，在物理学中，

能量是一个相对较抽象的概念，而动能和势能则是更具体的概念，可以用来描述能量在不同形式之间的转换。

③抽象性。科学概念通常是对现象、对象或过程的抽象表示，这使得概念可以跨越具体实例，适用于一类现象或问题。例如，“力”是一个抽象的概念，表示物体之间的相互作用，而不是具体的某个力的实例。

④功能性。概念在科学探究中起着工具的作用，分类、预测和解释自然界的各种现象。例如，物质的质量是一个概念，用于描述各种物质的性质，不论是固体、液体还是气体。这种功能性是概念在科学进步中不可或缺的角色。

概念是科学知识体系的基本构建块，是描述、解释和理解自然现象并为科学研究提供了框架和工具。这些特征有助于确保概念在科学领域中的有效应用和传播交流。

（2）原理

原理（principles）是解释自然界运行本质的经验或猜测。原理是科学知识体系中的逻辑前提和理论框架的基础，原理在科学知识体系中功能与作用如下：

①理论体系的逻辑前提。原理价值首先是为科学知识构建共同思考事物本质的逻辑前提，并以此为基础解释各种自然现象等。例如，1905 年，爱因斯坦在狭义相对论中提出，光速不变原理（principle of constant speed of light）是相对论的基本原理。这一原理表明，光在真空中的速度是一个恒定的常数，约为每秒 299 792 458 米，且不受观察者运动状态或观察光源的影响。光速不变原理作为相对论逻辑前提，在解释自然界中的各种现象时能够统一之前独立存在的牛顿力学和电磁学理论。光速不变原理引发了人们对相对性的深入理解，尤其是时间相对性和长度收缩等现象。这一原理表明，不同的观察者会感知到时间和空间的不同。

②体系构建的理论指导。科学的基本原理在科学知识理论体系构建中具有指导作用。例如，达尔文在生物学中理论研究中提出了生物进化的基本原理：物种通过自然选择和适应环境的过程逐渐演化和改变。这一原理在解释生物多样性、生物分类和物种演化的过程，为生物学家提供了指导和理论基础，有助于解释生物现象、指导研究方向以及促进不同领域的交叉研究。

③创新发现的预测工具。科学原理在科学知识创新发展中的具有预测

工具作用。例如，元素周期表是化学的基本原理之一，是按照元素的原子序数和化学性质将元素有序排列的。这个原理有助于理解元素之间的关系，揭示元素的周期性性质，还为化学研究奠定了基础，有助于发现新元素和合成新化合物。

（3）定律

定律（laws）是基于实验或归纳得出的用数学公式描述自然现象的基本规律命题，如牛顿运动定律、热力学定律等。科学定律的特点包括：

①定量性。定律通过数学公式或方程表达，以提供精确量化预测和描述。

②普适性。定律具有广泛的适用性，在特定条件下适用于多种自然现象。

③实验验证。定律基于严格实验观察和验证，通过数据来检验其准确性。

④归纳性。定律基于多次实验和观察归纳总结，以反映普遍规律。

定律是以数学方法来建立模型、预测现象来描述和理解研究对象的理论，在科学研究中具有重要价值。

例如，牛顿的第二定律，数学公式为：$F=ma$，F 为物体受到的力，m 是物体质量，a 是加速度。这个定律在物理学中的价值，具体体现在以下四个方面：

①在基础性概念方面，牛顿的第二定律为经典力学提供基础，与牛顿的其他两个定律一同构成了描述宏观物体运动的基本框架。

②在实验验证方面，无数的实验验证了牛顿的第二定律的正确性，从而强化其在物理学中的核心地位。

③在描述和预测方面，该定律提供了一个工具，根据已知的力和物体的质量来预测物体的运动。这种预测从桥梁建设到飞机设计的工程应用，都至关重要。

④在理论发展方面，牛顿的第二定律为后续的物理理论发展打下基础，如能量守恒、动量守恒和拉格朗日力学等。

新的科学理论和模型往往基于现有的定律。当新的实验结果与现有的定律不符时，意味着新的发现或对现有知识体系的修正。

（4）定理

定理（theorem）是基于已有的定律、定理推导的用数学公式描述的命题。定理的证明基于公理、定义、其他已经证明的定理和逻辑推理。例如，动能定理就是基于能量守恒定律、牛顿第二定律和数学定理推导的，其描述了作用于物体的外力与该物体动能变化之间的关系。动能定理的数学表述为：物体的动能变化等于该物体上的合外力做的功。动能定理的基本推导过程如下：

①力和位移的关系：$W = F \cdot s \cdot \cos(\theta)$。其中，$W$ 是功，F 是力，s 是物体在力的作用下发生的位移，θ 是力与位移之间的夹角。

②由牛顿第二定律（$F=ma$）与速度的关系：$a=\mathrm{d}v/\mathrm{d}t$，可以得到：

$$F=m(\mathrm{d}v/\mathrm{d}t)$$

③考虑一个微小的位移 $\mathrm{d}s$ 和相应的微小速度变化 $\mathrm{d}v$。

在这微小位移中，外力 F 做的微小功 $\mathrm{d}W$ 为：$\mathrm{d}W=F \cdot \mathrm{d}s$。

④由于 $\mathrm{d}s=v \cdot \mathrm{d}t$，可以将上式改写为：$\mathrm{d}W=F \cdot v \cdot \mathrm{d}t$。

代入第②步中的 F：$\mathrm{d}W=m(\mathrm{d}v/\mathrm{d}t) \cdot v \cdot \mathrm{d}t$，简化得到：

$$\mathrm{d}W=m \cdot v \cdot \mathrm{d}v$$

⑤对两边积分：$\int \mathrm{d}E = \int m \cdot v \cdot \mathrm{d}v$，得到：

$$E = \frac{1}{2}m v^2$$

推导过程显示出物体动能变化与作用在其上外力做的功之间的直接关系。

在科学研究中，定理主要与数学和逻辑有关，并不直接涉及实验验证。一旦一个定理被证明，就被认为是绝对真实的，前提是其证明过程没有逻辑上的错误。需要说明的是：虽然定理本身不需要实验验证，但在物理学、工程学和其他科学领域中的应用可能需要实验或观察来验证其在现实世界中的适用性。

（5）方程、数学模型和函数

①方程。方程（equation）是通过等式连接两个表达式的数学语句，表示两个表达式的值相等。方程可以是线性的、非线性的，用于求出问题中的未知量，表达变量之间的准确关系。纯数学方程是基于基本假设推导出来的描述模式或规律的结果，如勾股定理。应用数学和科学中，方程蕴含真实世界的信息或性质，如牛顿万有引力定律。在科学研究中，方程是指将描述客观世界研究对象之间关系的定律和定理等有机整合并能预见未发现事物、现象和预测事物、现象未来发展的数学公式。

"方程是数学、科学和技术的命脉"[1]。例如，通过麦克斯韦方程（Maxwell's equations），可以得到电磁波方程。这个方程与波动方程形式相似，用于描述波的传播。电磁波方程描述的波速也就是电磁波的速度，由真空中的电磁常数决定。

通过一些数学操作，我们可以发现波速 c 由以下关系确定：

$$c = \frac{1}{\sqrt{\varepsilon_0 \mu_0}}$$

其中，ε_0是真空的电容率，μ_0是真空的磁导率。

将已知的常数值代入上述公式中，发现 c 约等于 3×10^8 m/s，这正是光在真空中的传播速度。这意味着电磁波，包括可见光，都在真空中以此恒定速度传播，不依赖于光源或观察者的运动状态。这一发现为后来的相对论打下基础，并重新定义时间、空间和物质。

因此，通过麦克斯韦方程导出的电磁波方程，就可以知道光速在真空中是一个恒定的值，且这个速度与光源或观察者的相对运动无关。

在其他学科中也有方程，与物理学中方程的功能和作用类似，如经济学中用于表示变量之间关系的方程，可能是基于理论模型、实证数据或两者的结合。这些方程在科学研究中有以下价值：

例如，费雪方程（Fisher equation）表示以 M 为一定时期内流通货币的平均数量，V 为货币流通速度，P 为各类商品价格的加权平均数，T 为各类商品的交易数量，公式如下：

$$MV = PT \text{ 或 } P = MV / T$$

其中，P 值取决于 M、V、T 这三个变量的相互作用。在这三个经济变量中，M 是一个由模型之外的因素所决定的外生变量；V 由于制度性因素在短期内不变，因而可视为常数；交易量 T 对产出水平常常保持固定的比例，也是大体稳定的。因此，只有 P 和 M 的关系最重要。所以，P 值取决于 M 数量的变化。

货币流通速度与货币供给和价格水平的变动无关。

②数学模型。数学模型（model）是使用方程、函数和其他数学工具对现实世界现象进行描述和模拟，以帮助理解、分析和预测现实世界的复杂系统。模型通常基于一定的假设，通过方程和函数来构建。这些模型基

① 伊恩·斯图尔特. 改变世界的17个方程［M］. 劳佳，译. 北京：北京大学出版社，2023：14.

于对现象的观察和理解，通过数学方程式、不等式、函数等形式来表示物理、生物、化学、经济和社会系统的行为和关系。

例如，布莱克-斯科尔斯期权定价模型（Black Scholes option pricing model）金融衍生品：在金融市场中支配欧洲股票期权价格演变的偏微分方程（PDE）。描述欧洲看涨或看跌期权随时间的价格的布莱克-斯科尔斯偏微分方程如下：

$$\frac{\partial V}{\partial t}+\frac{1}{2}\delta^2 S^2\frac{\partial^2 V}{\partial S^2}+rS\frac{\partial V}{\partial S}-rV=0$$

其中，V 是期权的价格；r 是无风险利率，即类似于从货币市场基金获得的利率；σ 是基础证券的对数收益率的波动性。

改写布莱克-斯科尔斯方程可得：

$$\frac{\partial V}{\partial t}+\frac{1}{2}\delta^2 S^2\frac{\partial^2 V}{\partial S^2}=rV-rS\frac{\partial V}{\partial S}$$

公式左边表示期权 V 的价格随时间 t 的增加而变化+期权价值相对于股票价格的凸度。公式右边是由 V/S 组成的期权多头和空头的无风险回报。

在真实世界的复杂经济系统中，模型通过抽象化和简化某些元素有助于理解和揭示核心关系和动态，为经验研究进行预测、对比和实证检验奠定基础，为决策、评估和预测不同政策选择提供理论框架。

③函数。函数（function）能够描述自变量和因变量之间的特定关系，是建立和分析数学模型的基础工具。其中，每个输入值对应一个唯一的输出值。

在科学知识体系中，函数是基本且极其重要的数学概念，在理解和描述自然界和社会现象中扮演了核心角色。函数的价值如下：

——描述关系。函数提供了一种有效的方式来描述变量之间的关系，尤其是因变量与自变量之间的依赖关系。通过函数，人们可以精确表达出一个量如何随另一个量的变化而变化，这对于科学研究来说是基础且必要的。

——模型构建。在科学和工程问题的研究中，函数是构建数学模型的基础工具，是将观察到的现象抽象化并用数学语言来表达。

——解决问题。函数不仅在描述系统行为方面至关重要，还是解决实际问题的关键。函数分析，可以解决最优化、动态系统分析、信号处理等一系列复杂问题。如在最优化理论中，目标函数和约束函数定义了需要优化的问题。

总的来说，函数在科学知识体系中的价值体现在其强大的描述、预测和解释自然现象和社会现象的能力上，是连接理论与实践、抽象与具体的桥梁。

例如，在经济学研究中，函数常被用于精确、明确描述变量之间的关系。其中，消费函数 $C=C_0+c\ (Y-T)$ 描述了消费 C 与可支配收入 $Y-T$ 之间的关系，其中，C_0是自治消费，c 是边际消费倾向，Y 是总收入，T 是税收。这个方程为研究者提供了消费和收入之间的明确关系，有助于政策制定和预测。

方程、模型和函数之间的区别是：方程侧重于变量之间的等量关系，是求解问题的工具；模型是对现象的整体描述和模拟，可以包含多个方程和函数；函数专注于变量之间的依赖和映射关系，是构建模型的基石。

方程、模型和函数之间的联系是：方程可以用来定义函数的关系，也是构建模型时描述关系的工具；函数是模型中用来表达变量间依赖关系的主要方式，通过函数可以构建出描述现象的方程；模型利用方程和函数来抽象现实世界的现象，并进行预测、分析和理解。

（6）过程、效应和机制

①过程。过程（process）指的是客观事物随时间连续变化所经历的内部结构改变和外在状态的量的变化。

例如，水沸腾是一个相变的过程，这意味着水从液态转变为气态。在水达到其沸点时，也就是在常压下液态水的温度达到 100 摄氏度，水分子获得足够的热能以克服液态水之间的吸引力，从而逃离液体表面，形成水蒸气。这是一个热量输入引起的过程，因为水分子需要吸收热量来克服液态间的吸引力并转变为气态。在水沸腾过程中，温度保持不变，直到所有液态水都转变为气态水蒸气。这一温度称为沸点，是水在给定压力下从液态到气态的转变温度。沸点数值取决于所处的压力，而在标准大气压下（1 个大气压），水的沸点是 100 摄氏度。需要注意的是：水从液态转变为气态相变过程的发生，需要特定的温度和热量输入。

②效应。效应（effect）通常是指在有限环境下一些因素和一些结果而构成的一种因果现象。例如，量子力学的研究领域的“量子隧穿”效应，是量子力学中的一个重要现象，描述了微观粒子（如电子或原子）能够穿越经典物理学认为不可能通过的障碍的现象，揭示量子尺度所发生的事件

中粒子位势变化的因果关系。通常，根据经典物理学，粒子如果碰到高能量的势垒，它们会被阻挡或反射。然而，在量子力学中，粒子存在概率波函数，可以表现出概率分布的特性。因此，存在一定的概率穿越势垒，即使粒子的能量低于势垒的高度。其中，一个运动中的粒子遭遇到一个位势垒，试图从位势垒的一边（设为区域 A）移动到另一边（设为区域 C）。这一过程可以类比为一个圆球试图滚动过一座小山。量子力学与经典力学对于这个问题给出了不同的解答。经典力学预测，假若粒子所具有的能量低于位势垒的势能，则这个粒子绝对无法从区域 A 移动到区域 C。量子力学有着不同的预测：这个粒子可能从区域 A 穿越到区域 C。

量子隧穿效应的出现是由于波粒二象性，即微观粒子既具有粒子的性质也具有波动的性质。这种效应在许多领域都有应用，如电子穿隧现象在量子隧穿二极管中的应用、核反应中的 α 衰变等。量子隧穿现象也为一些量子技术，如量子隧穿显示器、扫描隧道显微镜等的发展提供了基础。

③机制。机制（regime）是客观现象或系统行为的固定模式。例如，热力学机制基于基本定律解释了能量转换和物质状态变化。

——热力学第一定律即能量守恒定律。在封闭系统中，能量不能创造或销毁，仅能从一种形式转换为另一种形式，如机械能转化为热能，电能转化为光能等。

——热力学第二定律。描述熵的概念，指出自然过程中系统的总熵即无序度或信息缺失度量倾向于增加，表明某些能量转换过程不可逆，如热量自然从高温物体流向低温物体。

——热力学第三定律。当温度接近绝对零度即 0 开尔文时，系统的熵趋向于一个常数，这对理解低温物理学行为如超导性和超流性至关重要。

——相变机制。相变机制涉及物质状态变化如固体融化成液体以及液体蒸发成气体时的能量和物性变化。这些过程通常涉及潜热的吸收或释放，即在物质状态改变时温度保持不变，能量将用于改变物质结构而非温度。

这些原理，可以解释和预测在不同条件下物质和能量的相互作用。

（7）范式、定则和实验

范式（paradigm）、定则（rule）和实验（experiment）是三个基本且相互关联的概念，在科学研究和知识发展中是不同但互补的角色。

①范式。1962 年，托马斯 · 库恩（Thomas Kuhn）提出“范式”概

念，定义为科学社区共享的理论、法则、方法和标准，指导科学研究和实践。如达尔文进化论范式，就是用自然选择概念解释生物多样性和物种演化改变对生命和自然界的理解。

——自然选择概念，在自然环境中，那些最能适应环境的生物特征更有可能被传递到下一代，从而导致物种随时间逐渐演化，推翻物种不变观念。

——物种共同起源，所有生物具有共同血缘，促进生物学领域多个学科发展。

——科学研究方法革新，通过实地研究和观察，强调理论必须基于事实。

——对心理学、社会学等多学科影响，改变对人类行为和社会结构的理解。此外，进化论对当时的宗教和哲学观点形成挑战，引发人们对生命意义和人类地位的广泛讨论，持续影响着现代生物科学。

范式决定科学研究的方向和范围，是科学进步和革命的基础。当新的发现不再适应当前范式时，会导致科学范式的转换。

②定则。定则（rule）是指导思想或行为的基本原则，通常是经过验证的、用来解释特定现象的规律或法则。例如，物理学中的左手定则和右手定则。在科学中，定则可以是简单的操作指南，也可以是复杂现象的基本规律。定则为科学研究提供基础框架和原则，帮助研究人员遵循一定的方法论进行观察、实验和理论推导。

经济学中的定则经常作为实际决策的快速指南。如边际成本与边际收益定则：当边际收益（MB）大于边际成本（MC）时，应该增加生产或消费；当 MB 小于 MC 时，应该减少生产或消费。这个简单的定则为企业提供一个关于何时增加或减少生产的明确指南，也为研究者提供了一个框架，以探讨诸如税收、补助或价格管制对生产和消费决策的影响。

③实验。实验（experiment）是科学研究中的一种方法，通过控制和观察变量来测试假设或理论的有效性。实验是验证科学理论和假设的直接方式。通过实验结果，科研人员可以确认、否定或修正理论和定则。实验可以在实验室环境中进行，也可以是自然条件下的观察。

例如，1953 年，斯坦利·米勒（Stanley Miller）和哈罗德·尤里（Harold Urey）进行的米勒-尤里实验，实验旨在测试生命如何从无机物转化为有机分子的假设。实验中，使用封闭的玻璃装置模拟了地球早期的大气环境，包括水蒸气、甲烷、氨气和氢气，并通过电火花模拟雷电活动。一周后，实验结果显示生成了多种有机分子，包括构成蛋白质的氨基酸。这些发现不仅支持生命起源的化学演化理论，还说明科学实验在验证理论、提出新假设及测试假设有效性方面的重要作用。实验方法使科研人员直接与自然界互动，通过观察和操作得到可靠的数据，从而拓展科学知识的边界。

范式、定则和实验之间的区别是：范式是更宏观的概念，涉及一整套科学理论、方法和标准的集合，指导科学研究的总体方向；定则更侧重于特定规律或原则的表述，是科学知识的基本构成部分；实验是科学方法的具体实践，用于检验假设和理论的正确性。

三者之间的联系是：实验是检验定则有效性的重要手段，通过实验可以发现、验证或否定定则；定则和实验的结果反馈到范式中，有助于范式的发展或变革。一个新的或修正的定则可能会促进现有范式的演进，或导致新范式的形成；范式提供理论框架，决定哪些定则值得关注以及如何设计实验来验证这些定则。

2.1.2.2 基本特征

与数学知识相比，科学知识的重要特征如下：

（1）观察实验性

科学知识的发展是一个多方面、多层次的过程，其中，科学发现的证实是科学知识发展过程中的一个重要部分。同时，科学发现的证实是一个动态的过程，而不是一个简单的一次性事件，会随着新的证据和理解而改变。费曼说过："当我们懂得观察实验是检验一个理论是否正确的唯一和最终标准时，我们也就真正理解了科学的所有其他方面以及科学的本质。"① 科学观察是指系统的、按照一定的方法和程序进行的，以确保观察结果的一致性和可靠性的实验。科学实验的设计需要严谨，以确保实验结果的有效性。总之，科学知识的观察实验性特征强调了科学方法的实证性和严谨性，这是科学知识获取和验证的基础。

（2）可验证性

科学知识可验证性意味着任何科学理论或断言都可以通过观察、实验或其他科学方法进行检验。如爱因斯坦广义相对论预测光线在强重力场中

---

① 刘兵. 认识科学［M］. 北京：中国人民大学出版社，2006：13.

会弯曲。1919 年，天文学家观测到来自远处恒星光线在经过太阳附近时发生弯曲。这次观测不仅证实了广义相对论的正确性，也展示出科学知识通过实验观测的可验证性。

（3）归纳演绎

科学知识的发展往往依赖于归纳和演绎这两种逻辑方法。归纳是从特殊到一般的推理过程，即通过观察和实验收集特定的事实或数据，总结出一般性的原理或规律。如达尔文通过对世界各地特别是加拉帕戈斯群岛上的动物和植物的观察，发现物种之间细微但明显的变异，并通过归纳总结出自然选择概念，最终提出进化论。演绎则是从一般到特殊的推理过程，即从已有的原理或规律出发，推导出具体情况下的预测或结论。如牛顿通过演绎推理，从其运动定律和开普勒的行星运动定律出发，推导出万有引力定律。这个过程涉及从一般性原理出发，应用于解释月球绕地球运动以及行星绕太阳运动的特殊情况。

归纳方法从具体数据中发现规律和原理，而演绎方法则从已有规律和原理出发，预测和解释更多自然现象，两种方法相辅相成，共同推动科学进步。

（4）进化迭代性

科学知识可以随着新的实验和观察结果而改变和发展。科学理论可以被修正或被取代，以适应新的证据和发现。数学知识则更加稳定，一旦证明正确，通常不会改变。科学知识的进化和可变性是一个复杂且持续发展的过程，涉及对现有理论的不断审视、挑战和修正。例如，“地心说”认为地球是宇宙的中心，天体围绕地球运转。16 世纪，哥白尼（Nicolaus Copernicus）提出“日心说”，即太阳位于宇宙中心，地球和其他行星围绕太阳运转。这一理论得到开普勒行星运动定律和伽利略观测结果的支持，最终取代“地心说”。科学知识是在不断探索、实验和理论创新中进化迭代的，这是科学发展的本质特征。

（5）解释预测性

科学知识的预测性是其最核心的特征之一。科学知识不仅有助于理解自然世界的现象，还可预测未来的事件。这种预测性基于科学理论和模型，通过观察、实验和数据分析得出的理论和模型有助于预测未来的事件，如经济活动预测。经济学中的数学模型和统计分析可以预测经济活动的未来趋势，如 GDP 增长率、就业率和通货膨胀率。这些预测对于政府和企业制定经济政策和战略规划至关重要。这表明科学知识的预测性有助于解释自然现象、预测未来事件并解决实际问题。

2.2 数学知识与科学知识的区别与联系

2.2.1 区别

2.2.1.1 抽象程度

数学知识和科学知识都是人类对客观现实的理解和抽象的表现，但在反映客观现实的抽象性方面存在一些显著差异。

（1）数学知识的高度抽象性

数学知识的高度抽象性不直接依赖于物理世界的具体实例。例如，数学关于圆的定义——所有点到一个固定点即圆心的距离等于半径的集合。这个定义是完全抽象的，无关物理世界的任何具体圆，无论是一个完美物理圆还是天体运行轨迹。

数学建立在一套公理和逻辑推理基础之上，通过抽象的概念（如数、形状、结构等）和理论（如代数、几何、微积分等）来探索可能的模式和关系。数学的真理是普遍有效的，不受特定物理条件或观测的限制。例如，欧几里得几何中的定理，如两点之间线段最短，是在其公理体系内绝对正确的，不论在现实世界中是否能找到完美的对应。

（2）科学知识基于观察和实验

与数学相比，科学知识虽然也涉及抽象的概念和理论，但基于对物理世界的观察和实验。科学通过归纳和演绎的方法，形成关于自然现象的解释和预测的模型。这些模型旨在反映客观现实，但它们的有效性往往依赖于实验条件和观测数据的准确性。例如，在物理学中，万有引力定律描述了两个物体之间的引力与它们的质量成正比，与距离的平方成反比。虽然这个定律是基于观测数据抽象出来的，但仍然依赖于实验或天文观测的验证。在特定条件下，如黑洞附近，相对论提供了更加精确的引力描述，显示出科学知识抽象是以其对现实世界的准确反映为基础的。

科学知识是可被测试和修正的，随着新的观测和实验结果的出现，科学理论可能会被更新或替换。例如，牛顿的经典力学在许多日常条件下非常准确，但在极高速度或强引力场中，相对论提供了更准确的描述。

总之，数学知识的抽象性体现在具有普遍性和独立于物理实例的性质，并具有永恒不变性质；而科学知识的抽象性则体现在必须尝试描述和解释物理世界的能力上，这种能力是建立在观察和实验基础上的，并随着新的发现而适时调整。

2.2.1.2 体系结构

数学知识与科学知识的根本区别主要体现在起点、目的、验证方法以及知识的普遍性方面。

（1）起点

数学知识的起点是一系列基本的公理和定义。数学通过逻辑推理，从这些公理和定义出发，构建起一套严密的理论体系。公理是在数学体系中被默认为真实的基础陈述，而定义则是对特定数学对象的明确表述。从这些出发点，数学家使用逻辑推理来构建和发展理论体系。例如，欧几里得几何学从五个基本公理出发，由点、线、面概念的基本定义和角度、圆、多边形等的定义构成理论的基础。从这些公理和定义出发，通过逻辑推理，证明更复杂的几何定理，比如三角形内角和定理，即一个三角形的内角和等于 180 度等。这种方法不仅适用于几何学，而且是整个数学领域普遍采用的方法，包括代数、分析、拓扑学等其他分支。

科学知识的起点是观察和实验。科学通过观察自然界的现象，提出假设，然后通过实验来测试这些假设。在科学的早期阶段，观察和实验是科学方法论的核心。研究人员通过观察自然现象，进行实验验证，然后利用归纳和推理的逻辑方法总结规律和原理。这种方法强调经验和逻辑作为知识发现的基础，体现了经验主义的科学观。这是科学方法的传统观点，认为科学知识是通过观察自然现象、收集数据，然后通过归纳推理来建立更广泛的理论和规律。这个过程强调经验证据和归纳推理在科学发现中的重要性。这种观点也阐释了科学知识产生和发展的独特机制：通过观察自然界现象来提出假说，通过实验来测试假说，目的是对自然界的现象进行科学解释和预测。

（2）目的

数学的目的是探索和证明抽象结构之间的逻辑关系，强调的是理论体系内部的严格逻辑证明和一致性。例如，数学归纳法是一种证明技巧，用于证明某些性质对所有自然数成立。这种方法首先验证基础情况，通常是最小的自然数 1，然后假设性质对某个自然数 k 成立，并基于这个假设来

证明性质对 $k+1$ 也成立。这种方法体现了数学追求内部逻辑一致性和严格证明的特点。

科学的目的是理解自然界的运作机制，追求的是对观察到的现象的准确描述和预测，以揭示宇宙的基本法则，不断拓展对自然界的理解。例如，牛顿通过观察和实验，发现了描述物体运动的三个基本定律。这些定律不仅准确描述了地球上物体的运动，还能预测天体运动的轨迹，如行星绕太阳旋转的路径。

（3）验证方法

数学通过逻辑推理来验证理论的正确性。这个过程通常涉及定义、定理和证明，从公理系统出发，通过逻辑推导得出结论。例如，前面提到的勾股定理（Pythagoras' theorem）的证明，包含定义直角三角形，提出勾股定理和证明过程。通过逻辑推理和几何构造，数学家验证了勾股定理的正确性。整个过程显示出数学通过定义、构造概念、逻辑推理和严格证明来确保理论正确性的方法。

科学通过实验和观察来验证理论的正确性。科学通过实验和观察来验证理论的正确性是科学方法的核心。这个过程涉及提出假设，然后通过实验设计和数据收集来测试这些假设。一个科学理论的接受度取决于它对现象的解释和预测能力以及它能否在新的实验和观察中得到重复验证。例如，格里高利·门德尔的遗传实验研究。通过观察，门德尔选择豌豆这一植物作为实验对象，因为这些植物有很多容易区分的特征，如花色、豆荚形状等。在实验过程中，门德尔通过控制豌豆植物授粉过程，揭示遗传的基本规律，即门德尔遗传定律。

（4）知识的普遍性

数学知识是普遍有效的，其结论不依赖于具体的时间、地点或物理条件。数学的定理一旦被证明，就被认为是无条件真实的。例如，欧几里得几何中的定理“三角形的内角和等于 180 度”，就是基于欧几里得几何的公理系统通过逻辑推理证明的，其真理性不依赖于物理世界中三角形的实际测量。

科学知识是基于当前的观察和实验得到的最佳解释，是可以被修正的理论。随着新技术的发展和新数据的获取，科学理论会被更新、修正甚至被新理论所替代。例如，牛顿的运动定律描述了物体运动的三个基本规律，是基于大量的观测和实验得出的结论。虽然牛顿提出的定律在日常生活中非常准确，但在一些极端条件下，如接近光速的情况下，需要用爱因斯坦的相对论来提供更准确的描述。

总之，数学侧重于逻辑推理和内部一致性，而科学侧重于实验验证和对自然界现象的解释与预测。

2.2.2 联系

2.2.2.1 数学：科学知识的核心

（1）通过数学接近科学知识底层逻辑

科学观察或实验证明的知识，其本质上是基于有限的归纳方法得到的实践证明。这意味着科研人员通过观察自然界中的现象或通过实验来收集数据，然后利用这些数据来形成或验证理论和假设。归纳方法是一种从特殊到一般的推理方法，即从个别实例出发，总结出普遍的规律或理论。这种方法虽然有助于理解和解释自然界的运作，但由于基于有限的观察或实验，其结论总是有一定的局限性。

科学知识的发展依赖于观察和实验，这些方法本身有其局限性。技术的限制、观察条件的约束以及实验设计的不足，都会影响知识的获取以及知识的科学性。在科学研究中，要认识这种局限性并通过不断实验、观察和理论修正进行克服。

科学知识创新的底层逻辑中，最为核心和关键的是，构建数学模型的理论假说的逻辑前提——原理的阐释。科学发展尤其是现代科学的发展揭示出：许多现象的底层机制极其复杂，涉及多个层次相互作用，使得直接逻辑解释极其困难或者说根本不可行。例如，量子力学是对自然界底层逻辑的深刻探索，核心理论之一是波粒二象性，表明微观粒子（如电子和光子）同时具有波和粒子的性质。这一概念挑战了传统物理的粒子与波动区分，说明自然界的复杂性超越日常直觉。海森堡的不确定性原理进一步阐明，粒子的位置和动量无法同时精确知晓，这不是技术限制，而是自然的根本特性。量子纠缠现象表明，粒子间存在即时相互作用，挑战了经典物理的局域性原理。

量子力学的数学框架包括波函数和薛定谔方程等，极大增强对微观世界的描述和预测能力。然而，这些模型虽然预测精准，却无法提供直观的粒子行为图像。总体而言，量子力学不仅展现了科学通过模型和理论接近深层逻辑的能力，也反映自然界超出直接理解的复杂性。

数学知识是建立在形式化的公理体系之上，通过公理化的演绎推导形成的一种自洽的知识体系。数学的这种特性，即从一组选定的基本假设或公理出发，通过严格的逻辑推理过程产生整个知识体系，区别于基于实验和观察的自然科学知识。这种方法的特点在于其高度抽象性和普遍性，数学定理一旦被证明，就在其适用的范围内绝对真实。通过这种方式，数学构建起极为复杂而又严格的知识结构体系，在自然科学、工程技术乃至社会科学中都有广泛的应用。

科学只能通过模型、理论和假设的构建，在现有的知识框架内，接近这些深层逻辑，但不能直接揭示所有事物发展和现象发生的底层逻辑，其中原因是自然界和宇宙的复杂性超出了人类直接理解的能力，需要数学思维不断接近事物发展和现象发生的底层逻辑。这是因为，数学“对思维最重要的贡献之一，是其概念的极大适应性。这种适应性是其他非数学模式很难达到的”，数学“使人更有效地进行思维”，相对于哲学，更加“令人信服”①。数学在科学模型、理论和假设的构建中，通过数学的逻辑结构和推理过程的严密思维方式，更加深入探索和发现事物发展和现象发生的底层逻辑。

在理论物理学中，数学被证明是理解宇宙基本原理的关键。如麦克斯韦方程组就利用数学方程来描述电磁场行为，其数学表达形式使得麦克斯韦预测电磁波的存在，这一预测后来通过实验被证实，为无线通信技术奠定了基础。

在医学研究中，统计学的应用允许研究人员通过数据分析来推断疾病的原因、治疗的效果以及患病风险。严格的统计推理过程是评估医学干预措施有效性的基石，如随机对照试验（RCT）设计就依赖于统计原理来确保结果的可靠性。

这些实例显示：数学提供了一种框架，使得研究人员能够以一种结构化和逻辑性强的方式来探索未知、验证假设和解释现象，更加深入地探寻事物发展和现象发生的底层逻辑。

（2）科学知识体系的本质是数学公理化知识结构

在科学知识体系中，最为基础的逻辑前提通常是通过从观察和实验中归纳得出的结论。这意味着科学知识的构建和发展是以实证数据为基础

---

① 冯·诺依曼. 数学在科学和社会中的作用［M］. 路钊，等译. 大连：大连理工大学出版社，2009：173.

的，科研人员通过对自然界的观察和实验来收集证据，然后利用这些证据来形成、测试和验证理论和假设。因此，科学知识体系的有序发展过程是迭代的，每一步都基于现有的知识，通过新增的数据和理论反思来调整和完善理论，推动科学知识体系发展。

例如，19 世纪，达尔文通过对自然界中的物种多样性和地理分布的长期观察，注意到不同地区和环境中，相似物种表现出不同的适应性特征，这使其提出：物种并非固定不变而是通过自然选择这一机制在长时间进化过程中逐渐变化的。科研人员通过考察化石记录、进行生物地理学研究以及后来的遗传学研究来测试进化论假说。如遗传学发展尤其是 DNA 的发现，为达尔文理论提供了分子层面的证据，说明物种之间的相似性和差异确实可以通过遗传变异和自然选择来解释。

随着更多数据的积累，进化论本身也得到修正和完善。如现代综合理论在 20 世纪中叶形成，将达尔文的自然选择与孟德尔（Gregor Mendel）的遗传学、遗传变异、基因流和遗传漂变等概念整合起来，提供了一个更全面的进化机制。

这说明，科学知识体系会经历一系列的观察、假设、测试和修正迭代发展的过程，这是科学发展的基本模式，以确保科学知识的不断进步。

将科学知识用数学公理化的方法结构化，是科学知识体系有序发展的核心。这种方法涉及使用数学的语言和逻辑框架来定义、表达和推导科学理论和定律。通过这种方法，科学理论不仅能够更加精确和清晰表达其内在的逻辑和关系，而且还能够进行严格的推理和验证。

数学公理化的方法提供了一种强有力的工具，用于探索和理解自然现象的基本规律。如物理学中经典力学、电磁学、量子力学等许多分支，都广泛采用数学公式和模型来描述自然界的运作。这不仅增强了科学理论的预测能力，也使得理论之间的联系和统一变得更加明显。

数学公理化的方法还有助于揭示不同科学领域之间的深层次联系，促进跨学科的理解和应用。通过建立统一和标准化的数学框架，科学知识的积累和传播变得更加系统化和高效，为科学技术的进步和创新提供了坚实的基础。

总之，数学公理化在科学知识体系中起到了至关重要的作用，不仅提升了科学知识的精确性和内在一致性，而且促进了科学领域的深入研究和有序发展。

2.2.2.2 科学知识的数学化发展

(1) 数学知识在科学知识中的核心地位

伽利略第一个明确指出：物理定律应该用数学语言来表达。这句话对科学界产生了深远影响，标志着人类对自然界的理解从主观直观转向客观量化，从而揭示数学在理解自然界中的核心作用。

虽然科学问题需要结合实验数据、经验判断和数学模型才能得到解决，科学求解也仅限于使用“纯粹数学表达和描述”，但可以确定的是：数学在科学研究中扮演着不可或缺的越来越重要的角色。从科学发展的带头学科来看：任何问题的科学研究，在认同基本原理的前提下，只有运用纯粹数学表达和描述，才能够予以科学求解。冯·诺伊曼（John von Neumann）以理论物理为例指出：“认同了力学的原理，那么剩下的纯粹数学部分就是用数学的术语来表述这些原理。用数学来研究如何找到解，有多少个解等等。[①]”由于物理学的原理相当于数学的公理，这实际上是把各种问题转化成数学问题，进行数学理论的推导和求解。

数学在科学问题求解中的关键作用，具体体现在以下四个方面：

①建模与模拟。数学提供了一套语言和工具，对现实世界中的复杂现象进行建模。通过建立数学模型，科研人员可以模拟和预测系统的行为，这对于理解自然界的运作原理至关重要。

②逻辑推理与证明。数学的逻辑结构严谨，依赖于公理和逻辑推理来证明定理。这种方法为科学提供了一种强有力的手段，确保科学理论和假设的严谨性和可靠性。

③量化分析。数学能够量化分析现象，通过数值数据来衡量和比较不同变量之间关系。这种量化是科学研究中不可或缺的，可以进行精确的预测和推断。

④解决优化问题。在许多科学领域，运用数学寻找最优解，如在物理学中的最小作用量原理，在工程学中的设计优化问题以及在经济学中的资源分配问题。数学优化技术可以在给定的约束条件下找到最有效的解决方案。

这些方面的重要作用，使得数学知识在科学知识体系中具有核心地位。

---

① 冯·诺依曼. 数学在科学和社会中的作用 [M]. 路钊，等译. 大连：大连理工大学出版社，2009：174.

（2）科学知识因数学知识的创新应用而创新

科学知识的创新很大程度上依赖于数学知识的创新及其应用。数学提供精确的语言和工具集，用于表达科学概念、建立理论模型、分析实验数据以及预测自然现象。数学知识的发展和创新应用会直接影响科学领域的进步。

数学在理解和发展科学理论中占据核心地位。新的科学知识和理论，特别是那些不仅仅局限于描述实验观察结果的理论，本质上依赖于数学框架和数学语言来进行表述和推导。数学提供了精确的工具，能够构建模型、进行逻辑推理以及形成能够预测未来实验结果的理论体系。

在科学发展史中，许多重大的理论进步，如广义相对论、量子力学等，都是通过深入的数学推导和模型构建来实现知识的创新发展。这些理论不仅解释了现有的实验数据，还预测了之前未被观察到的现象，其正确性随后通过实验得到了验证。因此，在科学知识创新发展中，数学不仅是一种描述工具，还是理论创新和科学发现不可或缺的基础。

数学结构在科学知识发现中也具有至关重要的作用。数学提供了一种形式化的语言和工具集，用于描述自然现象、工程问题和社会经济现象。人们通过建立数学模型，以抽象和精确的方式表达复杂系统的行为，从而为理解现象、预测未来趋势以及设计实验和技术提供理论基础。在收集和分析数据的环节中，数学，特别是统计学和概率论，为数据分析提供了方法论，使研究者能够从数据中提取信息、验证假设、估计参数和做出推断。通过数学建模和优化算法，人们可以找到最有效、最经济或最可行的解决方案，从而在复杂的决策问题中实现最优选择。通过数学模型和方法的应用，人们可以促进新理论的形成、新技术的发明和新领域的探索。随着计算机技术发展，计算数学和数值分析成为科学研究中不可或缺的一部分，可以对复杂系统进行模拟和分析，从而在实验上不可行或成本过高的情况下进行实验和探索。

例如，经济学中博弈论的数学结构是非零和博弈、纳什均衡。数学结构的作用是：在经济学中，博弈论提供了一个框架，用于分析和预测个体或组织在竞争环境中的决策和行为。数学结构如纳什均衡，可以帮助经济学家理解市场机制、谈判策略以及政策制定对经济行为者的影响。

这些都显示出数学结构跨学科促进科学知识的发现和应用。通过提供严谨的表达方式和分析工具，数学有助于深入理解自然界的法则，解决实际问题并推动科技进步。

2.3 以数学知识研究为核心开展科学研究

以数学知识研究为核心开展科学研究的原因如下：

（1）数学抽象：科学客观性的前提

数学抽象性理论为科学研究提供了方法和工具，科学可以通过使用数学模型来抽象、简化和精确描述自然现象，这有助于理解客观存在复杂的关系和规律，提高科学研究的客观准确性。

例如，正态分布是一种统计学概念，描述了各种现象的分布情况，呈钟形曲线。其特征包括对称性、集中趋势以及标准差。标准差表示数据点在均值周围的分散程度，影响着数据集中度和分布范围。在自然科学、社会科学、工程和质量控制、金融和经济学等领域，正态分布都有广泛应用，有助于理解和分析不同类型的现象，为科学研究提供了有力工具。

数学抽象性提供了一种客观的语言和工具，可以客观、准确记录和表达科学观察、实验的结论，保证研究过程和结果是可重复和可验证的科学客观性要求。通过数学语言的使用，科研人员可以消除主观因素，提供精确的数值关系，确保研究在科学界中被广泛认可和接受。

通过数学抽象化，科研人员可以发现科学研究对象普遍的模式和规律，有助于思考、解决和揭示问题的本质，有助于建立更广泛的科学理论、推动科学知识的积累并推动科学的发展。

例如，微积分是数学的一个分支，它研究了变化和积分的概念，是许多科学领域的基础。在物理学中，微积分在描述和理解自然现象方面发挥了关键作用。

在研究一个物体的运动中，如果要分析速度和加速度如何随时间变化的问题，就可以用微积分来解决。具体来说，可以定义一个物体的位置函数，如 $s(t)$ 表示物体在时间 t 时的位置。然后，通过对位置函数进行微分，可以得到速度函数 $v(t)$，通过再次对速度函数进行微分，可以得到加速度函数 $a(t)$。这些函数之间的关系可以用微积分的数学符号表示：

$$v(t)=\frac{\mathrm{d}s(t)}{\mathrm{d}t}\ ,\ a(t)=\frac{\mathrm{d}v(t)}{\mathrm{d}t}=\frac{\mathrm{d}^2s(t)}{\mathrm{d}t}$$

其中，$s(t)$ 表示位置函数，$v(t)$ 表示速度函数，$a(t)$ 表示加速度函数，而 dt 表示时间的微小变化。

数学抽象性促进科学客观性的发展有以下特点：

①微积分提供了精确描述物体运动的方法，这种描述不受主观判断的影响。

②使用微积分的方法能够保证实验结果的可复制性并使不同研究者得到相同的数学结果。

③微积分作为客观工具，独立于个人观点或解释，所有科研人员都需要遵循相同的数学原则和规则。

因此，数学作为通用的、精确的抽象语言，有助于科学研究更加客观和可靠。

（2）数学严谨：科学重复性的保证

数学的严谨性（rigor）是指，在数学知识体系中，所有的概念都需要有明确的定义，使用精确的语言包括专门的数学术语、符号来描述概念以及严谨的逻辑结构。每个定理或者公式，无论多么直观或者明显，都要从已知公理或定理中通过严谨的逻辑推理来证明。

例如，依据皮亚诺算术公理和自然数加法定义，证明：1+1=2。

皮亚诺公理（Peano's axioms）的自然数算术公理如下：

——0 是自然数。通常，0 被认为是自然数中的第一个数字。

——每个自然数都有一个后继数，记为 $S(n)$，且这个数也是一个自然数。

——0 不是任何自然数的后继数，就是说，没有自然数 n 满足 $S(n)=0$。

——两个自然数如果有相同后继数，那么这两个自然数相同。即：如果 $S(n)=S(m)$，那么 $n=m$。

——数学归纳法：如果一个子集 P 的自然数满足以下两个条件：

①0 属于 P。

②如果 n 属于 P，那么 $S(n)$ 也属于 P。

那么，P 包含所有的自然数。

这些公理在初看时似乎是显而易见的，为自然数提供了一个基础结构，为严谨数学处理奠定了坚实的基础，并在数理逻辑和数学基础研究中扮演了重要角色。

基于皮亚诺的公理，自然数的加法可以如下定义：

①加法的基本属性：对于任意自然数 n，有 $n+0=n$。

这表示任何自然数与 0 相加都等于其自身。

②加法的递归属性：对于任意自然数 n 和 m，有 $n+S(m)=S(n+m)$。

这意味着，为了计算一个自然数与另一个自然数的后继数相加，可以先将前者与后者相加，然后取结果的后继数。

这两个属性定义了所有自然数的加法。通过递归应用这些规则，可以计算任意两个自然数的和。

证明：根据皮亚诺算术公理，可以定义自然数集合中的最小元素为 0，并定义每个自然数的后继函数，记作 $S(n)$。

同理，定义自然数的加法：$n+0=n$ 对所有的自然数 n 成立。

$n+S(m)=S(n+m)$ 对所有的自然数 n 和 m 成立。

使用以下表示法：

1 是 0 的后继，即 $1=S(0)$；2 是 1 的后继，即 $2=S(1)=S(S(0))$。

根据这些定义，$1+1=1+S(0)=S(1+0)$。

根据加法的第一个定义（与 0 相加），有 $1+0=1$，

所以：$S(1+0)=S(1)$。

根据 1 的定义，$S(1)=S(S(0))=2$，

所以，可以得出：$1+1=2$。

这就是依据皮亚诺算术公理证明 $1+1=2$ 的基本过程。

虽然命题似乎是显而易见的，但在数学逻辑中，要注意避免直觉。虽然直觉在数学发现中起着重要作用，但在严格的数学证明中，直觉不能成为证明基础。相反，证明需要基于明确定义、公理和逻辑规则，确保从最基本公理和定义开始进行推理。因为，数学论证不仅应用于特定实例，还应具有普遍性，应用于所有满足特定条件的一般情况。这样才能确保数学的严谨性。

科学的可重复性表现在，科学研究要求实验和观测的结果能够被独立的研究者重复验证。可重复性是科学方法的核心原则之一，从而确保科学结果的可靠性和可信度。只有当不同研究者能够独立重复实验并得出相似的结果时，才能确认一个科学发现或理论。数学严谨性表现在，数学是一门严格的学科，是建立在精确的定义、公理和严密的逻辑推导之上的理论。每一步推理都必须经过详尽的证明，确保了数学结果的精确性和可信度。所以，数学严谨性是科学可重复性的保证。

例如，研究地球上物体自由落体运动的规律，也就是在没有空气阻力

的情况下物体自由下落的行为。为了研究这个问题，首先需要测量不同高度下物体下落的时间，并记录下相关数据。在设计实验中，可以选择在不同高度放置一个物体并记录其下落时间。这涉及选择合适的高度、使用合适的实验设备等。通过实验，可以测量不同高度下物体的下落时间并记录这些数据。接下来，需要对这些数据进行分析以确定物体自由下落的规律。这可能涉及绘制图表、计算平均值、计算标准差等。

在数据分析这个阶段，为解释自由落体运动的数据，可以使用如下公式：

$$h = \frac{1}{2}g t^2$$

其中，h 是下落距离，g 是重力加速度，t 是时间。

这个公式基于数学原理，并且是数学严谨性的体现。

正是因为在实验设计和数据分析中遵循了数学严谨性，所以不同研究者可以使用相同的方法和公式来重复这个实验，并得出相同的结论。如果在分析数据时没有遵循数学严谨性，可能会得出错误的结论。这证明了科学可重复性的重要性，并且强调了数学在这一过程中的关键作用。

（3）数学证明：科学研究的简约化

数学证明体现了科学哲学中的简约原则（Occam's razor），即在解释现象时应尽可能减少不必要的假设。恩斯特·马赫（Ernst Mach）说过："数学的力量在于它规避了一切不必要的思考且节省了脑力活动。①"在解决科学问题中，创造性数学证明可以为科学研究提供简便方式和精确计量，将复杂的科学问题简化为更易于理解和操作的数学形式，实现科学研究的简约化。因为，"只要你处理的是纯数学，你便处于完全和绝对的抽象领域中。所有所说的不外乎是理性的坚信，任何持有具有满足纯抽象条件的关系，就必然满足另外纯抽象条件的关系。②"这种科学研究的简约化使得人们可以探索和理解复杂系统的规律。

数学证明的普遍性意味着证明的结论适用于所有符合前提条件的情况，而不仅仅是个别实例或特定的例子。这与实验科学不同，后者通常依

---

① 埃里克·坦普尔·贝尔. 数学大师：从芝诺到庞加莱［M］. 徐源，译. 上海：上海科技教育出版社，2018：3.

② 阿弗烈·诺夫·怀海德. 科学与近代世界［M］. 黄振威，译. 北京：北京师范大学出版社，2017：26.

赖于观察和实验来验证假说。数学证明尤其是在发现新的证明方法或解决难题时，需要创造性的思维和直觉，使科学问题简约化。

例如，公元前3世纪，古希腊学者埃拉托色尼（Eratosthenes）计算地球经度周长就是利用数学证明的简约化进行科学研究的经典案例，其中的关键点如下：

——严谨假设。当时，人们通过出海船只的桅杆是渐渐从海平面消失的猜测大地是球体。既然是球体，那么，计算地球经度周长就是球体圆周长度的问题。埃拉托色尼把地球测量物理问题抽象为数学圆周长求解问题，并且选择位于同一经线上的塞伊尼（SYENE）小镇和亚历山大（ALEXANDRIA）城。这样，两地之间的圆心角就可以通过亚历山大的太阳角度来估计。

——观测数据收集。埃拉托色尼发现，在夏至日正午时，塞伊尼小镇的阳光直接照入井底，不会在井边投下一丝阴影，这说明阳光垂直于地面。

——精确度量。埃拉托色尼在另一年的夏至正午时分，测量了北方亚历山大城树干投下阴影的角度，为 $\theta \approx 7.2$ 度。这就是塞伊尼小镇的点 S 与亚历山大城的点 A 分别连接地心 O 所成的角 $\angle SOA \approx 7.2$ 度。这意味着它约占圆形一周角度360度的1/50。

——数学计算。埃拉托色尼使用比例计算，如果7.2度对应塞伊尼和亚历山大之间的距离，那么，一个完整圆的360度数对应的长度就是地球的周长。通过这种方式，可以得出一个相当接近真实值的地球周长数值。

此外，埃拉托色尼通过商队得知塞伊尼与亚历山大城之间的距离为800千米，埃拉托色尼计算出地球的周长约为40 000千米。这一计算结果与现代通过高科技测量的地球周长40 076千米，误差仅为千分之几。

这个方法之所以成为科学和数学历史上的重要里程碑，是因为在验证假说的精确计量过程中，创造性的数学证明在科学研究方面发挥了简约化的重要作用。

①假说的数学证明。埃拉托色尼的假说建立在明确的数学证明之上，这些证明是可以被其他人理解的计算过程。

②数学证明简约化的计算结果。埃拉托色尼的计算严格遵循逻辑推理，证明整个地球周长是已知两个城市之间距离的50倍。只要对已知两个城市之间的距离进行精确测量和计算，就可以保证计算整个地球周长结果

的准确性。

③可验证性。埃拉托色尼方法是数学证明的模型，是人人可以掌握和实验操作的，具有系统性和可操作的性质，任何人都可以进行重复验证。

埃拉托色尼没有直接测量地球周长，而是应用欧几里得几何学中圆的性质和相似三角形定理的数学理论，对人类世界进行探索，创造性地解决了第一个科学问题。

因此，创造性的数学证明常常促进新的科学发现和理论的发展；反过来，数学本身的发展也能够推动新的科学研究方法和理论的产生。

第 3 章 科学哲学的数学

数学概念是纯粹理性认识的根本。

——伊曼努尔·康德（Immanuel Kant）《纯粹理性批判》（1781）

数学家不是在创造数学真理，而是在发现数学真理。

——亨利·庞加莱（Henri Poincaré）《科学与方法》（1908）

3.1 科学哲学与数学

3.1.1 科学发展的哲学阈限

3.1.1.1 科学发展的哲学指导

（1）确立科学基础和假设

哲学在确立科学研究的基本概念、原则和假设方面发挥着重要作用。在自然法则方面，哲学家如伊曼努尔·康德（Immanuel Kant）在其自然法则的先验概念中提出，自然界遵循普遍和必然的法则，这对科学方法论产生了深远影响。

在因果关系方面，大卫·休谟（David Hume）对因果关系进行深入探讨，提出因果关系并非直接观察得到，而是通过习惯和经验推断而来，这对科学研究中因果推理的理解和应用产生了重要影响。

在归纳与演绎推理方面，亚里士多德（Aristotle）强调演绎推理的重要性，而弗朗西斯·培根（Francis Bacon）强调归纳推理的重要性。两者的区分对科学研究中推理方法的选择和应用至关重要。

在科学实验解释方面，科学哲学家如约翰·杜亨（John Dupré）和彼得·麦卡洛（Peter Machamer）讨论实验结果的解释问题，指出实验结果的解释依赖于辅助假设，这对科学实验的解释和理论的评估有着深远的影响。

在科学理论真理性方面，维尔弗里德·塞拉斯（Wilfrid Sellars）等人对科学理论的真理性进行深入探讨，提出真理的符合论和一致论等观点，这对科学理论的真理追求和验证奠定了哲学基础。

以上事实说明，通过探讨知识的本质和科学方法的合理性，哲学为科学奠定了坚实的理论基础。

（2）方法论发展

科学哲学提供了关于科学方法和推理的深入分析，指导如何设计实验、收集数据、进行推理和验证假设，从而确保科学研究的有效性和可靠性。

在实验设计方面，科学哲学家卡尔·波普尔提出可证伪性原则，强调科学理论应当是可被实验证伪的，这要求实验设计明确支持或反驳理论的实验。

在数据收集方面，科学哲学归纳主义和演绎主义讨论如何从观察数据中归纳出普遍规律。弗朗西斯·培根归纳法强调通过系统收集和分析数据来形成假设。

在推理过程方面，逻辑实证主义哲学家，如鲁道夫·卡尔纳普（Rudolf Carnap），强调逻辑分析在科学推理中的作用。

在假设验证方面，托马斯·库恩的范式理论指出，科学进步是通过一系列的科学革命实现的，每个革命都涉及对现有范式的重新评估，影响科学研究中如何验证假设以及何时需要对理论进行根本性的修正。

在科学证据解释方面，科学哲学家约翰·杜亨和彼得·麦卡洛提出科学实践中存在“辅助假设”的问题，即实验结果解释依赖于一系列未被测试的辅助假设，促使科学研究对实验数据解释更加谨慎。

在科学理论选择方面，科学哲学家拉卡托斯（Imre Lakatos）提出科学研究纲领的概念，强调理论的“硬核”和“保护带”，指出如何在一系列理论中做出选择以及如何改进理论以适应新的证据。

在科学知识增长方面，波普尔批判理性主义认为，科学知识通过不断批判和证伪过程而增长。

科学哲学提供了分析工具和理论框架，以确保科学研究的有效性和可靠性。

（3）伦理和责任

科学研究在推动技术进步和增进人类理解自然界的同时，也可能引发伦理问题。哲学，尤其是伦理学和社会哲学，提供了评估这些后果的框架，并指导科学研究遵循伦理原则。

例如，遗传工程技术，如 CRISPR-Cas9 编辑基因，可用于治疗遗传病，但也存在被用于非治疗目的的风险。哲学研究通过探讨人体增强的伦理界限、遗传信息的隐私权和潜在的社会不平等，提供评估这些技术的框架。再如，随着大数据和通信技术的发展，个人隐私和数据保护成为重要议题，哲学研究就通过分析信息时代的隐私权概念，探讨数据所有权和使用权的伦理界限。

通过这些可以看出：哲学不仅为评估科学活动潜在伦理和社会影响提供了理论基础，还促进了对科学实践中伦理原则的深入讨论和应用，以确保科学研究在促进知识发展的同时，也尊重个体权利、社会价值和环境可持续性。

（4）概念分析和理论构建

哲学通过逻辑和批判性思维，有助于精确概念、避免逻辑谬误并构建和评估科学理论。这对于科学知识的清晰表达和理论的逻辑结构至关重要。

在物理学中，最初“力”被描述为推动物体运动的原因。通过哲学的逻辑分析，牛顿将力精确定义为“物体运动改变的原因”，即著名的牛顿第二定律：$F = ma$（力等于质量乘以加速度）。

在科学论证中，哲学逻辑帮助识别如“偷换概念”或“假因谬误”等逻辑谬误。如针对“重物比轻物下落得更快”的观点，伽利略通过逻辑推理和实验证明，不考虑空气阻力时，所有物体以相同的加速度自由下落。

在构建科学理论方面，如爱因斯坦在构建相对论时，运用哲学的逻辑和批判性思维，提出“光速不变原理”并逻辑推理出时间膨胀和质能方程等价。

可以看出，哲学通过逻辑和批判性思维，有助于精确概念，构建和评估科学理论，从而推动科学知识的发展。

3.1.1.2　数学：科学实践的理论基础

（1）核心内容

数学知识是科学知识体系的核心内容，主要有以下四个方面的原因：

①工具性。在精确描述方面，数学提供了精确的语言和符号系统，用于描述自然现象和科学问题。如物理学中的运动方程、化学中的反应速率

公式、生物学中的人口增长模型等，都依赖于数学的表达和描述。在分析方法方面，数学提供了多种分析方法，如微积分、线性代数、概率论等，有助于分析和解决复杂问题。这些方法在处理数据、建立模型和进行推理时尤为重要。

②理论性。在理论框架方面，许多科学理论的建立和验证依赖于数学。例如，爱因斯坦的相对论、量子力学等理论都建立在深厚的数学基础之上。数学不仅帮助科学家提出假设，还能验证和推导出新的理论。在理论预测方面，数学模型模拟自然界的规律，并进行预测。这种预测能力在天文学、气象学、经济学等领域尤为关键，有助于预见未来的变化和趋势。

③通用性。在科学语言方面，数学作为一种通用语言，能够跨越不同的科学领域，促进跨学科研究。如统计学和数据分析在生物学、经济学、社会科学等多个领域都有广泛应用。在知识创新方面，数学能够将不同学科的概念和方法联系起来，促进科学知识的融合和创新。如生物信息学结合了生物学和计算机科学，通过数学模型分析基因数据。

④思维训练与方法论。在逻辑推理方面，数学强调逻辑推理和严密的论证过程，这种思维方式是科学研究的基础。科学家通过数学训练，培养出严谨的思维习惯和系统的分析能力。在解决问题方面，数学训练帮助科学家提高解决问题的技能，通过数学建模和计算，可以系统解决实际问题，并提出有效解决方案。

因此，数学知识是科学知识体系的核心，是科学研究不可或缺的基础。

（2）哲学指导

数学作为科学研究的哲学指导，具体体现在以下四个方面：

①逻辑与严谨性。在严格推理方面，数学以严格的逻辑推理为基础，确保结论的可靠性和一致性。这种方法论为科学研究奠定了坚实的哲学基础，使科学理论在逻辑上自洽且可验证。在结构化思维方面，数学的逻辑严谨性表现为结构化、系统化的思维方式，有助于在科学研究中进行清晰的分析和推理。

②抽象与普遍性。在普适性方面，数学具有高度的普适性和抽象性，能够超越具体的物理现象和经验观察，揭示自然规律的本质。这种抽象能力使得科学家能够构建普适性的理论，解释广泛的自然现象。在统一性方

面，数学提供统一的语言和框架，有助于不同领域之间建立联系，促进跨学科的研究和创新。

③简洁与美感。在简洁性方面，数学追求简洁性和优雅的表达，这种特性在科学理论的构建中同样重要。追求数学上的简洁和对称性的理念也推动了科学发现和创新。在美学价值方面，数学中的美感有助于启发人们寻找自然界中隐藏的对称性和规律，这种美学价值在科学研究中具有重要的激励作用。

④可验证性与可预测性。在实证性方面，数学模型和理论具有明确的可验证性，可以通过实验和观测来验证数学预测的准确性，使得科学研究具有可操作性和实证性。在预测能力方面，人们通过数学建模，可以对自然现象进行预测，这在实际应用中非常重要，如数学在天文学、气象学、经济学等领域的预测能力为科学研究提供了强大的支持。

3.1.2 数学：科学哲学的本质

3.1.2.1 理论探索的交叉

（1）抽象与逻辑的共同关注

数学和哲学都深入探讨知识基础和推理本质，寻求普遍真理和确定性。例如，哲学家和数学家都重视什么构成有效证明和命题真实性的问题。这种对抽象概念和逻辑推理的依赖显示了数学与哲学的共同关注点：探讨概念本质、存在性质以及知识可能性，这些都是构建数学体系时必须考虑的理论问题。总体而言，数学通过对定义、公理、定理和证明的依赖，显示其作为一门抽象学科的本质，体现了与哲学的共同探求知识、真理和理解世界的方式。

（2）探究知识确定性的互相对应

数学方法论体现出哲学追求绝对确定性和普遍性的目标，具体表现在以下四个方面：

①严格性。数学的严格性在于定义、定理和公理系统的精确性。每个概念须进行清晰的定义，每个结论须在公理系统内得到证明，确保数学知识的普遍有效性和一致性。哲学上，这反映了对绝对真理的探索。

②演绎推理。演绎推理是数学证明的核心，从已知前提出发，通过逻辑得到必然结论。哲学中，尤其是理性主义，也视演绎推理为获取确定知识的关键。

③证明过程。数学证明要求严格遵循逻辑规则，确保结论的严密性和准确性，体现数学知识的确凿性，这是数学区别于其他科学领域的标志。

④数学与哲学相互对应。数学方法论与哲学对知识确定性的追求相对应。数学通过逻辑推理和严格证明可以确保知识的确定性，使哲学具有更强的严格性和逻辑性。

（3）数学求解问题的唯一性

虽然对待同一问题时，不同哲学观念或理论的看法不同，但“以不同的数学形式表述本质上相同的原理，所有这些都是彼此等价的。因为所说的同一事物，但它们形式上看起来可能不同，所以给出了完全不同的解决问题的方法。[①]”因此，科学求解的结果具有唯一性。例如，牛顿力学形式的系统状态不仅指某时刻每部分的位置，还有该时刻的每部分的速度，这样的定义状态决定了加速度，并进一步决定了下一时刻的位置和速度。重复这个过程，就可以得到系统的任意时刻的状态。因此，系统严格满足因果关系。这种形式等价于“利用最小作用原理”的目的论表现形式，即“如果考虑某个系统的全部历史”“再考虑他在两个时刻的全部历史”“可以从全部的历史中计算出某些东西，尤其是能量乘以时间后的积分”“而且，实际历史是让这个数值尽可能小的历史。这是一个明显的目的论原理”[②]。这说明科学问题处理方法和解释框架有所不同，但数学在科学问题解答中具有独特地位，称为“唯一性”，即便科学哲学观点，如实证主义、唯物主义、构造主义等存在差异，数学的逻辑结构和普适性结果被广泛认可，具体原因包括以下三个方面：

①客观性。数学提供精确语言和逻辑框架，使科学问题表述和求解更加客观，摆脱了模糊性和主观性。

②普适性。数学定律和原理具有普适性，不受特定条件、观察者视角或文化背景影响，不受不同哲学和文化环境的影响。

③不可否认性。基于逻辑推理的数学推导和计算，只要推理正确，结果就具有不可否认的正确性特征，从而为科学问题提供强有力的解决方法。

---

① 冯·诺依曼. 数学在科学和社会中的作用［M］. 路钊，等译. 大连：大连理工大学出版社，2009：174.

② 冯·诺依曼. 数学在科学和社会中的作用［M］. 路钊，等译. 大连：大连理工大学出版社，2009：175.

虽然哲学观点可能影响对数学应用的解释和价值判断，但数学解答在科学问题中具有基本的唯一性，这使得数学成为解决哲学分歧的重要工具。

3.1.2.2　数学：深化哲学在科学领域的应用

数学作为科学和哲学之间的桥梁，继承了哲学的抽象思维和逻辑推理，并通过精确的定义和分析，解决了许多现实中的问题。随着科学的发展，数学已经成为理解和探索自然界及各种现象的重要工具。数学发展深刻改变着哲学对现实的理解，不断提升科学研究的哲学化境界。

（1）数学在认识论中的角色扩展

认识论探讨人类认知的范围和能力，数学在其中起到了关键作用，特别是在揭示认知局限性方面。哥德尔的不完全性定理表明，任何足够复杂的数学系统都存在无法被证明的命题，暗示了数学系统和人类理性的边界。算法复杂性理论的发展进一步揭示了某些问题的不可计算性，从而深化了哲学对人类认知能力的理解。

哲学探讨存在、知识和价值等更为根本的问题，经常通过逻辑和理性推理来寻求答案，而科学方法则尝试通过实验和观察来克服这些限制。但是，人类对于研究对象的实验、观察、描述和分析方面，“或者说对什么是可知的事物，存在着绝对极限”。例如，物理世界相对论和量子理论中，就“存在着绝对的认识极限”。数学提供了一种精确的语言，使人们能够以抽象的方式描述和理解自然界的规律。数学的严谨性和普适性使其成为科学研究不可或缺的工具。“概念能够用数学方法非常精确地表达它们，而这些概念在尝试用任何其他方法表达时将会令人极度困惑”。“如果用非数学方法去改进或处理，或者不用数学方法进行实质性讨论，就将毫无希望；更不用说像数学方法已经试过身手的那样去做预测了”[①]。所以，人类认知的本质，就要通过数学方法克服人类认知的本质限制并求解问题。

例如，哲学家探讨无限概念，如宇宙大小和时间极限，无穷大、无穷小、实数集和序列等提供了严格处理框架。微积分的关键在于极限处理和描述物理运动变化。数学在科学中描述预测的自然现象，能够突破认知局限。如牛顿定律解释并预测物体运动，超越人类的直观感知。数学是科学和哲学思考的关键工具，这些工具有助于清晰定义概念、构建论证、分析

---

① 冯·诺依曼. 数学在科学和社会中的作用［M］. 路钊，等译. 大连：大连理工大学出版社，2009：19.

问题。逻辑学和数学逻辑，如命题和谓词逻辑，为推理提供了符号化语言和推导规则，对计算机科学和 AI 发展至关重要。

随着人工智能和计算机科学的发展，算法复杂性理论可以揭示某些问题的不可计算性。通过数学分析，人们可以更明确认识到人类理性和计算能力局限性。

（2）数学对不确定性问题的精确化处理

不确定性问题在科学和哲学中普遍存在，尤其是在处理复杂系统和预测未来事件时更为显著。数学提供了强大的工具来量化和分析不确定性，超越了传统的概率论范畴。现代非线性动力学和混沌理论表明，即使在确定性系统中，初始条件的微小差异也可能导致难以预测的结果。这一现象不仅挑战了传统的因果决定论，还为自由意志的哲学辩论提供了新的视角。通过数学建模，科学家和哲学家可以更准确地处理不确定性问题，从而加深人类对现实世界的理解。

例如，在微观世界，针对无法确定的系统，连续的确定性因果关系不再适用。“现在的状态根本不能确定随后瞬间或更往后的状态”，像“波函数”就不能根据连续的确定数量的因果关系来预测，也就是说，不能从它现在的状态，通过连续确定的数量关系计算出它下一个时刻的状态。但是通过数学概率论“对于被观测实体的影响”的“可能性”的组合“能给出最好的描述”。“这样一种组合可以做出，它可以用以解释经验，甚至能从经验中得出”。因此，“数学方法对于实际思维运算的一个巨大贡献，就是使这种逻辑循环成为可能，并使其十分精确”①。用数学中的概率组合来描述系统状态，从根本上改变了人们对自然界的认识。

（3）哲学理论对立的数学工具调和

哲学中常见的理论对立，如唯物主义与唯心主义、决定论与自由意志论等，可以通过数学工具进行调和。范畴论和同调代数等数学理论为理解这些对立提供了统一的框架。这些数学工具不仅有助于分析和理解复杂的哲学逻辑结构，还能够在不同哲学观点之间找到共同的基础，从而促进不同理论之间的交流和理解。

数学在哲学对立中可找出共同点和差异并提供新解决途径，具体体现在以下四个方面：

---

① 冯·诺依曼. 数学在科学和社会中的作用［M］. 路钊，等译. 大连：大连理工大学出版社，2009：177-178.

①逻辑结构清晰化。数学以严密逻辑定义和分析概念，清晰化哲学论证结构，对理解哲学对立至关重要。数学的严密逻辑在定义和分析概念时，可以提供清晰的论证结构，这对于理解和澄清哲学中的对立观点至关重要。

例如，数学的严密逻辑为哲学概念的清晰定义和分析提供了论证结构，尤其有助于理解“自由意志”与“决定论”的哲学对立。决定论认为，所有事件，包括人类行为，均由先前因素和自然法则决定；而自由意志则指人能做出不受这些因素决定的选择。

哲学研究通过构建逻辑链来分析这两种观点：如果行为完全由先前因素决定，它是否还能被视为自由意志的结果？进一步地，如果接受决定论，需要探讨其对道德责任概念的影响。

哲学家通过比较这两种观点，寻找逻辑漏洞，如决定论者认为行为可预测，而自由意志的支持者则认为即使在决定论框架内，选择仍可能不可预测。

数学模型，如概率论，可用于模拟和分析人类行为的可能性和确定性，帮助探讨自由意志与决定论。逻辑一致性是论证的关键，如果决定论者同时主张道德责任，他们需要解释责任如何在决定论框架内实现。

数学逻辑方法有助于清晰界定自由意志与决定论的界限，以及对道德、责任和选择理解的影响，这是理解和解决哲学争论的重要工具。

②理论后果模型化。数学模型可以模拟哲学现象，探讨哲学观点的最终结果和内在逻辑。例如，意识形态，如社会价值观等的演化，是一个重要的哲学现象。哲学家和社会学家常常试图理解社会中的某种意识形态是如何在群体中传播、变异并最终占据主导地位的。

演化博弈论是一种数学模型，可以模拟意识形态在社会中的传播和演变过程：

——模型设定。假设两种意识形态 A 和 B，每个个体在社会互动中选择遵循 A 或 B。个体的选择影响他们的“社会适应度”，即获得的社会支持或资源。

——动态演化方程。用复制动态方程来描述 A 和 B 在社会中的比例随时间变化。如果意识形态 A 的适应度更高，那么遵循 A 的个体比例将逐渐增加。

$$\frac{\mathrm{d}A(t)}{\mathrm{d}t}=A(t)\left(f_A(A(t),\ B(t))-\bar{f}(t)\right)$$

其中，f_A和f_B是遵循 A 和 B 的个体的适应度函数，$\bar{f}(t)$ 是社会的平均适应度。

通过运行模拟，可以探讨不同条件下社会意识形态的演化结果。其中，如果 A 代表一种更加合作的意识形态，而 B 代表一种更自私的意识形态，就可以观察在不同资源分布和社会压力下，哪种意识形态会占据主导地位。这种数学模型有助于理解意识形态的演化不仅是个体选择的结果，也是复杂社会互动的产物。

因此，通过这些模型，我们可以更好地探讨意识形态的演化机制以及自由意志与决定论的辩论，揭示这些问题背后的深层逻辑和潜在结论。

③行为决策数量化。量化方法在研究哲学问题时，尤其是在涉及人类行为模式和决策过程的讨论中，起着关键作用。通过统计分析，人们可以更系统地理解自由意志的运作方式，以及人类行为的规律性和变异性。

例如，自由意志的讨论中，核心问题是人类是否能在不受外界或内部条件完全决定的情况下做出独立的决策。通常，自由意志常被认为是非决定性的，是无法通过因果关系完全解释的。然而，通过统计分析，研究者可以考察在现实世界中的决策过程，从而探讨自由意志是否仅仅是统计概率上的一种表现。

研究人类决策模式的常见量化方法是通过统计学来分析决策数据。假设研究一群人在不同情况下的选择，数据包括以下三种：

——选择频率，如在不同压力或奖励条件下，人们选择 A 或 B 的比例。

——决策时间，个体在做出每次选择时花费的时间，可能反映了决策的难度和内心的冲突。

——环境变量，如压力水平、外界提示或社会影响对选择的影响。

收集到这些数据后，为量化各种因素对决策结果的影响，研究者就可以建立如下逻辑回归统计模型：

$$P(Y=1)=\frac{1}{1+e^{-(\beta_0+\beta_1X_1+\beta_2X_2+\cdots+\beta_nX_n)}}$$

其中，Y 代表选择结果如选择 A 或 B，X_1，X_2，…，X_n代表不同的影响因素，如压力、奖励、社会影响，而β_0，β_1，…，β_n是这些因素的权重。

通过统计模型，研究者可以分析出在不同条件下，人类行为的规律性。其中，分析结果可能显示，在高压力下，个体更倾向于选择选项 B，而在奖励的诱导下，他们可能更倾向于选择选项 A。这表明，虽然表面上人们似乎有自由选择的能力，但实际上他们的选择模式受到可量化的外部因素的影响。

量化方法不仅揭示了自由意志在现实中的表现，还促使人们重新思考其本质，即在统计意义上具备选择多样性的一种现象。

④有效证明形式化。数学形式逻辑和证明技术可以评估哲学论证的有效性，通过形式化分析，理解哲学理论间的逻辑关系和矛盾。

例如，伦理学中的“义务与结果”论证。在伦理学中，存在两种常见的对立观点：义务论（deontology）认为道德行为的正确性基于行为本身的性质，而不依赖于行为的结果。其中，遵循道德规则诸如“不可撒谎”是对的，无论撒谎的后果如何。结果论（consequentialism）认为道德行为的正确性取决于行为带来的结果。如果撒谎能带来更好的结果（如避免伤害），那么撒谎就是正确的。

这些观点常常会发生冲突。如义务论可能认为某个行为本身是错误的，而结果论则认为该行为在特定情况下是正确的。为了分析这些观点的逻辑关系，可以使用形式逻辑来评估论证的有效性。

数学形式逻辑的应用：逻辑符号化。这就是可以将哲学论证形式化为逻辑命题，然后使用数学逻辑工具来分析这些命题之间的关系。

假设命题 P：行为 A 是错误的；命题 Q：行为 A 导致的结果是好的；命题 R：为 A 是正确的。义务论观点可以表示为：$P \to \neg R$（如行为 A 是错误的，则 A 不正确）。结果论观点可以表示为：$Q \to R$（如行为 A 的结果是好的，则 A 正确）。

为了评估这两种伦理学理论之间的逻辑关系，可以进行以下分析。

寻找逻辑冲突。通过合并义务论和结果论的命题，得到推理链：

$$P \to \neg R \text{（义务论）}$$

$$Q \to R \text{（结果论）}$$

假设：P 和 Q（行为 A 是错误的，但结果是好的）。

如果 P 为真，则根据义务论，R 为假；但根据结果论，R 应为真。

这一矛盾表明，义务论和结果论在某些情况下可能存在不可调和的冲突，必须选择其中一种伦理观或找到调和方式。形式化逻辑分析可以帮助我们识别这些矛盾，并揭示不同哲学理论之间的逻辑关系。人们可以通过数学形式逻辑和证明技术，探索调和这些冲突的可能途径，使复杂的哲学讨论更加透明、易于分析，进而深化对哲学理论逻辑关系和矛盾的理解。

（4）数学在因果与目的论争论中的应用

在对世界本质和人的本质的根本性理解存在差异的前提下，数学研究为科学问题提供了重要的解决路径。例如，哲学无法解决的重要问题，某个研究对象是否具有下述性质：每个事件都即刻决定直接紧随其后的事件。这是因果论的观点。同时，这些规律也可能是目的论的。这表示单一事件不能决定随后的事件，但是整个过程必须被视为一个统一体，服从一个总的规律。在生物学的研究中就存在这一问题。大量的经验表明，只要不通过数学的研究，这个问题就毫无意义"①。数学提供了模型化工具，有助于精确分析复杂系统中的因果关系和目的导向行为。其中，哲学讨论的问题与数学通过严密的逻辑推导和模型化的方法提供清晰的论证和分析工具，具体体现在以下四个方面：

①概率论与因果关系。哲学问题是：在哲学中讨论的因果关系，如何区分因果性和相关性？"X 导致 Y"与"X 和 Y 之间存在相关性"是否等同？数学的解决工具是概率论，尤其是条件概率，其提供了一种精确描述因果关系的工具。贝叶斯网络（Bayesian networks）就是一种数学模型，用于表示和推理随机变量之间的因果关系。这种模型可以清晰地表明在何种条件下，一个事件可以被认为是另一个事件的原因，以及如何量化这种因果关系的强度。

②拓扑学与目的论。哲学问题是：目的论（teleology）涉及事物的最终目的或目标，哲学讨论某一现象是否可以通过其目的来解释，而非仅通过因果链条。数学的解决工具是：拓扑学中的"目标定向系统"（goal-directed systems）提供了一个分析框架，描述从初始状态经过一系列转换达到目标状态的过程。其中，目标定向系统，可以严密分析目标状态的存在性、唯一性及其路径，将目的论的直觉概念转化为数学定理，从而为目的论争论提供新的分析工具和视角。

③动力系统与自由意志。因果决定论与自由意志的争论是哲学中的长期问题。决定论者认为，所有事件和行为都由先前的原因决定，自由意志只是幻觉；而支持者则认为人类选择可以超越过去的原因，具备自主性。关键问题是：如果一切由因果关系决定，自由意志是否存在？

---

① 冯·诺依曼. 数学在科学和社会中的作用［M］. 路钊，等译. 大连：大连理工大学出版社，2009：173-174.

混沌理论作为数学框架，研究在确定性系统中出现的高度复杂和不可预测行为。虽然这些系统遵循因果性，但其行为对初始条件极为敏感，导致未来状态不可预测。这种现象被称为“确定性混沌”。例如，在天气系统中，微小的初始条件变化会使长期预测变得极不准确，即使有精确的数学模型，预测结果仍然对初始误差高度敏感。如果将人类大脑的决策过程比作一个混沌系统，虽然决策过程遵循生物和物理法则即确定性，但由于系统复杂性和对初始条件的敏感性，具体决策行为在实践中不可预测。

这种不可预测性为自由意志提供了“操作空间”：虽然每个决策由先前状态决定，但系统复杂性和混沌性使个人选择在现实中无法预测，这与自由意志概念相吻合。这表明即使系统行为是决定性的，对观察者而言，仍然可能展现出“自由意志”般的不可预测性。

④游戏理论与道德选择。这是伦理学中的一个重要争论点。哲学问题是：在目的论中，个体的道德选择是否应该考虑最终结果或内在动机？数学的解决工具是博弈论，提供了分析多方选择的框架，其中包括合作与背叛、短期利益与长期目标的权衡等。例如，在哲学上，后果论（consequentialism）和义务论（deontologism）是两种主要的道德理论。后果论认为一种行为的道德价值取决于它的后果，而义务论则认为某些行为是固有的对或错，与后果无关。

使用博弈论分析后果论与义务论的争论时，首先需要明确两者的定义：后果论重视行为结果，而义务论重视行为本身的道德规则。博弈论作为数学工具，提供了分析多方决策情境的框架；其中，合作与背叛的概念可模拟个体的道德选择，如囚徒困境中的个体可能选择合作（遵循义务论），也可能选择背叛以追求后果论的最大利益。

重复博弈旨在分析个体在短期利益与长期目标间的道德选择，长期合作可能与后果论相符，而义务论可能短期内不利但有助于建立长期信任。策略选择和纳什均衡概念帮助分析个体在不同情境下的稳定策略，预测和解释特定道德理论指导下的行为，揭示道德决策的复杂性，包括个人利益、社会规范和长期后果的影响。

博弈论的应用，显示出数学工具有助于深入理解道德决策过程，量化和系统化地探讨哲学问题，分析后果论和义务论在不同情况下的应用和影响。

除了以上四个方面，现代博弈论和决策理论的发展，进一步将数学引入哲学的核心决策问题。行为经济学和博弈论中的进化稳定策略（ESS）揭示出许多传统哲学命题的新维度。随着人工智能技术的迅速发展，自动定理证明和形式化验证技术已经成为现代哲学研究的重要工具，尤其是在分析哲学和伦理学研究中普遍应用。这些都是现代数学深化哲学在科学领域应用的重要表现，此处就不做详细分析。

3.2 数学哲学

不同的数学哲学流派，对数学的本质和数学对象有着不同的看法，影响着数学研究的方法和方向。

3.2.1 实在论、形式主义与直觉构造主义

柏拉图主义的数学实在论、符号体系形式主义和直觉构造主义是三种不同的数学哲学流派，它们对于数学的认识角度与发展的影响具体体现在以下三个方面：

3.2.1.1 实在论

（1）超越现实的抽象实体

柏拉图主义的数学实在论（realism）认为，数学对象如数、量、函数等是客观存在的，是独立于人类的思维和感知存在的，是独立于现实世界之外的永恒存在，不依赖于时间、空间和人的思维。在柏拉图学园的门口写着“不懂几何者不得入内”，体现了柏拉图充分认识到数学客观存在于物理世界之中，以及研究数学对认识哲学和宇宙的重要作用。他强调，数学是反映宇宙和客观世界的最为基础的一门学科，是一切科学的基础。例如，古希腊数学家欧几里得基于公理，即不证自明的真理，如“任意两点确定一条直线”，通过逻辑推理出众多定理（如等边三角形性质等），从而构建出一个系统化知识体系——《几何原本》。数学实在论认为，欧几里得的工作是发现已存在的数学现实。几何形状、公理和定理属于不依赖物理世界的永恒数学领域。这些真理超越人类思考和感知范围，是永恒不变的，其逻辑本质正是宇宙的逻辑。

数学实在论强调数学真理的客观存在，即数学真理不依赖于人的思想或经验，在任何时间和地点都有效。数学真理是被发现而非创造的，具有

客观性、普遍性和永恒性。

例如，毕达哥拉斯定理表明，在一个直角三角形中，直角边的平方和等于斜边的平方，可用数学符号表达为：如果 a 和 b 是直角边的长度，c 是斜边的长度，则 $a^2+b^2=c^2$。

毕达哥拉斯定理描述的是一个抽象概念——几何关系，它不受任何物理现象或观测条件的限制，是一个纯粹的数学真理。无论何时何地，只要是直角三角形，毕达哥拉斯定理都适用，不依赖于特定的三角形、测量方法或个人经验。这个定理是在数千年前发现的，但真理不受时间的影响，在过去是真的，在现在是真的，未来也将继续是真的。

可以看出：数学实在论强调数学的普遍性、永恒性和客观性。这种观点提出了一个超越物理现实的抽象实体领域，而这些实体以其自身的方式存在，并构成了人们认识世界的基础，体现了数学在科学哲学中的深刻性。

（2）客观自然的实在揭示

实在论认为，数学与物理世界的关系如下：

①数学对象的客观存在。实在论认为数学对象如数字、几何形状、函数等在物理世界中是一种客观的、非物质的形式存在，这些对象不是人类思维的产物，而是自然界固有的部分。

②数学的普适性和必然性。数学定律被视为揭示自然界的基本规律和结构。这种观点认为，数学在自然科学中的普遍适用性不是偶然的，而是因为数学定律反映了自然界的实在特性。

③数学是预测的实在性。实在论者强调数学在预测自然现象方面的能力，认为数学能够预测的现象之所以能被观测到，是因为这些数学结构在物理世界中真实存在。

④数学发现而非创造。在实在论的观点中，数学家和科研人员发现了这些预先存在的数学真理和结构，而不仅仅创造或构建了这些概念。

⑤实验验证的重要性。虽然实在论强调数学的独立存在，但也认为数学理论的有效性需要通过物理实验来验证，以确保数学描述与物理现实的一致性。

总之，实在论关于数学与物理世界关系的理念，强调了数学客观性和其在揭示自然界中实在特性的重要作用。这些观点对理解科学本质具有深远影响。

3.2.1.2 形式主义

（1）符号操作和形式规则的集合

符号体系形式主义（formalism）认为数学是一种符号和规则的系统，这些符号和规则本身并没有实际的或物理的含义。数学的真理并非因发现而来，而是基于这些规则和定义创造出来的。形式主义强调数学的自洽性和逻辑结构，而不是数学概念与物理世界的直接对应关系。在这个视角下，数学是一套自洽的逻辑系统，其真理完全依赖于系统内部的规则。数学的真理不在于其描述的实体是否“真实”存在，而在于推理和计算的形式的正确性。

例如，数学逻辑不研究具体数学对象如数字或几何形状，而是研究数学推理的规则和结构。在数学逻辑中，逻辑运算符和量词被形式化为符号，用以构建表达式和命题。

数学逻辑证明通过符号操作完成，不依赖于符号物理或直观解释。形式主义视数学为一种游戏，遵循规则创造或证明新命题。

形式主义将数学视为一个基于符号和规则的系统，重点在于符号操作的逻辑一致性和形式严密性，而非对实体或真理的探索；强调数学的自洽性和构造性，而不侧重于对物理世界的直接描述；关注数学语句的“正确性”，即逻辑推导的严密性，而非其“真实性”或对现实的直接描述。

例如，皮亚诺系统认为，自然数由一组简单公理组成。这些公理规定了自然数的符号和操作规则，如每个自然数都有后继数。自然数的真理通过逻辑推理从公理中推导出来，而不依赖直观感受或物理解释。形式主义关注推导的正确性，即是否遵循逻辑规则，而非公理或推论的物理真实性。

皮亚诺系统的有效性取决于内部一致性。结论的“正确性”是基于系统的无矛盾性，与外部现实无关。该系统显示出形式主义处理数学对象和概念的方法，强调数学是符号和规则的系统，其真理来自逻辑推理的自洽性，而非物理世界的对应关系。这种观点提供了一种纯粹基于逻辑和形式的数学理解，强调数学结构和定理的真理仅取决于与公理的逻辑一致性。

形式主义将数学视为纯粹的符号操作和形式规则的集合。在形式主义者看来，数学不涉及任何关于现实世界的客观真理，而其是基于人为设定的公理和定义，通过逻辑推导构建起来的抽象结构。对于形式主义者而言，数学的真实性和有效性来自其内部的逻辑一致性，而不是外部世界的任何对应关系。

（2）理论真实无关物理现实

在形式主义视角下，数学与物理世界关系在认识上的基本观点如下：

①理论独立性。形式主义认为数学是独立于物理世界的理论。数学概念和定理的真实性仅取决于其是否逻辑自洽，而与它们是否对应物理现实无关。

②符号游戏性。在这个观点中，数学被视为一种符号游戏，数学家们像玩棋一样操作这些符号，遵循特定的规则来产生新的定理和结构。

③现实世界无关性。形式主义并不强调数学结构与现实世界之间的直接关联。即使数学在物理学中被广泛应用并取得成功，这种成功也仅仅被视为偶然或基于数学工具的便利性，而非数学本身揭示了物理现实。

④抽象创造性。与实在论强调数学对客观实在的发现不同，形式主义强调数学是抽象创造性的活动，数学家通过创造新的公理和规则来拓展数学的领域。

⑤逻辑验证性。在形式主义中，数学定理的验证完全基于数学内部的逻辑和形式，而与物理实验无关。数学定理的适用性和物理现实的匹配被视为独立于数学证明的额外问题。

总之，形式主义强调数学的逻辑结构和内部一致性，而不是其与物理现实的直接对应关系。这种观点对数学的本质和功能有着根本性的影响。

3.2.1.3 直觉构造主义

直觉构造主义（constructivist intuitionism）简称直觉主义（intuitionism）。直觉构造主义通过强调构造和直觉，提供了一种不同于经典数学实在论和形式主义的数学哲学视角。

（1）主体构造的数学真理

直觉构造主义主张数学对象必须是通过具体的构造过程来生成的，只有那些可以在思想上构造出来的数学对象才是有效的，数学对象和命题的存在性必须通过明确的构造方法来证明。

①实数的存在性。经典数学实在论认为，可以通过反证法证明存在某个实数满足特定条件。例如，可以证明存在一个实数 x 满足 $x^2=2$ 而不必实际构造这个数。

而在直觉构造主义中，证明 x 存在且 $x^2=2$ 必须通过构造一个明确的方法来得到这个 x 。具体构造过程为：使用无穷小数逼近的方法构造一个

数列 a_n，使得每个 a_n 是有理数且 a_n 越来越接近实际的$\sqrt{2}$。构造一系列有理数 $a_0=1$，$a_1=1.4$，$a_2=1.41$，$a_3=1.414$，…，每一步都提供了一个更精确的近似。

②选择公理。经典数学接受选择公理，即对于任意非空集合族 $\{A_i\}_{i\in I}$，存在一个选择函数f，使得$f(i)\in A_i$对于所有$i\in I$都成立。这种存在性可以不必给出具体的构造。而直觉构造主义不接受选择公理，除非可以明确构造出这样的选择函数f。只有当可以给出具体的算法或方法来选择$f(i)$时，才能证明这样的函数存在。

总之，直觉构造主义强调具体的构造过程和方法，认为数学对象的存在性必须通过明确的构造方法来证明。这种观点反对依赖非构造性的证明方法，如反证法或选择公理，强调数学对象的具体可构造性。同时，直觉构造主义认为，数学真理是主体（数学家）在其心灵活动中通过构造而得出的。数学不是关于独立于人类思维的客观实体的发现，而是关于心灵活动的产物。

（2）有限证明的数学理解方式

直觉构造主义在证明过程中注重有限步骤的构造。所有数学结论必须能够通过有限的步骤明确构造出来。

直觉构造主义认为数学是一种创造性的活动，数学家通过直觉和构造过程发现新的数学对象和命题。

例如，费马数（Fermat number）是由17世纪数学家费马通过直觉和构造过程发现的，定义为形如 $F_n=2^{2^n}+1$ 的数，其中，n 是非负整数。在费马数的发现过程中，第一个重要环节是费马直觉猜想：费马在研究数的形式和性质时，直觉上猜想形如 $F_n=2^{2^n}+1$ 的数可能是质数。费马注意到这些数有一种特殊的形式，并且逐渐形成了一个猜想。

在构造费马数的过程中，费马使用明确的构造方法生成了一些费马数：

当 $n=0$ 时，$F_0=2^{2^0}+1=2^1+1=3$；

当 $n=1$ 时，$F_1=2^{2^1}+1=2^2+1=5$；

当 $n=2$ 时，$F_2=2^{2^2}+1=2^4+1=17$；

当 $n=3$ 时，$F_3=2^{2^3}+1=2^8+1=257$；

当 $n=4$ 时，$F_4=2^{2^4}+1=2^{16}+1=65\,537$。

在观察和猜想中，费马观察到前几个费马数都是质数，因此猜想所有的费马数 F_n 都是质数。这个猜想激发了数学家对其进行后续的研究和探索。

在进一步研究中发现反例。后来的数学家在继续构造费马数时发现，并非所有的费马数都是质数。例如，欧拉发现 $F_5=2^{2^5}+1=2^{32}+1=4\ 294\ 967\ 297$ 是一个合数，可以分解为 $4\ 294\ 967\ 297=641\times6\ 700\ 417$。

在进一步的研究中，费马的猜想虽然被证明是错误的，但这种创造性的活动，不仅让人们发现了费马数这一新的数学对象，还推动了人们对质数分布和数的分解的深入研究。

费马通过直觉和构造过程发现并研究了费马数，这一过程显示出数学作为一种创造性活动的本质。数学家通过构造具体的例子和形式化的猜想，发现新的数学对象和命题，并推动了数学的进一步发展。这种方法不仅体现了数学的创造性，还显示出直觉和构造在数学研究中的重要性。

直觉构造主义强调构造性证明，要求证明对象在存在时必须给出明确的构造方法，而不是仅仅通过非构造性的证明方法（如反证法）。在直觉构造主义中，对于无穷数列，强调的是每个元素的具体生成过程，而不是假设整个数列作为一个完备的对象存在。这意味着在处理无穷数列时，直觉构造主义者关注如何一步一步生成数列的每一个元素，而不是将数列视为已经完成的整体。

例如，生成无穷素数数列。在经典数学中，可以说素数是无穷的，并以此假设一个无穷的素数数列 $\{2, 3, 5, 7, 11, \cdots\}$ 作为一个完备的对象存在。这种观点不关注具体的生成过程，而是接受数列的整体存在性。在直觉构造主义中，不能直接假设无穷素数数列存在，而是需要一个具体的过程来生成每一个素数。

初始步骤：设第一个素数 $p_1=2$ 。递归生成：假设已经生成了前 n 个素数 $\{p_1, p_2, \cdots, p_n\}$；通过具体的方法找到下一个素数 p_{n+1}；从 p_{n+1} 开始，检查每一个整数 k 是否为素数；如果 k 不能被任何已生成的素数 p_1，p_2，$\cdots$,p_n 整除，则 k 是下一个素数 p_{n+1}；重复此过程则可生成新的素数。

在这种方法中，每一步都是明确和具体的，每一个素数都可以在有限步骤内生成。这也说明每一个元素都需要通过明确的、有限的步骤来生成，从而确保数学对象的实际可操作性和具体性。

3.2.2 哲学立场比较

在科学研究中，实在论、形式主义和直觉构造主义观点往往交织在一起，在不同场景和需要中，会有不同的哲学立场。

3.2.2.1 数学模型与物理世界的对应关系

理解数学模型与物理世界的对应关系是实在论和形式主义观点的核心区别。

（1）实在论

实在论者认为数学对象和结构是真实存在的，且独立于人类的思想和语言。数学模型被视为对物理世界的真实描述。

在数学模型与物理世界关系方面，数学模型揭示了物理世界的真实结构。数学定理和对象是客观存在的，物理现象可以通过这些数学定理和对象准确描述和预测。例如，牛顿的万有引力定律被认为不仅是一个有用的工具，而且揭示了宇宙中真实存在的引力关系。

（2）形式主义

形式主义者认为数学是符号系统，数学对象和结构是由公理和规则生成的，不需要假定它们在物理世界中有任何实际存在。

在数学模型与物理世界关系方面，数学模型只是符号操作的结果，用于描述和处理物理现象。数学不是独立的真实存在，物理现象和数学模型的对应关系只是工具性的。例如，数学公式 $E=mc^2$，在形式主义者看来，只是一个符号操作的结果，虽然它在物理学中有重要应用，但是它本身并没有独立的现实存在。

（3）直觉构造主义

直觉构造主义者认为数学是人类心智的创造活动，数学对象和结构必须通过明确的构造过程来定义，只有可以具体构造出来的数学对象才是有效的。

在数学模型与物理世界关系方面，数学模型是人类通过具体构造过程创造出来的工具，可以用于描述和理解物理现象。数学对象依赖于人们通过有限的步骤明确构造出来，而不是预先存在的。例如，在研究物理系统的行为时，直觉构造主义者会强调通过具体的算法或步骤，构造出描述该系统的数学模型，而不是假设这个模型预先存在于某个抽象的数学“世界”中。

总之，实在论认为数学模型揭示了物理世界的真实结构，数学对象是客观存在的。形式主义将数学视为符号系统，强调符号操作的规则和结果，不关心物理世界的对应关系。直觉构造主义关注数学对象的具体构造过程，认为数学模型是通过人类创造活动生成的工具，用于描述和理解物理现象。

3.2.2.2 现实深层对应与推导理论逻辑自洽

实在论、形式主义和直觉构造主义的哲学观点对科学发展的影响，主要区别在于对现实解释的有效性和理论推导的严谨性的不同重视程度。

(1) 寻求对应

实在论倾向于认为数学结构在物理世界中有其对应物，因此，科学理论应当寻求这种深层次的对应关系。实在论强调数学模型和理论必须与现实世界有直接的对应关系。在这种观点下，科学理论的成功与否取决于多大程度上准确描述和解释自然界的现象。这说明对实验数据和观测现象的解释具有至关重要的地位。

例如，丹麦天文学家第谷·布拉赫（Tycho Brahe）发现超新星的实例就凸显出实验数据和观测现象在科学理论发展中的关键作用。

1572 年，第谷观测到超新星 SN 1572，这是一个恒星爆炸事件。当时的宇宙观是基于亚里士多德和托勒密理论，人们都认为天体恒定不变。第谷的观测挑战了这一观念，揭示了天体也能发生剧烈变化。

第谷提出超新星位于地球外的太空，这与当时认为天体不变且围绕地球运动的观念相冲突。其观测强调实验数据和观测在推动科学理论进步中的重要性，并促使人们重新审视宇宙的本质。

第谷的研究方法标志着科学方法的转变，从依赖理论推导转向依赖经验观测。第谷的精确测量和记录为开普勒提供了关键数据，帮助开普勒发现了行星的运动定律。

第谷的发现表明，实验数据和观测现象的解释在科学理论发展中至关重要，对实际观测的重视是现代科学方法的基石。

(2) 推导自洽

形式主义更加强调理论推导的逻辑严谨性和数学的自洽性。在这种观点下，科学理论的有效性依赖于其内部逻辑和数学推导的正确性。

形式主义不那么关注理论与物理现实的直接对应，而是将数学视为一种理论模型构建和推理的工具。在这个框架下，科学理论的构建更多依赖于抽象的数学推理和符号操作，而非直接的物理解释。

例如，20 世纪初，量子力学基于数学假设和符号运算发展起来。物理学家如尼尔斯·玻尔（Niels Bohr）、维尔纳·海森堡（Werner Heisenberg）和埃尔温·薛定谔（Erwin Schrödinger）利用数学模型描述微观粒子行为，这些模型在数学上很严谨，但物理直观性差。

量子力学的核心之一是波函数，它用抽象数学描述粒子的量子状态。薛定谔方程是一个数学方程，用于描述波函数随时间的演变，基于数学推理得出，其物理意义到后来才被理解。

海森堡的不确定性原理指出，我们无法同时精确知晓粒子的位置和动量，这一原理挑战了经典物理学的直观概念，是从数学推导中得出的。

量子纠缠和非定域性也是基于数学推理得出的，它们表明微观尺度上，粒子间能即时相互影响，无论距离多远。这在经典物理中无法解释。

在量子力学的构建过程中，抽象数学推理和符号操作是关键，物理解释则复杂且非直观。该理论显示出数学在现代物理学中的核心作用，不仅能描述已知现象，还能预测和探索新现象。

（3）有效应用

直觉构造主义重视数学模型在现实中的应用和解释有效性，但强调的是通过具体构造过程得到的模型。只有可以通过有限步骤构造出来的对象才被认为是有效的。直觉构造主义者关注数学模型是否可以通过具体的构造过程应用于现实问题，而不是假设模型预先存在并自动有效。

例如，微积分的发明与应用。牛顿发明微积分是为了处理物理学中的现实问题，特别是运动和变化的问题。牛顿特别关注物体在重力作用下的运动以及行星的轨道。在构造过程中，牛顿是从具体的物理现象出发，逐步发展成用数学工具来描述和解决这些问题。例如，在研究变化率（如速度和加速度）和累积量（位移）时，他构造了导数和积分的概念。在实际应用中，牛顿使用其微积分理论成功解释行星运动定律和其他力学现象。牛顿的研究显示出，通过具体的构造过程，微积分能够应用于解决实际的物理问题。

在具体构造过程中，牛顿从物理问题出发，每一个概念如导数和积分，都是通过明确的构造过程得出的，而不是预先假设其存在。在现实应用方面，牛顿成功将微积分应用于天体运动和物理学，显示出模型的实际效用。这种应用强调了数学模型的构造过程如何直接用于解决现实中的问题。

直觉构造主义者关注的是数学模型通过具体的构造过程如何应用于现实问题，而不是假设模型预先存在并自动有效。牛顿和莱布尼茨关于微积分的发明和应用，显示出通过具体的构造步骤，将数学模型成功应用于现实世界中复杂问题的解决，这正是直觉构造主义的核心理念。

直觉构造主义重视推导过程的严谨性，强调每一步推导的具体构造性。所有数学对象和结果必须通过明确的、有限的构造过程得到。严谨性体现在构造过程的清晰和具体性上，而不仅仅是符号操作的逻辑一致性。

总之，实在论高度重视数学模型对现实世界解释的有效性，同时也注重推导过程的严谨性，以确保模型能真实反映物理现象。形式主义主要关注数学推导的严谨性和符号系统内部的一致性，对现实解释的有效性关注较少。直觉构造主义重视现实解释的有效性，强调通过具体的构造过程实现模型的应用，同时非常重视每一步推导的具体构造性和严谨性。

3.2.2.3 反映现实深层理论结构与解决实际问题普适性

在科学发展中，实在论、形式主义和直觉构造主义的哲学观点对数学应用的态度存在显著区别，具体体现在以下三个方面：

（1）数学解释现实世界

实在论者认为数学对象和结构是真实存在的，独立于人类思维。因此，数学模型能够准确描述和解释现实世界的现象。

例如，1915 年，爱因斯坦提出的广义相对论。广义相对论不仅涉及深奥的数学结构，还成功解释了许多天文学现象。从实在论视角来看，数学对象和结构真实存在，广义相对论的数学对象（如张量、曲率、度量等）和结构（如爱因斯坦场方程）是真实存在的，并独立于人的思维。这些数学对象反映了时空和物质之间的客观关系。在准确描述现实世界方面，广义相对论的数学模型能够准确描述和预测现实世界的现象，如引力透镜效应、水星近日点的进动、黑洞、宇宙膨胀等。

数学的应用过程被视为揭示自然界真实规律的过程。实在论者相信，通过数学可以发现和描述自然界的基本法则。例如，牛顿的万有引力定律被视为对物理世界真实引力关系的描述，数学在这里被视为发现自然法则的工具。

（2）关注一致性与逻辑性

形式主义者认为数学是一个符号系统，主要关注数学内部的一致性和逻辑性。数学对象和结构是符号和规则的产物。

例如，希尔伯特的形式化计划和其对欧几里得几何学的影响。20世纪初，德国数学家希尔伯特提出了一个雄心勃勃的计划，旨在通过形式化的方法为所有数学建立坚实的基础。其核心思想是将数学作为一个严格的符号系统进行处理，关注其内部的一致性和逻辑性，而不涉及数学对象是否具有现实存在性。

希尔伯特的形式化方法可以通过其《几何基础》一书中的工作来说明。在这本书中，希尔伯特重新审视了欧几里得几何，通过公理化和形式化的手段，建立了一个严格的符号系统。

从形式主义的视角来看，数学是符号和规则的产物。形式主义者认为，数学中的点、直线、平面等概念仅仅是符号，并通过预定的规则进行操作。希尔伯特的公理系统就是这样的一个符号系统，它不依赖于任何外部的现实参照。

在内部一致性和逻辑性方面，形式主义者关注数学系统内部的一致性。希尔伯特通过严密的逻辑推理展示了如何在不考虑几何对象实际存在的情况下，通过符号和规则的操作推导出几何定理。

希尔伯特通过形式化的公理体系，重构了欧几里得几何的基础。这个体系中，所有几何命题都严格按照公理和逻辑规则推导出来，而不需要依赖于这些几何对象在现实世界中的存在。希尔伯特的形式化方法对数学逻辑的发展产生了深远影响。例如，形式逻辑中的命题演算和一阶逻辑等符号系统，都源于希尔伯特的形式主义思想。形式主义的观点也影响了计算机科学，特别是形式化验证和程序逻辑。这些领域通过符号和规则的系统，确保软件和算法的逻辑一致性和正确性。

数学的应用被视为是工具性的，数学模型用于描述和处理现实问题，但模型本身并不必然与现实有直接的对应关系。例如，公式 $E=mc^2$ 被形式主义者视为一种符号操作的结果，虽然它在物理学中有重要应用，但它本身作为数学对象没有独立的现实存在。

（3）有效、具体地构造应用

直觉构造主义者认为数学对象和结构必须通过具体的构造过程来定义，只有通过有限步骤明确构造出来的数学对象才是有效的。

例如，哥德尔数的构造。库尔特·哥德尔提出的哥德尔不完备定理对数学基础产生了深远影响。哥德尔在其证明过程中引入了“哥德尔数”的概念，这是一种通过具体的构造过程将逻辑命题编码为自然数的方法。

哥德尔数是一种将逻辑命题和证明过程编码为自然数的技术。其基本思想是将符号、公式和整个证明过程映射到自然数上，通过具体的构造步骤使其成为有效的数学对象。

从直觉构造主义的视角来看，在具体的构造过程中，直觉构造主义者强调每一个数学对象如哥德尔数等必须通过具体的、有限的步骤来构造。哥德尔数的构造完全符合这一要求，通过明确的步骤将符号、公式和证明过程编码为自然数。

在有效性方面，只有通过这种具体的构造过程明确得到的数学对象才是有效的。哥德尔数作为数学对象，其有效性依赖于其构造过程的明确性和可执行性。

在实际应用中，哥德尔在其不完备定理中利用了哥德尔数的概念，证明在任何足够复杂的形式系统中，存在某些命题是既无法证明也无法反驳的。这一证明过程本身就是一个具体的构造，显示出如何通过哥德尔数来实现这一逻辑推理。

数学的应用被视为通过具体构造过程来解决现实问题。模型的有效性依赖于通过具体步骤构造出描述现实现象的数学对象。

在计算理论中，具体的构造过程同样至关重要。如艾伦·图灵（Alan Turing）认为，图灵机和具体实现过程就是一个通过有限步骤构造出计算模型的典范。每一个计算步骤和状态转换都是明确的和可操作的。

总之，实在论认为，数学模型真实描述了自然界的规律，应用数学是揭示现实世界真理的过程。形式主义关注数学符号系统的内部一致性，数学应用是工具性的，对现实世界的描述是间接的。直觉构造主义强调数学对象的具体构造过程，数学应用依赖于通过具体步骤构造出的模型来解决现实问题。

3.2.2.4 反映客观真实与进行准确预测

在科学理论构建方面，实在论、形式主义和直觉构造主义有不同的观点和方法，具体体现在以下三个方面：

（1）发现客观真理

在客观真理的现实对应性方面，实在论者认为科学理论和数学模型真实描述自然界的规律和结构，真实反映自然界和数学的本质。数学对象和结构是独立于人类思维的客观存在，即使没有人去观察或描述，它们依然存在。例如，在生物学中，脱氧核糖核酸（deoxyribonucleic acid，DNA），由詹姆斯·沃森（James Watson）和弗朗西斯·克里克（Francis Crick）发现。这个结构解释了遗传信息的存储和传递方式。实在论者认为，DNA 双螺旋是真实存在的物理结构，而不仅仅是一个便于理解和研究的模型。

在构建科学数学理论方面，科学理论的构建基于发现和描述现实世界的本质规律。实在论者相信，数学和科学理论可以揭示自然界的客观真理。例如，牛顿的万有引力定律被视为揭示了真实存在的引力现象，且数学模型能够准确描述天体运动。

（2）构建符号体系

形式主义者认为数学是一个符号系统，主要关注其内部的一致性和逻辑性。数学对象和结构是符号和规则的产物。例如，20 世纪中叶，形式语言理论和自动机理论成为计算机科学的重要基础。艾伦·图灵提出图灵机概念，用于定义计算的本质和计算能力的极限。形式主义者认为，图灵机通过符号和规则进行计算，研究者关心的是这些符号系统的操作规则和逻辑一致性，而不是它们是否描述了某种物理现实。如图灵机的研究涉及其算法能力和复杂性，这些都是通过符号操作规则来定义和研究的。

形式主义者认为，数学对象和结构是通过符号和规则定义的，数学的主要关注点是这些符号系统的内部一致性和逻辑性，而不是它们是否反映了某种客观现实。这种观点在非欧几里得几何、群论、公理化集合论、形式逻辑和自动机理论的发展中得到了充分体现。

科学理论的构建重视符号系统的内部逻辑和一致性。科学模型被视为符号系统的一个部分，用于描述和处理现实现象，但它们的有效性主要依赖于符号系统的逻辑一致性，而非直接的现实对应性。例如，在量子力学中，形式主义者关注数学框架如希尔伯特空间和算符的内部一致性，而不一定要求这些数学对象在现实世界中有直接的对应。

（3）具体且明确的构造

直觉构造主义认为，数学对象和结构必须通过具体的构造过程来定义，只有通过有限步骤明确构造出来的数学对象才是有效的。

例如，20 世纪初，荷兰数学家布劳威尔（L. E. J. Brouwer）是直觉主义的主要倡导者之一，强调数学应当基于具体构造，反对非构造性的存在性证明和排中律。布劳威尔提出了一种新的数学体系，称为构造性数学或直觉主义数学。在这个体系中，数学对象只有在能够被明确构造时才是有效的。对于实数的定义，直觉构造主义者要求每个实数必须通过一个具体的构造过程，如一个收敛的序列或一系列的近似值来定义，而不是简单依赖于抽象的公理系统。

哥德尔不完备性定理表明，在任何足够强的公理系统中，存在一些命题既不能被证明也不能被反驳。哥德尔不完备性定理虽然是经典数学的重要结果，但直觉构造主义者对其非构造性的存在性证明持保留态度。直觉构造主义者，更倾向于只接受那些可以通过具体构造步骤明确构造出来的命题和对象。这意味着他们更关注构造性证明和可计算性，而不是抽象的存在性结论。

科学理论的构建需要明确的构造过程，确保每一步都可以具体操作和验证。理论的有效性依赖于构造过程的具体性和有限步骤的可操作性。例如，在计算科学中，算法和程序的构造就是一种直觉构造主义的体现。每一个算法都需要通过具体步骤明确构造和验证，才能用于解决实际问题。

总之，在科学理论构建中，实在论强调理论和模型与现实世界的直接对应性，认为科学理论揭示了自然界的客观规律。形式主义重视数学和科学理论内部的一致性和逻辑性，关注符号系统的操作规则，而不是它们与现实世界的直接对应性。直觉构造主义强调理论和模型的具体构造过程，确保通过有限步骤明确构造出来的对象和理论才是有效的，关注每一步的可操作性和具体性。

3.3　数学价值的剖析

在科学实践尤其是现代科学研究中，实在论、形式主义和直觉构造主义的观点往往是交织在一起的，是共同推动科学进步的组成部分或者说是不同方面。

3.3.1　功能差异

3.3.1.1　实在论：基础、目的和方针

从实在论观点出发，数学是科学研究的基础、目的和方针，具体体现在以下三个方面：

（1）基础

数学的结构和秩序是发现自然规律和模式的基础。实在论认为，存在

一个独立于感知和认识的客观现实世界，数学对象（如数、形状和结构）是现实的一部分。即使抽象概念（如无穷大或维数），也被视为探索客观现实的工具。

科学研究旨在理解自然规律和现象。数学提供精确语言，使自然规律得以形式化描述，如牛顿的万有引力定律和爱因斯坦的相对论。数学模型可以预测和理解物理现象，从粒子行为到宇宙结构。

科学方法包括观察、假设、推理和实验。数学是构建理论模型和分析数据的工具，贯穿原理推导、预测和对比实验观察。数学的普适性和精确性，独立于特定语言或文化，构成全球科学交流的基础，对科学研究的精确性和一致性至关重要。

历史上，数学发展与科学突破密切相关。微积分推动了物理学的进步，概率论和统计学为生物、经济和社会科学研究提供基础。数学创新常为科研开辟新的领域。

实在论认为，数学帮助科研人员在自然现象中找到结构和秩序，发现规律和模式。作为探索宇宙的基础工具和科学知识体系的核心，数学以其普适性、精确性揭示自然规律，为科研工作奠定了坚实基础。

（2）目的

科学的终极目标是揭示宇宙的数学本质。在实在论视角下，数学被视为理解宇宙最基本规律的关键。寻找和理解自然现象背后的数学结构是科学的一个核心目的，而科学的终极目标是揭示这种数学本质。数学体现了科学追求普适真理和绝对确定性的理想状态。

①追求普遍真理。实在论强调客观真理的存在，而数学提供了找到这种真理的途径。数学的绝对性和普遍性使其成为科学探索的理想目标。数学定理和公理体系提供了超越个人观察和实验条件限制的知识形式，揭示自然界在任何时间和空间都有效和适用的基本规律。

②数学之美。数学之美源于其概念的优雅、对称性和简洁性，反映宇宙的基本结构与和谐。对数学之美的追求成为科学探索的目的，旨在追求普遍和谐美。

③理论的优雅和简洁。简洁和优雅是科学理论发展中美学和有效性的标杆。如相对论的数学形式展现出时空和引力的新视角，数学因此成为科学追求的美学和哲学目标。

④认识论的极致。数学作为抽象知识形式，代表认识论的极致，使人类

超越感官经验局限，接触深邃的普遍真理，成为科学探索的终极目的之一。

⑤构建统一的知识体系。科学探索旨在构建包含物理现象和广泛真理的统一知识体系。数学在其中起核心作用，连接了不同科学领域，从而揭示宇宙的统一性。

数学不仅是科学探索的工具，还是实在论哲学中科学探索的目的，体现在追求普遍真理、欣赏数学之美，以及通过数学达到认识论极致的愿望中。

（3）方针

从实在论的哲学观点出发，数学是科学探索的方针，是指导科学研究和实践的基本原则和方法。实在论认为，存在一个独立于认知和感知的客观世界，而数学提供了一种理解和描述这个世界的精确工具。在这个框架下，数学不仅是科学理论和实验的基础，而且是科学发展的指南。

数学是科学研究的核心，提供了方向和框架，常引导新实验设计和理论创新，在预测未知现象和验证科学理论中成为关键，具体体现在以下五个方面：

①自然规律的语言。自然科学尤其物理学依赖数学形式化理论，如牛顿的万有引力定律和麦克斯韦方程组，能够指导科学实验和技术开发。

②预测和模型构建。数学提供工具和语言构建模型以预测未来事件或解释未知现象，如气候科学和流行病学中的模型。

③理论统一和普适性。数学在物理学中寻求统一理论以描述所有基本力，如量子场论。数学提供了寻找和验证理论统一性的方法。

④科学方法形式化。数学在科学方法中关键，尤其在假设测试和数据分析中，统计学和概率论为科研提供了决策和分析标准。

⑤跨学科研究桥梁。数学作为共同语言，促进不同科学领域交流合作，如生物信息学、计算化学和经济物理学。

综上所述，从实在论的哲学观点出发，数学是科学探索的方针，因为它提供了理解自然界的基本原则、构建和测试理论的方法，以及指导科学实践和跨学科合作的标准。数学的普适性和精确性使其成为科学方法论的核心部分，引导科研人员们在追求客观真理的道路上前进。

从实在论的视角看，数学不仅仅是科学研究的工具，还是连接科学理论、实验和自然现象的桥梁。人们通过数学理解宇宙的运作，并且不断寻求数学在自然界中的体现。数学的美和优雅被视为揭示宇宙深层结构的窗口。

3.3.1.2 形式主义：目标、模式和途径

(1) 目标

在形式主义看来，数学的研究目标是探索和构建一致、优雅的数学结构和理论。数学之美在于自身的完整性和内在逻辑。数学作为创造性活动，其目标是发展新的理论、概念和方法，这些可能完全源于想象和逻辑推理，具体体现在以下四个方面：

①理论创新。通过逻辑推理和创造性思维，提出新的数学理论。如非欧几里得几何、拓扑学和混沌理论等都是在不同历史时期创造的新领域。

②概念发展。不断引入新的概念以扩展和深化对已有知识的理解。如实数、复数、向量空间和群等概念都是通过创造性思维发展出来的。

③方法创新。发明数学方法和技巧，用于解决特定的问题或简化复杂的计算过程。如微积分、矩阵代数、傅里叶分析和数值方法等都是创造的工具。

④纯粹研究。许多数学研究最初没有明显实际应用，而是出于研究者的兴趣和好奇心。如数论最初被视为纯粹的理论研究，但后来在密码学中找到了重要的应用。

(2) 模式

形式主义强调数学的逻辑结构和推理方法，这为其他科学领域提供了一种严谨的思考和分析问题的模式。数学作为科学研究的模式，推动了符号化和抽象思维的发展，这对于科学理论的形成和演化的重要性具体体现在以下四个方面：

①符号化。数学通过引入符号系统，将复杂的概念和现象转化为简单、可操作的符号表达式。如物理学公式、化学反应方程等，都是通过符号化来实现的。

②抽象思维。数学强调抽象思维，从具体现象中提取出普遍规律和模式。如微积分的概念可以用于描述运动、变化和增长等不同领域的现象。

③理论建构。符号化和抽象思维为科学理论的建构奠定了基础。数学模型和公式能够系统表达理论假设，并通过推理和计算来得出结论。

④预测和验证。科学理论通过数学模型进行预测，并通过实验和观察进行验证，这种循环推动科学理论的不断演化和完善。如爱因斯坦的相对论就是通过数学推导得出的，并在后来的实验中得到验证。

（3）途径

虽然形式主义不强调数学与现实世界的直接联系，但数学提供了一套强大的工具，可以用于分析和解决科学问题。数学的通用语言和方法有助于不同科学领域之间的沟通和合作，从而推动了跨学科研究的发展。在形式主义的框架下，数学作为科学研究的途径，被看作一种独立于物理现实的学科，其价值在于其内部的逻辑和结构的完整性具体体现在以下四个方面：

①符号和规则。形式主义认为数学是由符号和操作规则组成的系统。这些符号和规则是人类发明的，数学家的任务是操作这些符号，根据预先设定的规则进行推理和演算。

②逻辑结构完整性。在形式主义框架下，数学的价值在于其内部逻辑一致性和结构完整性。数学的美感和优雅也源于这种内部结构的和谐和对称。

③应用次要性。虽然数学在科学和工程中得到应用，但数学研究的主要目标是探索和理解符号系统内部关系和规律，而非寻求对物理现实的解释或预测。

④纯粹抽象性。形式主义强调数学研究可以完全在抽象的层面上进行，不需要依赖具体的物理实例或实验验证。

3.3.1.3 直觉构造主义：保证和发展动力

直觉构造主义在科学研究中扮演着重要的角色，其作用主要体现在以下两个方面：

（1）保证

直觉构造主义强调具体构造可以确保所研究问题和解决方案具有可行性。直觉构造主义强调数学对象和结构必须通过具体的构造过程来定义，这种观点在科学研究中特别有用，尤其是在需要具体算法和明确步骤的领域。例如，在计算机科学、数值分析和工程学中，构造性方法对于设计算法、模拟和计算是至关重要的。通过具体的构造，研究者可以确保所研究的问题和解决方案是切实可行的。

直觉构造主义的原则可以确保结果的可验证性和可重复性。直觉构造主义的原则确保所有数学对象和证明是通过有限步骤明确构造出来的，这有助于科学研究中的结果验证和重复实验。例如，在实验科学中，实验结果需要可重复、可验证。类似地，直觉构造主义方法确保数学证明和计算结果可以被验证和复现，提高了科学研究的可靠性和可信度。

（2）发展动力

直觉构造主义在促进计算机科学和自动化方面，强调其对计算机科学和自动化领域有深远影响。例如，在计算复杂性理论方面，直觉构造主义对计算复杂性理论的发展有直接影响。研究者必须通过具体的步骤和算法来构造问题的解决方案，从而在理论上提供算法的时间和空间复杂性的严格界限。

构造性证明方法与算法设计紧密相关，使得许多数学问题可以通过计算机程序解决。这种方法促进了编程语言的发展、算法优化以及自动化证明系统的建立。例如，依赖类型理论的编程语言如 Coq 和 Agda 等就体现了构造主义的理念，通过严格的类型系统确保程序的正确性和可靠性。

在形式验证方面，在软件和硬件设计中，形式验证使用直觉构造主义的方法，通过具体的证明步骤验证系统的正确性。通过这种方法，研究者可以确保系统在所有可能的情况下都符合标准，避免潜在的错误和漏洞。

在数值模拟方面，在物理学和工程学中，数值模拟依赖于具体的计算方法。直觉构造主义方法确保数值方法和算法是切实可行的，并且能够提供可验证的结果。这种方法在气候模型、工程设计和金融模拟中得到了广泛应用。

直觉构造主义在提供替代数学基础方面，提供了经典数学之外的另一种数学基础，特别是在处理某些非构造性证明时。例如，在处理无穷集合、连通性或其他涉及无穷过程的数学问题时，直觉构造主义提供了一种更加谨慎、严谨的方法。通过这种方法，研究者可以避免某些经典数学中可能出现的悖论和不一致性。

直觉构造主义在推动逻辑和数学哲学发展方面具有重要作用，并对这两个领域产生了重要影响，推动了关于数学本质的讨论。例如，直觉构造主义质疑经典数学中依赖的排中律（law of excluded middle），认为只有能够构造性证明的命题才是有效的。这种思维方式促进了逻辑学的发展，引发了构造性逻辑和相关数学哲学的讨论。

总之，直觉构造主义在科学研究中的角色主要体现在强调具体构造和算法、确保结果的可验证性和可重复性、促进计算机科学和自动化、提供替代数学基础以及推动逻辑和数学哲学的发展。通过这些方式，直觉构造主义为科学研究提供一种严格而具体的方法，特别适用于需要具体步骤和算法的领域。

3.3.2 作用互补

在发挥数学在科学发展中的作用，提供精确的工具和语言来描述、预测和解释自然现象方面，实在论、形式主义和直觉构造主义的观点在不同方面共同推动科学进步。

3.3.2.1 新的客观现实描述

在描述新的客观现实方面，数学的不同哲学观——实在论、形式主义和直觉构造主义，它们各自从不同角度推动了科学的进步。以牛顿的万有引力定律为例，不同数学哲学观在新的客观现实描述的作用，具体体现在以下三个方面：

（1）实在论

在描述现象方面，牛顿的万有引力定律描述物体之间的引力相互作用，并提供对这种作用的定量描述。通过数学表达式，牛顿将引力的力量与物体的质量和距离联系起来，建立了一个准确的数学模型来描述引力现象。这一定律不仅描述了地球上物体的运动，还适用于天体运动，揭示了宇宙中的普遍规律。

实在论在这一发现中的作用体现在：牛顿认为引力是客观存在的力量，其大小和作用方式可以通过数学精确描述和预测。

（2）形式主义

在严密的数学表达方面，形式主义强调了数学表达的逻辑一致性和严密性。在万有引力定律中，牛顿使用了严格的数学符号和推理，确保其理论在数学上的正确性和严谨性。在符号化处理方面，形式主义注重数学对象和表达式的形式结构，牛顿的研究也体现了这一特点，将自然现象转化为符号化的数学模型，使得物理定律能够被精确表达和推导。

形式主义在牛顿的发现中的作用主要体现在数学表达的严谨性和逻辑结构的严密性，这为科学理论的发展奠定了稳固的基础。

（3）直觉构造主义

在强调构造性证明方面，直觉构造主义强调数学对象的构造过程，即如何通过构造性的方法来得到数学结论。牛顿在其研究中，通过分析和推导，构建了关于引力的数学模型，并通过数学推理来验证其正确性。在关注计算过程方面，直觉构造主义强调计算的可行性和实用性。牛顿在其研究中，通过数学计算和推导，确定了万有引力定律中的参数和公式，使其被广泛应用于实际问题的解决中。

直觉构造主义在牛顿的发现中的作用体现在强调了数学对象的构造过程和计算的可行性，这使得其理论不仅具有理论上的深度，还具有实际应用价值。

综上所述，实在论、形式主义和直觉构造主义在牛顿的万有引力定律这一科学发现中各自发挥了重要作用，共同推动了科学的进步。实在论强调引力的客观存在，形式主义强调数学表达的严谨性，而直觉构造主义强调数学对象的构造过程和计算的可行性，这些观点的结合促成牛顿在数学和物理学领域的重大突破。

3.3.2.2　新的“证伪”标准

不同数学哲学观在科学发现中提供新的“证伪”标准，以爱因斯坦的相对论为例，说明如下：

（1）实在论

在提供新的观察标准方面，相对论提出了新的观察框架和观察方法，如光速不变原理和时空弯曲理论，这些理论提供了新的实验检验标准。在建立可测量数学模型方面，相对论通过数学方程式精确地描述了时间、空间、质量和能量之间的关系，为实验结果提供了可预测和可验证的数学模型。在挑战经典物理理论方面，相对论挑战了牛顿力学的观念，提出了全新的理论框架，这一框架需要通过实验观测来验证或证伪。

实在论在这一发现中的作用体现在提出了对自然现象的客观观察标准和建立了可测量的数学模型，从而提供了新的“证伪”标准。

（2）形式主义

在严谨的数学表达方面，相对论使用了严格的数学符号和推理，确保了理论的严密性和一致性，提供了一种清晰的“证伪”标准。在符号化处理方面，形式主义强调数学表达的形式结构，相对论通过数学方程式精确描述自然现象，使得理论可以被数学上的严格验证所检验。

形式主义在相对论中的作用主要体现在数学表达的严谨性和严密性，这为科学理论的发展提供了稳固的基础，同时也提供了一种清晰的“证伪”标准。

（3）直觉构造主义

在强调构造性证明方面，直觉构造主义强调数学对象的构造过程，相对论通过推导和构造性的方法建立了新的物理理论，这种方法提供了一种清晰的“证伪”标准。在关注计算过程方面，直觉构造主义强调理论的计算可行性，相对论提出了具体的数学模型和方程式，这些可以通过实验观测来验证或证伪。

直觉构造主义在相对论中的作用体现在强调了数学对象的构造过程和计算的可行性，这使得其理论不仅具有理论深度，还具有实际应用的价值，同时也提供了一种清晰的“证伪”标准。

总之，实在论提出新的观察标准和建立可测量的数学模型，形式主义强调数学表达的严谨性和一致性，而直觉构造主义强调数学对象构造过程和计算可行性。这些都促成爱因斯坦相对论的建立，并为科学发现提供了新的“证伪”标准。

3.3.2.3 新的数学体系结构

在构建新的数学体系结构方面，本书以哥白尼的日心说模型为例说明实在论、形式主义和直觉构造主义的作用。

（1）实在论

在提出新的观点方面，哥白尼提出了日心说模型，即地球和其他行星绕太阳运动的理论。这一观点挑战了传统的地心说模型，提出了新的宇宙观。在建立数学模型方面，哥白尼使用了几何学和三角学等数学工具，构建了日心说模型的数学模型，利用数学来描述行星的运动轨迹和相对位置，从而提供了对宇宙结构的新的数学描述。在揭示客观规律方面，哥白尼的日心说模型揭示了宇宙中天体运动的客观规律，这种规律性通过数学模型得以精确表达和解释。

实在论在这一发现中的作用体现在：提出了新的宇宙观和行星运动模型，并通过数学来精确描述和解释这一观点。

（2）形式主义

在严密的数学表达方面，形式主义强调数学表达的逻辑一致性和严密性。哥白尼使用了几何学和三角学等数学工具，确保其模型在数学上的正确性和严谨性。在符号化处理方面，形式主义注重数学对象和表达式的形式结构，哥白尼将天体运动转化为符号化的数学模型，使得宇宙结构能够被精确描述和推导。

形式主义在哥白尼的发现中的作用主要体现在数学表达的严谨性和逻辑结构的严密性，这为宇宙模型的建立奠定了稳固的数学基础。

（3）直觉构造主义

在强调构造性证明方面，直觉构造主义强调数学对象的构造过程，哥白尼通过观察和推导，构建了新的宇宙模型，这种方法提供了一种清晰的逻辑结构和构造过程。在关注计算过程方面，直觉构造主义强调数学计算的可行性和实用性。哥白尼模型通过数学计算来验证和检验，这为理论研究奠定了实验观测的基础。直觉构造主义在哥白尼的发现中的作用体现在强调数学对象的构造过程和计算可行性，这使理论不仅具有理论深度，还具有实际应用的价值。

综上所述，实在论、形式主义和直觉构造主义在哥白尼的日心说模型这一科学发现中各自发挥了重要作用，共同推动了科学的进步。实在论提出了新的宇宙观和行星运动模型，并通过数学精确描述和解释这一观点。形式主义强调了数学表达的严谨性和一致性。直觉构造主义强调了数学对象的构造过程和计算的可行性。这些观点的结合促成了哥白尼在天文学领域的重大突破，并为科学发现提供了新的数学体系结构。

3.3.2.4　新的科学原理

在创建新的科学原理方面，以牛顿的运动定律为例，实在论、形式主义和直觉构造主义作用具体体现在以下三个方面：

（1）实在论

在提出新的科学原理方面，牛顿提出了三大运动定律，描述了物体的运动状态以及受力情况，这些定律成为经典力学的基石，为后续科学研究奠定了重要的理论基础。在数学建模方面，牛顿运动定律通过数学方程式精确描述物体的运动行为，如牛顿第二定律 $F=ma$，提供可测量和可预测的数学模型。在揭示自然规律方面，这些定律揭示了自然界中物体运动的基本规律，使得科研人员能够更深入地理解和解释自然现象。

实在论在这一发现中的作用体现在：提出了新的科学原理和物理规律，并通过数学来精确描述和解释这些原理。

（2）形式主义

在严密的数学表达方面，形式主义强调数学表达的逻辑一致性和严密性。牛顿的运动定律通过数学方程式进行了严格的数学推导和表达，确保理论的严密性和一致性。在符号化处理方面，形式主义注重数学对象和表达式的形式结构，牛顿在力学方面的研究也体现了这一特点，将物体的运动规律转化为符号化的数学模型，使得这些规律能够被精确描述和推导。

形式主义在牛顿的发现中的作用主要体现在数学表达的严谨性和逻辑结构的严密性，这为物理定律的建立奠定了稳固的数学基础。

(3) 直觉构造主义

在强调构造性证明方面，直觉构造主义强调数学对象的构造过程，牛顿通过观察和推导，构建了新的物理定律，这种方法提供了一种清晰的逻辑结构和构造过程。在关注计算过程方面，直觉构造主义强调数学计算的可行性和实用性。牛顿的定律可以通过数学计算来验证和检验，这为其理论奠定了实验观测的基础。

直觉构造主义在牛顿的发现中的作用体现在强调了数学对象的构造过程和计算的可行性，这使得其理论不仅具有理论深度，还具有实际应用价值。

综上所述，实在论、形式主义和直觉构造主义在牛顿的运动定律这一科学发现中各自发挥了重要作用，共同推动科学进步。实在论提出了新的科学原理和物理规律，并通过数学来精确描述和解释这些原理；形式主义强调了数学表达的严谨性和逻辑结构的严密性；直觉构造主义强调了数学对象的构造过程和计算的可行性。这些观点的结合促成了牛顿在物理学领域的重大突破，并为科学发现提供了新的数学体系结构。

第4章　数学：科学的唯一方法

数学是发现宇宙基本规律的语言。

——詹姆斯·克拉克·麦克斯韦（James Clerk Maxwell）《麦克斯韦全集》（1890）

科学的唯一方法是通过数学。

——亨利·庞加莱（Henri Poincaré）的《科学与假设》（1902）

4.1　数学与科学研究方法

4.1.1　数学哲学与研究方法

4.1.1.1　数学哲学观指导

在数学研究中，数学哲学观对研究方法的选择和应用起到了重要的指导作用。不同哲学观指导下的数学研究方法也不同。

（1）数学实在论

数学实在论强调数学对象是独立存在的抽象实体，数学真理是对这些对象的发现。因此，数学实在论在研究方法使用方面的特点如下：

①探究纯理论。集中于抽象数学理论探讨，如数论、代数、几何等深层次理论问题。例如，在证明费马大定理过程中，数学家安德鲁·怀尔斯（Andrew Wiles）使用了高度抽象的代数几何和模形式理论。这些理论非常抽象，需要对许多深奥的数学概念进行深入理解和探索。其中，怀尔斯的证明涉及模曲线和椭圆曲线的深层次性质，依赖于许多在数论和代数几何中极其抽象的概念，如模形式、伽罗瓦表示等。怀尔斯的工作体现了数学实在论的观点，即这些抽象的数学对象和真理是独立存在的，数学家的任务是发现它们。

②严格逻辑推理。确保每一步推导都是逻辑严密的，强调证明的严格性和逻辑一致性。例如，安德鲁·怀尔斯在证明费马大定理中涉及模形式和椭圆曲线理论，特别是谷山-志村猜想（Taniyama-Shimura conjecture）。其中，逻辑严密性体现在证明过程非常复杂，涉及多个数学领域的深刻理论，证明中每一步都严格遵循逻辑推理，要从基础公理和已知定理出发，逐步建立证明的每一个环节。证明严格性体现在：证明包含多个部分，每一部分都要经过严密的推导和检验。如使用模形式的属性来连接椭圆曲线，确保每一个推导步骤都是无懈可击的。

③注重数学美学。注重数学结构的优美和简洁，欣赏数学中的对称性与和谐美。例如，欧拉公式 $e^{i\pi}+1=0$ 被誉为数学中最美的公式之一。在研究方法方面，欧拉公式将五个最重要的数学常数 e、i、π、1 和 0 结合在一起。这个公式的推导涉及复数分析中的许多深刻概念。公式本身简洁而优美，显示出数学中指数函数、虚数和圆周率不同领域的和谐统一。在对称性方面，欧拉公式体现了复数平面上的对称性，揭示了指数函数与三角函数之间的深层联系。

（2）形式主义

形式主义认为数学是符号系统的操作规则，数学真理依赖于符号操作的正确性和系统的一致性。因此，其在研究方法使用方面的特点是：

①建立形式系统。设计和研究形式系统，通过定义公理和规则来构建数学理论。例如，非欧几里得几何是对欧几里得几何公理体系的扩展和修改，主要包括双曲几何和椭圆几何。在设计公理系统方面，欧几里得几何的第五公理（平行公设）是非欧几里得几何研究的关键。双曲几何和椭圆几何通过修改这一公理而产生。其中，在双曲几何中，平行公设被替代为"通过直线外一点，有无数条直线与给定直线不相交"。在椭圆几何中，平行公设被替代为"通过直线外一点，没有任何直线与给定直线平行"。在构建数学理论方面，通过这些新公理，数学家们建立了双曲几何和椭圆几何的完整理论，包括基本的定理和性质。例如，双曲几何中的角和面积关系，以及椭圆几何中的三角形的内角和大于 180 度。在研究方法方面，数学家使用严格的逻辑推导，从新的公理体系出发，推导出新的定理和性质，形成完整的几何理论体系。

这种方法可以确保数学理论的内部一致性和严格性，推动数学的系统化和公理化发展。

②逻辑和公理化方法。使用严格的逻辑推导和公理化方法，分析数学体系的内在一致性和完备性。例如，欧几里得几何的公理化体系包括《几何原本》中提出的5个公理：一是通过任意两个点可以画一条直线；二是有限直线上任意点可以延长至无限；三是从任意圆心任意半径可以画圆；四是所有直角相等；五是平行公理，即若一条直线与两条直线相交，并且同旁内角和小于两直角，则这两条直线在该旁必相交。这些公理是一些被假设为自明的基本事实。在这些公理的基础上，通过逻辑推理和演绎，逐步建立几何的各个定理。例如，利用平行公理，欧几里得推导出三角形的内角和等于180度的定理。

③元数学研究领域。研究数学系统的元性质，如一致性、完备性、独立性等，关注哥德尔定理和模型论等领域。例如，皮亚诺算术和哥德尔不完备定理。皮亚诺算术（Peano arithmetic，PA）是一个形式化的数学系统，用于定义和研究自然数及其基本运算，由一组公理组成包括0、1、加法和乘法的定义，以及归纳法原理。其中，一致性是指一个数学系统中不能导出相互矛盾的命题。研究佩亚诺算术的一致性，就是要证明在这个系统中不会同时导出某个命题和它的否定。20世纪初，希尔伯特提出了一个雄心勃勃的计划，试图通过有限手段证明数学系统如皮亚诺算术的一致性。1931年，库尔特·哥德尔证明了著名的哥德尔不完备定理，表明任何足够复杂的形式系统如皮亚诺算术如果是一致的，那么它不能证明自己的一致性。这一结果深刻影响了数学形式主义的研究，表明不可能通过系统内部的方法来证明它的一致性。

完备性是指一个数学系统能够证明所有在其语言中可以表达的真命题。在哥德尔第一不完备定理中，哥德尔证明，皮亚诺算术是“不完备”的，即在这个系统中存在一些真命题，但这些命题无法在系统内被证明。

独立性是指某个公理在一个数学系统中不能通过其他公理来证明。在连续统假设中，这是一个关于实数和自然数之间的基数大小关系的命题。哥德尔和保罗·科恩分别证明了连续统假设在策梅洛-弗兰克尔集合论（ZF）中是独立的，即它既不能被证明，也不能被反驳假设ZF是自洽的。

通过佩亚诺算术的分析可以看出，数学系统元性质包括：

——一致性：研究如何在形式系统内证明一致性和局限性。

——完备性：通过哥德尔不完备定理，揭示了形式系统的内在局限。

——独立性：通过研究某些命题的独立性，理解某些公理是否能被其他公理推出，进而影响公理化体系的构建。

皮亚诺算术及其相关的哥德尔不完备定理显示出数学形式主义如何在研究数学系统的元性质如一致性、完备性、独立性等方面的应用。这些研究，不仅能够深入理解数学体系的结构和局限，还能影响数学体系的构建和改进。

④符号演算。强调符号的操作和演算过程，关注形式推理的正确性和系统化，如，布尔代数与逻辑电路设计。布尔代数是一种数学体系，用于处理逻辑运算，由乔治·布尔在19世纪中期发展起来，主要用于表达和分析逻辑命题和布尔函数。布尔代数的基本运算包括与（AND）、或（OR）和非（NOT），其运算符号分别为 $\wedge$，$\vee$，$\neg$ 。在布尔代数中，所有的命题和运算都可以用符号表示和处理。通过符号操作和演算，布尔代数能够系统化处理和验证逻辑命题。运算规则包括以下三个：

——同一律：$A \vee 0 = A$，$A \wedge 1 = A$

——零律：$A \vee 1 = 1$，$A \wedge 0 = 0$

——补律：$A \vee \neg A = 1$，$A \wedge \neg A = 0$

这些运算规则确保了布尔代数的操作具有严格的逻辑基础，每一步推导都可以被形式化和验证。

布尔代数在逻辑电路设计中有广泛的应用。如设计一个简单的数字电路，如半加器（half-adder），用于计算两个二进制位的和及其进位。

布尔代数的应用显示出数学形式主义在研究方法中的应用，强调符号操作和演算过程，以及形式推理的正确性和系统化。通过这种方法，数学家和工程师能够严格、系统处理和验证复杂的逻辑命题和电路设计，确保其准确性和可靠性。

（3）直觉构造主义

直觉构造主义认为数学真理是通过构造活动实现的，只有可构造的数学对象才被视为存在。因此，直觉构造主义在研究方法使用方面的特点如下：

①构造性证明。所有证明都需要给出具体的构造方法，拒绝非构造性的存在性证明，如构造性数论中的素数存在性证明。在经典数论中，有许多关于素数的存在性证明，其中一些证明是非构造性的，如经典的素数无限性证明利用反证法，证明了假设素数是有限的会导致矛盾，但没有给出具体构造方法来找到新的素数。而数学直觉构造主义要求证明必须提供具

体的构造方法，即不仅要证明某物存在，还要展示如何具体构造出这个物体。因此，构造主义者需要一个方法来实际找到素数，具体构造方法是利用“筛法”来构造素数序列。筛法是一种逐步构造和生成素数的方法。如埃拉托色尼筛法，具体做法如下：

——列出自然数表。从 2 开始，列出自然数：

$$2, 3, 4, 5, 6, 7, 8, 9, \cdots$$

——筛选素数。取列表中的第一个数 2，标记为素数，将 2 的倍数从列表中删除；取下一个未删除的数 3，标记为素数，将 3 的倍数从列表中删除；重复上述步骤，直到列表中的所有数都被标记或删除。

通过这个过程，具体构造并生成一系列素数：

$$2, 3, 5, 7, 11, 13, \cdots$$

在构造性分析中，所有证明也必须是构造性的。例如，证明实数的某些性质时，必须展示如何具体构造以满足这些性质的实数。

在构造性实数存在性方面，如证明存在一个实数 x，使得 $f(x)=0$（某个函数的零点），必须展示如何具体构造出这样的 x。这通常通过迭代方法或逐步逼近来实现。

②算法和可计算性。关注可计算性和算法，研究可以通过明确步骤构造的数学对象，涉及领域主要包括计算复杂性理论、算法设计等。

例如，计算复杂性理论是计算机科学的一个重要分支，研究问题的计算难度和资源需求。计算复杂性理论中的 P 类和 NP 类问题是该领域的核心问题之一。其中，P 类问题是指可以在多项式时间内由确定性图灵机解决的问题。NP 类问题是指可以在多项式时间内由非确定性图灵机验证的问题。

数学直觉构造主义强调具体的构造方法，因此在计算复杂性理论中，研究人员需要给出具体的算法，展示如何在有限步骤内解决或验证问题。在 P 类和 NP 类问题中，一个典型的构造性方法是 P 类问题是“排序问题”。如对一组数进行排序，数学直觉构造主义要求提供一个明确的算法来完成这个任务。在算法设计中，快速排序（quicksort）是一种高效的排序算法，显示出数学直觉构造主义在算法设计中的应用，具体包括以下四个步骤：

——选择基准值。从待排序的数组中选择一个基准值（pivot）。

——分区操作。将数组按照与基准值大小比较分为两部分，一部分小于基准值，另一部分大于基准值。

——递归排序。对基准值两边的子数组递归进行快速排序。

——合并结果。最终合并排序后的子数组，得到排序结果。

通过这些明确的步骤，快速排序算法具体构造了一个解决排序问题的方法，这完全符合数学直觉构造主义的要求。

③有限方法。避免使用无穷集合和非构造性方法，注重有限步骤和具体操作，如图论中的最大独立集问题。在图论中，独立集是指图中没有任何两个顶点相邻的顶点集合。最大独立集问题是找到图中最大的独立集。数学直觉构造主义强调具体的构造方法和有限步骤，因此在解决最大独立集问题时，避免使用无穷集合和非构造性方法，强调具体的算法和步骤。

最大独立集的构造性方法，可以使用贪心算法来具体构造最大独立集，这是一种符合数学直觉构造主义的研究方法。

——定义图。考虑有限简单图 $G=(V, E)$，其中，V 是顶点集，E 是边集。

——初始化独立集。初始化一个空的独立集 $I=\{\}$。

——迭代选择顶点。按照某种顺序遍历所有顶点，对于每个顶点 $v\in V$：如果 v 和 I 中的任何顶点都不相邻，则将 v 加入 I。

——返回独立集：遍历完所有顶点后，返回集合 I。

最大独立集问题显示出数学直觉构造主义如何在研究有限数学和离散数学中应用，避免无穷集合和非构造性方法，注重有限步骤和具体操作。这种方法可以在有限时间内解决实际问题，符合直觉和构造主义的原则。

④直觉和构造。强调数学直觉的重要性，依赖数学家的直觉进行构造和理解数学对象，如柯西序列（Cauchy sequence）和实数构造。实数构造是分析学中一个基本问题，经典数学中，实数可通过戴德金分割或柯西序列来构造。而数学直觉构造主义强调通过具体的构造和数学直觉来理解和构造实数。

数学直觉构造主义拒绝非构造性的存在性证明，要求每一个数学对象的存在都能通过具体的方法构造出来，并依赖数学家的直觉进行理解。

在构造主义中，实数可以通过柯西序列来具体构造。柯西序列是一个序列，其中，元素之间的距离在序列的后续部分越来越小。柯西序列的定义是：一个序列 a_n 称为柯西序列，如果对于任意给定的正数 $\varepsilon>0$，存在一个正整数 N，使得对于所有的 $m, n>N$，都有 $|a_m-a_n|<\varepsilon$。

人们依赖于数学直觉理解通过柯西序列具体构造实数的具体步骤。

——选择序列：通过数学直觉，选择一个序列 a_n，如序列 $1/n$，直观上我们知道其极限是 0。

——验证柯西条件：验证这个序列是否满足柯西条件。对于 $1/n$，我们可以通过直观理解和具体计算验证它满足柯西序列的定义。

——构造实数：将这个序列对应的实数定义为其极限。通过构造性的方式，可以得到具体的实数 0。

在数学直觉构造主义中，直觉起到了关键作用。如理解和构造柯西序列的过程依赖于数学家的直觉和经验。人们通过直觉理解某些序列的收敛性。例如，知道序列 $1/n$ 会趋近于 0，这是通过数学直觉获得的。在构造新的数学对象时，人们依赖直觉选择适当的序列，并通过具体计算验证其性质。

柯西序列构造实数的过程显示出数学直觉构造主义如何强调数学直觉的重要性，并依赖人的直觉进行构造和理解数学对象。这种方法确保每一个数学对象的构造都具有具体的步骤和直观的理解，符合直觉和构造主义的原则。

理解这些哲学观的指导作用，可以使我们更好把握数学研究的多样性和深度。

4.1.1.2　*数学研究方法*

数学研究方法是指进行数学研究和探索时所采用技术和步骤。

（1）证明

数学研究方法依赖于严格的逻辑推理和证明，旨在建立数学知识的系统和结构，以及解决数学问题和现实世界问题。

①直接证明法。直接证明法是最基本的数学研究方法，即用逻辑推导和已知的命题、定理来确证某个数学命题的真实性。如证明命题：任何偶数都可表示为两个整数的和。

证明：对任意偶数 n，取第一个整数为 $\frac{n}{2}$，取第二个整数同样为 $\frac{n}{2}$。

显然，两者之和是 n。因此，任何偶数都可以表示为两个整数的和。

②构造法。构造法是指给出一个具体实例或构造来证明命题的研究方法，目的是直接给出某个命题为真的证据。如证明：存在两个无理数 a 和 b，使得 a^b 是有理数。

证明：考虑无理数 $\sqrt{2}^{\sqrt{2}}$ ，如果 $\sqrt{2}^{\sqrt{2}}$ 是有理数，那么取 $a=b=\sqrt{2}$ ，此时，$a^b=\sqrt{2}^{\sqrt{2}}$ 就是要找的有理数。

如果 $\sqrt{2}^{\sqrt{2}}$ 是无理数，那么，可以取 $a=\sqrt{2}^{\sqrt{2}}$ 以及 $b=\sqrt{2}$ 。

这样，$a^b=(\sqrt{2}^{\sqrt{2}})^{\sqrt{2}}=(\sqrt{2})^{\sqrt{2}\sqrt{2}}=(\sqrt{2})^2=2$，所以，2 是有理数。

无论哪种情况，都能找到两个无理数 a 和 b 使得 a^b 是有理数。

③反证法。反证法是一种常用于数学研究中的证明技巧，通过否定所要证明的结论，然后推导出与已知事实或前提相矛盾的结论，从而证明原始结论的正确性。换句话说，先假设某个命题为假，然后从这个假设中推导出矛盾，从而证明这个命题是真的。

例如：欧几里得的“素数无穷多”定理及其证明。

命题：素数是无穷多的。

证明：假设存在有限个素数 p_1，p_2，…，p_n，考虑数 $P=p_1p_2\cdots p_n+1$。

这个数 P 或者是素数，或者不是素数。

若 P 是素数，则 P 就是一个新的素数。若 P 不是，则至少有一个不在列中的素数因子，因为当 P 被 p_1，p_2，…，p_n 中任何一个数除时，都会余 1。

无论如何，都与原假设矛盾，所以素数是无穷的。

这个证明使用反证法，用巧妙和简洁的方式显示了数学之美。

在数学中，简洁性目标是一种美学追求，体现出研究人员的深思熟虑和创造性，同时，也让数学更容易被广泛理解和应用。

④归纳法。归纳法是一种常用于证明自然数集合中的命题的数学方法，是处理数学序列或数学属性的常用方法。数学归纳法基于两个关键步骤：基础步骤和归纳步骤。换句话说，首先验证某个命题对于某个基础情况如 $n=1$ 是真的，然后假设这个命题对于某个任意的 n 是真的，接着证明它对于 $n+1$ 也是真的。

归纳法常用于证明各种数学命题，特别是与自然数集合相关的性质。

这些方法是数学研究中最基本方法，突出特点是通过严格的逻辑推理来证明数学命题的真假。

（2）计算法

计算法是应用算法和公式来进行计算、处理数据和求解问题的方法，主要包括以下四种：

①数值分析。数值分析是一种解决数学问题的方法，通过数值逼近而非精确符号计算来获得问题的解。这种方法适用于那些无法或难以找到精确解的问题。

例如，求解非线性方程根的问题。假设：求解方程 $f(x)=x^2-2=0$ 的根。

这个特定方程的根是 $\sqrt{2}$ ，但许多更复杂的非线性方程没有简单的解析解。

在这种情况下，使用数值分析中的牛顿法（Newton's method）近似求解。

牛顿法的基本思想是从一个初始猜测值 x_0 开始，通过迭代过程逐渐逼近方程的根。每一次迭代的公式为：$x_{n+1}=x_n-f(x_n)/f'(x_n)$。其中，$f'(x)$ 是函数 $f(x)$ 的导数。

应用牛顿法：对于方程 $f(x)=x^2-2$，其导数为 $f'(x)=2x$。

选择一个初始猜测值，比如 $x_0=1$，开始迭代过程：

计算 $f(x_0)=1^2-2=-1$ 和 $f'(x_0)=2\times1=2$。

应用牛顿法迭代公式：$x_1=1-[(-1)/2]=1.5$。

重复上述过程，直到 x_n 的值收敛到一个稳定的数，即认为找到了方程的根。

通过数值分析方法，尤其是牛顿法，即使在无法直接求得精确解的情况下，也能够有效近似求解复杂的非线性方程。

②符号计算。符号计算，又称为计算机代数，涉及对数学表达式进行精确的符号操作，而不是数值近似。这种方法可以直接处理变量和操作符，使其在求解精确解、化简表达式、符号积分、符号微分等方面特别有用。

例如，解代数方程 $x^2-5x+6=0$。应用符号计算的步骤是：

使用代数技巧的分解因式，将方程分解为：$(x-2)(x-3)=0$。

由于方程已被分解为因式，可以直接看出根为：$x=2$ 和 $x=3$。

再如，给定函数 $f(x)=x^2$，可以使用符号计算来找到其导数：

$f'(x)=2x$ 和不定积分 $\int f(x)\,\mathrm{d}x=\frac{1}{3}x^3+C$。其中，$C$ 是积分常数。

符号计算可通过计算机代数系统（CAS）如 Mathematica、Maple 和 SymPy 等实现，这些系统提供了强大的符号计算功能，能够自动执行代数操作、方程求解、积分、微分以及其他高级数学问题的符号处理。通过符号计算方法，可以精确解决多种数学问题，从基本的代数方程求解到复杂的积分和微分问题。

③计算方法。计算方法是科学、工程和商业等领域解决复杂问题、分析数据、模拟系统和预测事件的关键工具。它们融合了数学、算法和计算机技术，提供了解决难题和创新知识的强有力手段。随着计算力的提升和数据量的增长，这些方法的应用越来越广泛，其价值也越发显著。

以天气预报为例，计算方法包括数据收集与预处理、特征选择、模型选择与训练、交叉验证、测试以及模型部署和预测等阶段。这个过程不仅包含数据操作和特征工程，还涉及模型的挑选、训练、评估和优化，显示了计算方法在创建精确和可靠预测模型中的重要性。这些技术能从海量数据中提炼有用信息，建立有效的预测模型，满足科研、商业决策和日常生活的需要。

④计算法与证明法的联系与区别。在数学研究中，计算法和证明法构成两种基本的方法论在目标、应用和过程上存在本质区别，但也紧密相连。计算法主要通过算法和公式求解问题，适用于处理复杂问题和模拟数学现象，强调获取具体数值解和分析数据。证明法则使用逻辑推理验证命题或理论的真实性，是展示结论正确性和揭示数学结构联系的核心方法。这两种方法在数学研究中相互支持和补充：计算法提供数值证据和直观感受，有助于发现证明方向；证明法确立计算方法的有效性和理论支持。在研究目标上，计算法侧重求解和模拟，证明法侧重于验证正确性；在过程上，计算法注重算法执行和效率，而证明法追求逻辑严密和普遍性。两者在某些领域（如数值分析和计算机代数）中紧密结合，共同推动理论的发展。

（3）实验数学方法

实验数学方法是利用计算机和其他工具来进行实验以探索数学结构和验证数学猜想的方法。这种方法可以揭示新的数学现象和规律。

①特征。实验数学方法是一种现代数学研究方法，依赖于计算机和其他数字工具来进行实验，以探索数学结构、发现数学模式、验证数学猜想，甚至生成新的数学猜想。这种方法特别适用于那些传统数学分析难以解决的复杂问题。例如，数学家可以运用计算机程序进行实验，来寻找自然数中的素数并研究素数的分布模式，其中包括对素数分布猜想的探索。

数学家可以使用计算机来测试和验证不同的素数分布猜想，如孪生素数猜想：素数成对出现，也就是相邻的两个素数之间的差恰好为2，且这样的素数对有无穷多。具体来说，孪生素数猜想表明，存在无穷多素数对（p，$p+2$）。其中，p 和 $p+2$ 都是素数。如（3，5）、（5，7）、（11，13）、（17，19）等都是素数对，两个素数之间的差都是2。

②应用领域。实验数学方法的核心是利用计算机执行大量计算，探索数学对象性质，生成和验证猜想，并通过数据分析与可视化深化对复杂数学结构的理解。这包括利用计算实验发现新的数学模式和理论，尤其在数论、代数、几何、拓扑以及动力系统等领域的应用，其中包括探索素数分布、代数结构性质、形状空间特性及系统演化行为等。实验数学通过大规模数据处理和分析，验证复杂数学命题或定理的正确性与适用范围，对测试新算法和优化现有解决方案至关重要。例如，在数值积分研究中，实验数学方法通过辛普森规则、梯形规则等数值方法近似计算积分，评估精确度和效率，并通过优化过程提高计算效率和精度。

③核心要素。核心要素主要包括：一是计算工具的使用。实验数学方法利用计算机进行高速计算和数据处理，在解决大规模问题和复杂运算分析中非常关键，特别是在测试和破解加密算法的场景中。在密码学中，测试加密算法的安全性需要大量的计算来探测弱点。实验数学方法通过高速计算机执行穷举搜索和密码分析，帮助科研人员评估加密算法的强度，这包括尝试密钥组合或进行复杂运算，以检测算法的攻击抵抗能力。二是数学模拟和可视化。实验数学方法的核心之一是通过数学模型的建立和可视化来帮助研究者直观理解复杂的数学结构和现象。这种方法特别适用于那些难以仅通过传统分析方法理解的问题，如分形几何和混沌理论是研究复杂系统自相似性和不可预测性的分支。其中，曼德勃罗集合显示出在简单的数学公式下隐藏的无限复杂性。实验数学方法的应用是：通过构建曼德勃罗集合的数学模型，并使用计算机图形技术将其可视化，可以直观观察到这种复杂结构的自相似特性。这种可视化手段有助于理解在动态系统中出现的混沌行为和分形结构。三是猜想的生成和验证。实验数学方法的一个核心要素是利用计算机实验来生成新的数学猜想，并支持或反驳现有的猜想。例如，黎曼猜想的数值验证问题。这一问题的背景是：黎曼猜想是数学中一个未解的问题，关于黎曼 ζ 函数零点的分布。虽然还没有得到证明，但可以通过计算机对大量的零点进行数值检验，来寻找这个猜想的证

据，极大增强对黎曼猜想正确性的信心。

（4）AI技术方法

目前，人工智能技术研究数学的方法已经出现，核心是确保AI生成数学公式或定理准确性和可靠性，主要实现途径包括以下几种：

①形式化验证。使用形式化验证系统如Lean，将数学语言转化成计算机可识别的语言，并在这个框架下进行严格的逻辑推理，以确保证明的准确性。微软开发的Lean库已经包含了许多数学知识，可以用于验证定理的正确性。

②自动化证明检查。AI可以辅助数学家进行证明的初步工作，然后由数学家或自动化系统来检查和验证证明的正确性。例如，陶哲轩提出，未来数学家可以通过向AI解释证明过程，AI会将其形式化为Lean证明，并由自动化证明检查器来验证。

③大语言模型与形式化语言的结合。利用大语言模型如LeanDojo，结合形式化语言Lean，通过思维链（chain-of-thought）推理，训练大模型进行证明过程的生成和微调，以提升AI在数学推理方面的能力。

④人机交互平台。构建一个包含语言大模型、符号计算、符号回归、构造反例和自动证明等组件的人机交互数学研究平台，通过自然语言与计算机的交互，实现对数学命题的高效发现、证明或证否。

⑤高质量数据集的构建。为提升AI解决数学问题的能力，需要人工标注高质量的数学知识问答指令数据集，涵盖多个数学方向，以训练和优化AI模型。

⑥人工智能数学求解器。使用先进人工智能数学求解器，如MyMath-Solver. ai，由GPT驱动，提供逐步解答，确保解题过程的准确性和可靠性。

⑦应用具有高准确性的AI工具。选择和使用那些已经证明在解决数学问题上具有高准确性的AI工具，这些工具通常具备强大的算法和机器学习能力，能够处理各种难度的数学问题。

⑧数学竞赛训练。AI在数学竞赛如IMO中的表现，显示其在解决复杂数学问题上的潜力，通过反复创造和验证个例的能力，AI能够探索正例和反例的边界，找到正确的命题。

这些可以确保AI在数学研究中生成的公式或定理的准确性和可靠性。

（5）学科方法

数学研究领域广泛，每个分支都有其独特的研究方法和焦点，数学研究分支的一些方法，例如，数学分析方法强调函数的近似和极限过程，以及通过微积分技术解决实际问题的能力；组合数学方法通过建立和分析模型，解决涉及离散结构的优化问题；等等。这些数学研究分支虽有各自的特征，但在实际应用中它们经常相互依赖和交叉。如拓扑学的概念可以用于解决几何问题，组合数学的技巧可以应用于计算数学分析中的问题，逻辑和集合论为理解和构建其他数学分支奠定了基础。数学的这种交叉性质促进了不同领域之间的创新和发展，显示出数学作为一门科学的丰富性和深度。

4.1.2 科学研究方法及其特征

4.1.2.1 *方法*

科学研究，说到底就是指根据观察新的事实（fact），运用创造性思维建立解释假说（hypothesis），通过实验测试（testing）假说成立，形成理论（theory），并且根据理论做出预测（prediction）的过程。

科学研究方法是科研人员用来获取新知识和验证现有知识的系统方式。这些方法基于观察、实验和推理，以确保研究的可靠性和有效性，具体体现在以下六个方面：

（1）观察

科学研究通常从观察开始，研究者对自然界或实验条件下的现象进行详细记录，如达尔文对加拉帕戈群斯岛上鸟类的观察。1835 年，达尔文在进行环球航行的过程中访问了加拉帕戈斯群岛。在岛上，达尔文详细观察并记录了不同岛屿上雀鸟的特征并发现：虽然这些鸟类在外观上相似，但不同的鸟的喙形和大小根据各自岛屿上可用的食物类型有显著的差异。达尔文记录了这些鸟类的细节，比如喙的形状和大小以及它们吃的食物类型。通过对这些数据的观察和后续分析，达尔文提出物种适应其环境的理论，并最终构建进化论理论成果。达尔文的观察不仅改变了对生物多样性的理解，也是现代生物学和进化理论的基础。

（2）提出假设

基于观察提出假设，即可以被测试的明确陈述，用以解释和预测观察到的现象。

例如，1928 年，亚历山大·弗莱明（Alexander Fleming）在实验室研究流感病毒时，注意到一个未盖好的培养皿中的金黄色葡萄球菌被一种霉菌污染，并且在这种霉菌周围区域，细菌被消灭。这种霉菌就是青霉菌（Penicillium Notatum）。基于这一观察，弗莱明提出假设：青霉菌产生某种物质，能够抑制细菌的生长。为了验证这一假设，弗莱明进行了一系列实验，其中包括将青霉菌的培养液直接应用到其他细菌样本上，以观察是否能抑制这些细菌的生长。

弗莱明的实验结果确认了其假设：青霉菌确实能产生一种强大的抗生素，后来被命名为青霉素。青霉素的发现不仅开启了抗生素时代，也极大地改变了医学治疗感染性疾病的方式。

这个例子说明科学研究中从观察到假设再到验证的过程，并且阐释科学假设应当是具体且可测试的，能够被实验数据支持或反驳。

（3）实验设计

实验设计是为了测试假设设计实验，精确控制和操纵变量以确定因果关系。

例如，19 世纪中叶，手术感染是普遍而严重的问题，手术后的感染死亡率高达 45%。约瑟夫·利斯特（Joseph Lister）是一名外科医生，受到路易·巴斯德（Louis Pasteur）关于微生物导致腐败理论的启发，提出假设：在手术过程中使用化学品来杀死空气中微生物，会减少或防止手术感染。

为了测试这一假设，利斯特设计了一系列的实验。利斯特选择了碳酸酚作为消毒剂，并在手术过程中不仅对伤口，而且对手术室的空气、手术器械、外科医生的手进行了消毒处理。利斯特精确控制消毒剂的使用时机和量，以确保实验的一致性。实验的结果非常显著。在利斯特采用碳酸酚消毒的手术中，感染率大幅下降，手术后的死亡率也显著降低。这些结果支持了利斯特的假设，即适当的消毒措施能有效防止手术感染。

这种严谨的实验设计，不仅验证了利斯特的假设，也革命性地改变了外科手术的实践，引入消毒程序，极大提高了手术安全性。利斯特也揭示了科学研究中实验设计的重要性，特别是在控制变量和确定因果关系方面的作用。

（4）数据收集和分析

在实验进行过程中，会收集数据，然后使用统计方法进行分析，以确定结果的统计显著性。例如，1920 年，罗纳德·A. 费舍尔（Ronald A.

Fisher）进行的农业实验成为现代统计分析的基础。费舍尔在英国罗斯林研究所工作时，对小麦产量和不同种类的肥料使用进行了研究，目标是确定不同肥料对作物产量的影响是否显著。为此，费舍尔设计了一系列的田间实验。

在实验中，费舍尔收集小麦的产量数据，包括每种处理下的平均产量和变异情况。费舍尔使用了方差分析（ANOVA），这是一种自己创立的统计方法，用来分析多个群体的数据差异性。通过计算和比较各组之间的平均值差异和内部变异，费舍尔能够判断这些差异是否超出随机变异的范围，从而判断使用不同的肥料是否对产量有统计学上的显著影响。

结果显示，某些特定类型的肥料会显著提高小麦产量，而其他类型的肥料则没有显著效果。这些发现不仅能帮助改进农业实践，还能证明统计方法在科学研究中分析和解释数据的重要性。

（5）解释结果

解释结果是指分析数据的解释结果，是否支持或反驳原始假设。如 20 世纪 80 年代初，巴里·马歇尔（Barry Marshall）和罗宾·沃伦（Robin Warren）提出假设：胃溃疡和胃炎不仅是由压力和饮食引起的，而且可能由一种名为幽门螺旋杆菌的细菌感染引起。这一观点颠覆当时普遍认为的胃酸环境不可能支持任何细菌生存的观念。

在测试假设过程中，马歇尔和沃伦从胃溃疡患者中收集胃黏膜样本，并成功从中培养出幽门螺旋杆菌。接下来，马歇尔和沃伦分析了数据，发现大多数有溃疡和胃炎症状的患者胃中都能检测到这种细菌。

随后，马歇尔甚至进行一次自我实验，摄入含有幽门螺旋杆菌的溶液，创设胃炎症状，通过内窥镜检查和实验室测试证实幽门螺旋杆菌的存在，并且在接受抗生素治疗后症状消失，这进一步验证了马歇尔和沃伦提出的假设。这一发现使得马歇尔和沃伦获得 2005 年的诺贝尔生理学或医学奖。

（6）重复和验证

科学研究的一个重要方面是重复性，对于研究过程和结果，其他科研人员应能重复实验并得到相同的结果，这有助于验证研究的可靠性和普适性。

斯坦利·米勒和哈罗德·尤里进行“原始地球大气模拟实验”，这些实验被广泛重复，以验证并测试生命起源的假设。1953 年，米勒和尤里构建了一个封闭系统，模拟科研人员们认为地球早期大气的环境，包括水蒸气、甲烷、氨和氢气，并在系统中加入电火花，模拟雷电作用，旨在观察在这样的条件下是否能合成有机分子。实验结果发现多种氨基酸的形成，这是蛋白质的基本组成部分，也是生命的关键构件。米勒和尤里的实验提供的证据表明：在地球早期条件下，有机分子——生命的基石——可以自发形成。这项研究的重要性在于实验结果被全球多个实验室重复，并且得到相似结果。这些重复实验不仅确认了原始实验的结果，还加深了人们对地球上生命起源的理解。重复性是科学方法的核心，同时排除了实验误差或偶然性的可能性。米勒和尤里的实验通过重复验证，成为研究地球上生命起源理论的一个基石。

4.1.2.2 特征

1953 年春，一位学历史的研究生斯威策（Switzer）从美国加利福尼亚州致信爱因斯坦，请其对“中国有无科学?”的问题发表看法。爱因斯坦在回信中说：

Development of Western science is based on two great achievements: the invention of the formal logical system (in Euclidean geometry) by the Greek philosophers, and the discovery of the possibility to find out causal relationships by systematic experiment (during the Renaissance).

In my opinion, one has not to be astonished that the Chinese sages have not made these steps. The astonishing thing is that these discoveries were made at all.

这段话中文翻译是：

西方科学的发展是以两个伟大的成就为基础的：希腊哲学家（在欧几里得几何学中）所发明的形式逻辑体系，以及发现的通过系统实验（在文艺复兴时期）找出因果关系的可能性。在我看来，人们不必对中国的贤哲们未能迈出这两步而感到惊讶。令人惊奇的倒是，这些成就竟然全都被做出来了。

爱因斯坦的上述回答，实际上指出了三个现代科学活动的本质特征或研究过程的基本环节：发现事物之间可能存在新的联系，运用已经证明的科学理论，按照形式逻辑推导并提出因果关系命题猜想，用系统实验来检验和证明这种假说后得出科学理论。因为任何科学理论都必须基于可重复验证的证据，所以三个环节组成的基本过程是迭代的。新的发现可能会挑战旧的理论，从而引发新的观察和假设的形成，科学知识因此得以不断进化和累积。

因此，科学知识随着新的观察和实验结果的出现而发展和完善，科学知识动态发展和也会基于实证方法论的不断完善。

科学研究方法的特征具体体现在以下四个方面：

（1）实证性和可验证性

科学研究方法的实证性和可验证性是其最为突出的两个特征，为科学研究的可靠性和客观性提供了基础。实证性（empiricism）是指科学研究强调通过观察和实验来获取知识。这意味着科学理论和假设必须基于可观察的事实和数据。实证性原则要求科研人员收集实际数据来支持或反驳理论，而非仅依赖于推理或直觉。这使得科学知识能够基于实际的、客观的证据建立，从而提高科学研究的可靠性。

可验证性（verifiability）是指科学研究的结果必须可以被其他研究者独立验证。这意味着科学实验和观察必须能够在相同的条件下被重复，并得到一致的结果。通过这种方式，科学知识可以不断被检验和改进。可验证性确保了科学研究的透明度和公正性，有助于对研究结果进行独立的复审，从而避免偏见和错误。

实证性和可验证性共同构成了科学方法的核心，使得科学研究与其他形式的认识过程区别开来。这两个原则促进科学知识的积累和进步，保证了科学研究的严谨性和客观性。

例如，哈勃定律的发现与验证。20 世纪初，宇宙学的一个核心问题是宇宙的结构和发展。人们普遍认为宇宙是静态不变的。然而，美国天文学家哈勃通过对远处星系光谱的观测，发现了宇宙膨胀的证据，从而改变了人们对宇宙的理解。其中，实证性的体现是：哈勃利用 100 英寸①胡克望远镜对多个星系进行观测，发现星系远离地球的速度与它们的距离成正比，这一现象后来被称为“哈勃定律”。哈勃的发现基于实证数据——通过测量星系的红移来确定星系的速度并估算它们之间的距离。

这一发现是通过观察和实验得到的，体现了科学研究的实证性。哈勃的观测提供了直接的证据支持宇宙膨胀的理论，从而挑战了静态宇宙的传统观念。

可验证性的体现是：哈勃定律的提出后，其他天文学家也进行了独立

① 1 英寸=2.54 厘米。

的观测以验证这一定律。随着观测技术的进步和更远星系的发现，哈勃定律得到了进一步的证实。哈勃定律的可验证性体现在哈勃定律提供了一个可以通过独立的观测来重复验证的科学假设。随后的研究通过不断的验证和细化，加深了人们对宇宙膨胀和大爆炸理论的理解。

可以看出：哈勃定律的发现与验证显示出实证性和可验证性共同促进科学知识的积累和进步。哈勃通过实证数据发现了宇宙膨胀的现象，而这一发现的可验证性则通过后续研究得到了证实，增强了它的普遍性和可靠性。这不仅显示出科学研究的严谨性和客观性，也体现了科学方法促进对自然界更深入理解的过程。通过这种不断的观测、假设、验证和修正的过程，科学知识得以不断积累和进步。

（2）量化分析和客观测量

科学研究通过数值和统计数据来描述和分析现象。这种量化的方法使研究结果更加具体和可比较，允许研究者准确衡量变量间的关系，评估假设的正确性，并以数字形式展示研究结果。量化数据提供了一种强有力的工具，用于揭示模式、趋势和关系。

科学研究方法的量化分析特征，主要体现在使用数值和统计数据来描述和分析现象过程。这种方法能够提供精确测量，使研究结果具有可比较性和可重复性。

科学研究方法的客观测量特征，强调在收集和分析数据时的客观性，旨在尽量减少或消除研究者的主观偏见对研究结果的影响。客观测量确保研究发现基于实证证据，而非个人信仰或猜想，是通过采用标准化的测量方法、使用双盲实验设计、实施严格的统计分析来实现的。

例如，双盲随机对照试验在药物研究中的应用。在药物研究和开发过程中，准确评估一种药物的效果是至关重要的。为了确保药物研究的结果准确无偏，科研人员通常会使用双盲随机对照试验。实施方法的关键如下：

①随机对照。研究参与者被随机分配到两组，一组接受实验药物，另一组接受安慰剂或现有治疗方法。这种随机化过程确保了两组在实验开始时在基线上是相似的，以避免分配偏差。

②双盲设计。在双盲试验中，研究参与者和科研人员都不知道谁接受了实验药物，谁接受对照如安慰剂或其他治疗等。这样可以消除参与者和研究者双方的期望对结果的潜在影响，从而提高研究的客观性。

③客观测量。研究结果的测量基于客观指标，如生化指标、生理测量或疾病特定的评估标准，以减少主观评价对结果判断的影响。

这样，双盲随机对照试验就成为评估新药物和治疗方法效果的“黄金标准”。

双盲随机对照试验的使用表明，科学研究通过采用客观的数据收集和分析方法，以及通过设计来最小化或消除主观偏见，从而确保研究结果的客观性和准确性。这种方法在推动医学发展、提高患者治疗效果方面发挥了关键作用。

科学研究方法的量化分析和客观测量，共同保证了科学研究的可靠性和有效性，共同促进了科学研究结果的普遍性和重复性。

例如，气候变化研究。气候变化是一个全球性的挑战，研究涉及复杂的自然系统和人类活动的相互作用。为了理解和预测气候变化的趋势及其对生态系统和人类社会的潜在影响，科研人员必须依赖精确和客观的数据分析。其中，量化分析的应用体现在：科研人员通过收集大量的环境数据（如温度、降水量、海平面高度、二氧化碳浓度等），来量化地球的气候系统。这些数据往往涵盖了长时间序列，允许科研人员分析气候变化的趋势和模式。利用统计方法和计算机模型，科研人员能够处理这些数据，量化分析气候系统的变化，并预测未来的气候条件。这种量化分析为理解气候变化的复杂性提供了重要工具。

客观测量的实施体现在：在收集和分析气候数据时，科研人员使用标准化的测量工具和技术，确保数据收集的一致性和准确性。例如，通过使用遥感技术和全球定位系统（GPS），科研人员可以在全球范围内监测气候变化的影响。研究团队成员通常来自不同的国家，通过共享数据和研究结果，进行独立的验证和复制实验，从而确保了研究发现的客观性和可靠性。在研究成果方面，气候变化研究的量化分析和客观测量使科研人员能够提供基于证据的证明来支持气候变化的存在和人类活动对其的影响。这些研究成果为政策制定者提供了科学依据，可以用于制定减缓气候变化和适应其影响的策略。

这样就能够准确描述和分析复杂气候系统，从而推动科学的发展。

（3）客观理解和模型预测

科学研究方法的客观理解和模型预测特征是科学探究过程中极为重要的两个方面，共同促进了科学知识的发展和应用。

科学研究强调通过客观的观察和实验来理解自然界和社会现象。这意味着研究者需要努力排除个人偏见，通过标准化的方法和工具收集数据，确保研究结果的客观性和准确性。客观理解的核心在于基于事实和证据的分析，而非个人信念或主观推断。这可以通过使用严格的科学方法论，如控制实验条件、双盲试验设计和统计分析来实现。

科学研究不仅在于理解现象，还在于通过构建模型来预测未来的趋势或结果。这些模型基于当前科学知识和理论，能在给定条件下预测某个现象的发生或变化。

模型预测涉及数学和计算技术，通过量化的方法来表达自然界和社会现象的复杂关系。这些模型可以是简单的数学方程式，也可以是复杂的计算机模拟，它们使科研人员能够在控制的环境下测试假设，探索不同变量之间的相互作用。

预测模型的有效性需要通过实际观察和实验来验证。随着新数据的积累，这些模型可能需要调整和改进，以更准确地反映现实世界。

科学研究方法的模型预测特征在经济学领域的应用尤为显著，特别是在预测经济增长、通货膨胀率、失业率等宏观经济指标方面。例如，使用宏观经济模型来预测经济政策的影响和经济周期的变化。

客观理解为科学研究提供了坚实的基础，确保了研究过程的严谨性和结果的可靠性。而模型预测则拓展了科学研究的应用范围，不仅能够解释现有的现象，还能预测未来的变化。这两个特征共同使科学研究成为一种强大的工具，用于探索未知、解决问题和推动技术创新。通过不断验证和改进，科学方法促进了知识的积累和科学进步，帮助人类更深入地理解自然界和人类社会。

（4）知识渐进和理论进化

科学研究方法的知识渐进和理论进化特征，强调科学知识是不断发展和完善的过程。这两个特征揭示了科学研究是一个动态的、迭代的过程，其中新的发现和理论建立在之前知识的基础上，而旧的理论则可能被修改或取代。

科学知识的发展是一个累积和渐进的过程。新的观察、实验和分析不断为现有的理论和模型提供支持，或者揭示出需要改进之处。这种渐进性意味着科学知识的增长是建立在之前研究的基础之上的，每一项新的发现都是对现有知识体系的扩展或深化。知识渐进体现了科学探究的连续性，科研人员通过不断验证，逐步加深对某一领域的理解。

科学理论的发展经历了从形成、测试，到可能的修正或替代的过程。当新的证据不符合现有理论时，这些理论可能需要被修改以纳入新的发现，或者有时候，可能被更加全面或准确的理论所取代。理论进化反映了科学知识的动态性，说明科学不是静态的知识体系，而是一个开放的、可变的过程。

知识渐进和理论进化共同刻画科学探究的本质——一个不断求真、自我修正的过程。这促进了科学知识的积累和进步，保障了科学研究的严谨性和客观性。

例如，遗传学领域的发现历程。19 世纪末至 20 世纪初，对遗传物质的初步认识，弗雷德里克·格里菲斯（Frederick Griffith）的实验为遗传物质转移提供早期证据。1944 年，奥斯瓦尔德·艾弗里（Oswald Avery）等人用实验的方法确定了 DNA 作为遗传物质的地位，但这一发现并未立即得到广泛接受。1953 年，詹姆斯·沃森和弗朗西斯·克里克提出了基于 X 射线衍射图像的 DNA 双螺旋结构模型，揭示了 DNA 的功能机制。随后的研究，特别是在 20 世纪 60 年代的密码子研究，揭示了遗传信息是如何被编码在 DNA 序列中，并通过 RNA 转录和蛋白质翻译过程表达出来。这些发现填补了遗传信息流中的关键步骤。

4.2 数学方法与科学研究方法

4.2.1 根本区别与相互联系

4.2.1.1 根本区别

数学方法和科学研究方法虽然都是用来解决问题和探索自然现象的工具，但它们之间存在根本性区别。

（1）目的和性质

数学方法的主要目的是研究抽象的数学结构和概念以及它们之间的关系。数学方法是一种严格的逻辑推理和符号处理，强调精确性和逻辑推理。数学的结果通常是普遍适用的定理和公式。例如，在微积分中，数学方法的核心是极限理论，通过严格的逻辑推理和符号处理，可以证明极限存在性、极限的四则运算法则等。这些定理和公式为微积分的应用奠定了理论基础。这样，可以得到各种定理和公式，这些结果在数学以及其他学科中都具有普遍的适用性。

科学研究方法的主要目的是通过观察、实验和理论推断来解释自然现象和探索规律。科学研究方法是一种基于观察和实验的归纳和演绎的过程，强调实证和验证。例如，在化学领域，科研人员通过观察和实验发现了各种元素的性质和反应规律，然后通过归纳和总结这些实验结果，提出了元素周期表这一重要理论，用以描述元素的周期性规律和化学性质。科研人员通过这样的方法来发现自然界的规律，并建立起对现象和过程的科学解释。

（2）证明和验证

数学方法依赖于证明，即严格的逻辑推理来验证一个命题是否成立。数学家通过严格的推理来证明定理和推断。证明通常不依赖于观察或实验。

例如，勾股定理是数学中的一个基本定理，它说明了直角三角形的两条直角边的平方和等于斜边的平方。虽然勾股定理很早就被发现，但是直到欧几里得通过严密的逻辑推理和几何图形的分析，才完成对勾股定理的证明，而这个证明不依赖于具体的观察或实验。

科学研究方法则依赖于实证验证，即通过观察、实验和数据分析来验证假设或理论的正确性。科研人员根据实验结果和观察来验证或否定他们的理论。例如，牛顿提出了万有引力定律，描述了物体之间的引力作用。为了验证这一定律，人们进行了大量的实验，如测量天体的轨道、探索地球表面的重力变化等。通过这些实验数据的分析和观察，人们最终确认了牛顿的万有引力定律的有效性。

这说明，科学研究方法依赖于实证验证，只有通过观察、实验和数据分析来验证假设或理论的正确性，才能确保科学理论的可靠性和准确性。

（3）可重复性

数学方法的结果通常是普遍适用的，其结论可以在任何时候和任何地方通过相同的推理来得到。数学中的定理和公式是普遍适用的，不受时间和空间的限制。例如，欧拉公式描述了指数和三角函数之间的关系。无论是在 18 世纪还是 21 世纪，无论是在数学家欧拉的时代还是现代，欧拉公式都是普遍适用的。这个公式不受时间和空间的限制，任何地方的数学家都可以通过相同的推理得到相同的结果。

科学研究方法的结果在特定情境下需要通过实验和观察来验证。科学理论和假设的验证通常需要在不同的实验条件下进行重复测试，以确认其普遍适用性。例如，达尔文的进化理论描述了生物种群通过自然选择和适应性变异逐渐演化的过程。为了验证这一理论的普适性，科研人员进行了大量的实地观察、化石记录和遗传研究等实验，通过观察不同环境中的生物种群，并比较它们的遗传变化和适应性，以确认进化理论在不同场景下的适用性。这说明，科学理论和假设的验证需要在不同的实验条件下进行重复测试，以确认其普遍适用性。通过多次实验验证，科研人员可以更加确信一个理论或假设的正确性，并不断加深对自然现象的理解。

（4）假设引领

在数学方法中，假设是基于已知的公理和定义，通过逻辑推理来研究公理和定义之后的定理和推论等。例如，在代数学中，可以通过定义来确定不同的数学结构，如群、环、域等。基于这些定义，可以进行各种运算和操作。如假设定义一个群，其中包含了一些数学对象和定义了一些操作规则；然后，可以通过逻辑推理来研究这个群的性质，如是否存在单位元素、是否存在逆元素等。

在科学方法中，假设是基于观察和实验的初步猜测，通过实验和观察来验证或否定这些假设。如在医学领域，科研人员提出了一个假设，即某些疾病是由微生物或病原体引起的。为了验证这一假设，科研人员进行了大量的实验和观察。通过在实验室中培养和观察细菌、病毒，以及通过流行病学调查和疾病传播的研究，科研人员最终确认了病菌引起疾病的假设。

总之，数学方法强调逻辑推理和证明，而科学方法强调实证验证和观察实验。

4.2.1.2 相互联系

数学方法与科学研究方法之间存在着密切的联系，主要体现在以下四个方面：

（1）建模与分析

数学方法为科学研究提供了建立模型和分析数据的重要工具，可以利用数学方法构建模型，以描述自然现象或复杂系统的行为，并通过数学分析来深入理解问题的本质。

例如，可以利用数学方法构建金融市场模型，以描述资产价格的波动和市场行为。可以利用随机过程和偏微分方程来描述股票价格的随机演化、金融衍生品的定价模型。通过对模型的数学分析，可以深入理解金融市场的动态特性和风险管理。数学模型的构建和分析为科学研究提供了强大的工具，以更好地理解自然规律和复杂系统的运行机制。

（2）预测与验证

数学方法使科研人员能够基于已有的理论和数据进行推断和预测。科研人员可以利用数学模型对实验结果或自然现象的变化进行预测，然后通过实验证实预测结果，验证或修正科学理论，推动科学知识的发展。

例如，数学模型可以用来预测生物群体的演化和行为，包括种群增长趋势、竞争关系的变化等；还可以使用微分方程模型来预测疾病传播的动态过程，或者预测物种在不同环境下的适应性和生存能力。然后，可以通过实地观测和实验来验证这些预测结果，以验证或修正生物动力学理论。这种基于数学模型的预测与验证方法为科学研究提供了强大的工具，有助于加深对自然规律的理解，并推动科学知识的不断进步。

（3）优化与最优化

数学方法在科学研究中经常用于优化问题的求解。

例如，在工程设计中，数学方法被广泛应用于优化设计。其中，在航空航天领域，工程师可能需要设计一种飞机机翼的形状，以使得飞机在给定的飞行速度下具有最小的阻力。这个问题可以通过数学方法来求解，如利用最小化函数来优化机翼的形状参数，以使得阻力达到最小值。

这表明，数学方法在各个科学领域中都有广泛的应用，为科学研究提供了重要的工具和技术支持。

（4）数据分析与模式识别

数学方法在科学研究中起着重要的作用，特别是在数据分析和模式识别方面，可以利用数学方法来分析实验数据、模拟观测结果，并发现其中的规律和模式，从而对自然现象有更深入的理解。

例如，物理学家利用数学方法分析实验数据，以发现物理现象的规律和模式。其中，通过高能粒子加速器实验产生的数据，物理学家可以分析粒子之间的相互作用，以探索基本粒子的性质和相互作用力。通过对宇宙微波背景辐射的观测数据进行数学建模和分析，物理学家可以研究宇宙的起源和演化。

这说明，数学方法在科学研究中扮演着重要的角色，为科学研究提供了强大的工具和技术支持，以揭示自然界的奥秘。

综上所述，数学方法与科学研究方法之间的联系密切，数学方法不仅为科学研究提供了理论基础和分析工具，还在模型建立、预测验证、优化问题求解以及数据分析等方面发挥着关键作用，推动了科学知识的进步和发展。

4.2.2 数学方法：科学研究的核心

4.2.2.1 科学研究：不断突破底层逻辑的阈限

（1）科学前提的阈限性

在科学研究中，运用已经证明的科学理论按照形式逻辑推导并提出因果关系命题猜想后，需要用系统实验检验和证明这种假说后得出科学理论。例如，17世纪，牛顿提出的万有引力定律，就没有直接从逻辑公理出发，而是基于实际观察和实验数据得出的。牛顿注意到，无论是地球上的苹果还是天空中的行星，似乎都受到一种相似的力的影响。通过对这些观察的归纳推理，牛顿提出万有引力定律，即所有的物质体都以一种与它们的质量成正比，与它们之间的距离的平方成反比的方式相互吸引。这一理论的提出，虽然在逻辑上看似简单且具有强大的解释力，但并非从严格的逻辑公理体系推导出来。

万有引力定律的形成更多依赖于对自然界的观察和实验数据的归纳总结。牛顿自己也进行多种实验（如钟摆实验等）以验证理论。这是因为，逻辑推导虽然重要，但依赖于前提的准确性和完整性。这些前提可能基于以往的观察或现有的知识，具有一定的阈限性，并不完全准确或在新的条件下不再适用，并不具有一般意义上的普适性。因此，即使推导过程严谨，其结论也可能是错误的。

这也说明，各门学科的科学知识体系中，基础知识和原理都是基于实证方法建立的，即通过观察自然界的现象、进行实验、收集数据，然后使用归纳推理来形成理论和法则。由于逻辑前提不是公理化系统，所以理论体系不能按照逻辑推理展开，从而不能形成统一的理论体系。

（2）不断突破底层逻辑

科学研究需要不断突破底层逻辑，因为自然界的复杂性和深奥性常常超出现有理论的解释能力。例如，现代物理学研究的四种基本力——引力、电磁力、弱相互作用力（即弱核力）和强相互作用力（即强核力）——构成了人们对自然界的基本理解框架。这些基本力不仅揭示了物质的基本属性和相互作用，还揭示了科学研究在探索客观世界的基本构成和运动变化中的底层逻辑。通过对这四种基本力的研究，科学研究显示出其对客观世界的基本构成和运动变化的底层逻辑的理解不断深入。每一次理论的突破和实验的验证都是科学认识进步的体现，从宏观到微观，从单个力量到力量之间的相互作用和统一，科学研究不断加深人们对自然界的理解。这些研究不仅对物理学自身的发展至关重要，也为化学、生物学乃至整个自然科学的发展奠定了基础。但是，人类现在不知道这些力为什么存在，只是记录观测到的情况，把观察到的情况用几种相互作用的方式归类，也还不知道这四种力的构成的列表能否统一为一个完整的理论体系。

这一点与数学领域的做法有本质的区别。数学依赖于公理系统，其中公理被认为是不证自明的真理，所有定理都是通过逻辑推理从这些公理严格推导出来的。相对于应用数学的所有科学来讲，数学知识体系本身是完善和自洽的。

（3）实证创新的迭代归纳

科学研究方法的根本目的就是以完善理论体系为目标的实证创新。这是因为，通过创新的研究方法，能够更有效地收集和分析数据，从而提供更准确、更可靠的实验结果。另外，科学探索越深入，研究对象和环境变得越复杂，这就需要创新的科学研究方法提供更好的工具和技术，从而在不确定性中找到规律，推动理论的精细化和系统化。例如，医学领域中的随机对照试验（RCT）。20 世纪 40 年代，一项标志性的研究是 1948 年由英国医学研究委员会进行的关于链球菌性肺炎的抗生素治疗效果的研究。在这项研究中，研究者随机将患者分配到治疗组（即接受新的抗生素治疗）和对照组（即未接受或接受传统治疗）。这种设计使得研究结果能在控制偶然因素和偏见的基础上，更准确地评估治疗的实际效果。

通过应用随机对照试验，研究者可以用更系统和科学的方式收集和分析数据，这对于验证治疗方法的有效性和安全性至关重要。随机对照试验的推广使用提高了医学研究的标准，有助于确保临床实践中采用的治疗方法基于最可靠的证据。

科学研究过程中，在观察现象、形成假设、设计实验、收集和分析数据得到结论后，需要迭代改进。因为，科学理论需要不断通过新的数据和更好的实验方法进行迭代和改进，需要通过连续迭代过程，支持新的假设，形成更高层次、更加深入的科学理论，以提供对自然界广泛现象解释，并能预测新的现象。

科学研究方法的核心在于实证创新的迭代归纳，使得科学理论能够适应新的观测和挑战。例如，气候科学就是通过实证创新和迭代归纳而形成了科学的理论体系。19世纪末，人们开始观察并记录全球气温和其他气候指标。最初，这些数据主要用于天气预报和基础的气候理解。然而，随着工业化进程的加快，人们开始注意到人类活动对气候系统可能产生的长期影响。

20世纪中叶，人们利用更先进的技术和方法，如卫星遥感和气候模型，开始更系统地收集和分析全球气候数据。这些创新工具使得科研人员能够更精确地测量大气中的温室气体含量、海平面变化和极端气候事件的频率。

通过对这些数据的迭代归纳分析，人们形成了关于全球变暖的科学共识：地球的平均温度正在上升，而这种变化与人类活动如特别是化石燃料的燃烧和森林砍伐等紧密相关。这一理论得到了来自不同地区和不同学科的广泛数据支持，并通过国际气候组织的评估报告得到了进一步的确认。

这说明，科学理论是通过实证创新研究方法和数据迭代归纳形成的，科学研究需要不断采用新的技术、改进方法和增加源头数据，以建立、验证并深化理论。

4.2.2.2 数学方法在科学研究中的核心作用

在数学哲学中，不同数学观点对数学方法在科学研究中核心作用有不同的理解和解释。柏拉图主义的数学实在论、符号体系形式主义和直觉构造主义的数学哲学观点对数学方法在科学研究中的核心作用的看法是不同的。

（1）实在论

实在论认为数学方法是揭示自然真理的工具，数学实在论赋予其在科学研究中核心地位。在柏拉图主义看来，数学方法是一种发现工具，有助于揭示物理世界中本质的结构和规律。科学研究通过数学方法，可以探索和理解这个独立存在的数学实在，从而揭示自然界的真理。实在论强调数学实体是普遍且必然存在的，数学方法提供了一种稳固且普遍适用的框架，用于描述和解释自然现象。柏拉图主义的数学实在论对科学研究方法的指导作用，具体体现在以下三个方面：

①客观性和普遍性。科学研究追求发现客观存在的自然规律，就像发现数学真理一样。这激励科研人员寻找普遍适用的存在于一个独立的实在世界中的自然法则。

例如，牛顿的万有引力定律。牛顿提出，任何两个物体之间都有引力作用，这个力的大小与它们的质量成正比，与它们之间的距离的平方成反比。这个定律不仅解释了地球上的重力现象，还成功解释了天体运动。这一发现表明，自然界的规律是普遍适用的，并且这些规律独立于人类的存在而存在。

爱因斯坦的相对论重新定义了时间、空间和重力的概念。狭义相对论中的著名公式 $E=mc^2$ 揭示了能量和质量的等价性，而广义相对论则提出了时空弯曲的概念，用以解释引力。这些理论不仅通过实验得到了验证，还成功预言了诸如光线弯曲、引力红移等现象。这表明，通过对普遍适用的自然法则的探索，可以发现独立于观察者的客观现实。

由此可以看出，科学研究的核心目标是揭示独立存在的自然规律。这些规律就像数学真理一样，不受人类主观意志的影响，普遍适用且存在于一个独立的实在世界中。科学研究就是通过观察、实验和理论推导，逐步揭示这些规律，加深人类对自然界的理解。

②抽象思维的重要性。实在论强调数学抽象和理论模型在理解自然现象中的重要性。科学研究中，抽象的数学模型可以揭示深层次的规律，而不仅仅是描述表面现象。

例如，20 世纪初，尼尔斯·玻尔提出的原子模型结合了量子理论和经典物理，解释了电子在原子核周围的离散能级。这一模型通过数学抽象描述了电子轨道的量子化，成功解释了氢原子的光谱线。玻尔的模型虽然在细节上后来被更复杂的量子力学模型所取代，但它是第一个将量子概念成功应用于原子结构的理论，揭示了原子内部的深层次规律。

20 世纪中叶，鲁道夫·卡尔曼（Rudolf Kalman）提出，卡尔曼滤波是一种处理动态系统的数学工具，这一工具后来被广泛应用于导航、控制系统和信号处理。卡尔曼滤波通过数学抽象和概率理论，提供了一种优化算法来估计系统的状态，即使在存在噪声和不确定性的情况下也能有效工作。该方法不仅在理论上揭示了动态系统的深层次规律，还在实际应用中取得了巨大成功，如阿波罗登月计划中的导航系统。

由此可以看出，实在论强调数学抽象和理论模型在理解自然现象中的重要性。抽象的数学模型不仅能够准确描述表面现象，更重要的是，能够揭示隐藏在这些现象背后的深层次规律，为科学研究提供了强大的工具和方法。

③数学的发现过程。实在论强调科学研究为探索和发现客观真理的过程，激励科研人员通过理论和实验探索自然界的本质和基础结构。

例如，19 世纪 60 年代，德米特里·门捷列夫根据元素的原子量和化学性质将已知元素排列成表格，发现了元素性质的周期性变化。门捷列夫甚至预测了尚未发现的元素及其性质，这些预言后来被证实。门捷列夫的工作体现了科研人员探索自然界内在规律的努力，揭示了元素的基本性质和它们之间的关系。

19 世纪初，约翰·道尔顿（John Dalton）提出了原子理论，这是化学和物理学的一个重大突破。道尔顿认为，物质是由微小、不可分割的原子组成的，不同的原子具有不同的质量和性质。这一理论解释了化学反应中的质量守恒和定比定律，为理解物质的基本结构提供了一个新的框架。道尔顿的工作展示了通过理论构建和实验验证，可以揭示物质的基本构成和行为规律。

这些发现显示出，在实在论的指导下，通过理论和实验探索自然界的本质和基础结构，不仅揭示了深层次的科学规律，也推动了科学知识积累和技术进步。

（2）形式主义

形式主义将数学方法视为一种符号系统，提供精确和灵活的工具来描述和分析科学现象。形式主义强调数学方法是一种形式系统，它提供了一个逻辑严密、结构明确的工具用于科学研究。人们可以利用数学语言和符号操作，精确描述和分析物理现象。形式主义允许通过扩展和修改公理体系来适应新的科学需求，因此数学方法具有很高的灵活性和适应性，可以为科学研究提供不断发展的工具和模型。形式主义对科学研究方法的指导作用，具体体现在以下三个方面：

①系统化和规范化。形式主义强调科学研究中的系统性和规范化。科学理论应严格遵循逻辑规则和操作规范，确保研究过程的严谨和结果的可验证性。例如，18 世纪末，安托万-洛朗·德·拉瓦锡（Antoine-Laurent de Lavoisier）发展现代化学命名法，为化学物质的命名和分类建立了系统的规则。其工作包括定义和区分化学元素和合物，系统命名化学物质，确

保了化学研究中的规范化。这一命名法使得化学研究更加严谨，促进了化学知识的交流和发展。

20世纪40年代，恩里科·费米（Enrico Fermi）主导建造了世界上第一座核反应堆，通过严格的物理理论和实验方法，控制了核裂变链反应。其工作遵循严密的实验设计和操作规范，确保了核反应堆的安全运行和实验结果的可验证性。这一成就不仅展示了科学研究的系统性和规范化，还推动了核能技术的发展。

这些发现显示出形式主义在科学研究中的重要性，即通过严格遵循逻辑规则和操作规范，确保研究过程的严谨性和结果的可验证性，推动科学知识积累和技术发展。

②形式化方法。形式主义鼓励在科学研究中使用形式化的方法，如数学模型和计算机模拟，通过严格定义和操作符规则，确保科学研究的精确性和可重复性。例如，20世纪中叶，地球物理学家开发了有限差分方法来模拟地震波的传播。通过将地震波方程离散化，人们可以在计算机上模拟地震波在地球内部的传播。这种形式化的方法通过严格定义的数学操作符和计算机算法，确保了模拟的精确性和可重复性，从而极大地提高了对地震波行为的理解和地震预测的能力。

近年来，人工智能和机器学习中的神经网络模型在许多领域取得了巨大成功。这些模型通过严格定义的数学框架和计算机算法，能够从大量数据中学习和预测复杂模式。神经网络的训练和应用依赖于形式化的数学方法和计算机模拟，确保了模型的精确性和可重复性。这一进步对图像识别、自然语言处理等领域产生了深远影响。

由此可以看出，形式主义在科学研究中鼓励使用形式化的方法，不仅揭示了自然现象的深层次规律，还推动了科学知识和技术的不断进步。

③理论体系的构建。形式主义关注科学理论的内部一致性和完整性。科学研究应致力于构建自洽的理论体系，确保各部分的逻辑一致和相互支持。例如，20世纪20年代，尼尔斯·玻尔提出互补原理并指出，微观粒子如电子和光子具有波粒二象性，在某些实验中表现为粒子，而在另一些实验中表现为波。互补原理强调，不同的实验设置揭示了粒子的不同方面，而这些方面是互补的。玻尔通过这一理论，成功构建了一个自洽的框架来解释量子现象的本质，确保了量子力学的内部一致性。

19世纪中叶，鲁道夫·克劳修斯（Rudolf Clausius）和威廉·汤姆森即开尔文勋爵（William Thomson，Lord Kelvin）等提出并发展了热力学第二定律，这一定律描述了孤立系统中熵的不可逆增加趋势。热力学第二定律与第一定律（即能量守恒）和第三定律（即绝对零度）一起，构成热力学的基本框架。克劳修斯通过引入熵的概念，确保了热力学理论的内部一致性，使得各部分逻辑上相互支持，形成了一个完整的理论体系。

这些科学发现表明，通过构建自洽的理论体系，可以确保研究的逻辑一致性和各部分的相互支持，从而推动科学知识的系统化和深化。这种方法不仅揭示了自然现象的深层次规律，还为科学研究提供了坚实的理论基础。

（3）直觉构造主义

直觉构造主义则强调数学方法的构造性和可操作性，在科学研究中注重方法的实际可行性和验证。直觉构造主义强调数学方法作为构造工具，数学方法是用于构造和验证科学理论的工具。科学研究通过直观和构造性的数学方法，能够建立可信和可操作的数学模型来解释自然现象。同时，直觉构造主义强调数学方法必须是可构造和有效的，这种观点促使科学研究在使用数学方法时，注重方法的实际可行性和具体实现，而不仅仅是抽象的推理。直觉构造主义对科学研究方法的指导作用具体体现在以下三个方面：

①建构主义方法。直觉构造主义强调科学知识的构造过程，重视实验和实践中的具体构造和验证。科学研究应通过具体的实验和观察构造知识，而不是仅依赖抽象推理。

例如，17 世纪，威廉·哈维（William Harvey）通过解剖和实验研究提出了血液循环理论。哈维通过对动物和人类的解剖观察以及活体实验，详细描述了心脏和血管的功能，证实血液在体内的循环路径。这些显示出通过具体实验和观察构建和验证生物学知识的过程，彻底改变了医学对人体功能的理解。

20 世纪初，罗伯特·密立根（Robert Millikan）通过油滴实验测量电子的电荷，将带电的油滴置于电场中，通过观察油滴在电场中的运动，计算出电子的电荷量。密立根的实验不仅验证了电子的存在，还提供了精确的电荷测量结果，显示出通过具体实验和观察构建科学知识的重要性。

这些说明，人们通过具体的实验和观察构造和验证科学知识，而不仅仅依赖抽象推理。这种建构主义方法不仅揭示了自然现象的本质，还推动了科学知识和技术的不断进步。

②人类认知的作用。直觉构造主义注重科学研究中的人类认知和直觉。科研人员应利用直觉和创造性思维，在探索和构造过程中发现新的科学知识。

例如，19世纪，格雷戈尔·孟德尔通过对豌豆植物的杂交实验，发现遗传规律。其直觉和创造性思维使他选择了豌豆植物进行实验，并记录了大量的实验数据。孟德尔通过观察和分析，提出遗传因子的分离定律和独立分配定律，奠定了遗传学的基础。虽然其工作在当时并未得到广泛认可，但后来被重新发现并验证，成为现代遗传学的基石。

20世纪中叶，乔治·伽莫夫（George Gamow）提出宇宙大爆炸理论，解释宇宙起源和演化。直觉和创造性思维使其推测出早期宇宙中的极高温度和密度，并预言了宇宙微波背景辐射的存在。1965年，彭齐亚斯和威尔逊偶然发现宇宙微波背景辐射，验证了伽莫夫的理论。这一发现极大推动了宇宙学的发展。

这些说明，通过利用直觉和创造性思维，在探索和构造过程中发现了新的科学知识，推动了科学和技术的发展。

③逐步构建理论。直觉构造主义采用渐进和迭代的方法进行科学研究。科学知识是逐步构建的，通过不断的实验和验证，逐步完善和改进理论。

例如，19世纪，迈克尔·法拉第（Michael Faraday）在进行了一系列实验后发现了电磁感应现象。最初，法拉第观察到，当磁铁靠近导体时，会在导体中产生电流。法拉第不断改进和重复实验，最终提出了电磁感应定律，为电磁学的发展奠定了基础。其研究过程显示出，渐进和迭代的方法通过不断实验和验证，逐步完善了电磁感应理论。

19世纪，詹姆斯·克拉克·麦克斯韦（James Clerk Maxwell）提出气体分子运动理论，解释了气体的性质和行为。麦克斯韦通过渐进和迭代的方法，逐步发展气体分子运动的数学模型，提出麦克斯韦-玻尔兹曼分布（Maxwell-Boltzmann distribution），描述气体分子速度的概率分布。这一理论通过不断的实验验证和改进，成为统计力学的基础。

这些说明，人们通过渐进和迭代的方法，不断进行实验和验证，逐步完善和改进科学理论，推动科学知识的不断发展和深化。

综上所述，柏拉图主义的数学实在论，强调数学和科学的客观性和普遍性，指导人们发现自然界的基本规律。形式主义关注科学研究的系统化和形式化，强调理论的一致性和逻辑规范。直觉构造主义重视知识的构造过程和人类认知的作用，鼓励人们通过实验和实践逐步构建科学知识。

这些数学哲学观点为科学研究提供了不同的指导原则和方法论框架，促进了科学知识的多样化发展。

第5章　科学研究技术的数学化编程

信息理论的基础是数学。

——克劳德·香农（Claude Shannon）《通信的数学理论》（1948）

数学提供了一种思考计算的方式。

——艾伦·图灵（Alan Turing）《计算机器与智能》（1950）

5.1　科学研究技术与数学

5.1.1　哲学指导与分类迭代

5.1.1.1　数学哲学指导

数学实在论、形式主义和直觉构造主义的数学哲学观点，对科学研究和技术创新有着不同的影响。

（1）实在论

在纯粹数学理论研究方面，实在论追求客观真理的理念推动许多基础科学的重大突破，如数论、几何学和物理学中的基本定理，推动了纯粹数学的发展。许多重大的数学理论如拓扑学、代数几何等，都是在这种哲学的驱动下发展起来的。

在应用科学和技术中，柏拉图主义鼓励寻找普遍的、抽象的原理，并将其应用于实际问题。这种方法促进了许多科学领域的发展，如理论计算机科学、物理学中的对称性研究等。

（2）形式主义

在计算和算法方面，形式主义非常注重逻辑推理和形式系统，这直接促进了计算机科学和算法的研究。形式系统和符号操控是计算理论、编程语言设计和算法分析的核心。

在数学基础方面，形式主义对数学基础的研究产生了深远影响，如公理化系统、集合论和逻辑学的形式化研究。这些研究对于保证数学和计算的严格性和一致性至关重要。

在自动化和人工智能方面，形式主义方法为自动化定理证明和形式验证奠定了基础，这在人工智能和软件工程中具有重要应用。例如，形式化方法被用于验证复杂软件系统和硬件设计的正确性。

（3）直觉构造主义

在计算机辅助数学方面，直觉构造主义强调构造性证明，这在计算机辅助数学和计算证明方面具有重要影响。构造性数学为编写数学证明和开发自动化证明工具奠定了理论基础。

在数学教育方面，直觉构造主义的方法影响了数学教育，强调通过具体的构造和实际操作来理解数学概念。这种方法在初等数学教育和数学启蒙中得到了广泛应用，有助于培养学生的数学直觉和创造性思维。

在信息科学中，直觉构造主义的思想推动了类型理论和函数式编程的发展，这些理论和技术在编程语言设计、程序验证和复杂系统建模中具有重要作用。

5.1.1.2　设备分类与迭代

科学研究技术是指在科学研究过程中使用的各种技术和方法，这些技术和方法用于数据的收集、分析、实验操作和信息处理等关键环节。

（1）设备分类

科学研究技术的应用覆盖了从基础研究到应用研究的全过程，不仅包括物理实验、化学分析等传统领域，还涵盖了高级计算、生物技术、材料科学、环境监测等现代科学领域。

科学研究中使用的技术，根据其对设备载体的依赖程度，主要是依据不同研究技术在物理资源和设备方面的需求和限制，主要包括以下四种：

①高依赖技术。这类技术高度依赖于专门的、昂贵的设备和仪器，通常用于实验科学和工程领域，如粒子物理学、材料科学、生物技术和化学。例如，大型强子对撞机（LHC）、同步辐射光源、高通量测序仪等。这类技术对设备的依赖性强，通常需要大量的资金投入和专业知识来维护和操作。

②中等依赖技术。这类技术需要一定程度的专业设备，但设备成本和操作复杂性相对较低。这些技术广泛应用于各类实验室研究、计算科学和

部分工程设计领域。例如，基础的显微镜、通用的实验室仪器、中等性能的计算机集群等。这类技术的应用更为广泛，设备更易于获取，但仍然需要专业知识进行操作和数据分析。

③低依赖技术。这类技术几乎不依赖于高端或专门的设备载体，更多依赖于通用的工具和软件，通常用于数据分析、理论研究和某些类型的社会科学研究，如统计分析工具、理论建模和模拟软件等。由于设备需求低，这类技术通常成本较低，易于广泛应用，但仍要求具备相应的理论知识和分析技能。

④无设备依赖技术。这类技术完全不依赖于物理设备，完全基于理论、概念和方法论的研究，主要在数学、理论物理学和某些社会科学领域，如数学证明、理论模型发展、哲学和理论经济学等方面的研究。这类技术的研究通常不需要特定的物理资源，但要求高度的创造性思维和深厚的理论基础。

这种分类强调了科学研究在资源需求上的多样性，不同类型的研究对设备的依赖程度不同，这直接影响研究的开展方式、成本和可行性。

（2）发展迭代

科学研究技术不仅是多方面的（既包括数据的收集和记录，也包括数据的处理、分析和模型的构建等），而且这一过程是迭代的，新技术的发展可能会引入新的数据和模型，而新的模型的验证又可能促进新技术的开发。科学研究技术发展的迭代性是指技术不断进步和更新的过程，每次创新都基于并改进现有技术。其关键点包括以下五个：

①创新基础性。在现有技术基础上进行技术更新，分析发现局限性后改进。如电子显微镜的发展基于光学显微镜，突破分辨率限制，开启新的研究方向。

②进步累积性。技术进步累积叠加，每次创新都能提升功能、效率或可靠性至新水平，实现质的飞跃。如深度学习能提高图像识别能力，推动多种应用发展。

③学科融合性。技术迭代能促进不同学科技术相互融合，如信息技术推动生物科研方法革新。

④创新驱动性。技术创新是科研中推动知识拓展和解决复杂问题的关键。如大型强子对撞机的运行代表技术巨大进步，帮助人们发现希格斯玻色子，深化对宇宙基本结构的理解。

⑤研究拓展性。技术迭代有助于应对新挑战，开拓新研究领域，如纳米技术的进步推动了材料研究和纳米医学等革新，拓展了知识边界，提供了新的工具和方法。

总之，技术发展的迭代性是科学研究进步的一个重要驱动力。它不仅促进了技术本身的进步，也为科研人员提供了更加强大和精确的研究工具，推动了科学知识的不断深化和扩展。

5.1.2 科学研究技术创新的数学依赖

5.1.2.1 科学研究技术的分类

（1）不同研究领域

按照应用数学程度的不同，即不同研究领域对数学工具和方法的依赖程度以及利用这些工具解决相应科学问题的有效程度，科学研究使用的技术可以分为以下五种：

①数学理论驱动技术。依赖深厚数学理论，如理论物理、计算机科学；使用微分几何、群论等高级工具开发新理论或模型，如量子力学、相对论、算法理论。

②应用数学技术。直接利用数学模型和方法，如统计分析、优化理论；解决物理学、工程学、经济学等领域的实际问题，如气候模型、金融市场模型等。

③实验和数据驱动技术。侧重数据收集和分析，使用统计和机器学习算法识别模式、预测或决策，如生物信息学、社会科学调查、市场分析，关注应用而非数学理论研究。

④计算技术。用计算机模拟和计算方法解决科学和工程问题，如流体动力学、分子动力学模拟、大数据分析；对处理大规模或无法直接实验的问题至关重要。

⑤经验和启发式方法。较少依赖数学理论，更多依赖经验、直觉和试错，如工程设计、艺术创作、商业策略制定。

（2）不同科学程度

在科学研究中技术应用数学的程度越高，科学创新对数学创新的依赖性越强。例如，爱因斯坦的狭义相对论和广义相对论，强烈依赖数学创新，这主要体现在以下四个方面：

①数学工具的关键作用。相对论依赖高级数学工具，特别是微分几何

和黎曼几何，提供描述时空弯曲和引力场的语言和框架。

②数学概念的创新。广义相对论需要理解黎曼几何中的概念，如度量张量和测地线，爱因斯坦在构建理论时推动了这些数学领域的发展。

③科学问题激发数学创新。相对论中的科学问题促进数学领域创新，如发展新的数学方法解决爱因斯坦场方程。

④跨学科推动数学创新。相对论的理论研究显示出科学创新对数学创新的依赖，以及跨学科合作的重要性，推动物理理论的发展并拓展数学应用领域。

相对论的理论研究清晰显示出科学创新与数学创新间的相互依赖，促进了科学理论发展和数学领域创新，显示了科学与数学的密切联系。

即使在科学研究中使用技术的应用数学程度较低，科学创新也对数学应用具有依赖性。例如，产品市场营销策略的开发研究主要包括以下五个环节：

①数据分析和统计学。市场研究依赖数据分析以理解消费者行为、市场趋势和竞争动态。统计学提供了收集、处理、分析和解释数据的方法，帮助人们做出决策。

②预测建模和数学分析。预测模型可以用于预测市场趋势、消费者偏好和销售额。基于数学和统计理论如回归分析、时间序列分析和机器学习算法，构建模型预测市场行为。

③消费者行为和概率分析。理解消费者决策过程是关键。如构建决策树模型评估购买决策，或用贝叶斯网络估计营销策略影响。

④优化算法和优化理论。最大化营销效果是重要目标。优化理论和算法如线性规划、整数规划和启发式算法，可以确定最佳营销渠道组合、预算分配和定价策略，构建数学模型以表达目标和约束求解。

⑤网络分析和图论。社交网络分析理解消费者互动和影响。图论和网络理论分析社交网络结构，识别关键影响者，优化社交媒体营销策略。如用网络度量中心性指标识别社交网络中影响力大的个体或群体。

市场营销策略开发研究依赖数学理论，可以应用数学方法来提高决策科学性，提高营销策略精确度和效率，使营销活动在复杂市场环境中更灵活和有针对性。

5.1.2.2 技术迭代的数学依赖

科学研究技术迭代性发展的基础是数学应用与创新。各种专利和技术中数学的应用程度是数学发展水平的重要标志。应用数学为科学技术提供精确的计算方法、优化算法、统计模型和理论框架，这些在推动技术进步中的作用如下：

（1）数学模型创新

应用数学通过建立数学模型来描述和预测自然界和社会现象，这些模型是理解复杂系统行为的基础。在科学研究技术的迭代发展中，只有新的数学模型的创新，才能更准确地模拟实验和自然现象，从而设计出更有效的实验和技术方案。例如，研究扩展洛伦兹锥（extended Lorentz cones）问题，不仅具有数学理论创新、算法设计方面的价值，而且在技术应用方面具有广泛应用潜力。

①在优化问题的求解方面，通过定义和使用扩展洛伦兹锥，可以处理具有复杂约束的优化问题。这些锥体在欧几里得（Euclidean）空间中的投影具有保序性，可以用于构建有效的迭代算法，确保收敛到全局最优解。

②在数值方法改进方面，通过扩展洛伦兹锥的保序性，改进 Picard 迭代法，用于解决混合互补问题。这种改进可以提高算法的稳定性和收敛速度，适用于大规模数值计算。

③在非线性方程和不等式方面，可以用新的方法来解决非线性互补问题，这在经济学、物理学和工程学中有重要应用。例如，市场均衡、资源分配和机械系统的静态分析都可以建模为非线性互补问题。通过研究和应用扩展洛伦兹锥，可以解决一些变分不等式问题，这对求解优化问题和均衡问题具有重要意义。

④在土木工程和机械工程中，结构优化通过混合互补问题来建模和求解，可以更有效地找到最优设计；在自动控制领域，许多优化和控制问题可以转换为混合互补问题，使用扩展洛伦兹锥是这些问题新的解决途径。

⑤在经济与金融模型方面，许多经济学中的市场均衡问题可以表示为混合互补问题，扩展洛伦兹锥可以用于分析和求解这些问题，以理解市场动态和均衡状态。在金融工程领域，投资组合优化问题也可以通过混合互补问题来建模，利用扩展洛伦兹锥的方法可以找到风险和收益之间的最优平衡。

（2）计算方法创新

数学在发展高效的计算方法方面发挥着核心作用。随着计算数学和数值分析的进步，科学研究中的计算能力显著提高，使得处理大规模数据集、进行复杂数值模拟和优化设计成为可能。这些计算方法的创新是科技迭代发展的重要推动力。

例如，蛋白质折叠模拟对理解生命现象、疾病机理和药物设计极为关键，但计算复杂度高。数学发展的影响包括以下四个方面：

①技术进步使科研人员能获取大规模生物数据集。计算数学和数值分析进步有利于有效处理这些数据集，提取有用信息，为高精度蛋白质折叠模拟提供分析工具。

②蛋白质折叠是复杂动态过程，数值分析方法和算法如分子动力学模拟，使研究人员能模拟这一过程，揭示蛋白质如何折叠成三维结构，对预测蛋白质结构和功能至关重要。

③计算数学和数值分析的发展促进了设计方法的优化，对基于蛋白质结构的药物设计尤为重要。深入理解蛋白质折叠过程有助于设计特异性小分子药物。

④蛋白质折叠模拟的进步推动了生物学、医学及计算科学技术的发展。超级计算机和算法优化用于模拟领域，促进了计算技术的发展，进而使更复杂、精确的模拟成为可能。

（3）数据分析创新

在大数据时代，应用数学中的统计学和数据分析方法对于从海量数据中提取有用信息至关重要。这些方法创新不仅加速了科学发现的过程，也提高了研究的精确度和效率。例如，高通量测序技术（HTS）在基因组学研究中能快速准确测定 DNA 或 RNA 序列。统计学和数据分析方法的关键作用如下：

①HTS 技术普及导致数据量的指数级增长，需要采用复杂的统计方法和数据分析技术进行处理，如用组装算法从数十亿短序列中重建基因组，处理覆盖度和变异性等问题。

②统计学和数据分析对数据解释至关重要。如比较个体基因组序列，识别与疾病相关遗传变异，需要统计模型来评估变异与疾病风险的关联，并考虑多重测试校正。

③为应对 HTS 技术大数据挑战，统计学和数据分析方法不断创新。机器学习和人工智能技术广泛应用于基因组数据分析，识别复杂模式和关联。云计算和分布式计算技术为此提供了必要的计算资源。

（4）科研技术迭代发展

统计学和数据分析方法改变了数据处理的方法，专门软件和工具可以支持更复杂的实验设计和假设测试，从而推动科研进步，具体体现在以下五个方面：

①大数据分析与机器学习创新。随着互联网和物联网的发展，数据量呈爆炸式增长，传统的数据处理方法难以应对大规模数据。在创新方面，分布式计算框架如 Hadoop 和 Spark 等分布式计算框架通过统计学方法优化了数据处理流程，使得海量数据的存储和处理变得可行。它们支持大规模数据的分布式存储和并行计算，极大提高了数据处理的效率。在机器学习算法创新方面，统计学方法是机器学习的核心。例如，线性回归、逻辑回归、决策树、随机森林等算法广泛应用于预测、分类和回归问题。通过这些算法，数据分析变得更加精准和高效，推动了智能推荐系统、图像识别、自然语言处理等技术的发展。

②生物统计与个性化医疗创新。生物医学研究和临床实践中，个性化医疗需要基于大量患者数据进行精确分析。在基因组数据分析创新方面，统计学方法帮助研究人员解析基因组数据，识别与疾病相关的基因变异。例如，全基因组关联分析（GWAS）利用统计方法分析大规模基因数据，揭示了许多疾病的遗传基础。在个性化治疗方案创新方面，统计学方法可以分析患者的临床数据和治疗反应，从而制定个性化的治疗方案，提高治疗效果。例如，基于患者基因型的药物反应分析，有助于选择最合适的药物和剂量，减少副作用。

③金融数据分析与风险管理创新。金融市场的数据具有复杂性和动态性，风险管理和决策需要高效的数据分析方法。在高频交易创新方面，统计学方法应用于高频交易，通过实时分析市场数据，发现交易机会并执行交易策略。算法交易系统依赖于统计模型，如 GARCH 模型用于波动率预测，帮助交易员优化交易决策。在风险管理创新方面，统计学方法在风险管理中应用广泛，如风险价值（VaR）模型用于评估投资组合的潜在损失。贝叶斯统计方法用于信用风险分析，帮助金融机构评估借款人的违约风险，从而优化信贷决策。

④社会科学与市场分析创新。在社会科学研究和市场营销中，需要从复杂数据中提取有用信息以指导决策。在社会网络分析创新方面，统计学方法用于分析社交网络数据，揭示社交网络结构和信息传播模式。例如，

社交媒体平台利用统计分析方法识别关键意见领袖，优化广告投放策略。在市场细分与消费者行为分析方面，统计学方法帮助企业进行市场细分和消费者行为分析。通过聚类分析、因子分析等方法，企业能够识别不同的消费者群体及其行为特征，从而制定精准的市场营销策略。

⑤工业过程控制与质量管理创新。制造业需要高效的数据分析方法来优化生产过程和提升产品质量。其中，六西格玛方法创新，即基于统计学的六西格玛方法通过定义、测量、分析、改进和控制（DMAIC）流程，提高生产过程的效率和质量。统计过程控制（SPC）工具用于监控和控制生产过程中的变异，降低缺陷率。在预测性维护方面，统计学方法用于设备故障预测，通过分析传感器数据，预测设备的故障趋势，优化维护计划，缩短停机时间，提高设备可靠性。

这些说明，统计学和数据分析方法创新是驱动科研技术迭代发展的关键。

（5）优化技术创新

应用数学优化理论和技术有助于在设计和决策过程中找到最佳解决方案。无论是资源分配、系统设计还是运营管理，优化技术的创新都发挥着关键作用。

例如，应用数学的优化理论和技术在科学和工程领域，尤其是在通信领域中至关重要，其主要作用包括以下四个方面：

①优化网络拓扑结构。设计通信网络优化算法有助于在成本和效能间找到平衡，计算出最优网络结构配置，包括节点连接、数据路由和备份以防数据丢失。

②确保数据传输速度和可靠性。优化算法通过动态调整网络资源分配提高数据传输速度，通过冗余设计和故障切换策略增强网络可靠性，这需要实时监测网络状态并调整策略。

③降低建设和维护成本。优化网络设计和运营策略能够显著降低通信网络成本，通过减少物理链接数量和优化能耗管理来降低运营成本，这对大型数据中心和分布广泛的网络设施尤为重要。

④推动科学研究和技术发展。优化理论和技术应用于交通、能源、工业和金融等多个领域，能够解决复杂决策问题，实现资源最优配置。随着技术进步，新算法和模型能够解决更为复杂的问题。

优化理论和技术是科研和技术发展中不可或缺的一部分，在通信网络及其他领域的技术创新和进步中发挥着关键作用。

综上所述，应用数学的创新是科学研究中技术迭代性发展的基础，为科技进步提供了理论依据、计算工具和分析方法，是推动科学技术不断发展和解决复杂问题的关键。

5.2 科学研究技术创新的范型

5.2.1 理念与目标

5.2.1.1 理念

数学在科学研究技术发展中起引领作用，其与现实世界的独特关系和作为科学方法论的核心地位主要体现在以下六个方面：

①普遍抽象性。数学的普遍性和抽象性揭示了不同现象间的内在联系和普遍规律，成为理解和描述自然界和人造系统的通用语言。

②精确逻辑性。数学提供了严格的推理框架，使科学理论和技术设计建立在坚实基础上。

③控制和预测性。数学使科研人员和工程师能描述、理解现象，并预测未来事件，实现对自然和技术系统的控制，这是科研和技术发展的重要动力。

④简洁有效性。数学体现了简约原则，提供了简化复杂问题的工具，帮助人们找到最简洁有效的解释和解决方案。

⑤和谐统一性。数学在不同科学领域中揭示自然界的统一性和内在和谐，体现科学美和科研追求深度理解的哲学理念。

⑥无限性。数学的无限性激发对知识无限探索的渴望，引领科研和技术发展成为永无止境的过程，每个发现都开启通往新问题和深层次理解的道路。

数学作为科学研究技术创新的基石，在推动人类认识和改造世界过程中发挥着重要作用。

例如，在设计旋转不变的特征描述符、提高多传感器图像匹配性能方面的数学理论创新[①]中，数学理论创新对科学研究技术创新的重要价值具体体现在以下几个方面：

在提升算法性能方面，数学理论创新，如设计 SoMIM 和 sRIFD，直接提升了多传感器图像匹配算法的性能，使得在各种旋转角度和复杂辐射变化下的匹配精度显著提高。这对于需要高精度图像匹配的应用，如遥感、医疗影像、安防监控等至关重要。

在增强系统鲁棒性（robustness）方面，新的数学方法提高了系统在面对不确定性和异常情况时的鲁棒性。例如，sRIFD 不依赖于主方向的计算，减少了由于主方向不准确带来的匹配误差，使得系统在各种条件下都能稳定工作。

在降低计算复杂度方面，通过创新数学模型和算法设计，可以优化计算过程，降低计算复杂度。例如，sRIFD 通过循环平移处理简化了计算，提高了处理效率，使得在实际应用中可以更快处理大量图像数据。

在推动跨学科应用方面，数学理论创新不仅限于一个领域，它们可以被应用到多个学科。例如，sRIFD 的创新可被应用于无人驾驶、机器人导航、地理信息系统（GIS）、结构从运动（SfM）和同步定位与地图构建（SLAM）等领域，推动这些领域的科学研究和技术进步。

在促进技术融合方面，数学理论创新为传统方法和新技术如深度学习等的融合提供了新的思路。虽然深度学习在图像特征提取和匹配方面具有强大的能力，但结合 sRIFD 等传统方法，可以进一步增强系统的鲁棒性和精度。

在解决实际问题方面，创新数学方法能够有效解决实际应用中的挑战和问题。例如，通过设计旋转不变的特征描述符，相关文献提出的方法解决了多传感器图像在大角度旋转和复杂辐射变化下的匹配难题，这对于需要高可靠性和高精度的图像处理任务具有重要应用价值。

综上所述，数学理论创新在科学研究技术创新中具有重要价值，不仅提升了算法和系统的性能和鲁棒性，还为解决实际问题提供了有效的工具和方法。

5.2.1.2 目标

数学在引领科研技术发展的基本目标包括以下六个：

---

① LI Y，LI B，ZHANG G，et al. sRIFD：A shift rotation invariant feature descriptor for multi-sensor image matching [J]. Infrared Physics & Technology，2023（135）：104970.

①描述和理解自然规律。数学提供了精确语言来描述自然现象，通过建模简化复杂过程，深入理解自然现象的本质，为预测和控制自然过程奠定基础。

②预测和控制。基于自然规律理解，数学使科研人员能预测未来事件并控制过程，如天气、疾病传播、技术系统行为，对规划和决策至关重要。

③优化设计和决策。数学优化技术广泛应用于科研和工程设计，从而寻找最优解决方案，实现成本最低化、效率最优化。

④促进技术创新。数学理论和方法发展推动新算法、模型和技术产生，推动科研和工程实践进步。

⑤提高研究效率和准确性。数学方法和工具提高了科研效率和准确性，通过建模、仿真和数据分析快速处理数据，加速科学发现和技术创新。

⑥加深跨学科融合。数学作为通用语言，促进不同学科交流合作，加深跨学科融合，共同解决复杂问题。

5.2.2 基本步骤与评价标准

5.2.2.1 基本步骤

数学引领科学研究技术发展的一般模式体现在数学作为一种基础工具和语言，为科学探索和技术创新提供理论基础和解决方案。这个过程包括以下五个步骤：

（1）问题抽象

科学研究往往从观察自然现象或技术需求开始。数学在这一阶段将复杂现象或问题抽象为可数学化描述。通过数学定义和抽象，复杂的问题被转化为数学问题，使之可以用数学语言和工具进行分析和处理。

在问题识别中，首先识别和明确科学研究或技术开发中遇到的具体问题，这可能涉及自然现象的观察、技术系统的需求分析等。在数学抽象中，将实际问题抽象为数学问题这一步骤，包括选取恰当的数学概念和结构来表示问题中的关键元素和它们之间的关系。例如，使用图论来描述网络结构，或者用微分方程来模拟物理过程。

（2）数学建模

数学模型的建立是理解和解决科学研究技术问题的关键步骤。通过建立数学模型，科研人员可以在抽象层面上研究现象的内在规律，预测系统行为，从而深入理解问题本质。这一步骤通常涉及选择合适的数学结构，如方程、函数、几何形状等来描述问题。

在模型构建时，要基于问题的数学抽象来构建数学模型。这一过程需要选择合适的数学工具和方法，如代数方程、几何模型、概率模型等，来描述问题的本质和内在规律。在建模过程中，通常需要做出一些合理的假设，以简化模型并使之更易于分析和求解。这些假设需要基于对问题本质的深刻理解，并在后续验证模型时予以考察。

（3）探索解决方案

数学提供了一系列方法和算法来解决模型化的问题，包括解析方法、数值方法、统计分析等。这一阶段，数学的作用在于通过计算和分析找到问题的解决方案，无论是求解方程、优化资源分配，还是通过统计推断做出预测。

要利用数学理论和方法对模型进行分析，寻求解决方案。这可能涉及计算、推导、优化等多种数学技术。对于那些无法精确求解的模型，可以使用数值方法进行近似求解，如数值积分、数值优化、模拟等。

（4）验证与实验

得到数学解决方案后，需要通过实验或实际数据来验证模型和解决方案的正确性和有效性。在这个过程中，需要将数学分析和计算结果与实际观测或实验数据相比较，以验证模型的预测是否准确、解决方案是否可行。

在模型验证中，要通过实验数据或实际观测来验证数学模型的准确性和可靠性。这一步骤是确认模型是否真实反映了问题本质的关键。要将求解结果应用于科学研究技术开发，解决原始问题或指导实验设计和技术创新。

（5）迭代创新

根据验证阶段反馈，数学模型和解决方案可能需要调整和优化。迭代过程完善了问题理解和解决方案，并可能激发新科学发现和技术创新。数学在解决科学问题中也可能发展新理论和方法。

迭代优化的关键是根据实验数据或观察与模型预测差异调整模型。这包括修改假设、引入新变量、调整参数，从而提高模型的准确性和适用性。迭代创新时，需要基于模型优化原解决方案，以更有效地应对实际问题，采用高效算法或技术。

面对复杂科学问题，需要发展新理论框架或计算方法。迭代过程中对数学方法的调整和优化，也可能提高问题解决效率，促进数学方法论创新。

总之，在引领科学研究技术发展中，数学不仅是解决问题的工具，也是推动科学进步和技术创新的重要力量。

5.2.2.2 评价标准

数学引领科研技术发展的评价标准关键点包括以下六个：

（1）理论深化和系统描述

要评估数学模型和方法是否能加深对科学问题的理解，能否体现自然和人工系统的精确性和全面性，尤其是揭示内在机制和动态行为方面。

（2）预测性和前瞻性

评价数学模型预测未来事件、系统行为的准确性，以及数学理论和工具在科学和技术趋势预测中的指导贡献。

（3）技术和解决方案创新

评估数学在促进技术开发、产品设计、工艺方法创新，尤其是在高科技领域的贡献，以及数学方法在提供创新科学解决方案中的能力。

（4）系统优化和计算效率

评价数学优化技术提高系统性能、降低成本、资源使用效率的影响，以及数学算法和计算方法在提升科学计算效率、处理大数据和复杂问题方面的贡献。

（5）学科融合和普适性

评估数学促进学科间交流合作、跨学科研究的作用，以及数学工具和方法在不同科学领域的适用性和提供统一解决框架的能力。

（6）经济效益和社会贡献

评估数学在促进经济发展、提高产业竞争力、解决社会重大问题、提升公共服务效率和质量方面的作用。

5.3 科学研究技术及其数学化编程

5.3.1 数学化编程与科学研究技术

5.3.1.1 数学模型的构建

技术之所以深度融入科学研究的根本原因，在于科学的本质和目的。科学追求通过观察自然界、实验验证和逻辑推理来获取知识和洞见，其目的是理解自然法则并应用这些知识解决实际问题。为达成这一目标，科学研究依赖于精确、可靠的数据收集、处理和分析方法，这些都需要技术的支持。

（1）观察与数据收集

科学发现的第一步往往是观察。在过去，观察主要依靠人类的感官和简单的辅助工具。然而，随着技术的发展，人们可以利用仪器和设备进行观察，探测到人眼无法看到的细节。数据收集可以使用各种技术手段如传感器、调查表、实验等收集与研究问题相关的数据。技术手段可以帮助研究人员收集、存储和分析研究数据，从而推动科学研究的进步。

（2）数据处理与分析

数据处理是对收集到的原始数据进行清洗、筛选和转换以进行进一步的分析。这一步骤可能包括去除无效或错误的数据、数据类型转换、缺失值处理等。数据的处理和分析是科学研究不可或缺的一部分。随着数据量的爆炸性增长，手工分析方法已经远远不足以应对。计算机技术和人工智能算法的应用，使得大规模数据集的处理、分析和模式识别成为可能。这些技术不仅加速了数据分析过程，还能揭示数据中隐藏的复杂关系和规律，有助于从数据中提取有价值的信息。

（3）数学化编程

将科学研究数学化，即用数学模型来描述和模拟自然界的现象，是理解复杂系统的关键。通过编程实现这些数学模型的构建，研究人员可以进行更加深入的分析和预测。技术在这一过程中起到了桥梁的作用，不仅使得数学模型的构建和测试变得可能，而且通过优化算法和计算过程，提高了研究的效率和准确性。

先进的仪器、传感器和计算机系统不仅为科学研究提供了观测和分析数据的手段，而且通过数学工具的应用，加深了人们对自然界和人类社会的理解。

例如，牛顿发现万有引力公式后尝试计算地球质量，但不能确定引力常数 G。英国物理学家亨利·卡文迪许（Henry Cavendish）通过精密实验准确估计地球质量，其关键步骤如下：

在实验设计方面，卡文迪许用水平悬挂的杠杆和两端的小铅球，通过附近大铅球产生的引力作用，测量杠杆的微小转动。

在技术难点方面，测量微小转动易受空气流动、温度变化等干扰。卡文迪许在特制小房间内进行实验，使用望远镜远距离观察，确保条件稳定，减少干扰。

在数学模型方面，卡文迪许两年内获取 29 组数据，用数学模型描述杠杆转动，得出引力常数 G 的精确值。

在地球质量计算方面，结合牛顿万有引力公式，卡文迪许计算地球质量，其所得的 G 值精确，这一纪录直至 1895 年才被超越。

数学化编程在其中的作用包括以下三个方面：

①数据分析和处理。处理实验数据，如距离、吸引力测量，进行数据清洗、统计分析、误差估计。

②模型拟合和参数估计。拟合物理模型，估计参数，得到符合数据的 G 值。

③不确定性分析。分析数据不确定性，评估 G 的测量误差，提供置信区间。

卡文迪许利用数学化编程进行准确数据分析和模型拟合，得到 G 的准确数值，为物理理论研究提供重要实验数据，显示出数学化编程在推动科学知识发展中的应用价值。

5.3.1.2 相互之间的联系

数学化编程是一种将问题的数学表述转换成计算机程序的过程，以便通过计算机执行来解决问题或分析数据，包括从问题的数学建模、算法设计到最终的编程实现等一系列步骤。数学化编程，可以有效解决各种复杂的实际问题，是现代科学研究和技术开发中不可或缺的一环。科学研究技术与数学化编程之间的联系，具体体现在以下三个方面：

（1）核心理念

科学研究中使用的技术过程与数学化编程的核心理念相同，都是基于通过量化的方法来探索、分析和解决问题。这种方法论的本质在于：

①量化分析。无论是在数据收集、处理，还是在结果分析阶段，科学研究都追求通过量化的数据来支持理论假设和结论。数学化编程提供了处理这些数据的具体算法和模型。

②模型构建。科学研究中的一个关键步骤是构建模型来描述和预测现象。数学化编程以数学模型的形式，使用编程技术将这些理论模型转化为可计算的形式，以模拟现实世界的复杂系统。

③逻辑推理。科学研究依赖于逻辑推理来构建假设和推导结论。数学化编程同样基于逻辑算法来处理数据和解决问题，确保推理的准确性和效率。

④问题解决策略。科学研究面对的问题常常复杂多变，数学化编程通过提供一系列数学工具和计算方法，使研究者能够找到解决问题的有效路径。

⑤验证与预测。科学研究不仅需要验证现有的理论，还要对未来进行预测。数学化编程通过模型的验证和预测功能，帮助科研人员验证假设的正确性并预测未来的趋势。

总之，科学研究中的技术过程和数学化编程共有一个核心理念：通过系统的量化分析、模型构建、逻辑推理以及问题解决策略，来探索自然界和社会现象的本质，以解决实际问题。这一方法论不仅提升了科学研究的准确性和效率，也推动了新知识的产生和科技的发展。

例如，气候变化研究的科学目标是了解和预测气候系统变化，评估其影响并探索缓解策略，这一过程包括以下四个方面：

在数据收集与处理方面，使用卫星遥感等仪器收集全球气候数据。数学化编程用于处理大数据集，进行数据清洗、缺失值处理和归一化处理。

在模型构建与分析方面，构建气候模型模拟地球气候系统，包括大气、海洋等相互作用。数学化编程实现模型数学化，需要高性能计算处理成千上万变量和参数。

在预测与验证方面，使用模型预测未来气候变化趋势，如温度上升、极端天气事件，通过现实数据验证模型准确性。数学化编程实现模型长期运行，分析事件的不确定性。

在问题解决方面，基于模型预测提出减排等策略。数学化编程用优化算法和情景分析来计算最有效减排路径，评估政策的经济和环境成本与收益。

每一步都依赖于数学化编程，体现出科学研究和数学化编程的一致性：量化方法探索、理解和解决复杂现实问题。

（2）程序一致

科学研究与数学化编程在技术过程上的一致性体现在以下七个方面：

①定义问题与目标：明确研究或编程目标，确保方向准确。

②数据收集与预处理：对应科学研究的数据收集和编程中的数据输入，需要清洗、筛选、标准化以保证数据质量。

③建模与算法设计：建立数学或理论模型是科学研究的核心步骤，在编程中体现为算法设计，以精确反映现实规律。

④计算执行：科研实验设计与执行相当于编程实现和算法运行，需要计算机软件和语言完成。

⑤结果分析与验证：科研通过实验结果验证假设，编程通过程序结果测试算法正确性。

⑥调整与优化：根据分析结果，科学研究和编程都可能需要调整优化模型、算法或实验条件。

⑦总结与应用：对结果总结并探讨实际应用，包括发表论文、开发软件或提出新研究方向。

科学研究的技术过程与数学化编程的一致性，体现了问题定义到结果应用的结构化和逻辑性，提高了科学研究和编程的效率，促进了科学和技术的进步。

（3）动机相同

科学研究与数学化编程在研究目标上的相似性体现在共同的目标和动机。

①解决问题：科学研究和数学化编程都以解决问题为核心目标。科学研究解决自然和社会现象中的未知或复杂问题，数学化编程提供工具和方法，通过算法和模型处理和分析问题。

②创新知识：科学研究旨在发现新知识，拓展对世界的理解。数学化编程通过数据分析和模型仿真揭示规律。

③优化改进：科学研究和数学化编程共同寻求优化改进理论、技术或过程。数学化方法评估方案效果，寻找高效、经济、可持续解决方案。

④验证假设：科学研究需要验证理论模型或假设准确性。数学化编程通过模拟实验或计算结果，帮助验证理论和假设，确保准确反映现实。

⑤预测发展趋势：科学研究中对未来发展的预测非常重要，数学化编程能够构建和分析模型，以预测未来趋势和变化，为决策提供科学依据。

这种相似性反映科学研究和数学化编程的内在联系：利用数学和计算方法扩展对世界理解，解决实际问题，推动科技进步。

5.3.2 科学研究技术的数学化编程

5.3.2.1 重要标志

数学化编程是科学研究技术有序化发展的重要标志。

（1）提高研究效率和精确度

数学化编程在数据科学和机器学习领域的应用是其典型例子，它可以处理复杂数据并分析提取模式和关联。

①线性回归模型。广泛用于预测变量间关系的数据分析，数学化编程拟合模型，准确理解和预测数据的线性关系。

②神经网络。机器学习中的强大模型，可以用于学习复杂非线性关系。数学化编程能够处理大数据集，获得高精度结果。

③优化算法。用于最小化或最大化目标函数的科学和工程问题。数学化编程应用梯度下降、遗传算法等优化算法寻找最优解，从而提高问题求解效率和精确度。

④数据可视化。将数据可视化为图形和图表，帮助人们直观理解数据分布和特征，指导分析和决策。

数学化编程在处理复杂数据中发挥着重要作用，可以提升科研效率和结果精确度。它使研究人员能发现数据规律和结构，推动科研和技术创新，通过自动化数据分析和模型仿真快速获得结果，进行高精度预测和验证。

（2）促进不同学科交叉融合

数学化编程在各个科学领域的应用，促进了不同学科之间的融合和发展。例如，数学化编程在科学领域的应用促进了生物信息学的发展。生物信息学结合生物学和计算技术，用计算方法解决生物学问题。数学化编程在其中扮演关键角色，能够处理、分析和解释生物数据，帮助理解生物系统结构和功能，其具体应用包括以下三个方面：

①序列分析。对生物序列（脱氧核糖核酸、核糖核酸、蛋白质）进行分析，开发算法和工具进行序列比对、搜索、组装，理解基因组结构和演化。

②结构生物学。研究生物大分子三维结构及其与功能关系，模拟分子结构，分析相互作用，预测蛋白质结构和功能，支持药物设计和生物工程。

③系统生物学。研究生物系统中组分间的相互作用和调控网络，构建数学模型，模拟系统动态行为，分析调控网络，深入理解生命现象复杂性。

数学化编程使生物信息学结合生物学和计算技术，提供强大工具和方法，促进跨学科交流合作，推动科学知识整合和创新。

（3）扩展研究范围

数学化编程使得科学研究能够探索更加复杂的问题和更深层次的规律。通过高性能计算和复杂模型的建立与分析，研究者能够模拟和研究以往无法直接观察或实验的现象。

例如，气候科学中的气候模拟问题。气候系统复杂，受大气、海洋、陆地和冰川等因素相互作用的影响。由于其复杂性和长期性，许多气候现象难以直接观察或测量。气候科研人员使用高性能计算和复杂模型模拟研究这些现象。

通过数学化编程，科研人员开发基于地球系统数据和物理方程的气候模型，用以描述大气、海洋、陆地和冰川间的相互作用。科研人员可以在超级计算机上运行模型，模拟不同气候场景下地球气候系统的行为，如气候变化对温度、降水、海平面的影响。

此方法使科研人员能探索和理解气候系统复杂性，预测未来趋势和影响，评估减缓适应策略效果。高性能计算和复杂模型的建立分析，使研究者能模拟研究以往无法直接观察或实验的气候现象，为应对气候变化提供科学依据。

（4）推动理论与实践的结合

数学化编程不仅加深了人们对现有理论的理解，也促进了新技术和新方法的开发。数学化编程通过提供实验和观察的数学模型，将理论应用于实际问题解决中，从而推动科技创新。

例如，在工程领域，如飞机、汽车和建筑结构等，数学化编程用于设计和优化复杂系统。飞机设计中，数学化编程用于建立气动、结构和控制系统模型，基于物理定律和工程原理描述飞机性能、稳定性和控制特性。工程师通过优化设计参数，满足飞行性能、经济性和安全性的要求。

与之类似，汽车工程师用数学化编程建立动力学、碰撞和燃料效率模型，优化设计参数，提升性能、安全性和燃油效率。在建筑领域，数学化编程模拟和优化建筑结构设计，以确保安全性、稳定性和可持续性。

数学化编程使工程师和科研人员能将理论应用于实际问题解决，通过设计优化和技术改进推动科技创新。这些实践提升了产品和系统性能、可靠性，为社会带来更安全、高效的解决方案。

（5）增强科学研究的可重复性和验证性

在科学研究中，结果的可重复性和验证性至关重要。数学化编程通过确保计算过程的透明度和可重复性，有助于增强科学发现的可信度。

例如，在科学研究中，数学化编程用于数据分析和结果验证。如研究小组探究药物疗效，利用数学化编程开发模型分析临床试验数据，评估疗效并生成统计结果。数学化编程可以确保分析的透明度和可重复性。

①透明度。研究者清晰记录描述数据处理分析过程，包括算法、参数、预处理方法等，确保结果可追溯，便于其他科研人员重现验证。

②可重复性。数学化编程将分析过程转化为代码或脚本，使其他科研人员能用相同数据和代码重现结果，验证研究的可靠性和稳健性。

③错误识别。数学化编程助于及时发现数据分析错误或异常，通过健壮代码和严格测试，研究人员可及时修正问题，确保结果准确可信。

数学化编程提高了数据分析的透明度和可重复性，增强科学发现的可信度，确保研究的科学性，促进科学界合作共享，推动科学知识的进步和创新。

（6）支持大数据时代的科学研究

在大数据时代，数学化编程成为处理和分析海量数据不可或缺的工具。数学化编程支持对大规模数据集的高效处理，使得数据驱动的科学研究成为可能。

例如，在基因组学领域，随着生物技术发展，获取大规模基因组序列数据如人类和其他生物物种等变得容易。但提取有用信息并深入分析这些庞大数据集是一大挑战。

数学化编程能够提供高效的数据处理工具和算法，使大规模基因组序列分析可行。常用工具包括以下三种：

①序列比对和组装：开发算法进行基因组序列比对和组装，识别基因、调控区域、突变等重要信息。

②基因表达分析：利用统计和机器学习算法分析基因表达数据，识别不同条件下的表达模式，发现与生理过程或疾病相关的表达差异。

③基因组功能预测：开发基于机器学习或统计模型的方法预测基因组序列功能，如编码区域、启动子、剪接位点等，有助于理解基因组结构和功能。

数学化编程使科研人员能高效处理基因组数据，发现模式和规律，推动基因组学研究，为医学、农业和生物技术等领域提供重要支持。

总之，数学化编程的广泛应用标志着科学研究方法的一大进步，它不仅提高了研究的效率和质量，还扩大了科学探索的边界，为新知识的产生和技术创新提供了强有力的支持。

5.3.2.2 关键步骤

(1) 算法和模型的设计

科学研究技术实现数学化编程的关键之一是设计出能够准确描述研究对象或现象的数学模型和算法。这些模型和算法必须合理反映研究对象的行为、特征和规律，以便进行科学分析、预测或优化，这具体体现为以下五个方面：

①问题定义。首先需要清晰定义研究问题，确定需要建模的对象和变量。这涉及对研究领域的深入理解和问题的合理抽象。

②建立模型。在问题定义的基础上，设计数学模型来描述研究对象的行为和关系。模型的建立可能涉及数学分析、微积分、概率论等数学工具的运用。

③算法设计。基于建立的数学模型，设计相应的算法来求解问题或模拟现象。算法设计可能涉及优化算法、数值计算方法、机器学习算法等。

④程序和验证。将设计好的数学模型和算法转化为可执行的计算机程序或脚本。在实现过程中需要注意编程的规范和效率，并进行严格的测试和验证，以确保模型的正确性和可靠性。

⑤优化和改进。根据实验结果和反馈信息，对模型和算法进行优化和改进。这可能涉及参数调整、算法改进、模型扩展等工作。

通过设计准确的数学模型和算法，研究人员能够有效利用数学化编程来解决复杂的科学问题，推动科学知识的发现和创新。

(2) 高效的计算工具和平台

科学研究中常常需要处理大规模的数据和复杂的计算任务，因此需要使用高性能计算工具和平台来支持数学化编程的实现。这可能包括使用专门的数值计算软件、编程语言和库，或者利用高性能计算集群或云计算资源来加速计算过程。因此，研究人员需要借助高性能计算工具和平台来支持数学化编程的实现。这些高性能计算工具和平台包括以下四种：

①超级计算机。超级计算机拥有强大的计算能力和大规模的存储资源，能够同时处理大量的数据和复杂的计算任务，因此，可以利用超级计算机来运行数学化编程的算法和模型，从而加速科学研究的进程。

②并行计算框架。如 MPI（message passing interface）和 OpenMP 等可以充分利用多核处理器和分布式计算资源，实现并行化和分布式计算，加快大规模数据处理和复杂计算任务的速度。

③云计算平台。云计算平台提供灵活的计算资源和服务，科研人员可以根据需要动态调配计算资源，满足不同规模和需求的科学研究项目。云计算平台通常具有高度可扩展性和可定制性，能够为科学研究提供强大的支持。

④分布式计算系统。如 Apache Hadoop 和 Apache Spark 等可以实现大规模数据的分布式存储和处理，支持科研人员对海量数据进行高效的分析和挖掘。

通过使用这些高性能计算工具和平台，研究人员能够充分利用现代计算技术，实现对大规模数据和复杂计算任务的高效处理，从而推动科学研究的发展和创新。

（3）数据处理和分析技术

数学化编程通常需要处理大量的数据，并进行统计分析、模式识别等操作。因此，在科学研究中使用技术实现数学化编程的关键是需要掌握一系列数据处理和分析技术。

①数据清洗。数据清洗是指在分析之前，对原始数据进行检查和处理，以识别和纠正数据中的错误、缺失值和异常值。数据清洗有助于确保数据的质量和准确性，提高后续分析的可靠性。

②数据预处理。数据预处理包括对数据进行转换、归一化、标准化等操作，以使数据适合于特定的分析方法或模型。例如，对图像数据进行图像增强、降噪和尺寸调整；对文本数据进行分词、词性标注和停用词去除等操作。

③特征提取。特征提取是从原始数据中提取有用信息或特征的过程。

在机器学习任务中，特征提取是至关重要的步骤，它决定了模型的输入特征。特征提取可能涉及从原始数据中选择、转换或构造特征，以使模型能够更好地理解和学习数据。

④机器学习。机器学习是一种数据驱动的方法，通过从数据中学习模式和规律来实现预测或决策。在科学研究中，机器学习可以用来构建预测模型、分类器、聚类器等，以解决数据分析和模式识别的问题。

掌握这些数据处理和分析技术，可以更好利用数学化编程来处理和分析大规模数据，从而推动科学研究的进展和创新。

（4）可重复性和透明度

科学研究的可信度和可靠性依赖于实验结果的可重复性和透明度。因此，在数学化编程中需要注重编写清晰、可读性好的代码，并提供详细的文档和说明，以便其他研究人员能够理解和重现研究结果。

编写清晰、可读性好的代码可以使他人更容易理解代码的逻辑和功能，从而更容易重现研究结果。编写清晰、可读代码时应该遵循以下原则：

①良好的命名规范。给变量、函数、类等命名时使用具有描述性的名称，使其易于理解和记忆。

②适当的注释和文档。在代码中添加清晰明了的注释，解释代码的功能、逻辑和用法。此外，编写详细的文档，描述代码的整体结构、输入输出和使用方法，有助于他人理解和使用代码。

③模块化和可重用性。将代码分解为独立的模块或函数，每个模块或函数只负责一个特定的功能或任务。这样可以提高代码的可维护性和可重用性，同时也使代码更易于理解和修改。

④错误处理和异常处理。编写合理的代码，能够处理各种可能出现的错误和异常情况，确保代码的稳定性和可靠性。

此外，提供详细的文档和说明也是十分重要的。文档应该包括代码的用途、功能、输入输出以及依赖关系等信息，提供示例代码和使用说明，以便其他研究人员能够理解代码的用途和运行方式，有助于更快上手使用代码。

（5）交叉学科的合作

科学研究往往涉及多个学科领域的知识和技术。不同学科领域的专家通常具有各自的专业知识和技能，可以为科学研究提供不同的视角和方法，具体体现在以下四个方面：

①提供更多思路。与其他领域的专家合作可以促进跨学科的交流和合作，吸收各领域的知识和技术，从而为科学研究提供更多的思路和解决方案。

②专业知识互补。不同学科领域的专家通常具有不同的专业知识和技能，能够为研究提供各种方面的支持和帮助，从而提高研究的质量和效率。

③创新解决问题。通过与其他领域的专家合作，可以从不同的角度和方法解决问题，从而提高问题解决的多样性和创新性。

④促进科学创新。跨学科的合作能够促进科学知识的整合和创新，推动科学研究的进步，并为解决复杂的科学问题提供更好的解决方案。

因此，在科学研究中使用技术实现数学化编程时，与其他领域的专家进行合作是非常重要的。通过合作，科研人员能够共同解决问题，发现新的科学知识。

综上所述，科学研究中使用技术实现数学化编程的关键在于充分利用现代计算技术、数据处理技术并进行跨学科合作，以推动科学知识的发现和创新。

第6章　数学思维：科学创造性思维的逻辑遵循

创造性思维的根本在于数学直觉。

——雅克·阿达玛（Jacques Hadamard）《数学领域中的发明心理学》（1945）

从某种意义上说，数学并不是一种科学，而是一种创造性的艺术，类似于绘画、音乐或诗歌。

——罗杰·彭罗斯（Roger Penrose）《皇帝新脑》（1989）

6.1　创造性思维与科学研究

6.1.1　创造性思维的含义

6.1.1.1　基本形式

科学创造性思维形式是指在进行科学研究和创造性工作时采用的各种思维模式和方法。

（1）直觉思维

在科学研究中，直觉思维是指科研人员在缺乏完整证据或在复杂问题面前，依赖于直觉或“直觉感知”来做出假设、决策或发现的一种思维方式。直觉思维的特点是：跳跃性发现结论，而不是遵循逻辑推理；快速反应，尤其在信息不全时迅速做出判断决策；经验依赖性，基于个人的经验和知识做出判定假设。在科学研究中，直觉思维可以在复杂的信息中迅速捕捉到解决路径或新的研究方向。18世纪，本杰明·富兰克林（Benjamin Franklin）在观察中通过直觉思维，提出雷电是电火花假说，并在雷暴中用风筝实验成功引出电火花来证明雷电是电。

（2）抽象思维

在科学研究中，抽象思维是一种将具体事物、现象或过程转化为抽象概念、原则和模型的思维方式。抽象思维是通过抽象化过程提取出事物的本质特征，忽略非本质的细节，从而在更高的层次上理解和解释复杂现象。如爱因斯坦通过思考光速在不同参考系下观测结果不变这一现象，抽象出狭义相对论，从而解释迈克尔逊-莫雷实验（Michelson-Morley experiment）中观察到的结果。

（3）系统思维

系统思维是科学研究中的一种关键方法论，强调在理解复杂问题和现象时考虑整体与部分之间的相互作用和联系。与传统的线性思维不同，系统思维着重于整个系统的动态行为，以及系统内部各部分之间的非线性关系。

通过采用系统思维，科研人员可以更全面地理解复杂系统的行为，设计更有效的干预措施，并预测系统对这些干预的响应。如气候变化研究涉及大气、海洋、陆地表面和生物圈等多个子系统及其相互作用，需要运用系统思维，通过综合分析气象数据、海洋流动、冰川融化以及人类活动等多方面因素，建立气候模型来预测未来气候变化趋势，为制定气候变化对策提供科学依据。

（4）类比思维

科学研究中的类比思维是一种重要的思维形式，涉及将两个或多个不同领域的概念、现象或理论之间进行相似性对比的过程。

类比思维是通过发现两个不同领域之间的相似性来产生新想法的一种方式。例如，詹姆斯·沃森和弗朗西斯·克里克发在研究 DNA 结构时，在构建过程中，运用类比思维的思路是：借鉴了建筑和工程学中的模型构建方法，通过构建物理模型，将复杂的抽象问题具体化，相当于从建筑和工程学领域借鉴思维方法应用到分子生物学领域。其中，闪现的灵感是：受到纸模型的启发，突然意识到两条链以特定方式相互缠绕可能是解决问题的关键。这种突破性的思考，部分是类比螺旋结构在自然界和技术领域广泛存在现象的启发，比如螺旋楼梯和螺旋形的植物生长方式。

除以上思维形式之外，科学创造性思维还有发散思维、收敛思维、逆向思维、综合思维等思维形式。

6.1.1.2 关键要素

科学创造性思维在解决问题、发现新知识和进行创新时，关键的思维形式包括以下三种：

（1）逻辑性思维

逻辑性思维是科学创造性思维的核心，强调在进行科学研究和创新过程中，逻辑推理和分析能力的重要性。逻辑性思维是指基于已知信息，通过合理的推理过程，得出正确结论的能力。这种思维方式要求严格遵循逻辑规则，避免非逻辑或错误的推理，保证思考过程的条理性、连贯性和正确性。

（2）批判性思维

在科学研究中，批判性思维是一种重要的思维方式，涉及质疑、分析和评估信息的过程，以确保得出的结论是基于证据和合理的推理的。批判性思维涉及评估信息和论据的真实性、逻辑性和有效性，对于鉴别假设、评估证据的质量、识别逻辑谬误以及形成坚实的研究结论至关重要。批判性思维在科学研究中不仅可以帮助研究者有效探索未知，也能确保研究过程的严谨性和结论的可靠性。

（3）创新性思维

创新性思维是科学创造性思维的核心，涉及用新颖和独特的方式来解决问题或产生新想法。创新性思维是一种超越传统框架和常规思路的思维模式，即勇于打破既有的规则和假设，探索新的可能性和未知领域。例如，伽利略以创新性思维设计实验如斜面实验来精确描述物体加速度，突破亚里士多德哲学的局限。在天文学领域，伽利略通过改进望远镜，发现月球的地貌和木星的卫星等，不仅拓展了人类对宇宙的认识，还支持了哥白尼的日心说。

6.1.2 创造性思维的科学研究价值

6.1.2.1 创造性思维与科学研究方法

创造性思维与科学研究方法之间的关系具体体现在以下四个方面：

（1）创造性思维引导人们开发新的科学研究方法

创造性思维促使科研人员质疑现有的知识和方法，推动他们探索新的研究领域并提出新的假设和理论。这种思维方式可以引导人们开发新的科学研究方法，或对现有方法进行创新改进，以更有效探索和解答科学问题。

例如，20 世纪 80 年代初，人们普遍认为压力和饮食习惯是胃溃疡和十二指肠溃疡的主要原因。巴里·马歇尔（Barry J. Marshall）和罗宾·沃伦（J. Robin Warren）观察到患者胃黏膜中的幽门螺旋杆菌。为验证其与溃疡的关系，彭定康进行一系列实验，包括自我实验。消除细菌后，患者溃疡症状显著改善，证明了幽门螺旋杆菌会引起溃疡。通过系统收集和分析患者数据，他们提出了抗生素治疗的有效性，这项工作使他们获得 2005 年诺贝尔生理学或医学奖。

（2）科学研究方法为创造性思维提供验证

科学研究方法作为创造性思维验证的工具，扮演着至关重要的角色。无论是通过实验设计、数据分析还是模型构建，科学研究方法都能帮助研究人员实现和测试创新想法，并且将创新的想法、理论和假设转化为可观测的实验和研究，从而确定这些创新是否具有科学依据和实际应用价值。这一过程的关键环节包括以下四个方面：

在实验设计方面，通过精心设计的实验，可以控制和操作变量，观察和测量结果，从而测试特定假设的有效性。这要求创造性思维将抽象的理论转化为可操作的实验步骤。

在数据收集分析方面，应用科学研究方法提供的一系列技术和工具，收集、记录和整理实验或观察到的数据，通过统计分析，可以对数据进行深入分析，识别模式和趋势，这些分析结果有助于验证或反驳原始假设。

在模型构建方面，基于创造性的理论构想，构建数学或计算模型来模拟复杂系统的行为，并通过实验数据进行校准。科学研究方法可以确保模型的构建、验证和改进过程既系统又精确。

在结果验证与假设测试方面，基于实验和分析结果验证其创造性思维的成果，包括使用统计学原理来评估结果的显著性，以及通过重复实验和独立验证来测试结果的可重复性和可靠性。

（3）科学研究方法与创造性思维互相激发

科学研究方法的应用需要创造性思维的支持。如詹姆斯·沃森和弗朗西斯·克里克发现 DNA 双螺旋结构，其创造性思维体现在：沃森和克里克知识背景的跨学科融合，结合动物学、物理学、分子生物学、化学和 X 射线晶体学的知识和技术。在没有直接观察到 DNA 分子实际形态的情况下，通过构建物理模型来推测其结构，展现创造性的思考方式。沃森和克里克进行大胆的假设如碱基对的互补配对原则，这些假设基于对现有数据的创造性解释和逻辑推理。科学研究方法为这些创新想法提供了实验验证和数据分析的手段，确保了发现的准确性和可靠性。

反过来，科学研究中遇到的问题和挑战也可以激发创造性思维，促使科研人员寻找新的解决方案。

例如，1928 年，亚历山大 · 弗莱明发现青霉素就是创造性思维的应用。在提出假说方面，面对这一未知现象，弗莱明提出假说，认为霉菌产生某种物质具有杀灭周围细菌的能力。在创新实验方面，为了探索和验证自己的假设，弗莱明开始一系列的实验，并成功从霉菌中提取出了这种物质，并进一步研究其性质。

（4）科学研究方法与创造性思维互相依存

创造性思维和科学研究方法相互依存，共同推动科学进步。没有创造性思维，科学研究可能会陷入僵化，难以实现突破。

例如，伽利略天文学研究就是创造性思维的应用，具体体现在：伽利略改进望远镜的设计，使其能够用于天文观测。这是一个创造性的思维应用，因为在此之前，望远镜并未被用于这一目的。这一创新使伽利略可以直接观察天体，收集到前所未有的天文数据。伽利略观察到许多与地心说不相符的现象，包括木星的四颗卫星、太阳表面的黑子，以及金星的盈缺相位。

同样，如果缺乏科学研究方法的支持，创造性思维的成果也难以得到有效的实施和认可。例如，20 世纪初，超导性被发现，引发了对材料在极端条件下性质的研究，人们开始思考在半导体中是否可能实现超导性。然而，在研究中存在缺乏科学研究方法的问题：早期研究缺乏精确的实验设计，导致实验结果难以重复和验证；科研人员们缺乏适合处理复杂实验数据的统计分析方法；同时，缺乏深入理解的理论模型支持，难以解释实验观察到的现象和指导后续研究。

由于缺乏科学研究方法的支持，早期在半导体超导性研究中的创造性思维成果未能得到有效的实施和广泛认可。

6.1.2.2 创造性思维的科学研究价值

创造性思维不仅是推动科学前进的引擎，也是开启未来科学革命的钥匙，其科学研究价值具体体现在以下三个方面：

（1）拓展新的研究领域

科学创造性思维在交叉学科创新中扮演关键角色。例如，CRISPR-

Cas9 技术是基因编辑的革命性突破，涉及微生物学、遗传学、生物化学和分子生物学等多学科知识。这种思维通过重新定义问题框架，揭示潜在假设和限制，开辟新研究方向。例如，韦格纳的大陆漂移假说，挑战当时地质学和地理学关于大陆和海洋位置固定的观念，基于化石、地质结构和古气候证据提出大陆漂移。此外，科学创造性思维还能从新角度发现问题或解决方案，如马歇尔和沃伦发现幽门螺旋杆菌是胃炎和胃溃疡的成因，这与当时学术界认为胃高酸环境不支持微生物生存的主流观点相悖。

（2）构建新的假设和理论

创造性思维使科研人员提出新假设以解释现象，这些假设可能颠覆传统理解。例如，居里夫妇提出某些元素自然发射穿透性射线，与化学性质相关，暗示了原子内部性质的辐射，非外部条件诱发。创造性思维促进对现有理论的评估与改进，如莱昂·费斯汀格（Leon Festinger）的认知失调理论，揭示个人信念、态度或行为不一致时的不适感，激励行动以恢复一致性。该理论挑战了当时主流的外部行为观察，引入了内在心理过程的复杂性，为心理学现象和理论提供了新视角。

创造性思维还使科研人员将理论扩展至新领域，如爱因斯坦的受激辐射理论为激光发明奠定了基础。根据该理论，原子受激发跃迁至高能级后，返回低能级时释放光子，若此过程被光子触发，则释放光子与触发光子具有相同特性，实现光放大。尽管爱因斯坦提出的理论为激光的实现奠定了理论基础，但直到 1958 年，查尔斯·汤斯（Charles Townes）和亚瑟·肖洛（Arthur Schawlow）提出通过受激辐射放大光波的具体实现方案，这一方案直接促成了 1960 年第一台激光器的诞生。

（3）开发解决问题的新方式

创造性思维推动了新实验技术的开发，如光遗传学，它使用光控光敏蛋白精确控制特定神经元，提升了神经科学研究的分辨率。在大数据时代，创造性思维促进了数据分析方法的创新，如机器学习和深度学习技术，它们通过算法自动识别数据模式，并将其应用于图像识别、自然语言处理等领域。大数据可视化技术将复杂数据集转换为直观图形，帮助人们快速理解信息。数据挖掘技术，如分类、聚类，帮助科研人员发现数据中的新模式和关系。预测分析模型则可以帮助企业和组织制定合理的策略。创造性思维对科学研究方法论的发展至关重要，促进了跨学科研究方法和计算机辅助研究方法的发展，加速了知识的传播和创新。

6.2 数学思维的根本特征

6.2.1 数学哲学与数学思维

6.2.1.1 数学思维的哲学指导

数学哲学对数学思维具有深远的影响和重要的指导作用，不同数学哲学在理论和实践中都对数学思维方式有着不同的指导作用。

（1）数学真理客观性和理论完备性

柏拉图主义强调数学真理的客观性和理论的完备性，认为数学对象是独立于人类思维的客观存在。在这种观点指导下，数学思维方式具体包括以下六种：

①抽象思维。柏拉图主义认为数学对象如数、形状、函数等是独立存在的，要通过抽象思维来发现和理解这些对象的性质和关系。抽象思维要求忽略具体事物的特性，而专注于对象的本质属性和结构。例如，研究"点"时，不考虑其大小或位置，只关注其作为几何基本单位的特性。

②逻辑推理。柏拉图主义强调数学理论的完备性，意味着所有数学结论都必须通过严格的逻辑推理得出。逻辑推理的过程包括定义、假设、定理和证明，确保数学理论的严密性和一致性。例如，几何学中的公理化方法，即从少数公理出发，通过逻辑推理推导出其他定理。

③形式化。形式化是指用精确的符号和规则来描述数学对象和关系。柏拉图主义认为数学真理是独立于具体表述的，因此形式化的语言可以更好表达这些真理。形式化的方法有助于避免歧义和主观解释，使数学结论更加普遍和客观。如使用集合论来形式化数学结构，使得不同数学领域之间的联系更加清晰。

④结构主义。实在论认为数学对象组成了独立于现实世界的结构，这些结构有其自身的规律和性质。科研人员可以通过研究这些结构及其内部关系，发现新的数学真理，如研究数论中的整数结构、群论中的代数结构等。

⑤纯粹数学。实在论鼓励数学家探索数学对象的纯粹性质，而不必考虑其实际应用。数学的美在于其内在的逻辑和结构，而非其外在的用途。这种思维方式推动了许多纯数学领域的发展，如拓扑学、代数几何、数论

等，这些领域的研究往往基于数学对象本身的兴趣和美学价值。

⑥探索和发现。实在论视数学研究为发现已有真理的过程，而非创造新事物。因此，数学家被视为探险者，揭示隐藏在数学世界中的客观真理。这种探索精神激励数学家不断寻找新的定理和证明，拓展数学知识的边界。如费尔马大定理的证明就是数学家们探索和发现的一个经典案例。

综上所述，柏拉图主义下的数学思维方式强调抽象、逻辑、形式化、结构主义和纯粹探索，认为数学真理是独立存在的客观真理，需要通过严格和系统的思维方式加以发现和证明。

（2）逻辑严密性和符号系统的操作性

形式主义强调逻辑严密性和符号系统的操作性，认为数学仅仅是符号系统的操作，没有实际意义，具体的数学思维方式如下：

①公理化方法。公理化方法是形式主义的核心思维方式之一，将设一组基本公理作为理论基础，从中推导出其他定理和结论。公理化方法强调系统内部的一致性和逻辑性，而不关心公理是否具有实际意义。例如，欧几里得几何基于五条公理就建立整个几何学体系，皮亚诺公理就是定义自然数及其运算的基本公理，等等。

②形式系统和推理规则。形式系统和推理规则是指在预设的符号和规则下进行逻辑推理。这种方法严格依赖于形式化的推理步骤，确保推导过程的逻辑严密性。如命题演算和谓词演算就使用严格的符号和规则进行逻辑推理和证明。

③代数结构的研究。代数结构的研究就强调通过定义公理化的代数系统，如群、环、域等，并在这些系统内进行符号操作和推理。如群论就满足封闭性、结合性、单位元和逆元的符号系统，环论和域论研究更复杂的代数结构及其性质。

④数学证明与形式化验证。数学证明与形式化验证是指利用计算机和形式化工具来验证数学证明的正确性，确保每一步推导都符合法则。形式化验证工具可以自动检查证明过程中的每一步，保证其逻辑严密性。例如，Coq、Lean 等形式化证明系统就利用计算机验证复杂数学定理的正确性。

⑤计算机科学中的形式方法。计算机科学中的形式方法是指应用编程语言来设计、验证和自动化推理。形式方法通过严格的符号系统和逻辑推理来确保计算机程序的正确性和安全性。例如，形式化语法是使用巴科斯-

诺尔范式（BNF）定义编程语言的语法规则，形式化验证和模型检测就用于验证软件和硬件系统的正确性。

⑥模型理论。模型理论主要研究数学结构与逻辑语言之间的关系，通过定义符号系统的模型和解释，分析其性质和相容性。模型理论强调系统内部的一致性和逻辑结构。例如，研究数学结构在特定逻辑下的模型，如在一阶逻辑下研究不同结构的性质等。其中，完备性和紧致性定理是研究逻辑系统内部特性的理论。

总之，在形式主义的指导下，这些数学思维方式共同强调逻辑的严密性和符号系统的操作性，通过严格的形式化手段来进行数学研究和推导。这些方法不仅推动了数学理论的发展，也对计算机科学、逻辑学等领域产生了深远影响。

（3）具体构造过程的可操作性和实用性

构造主义则强调具体构造过程的可操作性和实用性，认为数学对象是通过人的思维构造出来的，数学的真理是通过具体的构造过程获得的，强调直觉和具体性。

①构造性证明。构造性证明强调通过具体的构造过程来证明数学对象的存在，而不是依赖于非构造性证明（如反证法）。这种方法确保每一个数学对象的存在性都是可以明确展示和验证的。其中，存在某个数满足某个性质：不仅证明这个数存在，还要明确构造出这个数。例如，构造性证明一个多项式有实根，不仅要证明其存在，还要找到具体的实根。

②可计算性和算法。可计算性和算法关注数学对象是否可以通过具体的算法进行计算。构造主义者研究哪些数学对象和问题可以通过有效的算法解决。例如，计算数论中的素数就是通过具体算法如埃拉托色尼筛法明确找出素数；算法复杂性理论就是研究问题是否有有效的算法以及这些算法的复杂性。

③直观几何。直观几何重视通过具体的几何构造来理解和解决问题，强调几何对象的直观和具体性。例如，在尺规作图中，通过具体的几何构造如用尺规作图法解决几何问题，如三等分角问题和正多边形的作图问题。

④具体数学结构。具体数学结构关注具体的、可构造的数学结构，并通过这些结构来理解更一般的数学理论。例如，有限域的构造就是通过具体的构造方法来研究有限域及其应用；具体范畴就是研究具有具体对象和

态射的范畴，而不是抽象的范畴理论。

⑤数学分析中的构造方法。数学分析中的构造方法强调通过具体的构造过程来定义和研究函数、序列和极限等分析对象。例如，构造实数就是通过戴德金分割或柯西序列构造具体实数；构造连续函数是通过具体的函数构造和证明其连续性。

⑥直觉主义逻辑。直觉主义逻辑不同于经典逻辑，强调证明过程中必须构造出所需的对象，而不能依赖于非构造性的存在性证明。直觉主义逻辑更关注命题的构造性证明过程。例如，直觉主义命题逻辑中的拒绝排中律，即命题要么为真，要么为假，在所有情况下的应用，只接受那些可以具体构造出证明的命题。

总之，构造主义数学思维方式强调具体构造过程的可操作性和实用性，注重数学对象的明确构造和实际应用，通过直觉和具体性来获取数学的真理。这些方法在数学理论的构建和应用中发挥了重要作用，特别是在算法、计算数学、几何构造和直觉逻辑等领域。

在数学研究中，柏拉图主义的数学实在论、符号体系形式主义和直觉构造主义的数学思维方式，可以相互作用和互为补充。例如，柏拉图主义者相信实数集是一个独立存在的整体，其性质是客观的；形式主义者通过分析公理如完备性公理，研究实数集上的各种分析定理。而构造主义者则关注那些可以通过具体构造得到的实数，如有理数列的极限。因此，从本质上讲，柏拉图主义提供了哲学上的存在论基础，形式主义提供了逻辑和结构上的严密性，而构造主义则确保了数学对象的可操作性和具体性。这种多角度的研究方式有助于数学的全面发展。

6.2.1.2　组成要素与根本特征

(1) 组成要素

数学思维方式是一种独特的思考模式，其核心在于探索数学深层结构，发现新的数学理论以及应用数学工具解决跨学科的复杂问题。在数学思维中，相互作用、互为补充的思维方式具体包括以下七种：

①直觉思维与逻辑思维。直觉思维不依赖于明确的推理，强调对数学概念的直观理解和对问题的直接感知，是创造性思维的重要组成部分。逻辑思维基于规则和原理，强调推理的严密性和有效性，确保数学推理的正确性和结论的可靠性。

直觉和逻辑在数学中的互补作用具体体现在以下三个方面：在猜想与

验证方面，直觉思维在数学研究初期形成新见解和猜想，这些猜想需要通过逻辑思维的严格推理来验证。在理解与推广方面，直觉思维有助于理解数学概念，逻辑思维则将概念严格推广，显示出数学结构间的逻辑必然性。在平衡与互补方面，直觉思维和逻辑思维的结合促进数学思维的全面发展，既能激发创造性，也能确保论证的严密性。

②抽象思维与具体思维。数学思维中，抽象思维和具体思维互相促进，共同发展。抽象思维通过提取对象和现象的共同特征形成概念、理论和模型，是数学结构和公式建立的基础，如从数学运算中抽象出加法和乘法，然后发展为代数结构的定义。具体思维将抽象概念应用于解决实际问题，如几何理论在建筑设计中的应用，概率论在统计分析中的使用。

二者的关系在于：抽象思维有助于构建完整的数学理论体系，具体思维将理论应用于现实。具体问题激发抽象思维，推动理论发展；抽象理论为解决具体问题提供方法。数学思维中，抽象思维与具体思维循环往复，从具体问题出发，形成理论，再解决问题，可能产生新概念或理论，从而推动数学进步。

③创造性思维与批判性思维。创造性思维在数学中涉及新结构、定理的发现和复杂问题的解决方法，它使数学家超越现有知识，探索未知，提出新问题，开发新理论。批判性思维则包括对信息的评估、论证的评价和推理过程的验证，体现在数学中对假设的审查、证明的逻辑性评估及结果的可靠性判断。

创造性思维与批判性思维的关系在于，前者产生新观点和方法，后者确保它们的准确性和可靠性。数学研究中，创新想法首先出现，然后通过批判性评估和验证以确保正确性。在解决问题时，过度依赖创造性思维可能产生错误结论，而过度批判可能抑制创新。在数学学习和研究中，这两种思维是互补的：创造性思维有助于探索新可能，批判性思维有助于理解和巩固知识，共同促进人类对数学的深入理解和应用。

④迭代思维与递归思维。数学中的迭代思维和递归思维是解决问题、证明定理和构建模型的两种重要思维方式。迭代是重复应用同一过程或规则直至满足条件，常用于数值计算和算法设计，特点是线性的，每一步的计算结果都将作为下一步计算的初始条件。例如，牛顿-拉弗森方法用于求解方程 $f(x)=0$ 的根。该方法通过从一个初始猜测值开始进行计算，其迭代应用公式如下：

$$x_n = x_n - \frac{f(x_n)}{f'(x_n)}$$

这个过程重复进行，直到连续两次迭代的结果足够接近，就可以满足预设的精度要求。

递归是将问题分解为更小的子问题，用相同的方法解决子问题，特点是层级的，每层解依赖下层结果。例如，斐波那契数列的计算。斐波那契数列的递归定义如下：

$$F(n) = F(n-1) + F(n-2)$$

其中，$F(0) = 0$，$F(1) = 1$。

这个数列的每一项都是前两项的和。

迭代和递归的共同点在于重复应用过程以逼近最终结果，区别在于迭代通过循环重复操作，递归通过函数自我调用分解问题。

⑤归纳思维与演绎思维。数学思维中的归纳思维和演绎思维是互补的逻辑推理方法。归纳思维通过观察具体实例来寻找模式或规律，形成一般性假设，常用于数学猜想或理论的构建。演绎思维从已知前提出发，通过逻辑推理得到具体结论，是数学证明的关键，从定义、公理和定理推导出新结论。

归纳思维和演绎思维在数学研究中相互补充：归纳思维有助于发现规律和构造猜想，演绎思维有助于证明猜想的正确性。归纳为演绎提供基础，演绎验证归纳规律。解决数学问题或发展理论时，两者循环使用，归纳观察模式，演绎构建证明，实例验证或完善理论。归纳推动理论生成和假设提出，演绎确保严密性和可靠性。

归纳思维和演绎思维的相互作用和补充是数学进步和创新的重要动力，共同促进数学问题的解决及知识的积累与创新。

⑥收敛思维与发散思维。数学思维中的发散思维和收敛思维是解决问题和创新知识的互补方法。发散思维探索多种可能性，生成新想法，寻找不同解决方案，建立新连接和模式，促进创新和新理论的提出。收敛思维则缩小思考范围，从多个可能性中选择最合适的解决方案，侧重分析评估，追求具体解决方案，如定理证明和算法设计。

二者的关系在于，发散思维提供广阔视野和创新可能，收敛思维将可能性凝练为具体成果。

⑦模型思维与算法思维。数学思维中的模型思维和算法思维是理解复

杂系统和解决问题的关键互补方式。模型思维通过构建模型来理解、分析和预测系统行为，可以是物理、数学或计算模型。它用数学工具抽象和概括问题，并提出解决方案。算法思维关注解决问题的步骤，识别解决方案并明确具体步骤和规则，以有效处理信息并提高解答效率。

二者的关系在于，模型思维建立对问题的整体理解，定义参数和约束；算法思维在此基础上寻找具体解决方法和步骤。有效算法设计需要准确利用模型。算法可视为模型操作的一部分。在探索新领域或解决跨学科问题时，二者共同促进新思想和创新解决方案的产生，模型提供结构化描述，算法提供实际操作方法。

（2）根本特征

①抽象化。抽象化是数学思维的核心特征，它从具体实例中提取普遍规律、原理或模式，关注内在结构和关系，建立广泛适用的数学概念和理论体系。数学中抽象化的步骤具体包括以下四个：

——观察与识别：从实际问题或现象中观察共性，是抽象化的起点。

——概括与提炼：基于共性概括一般原理、提炼核心特征，即从具体到抽象转化。

——形式化：将原理或模式以逻辑严谨的数学形式，如公式。

——应用与验证：将抽象概念应用于其他实例，验证普遍性和有效性。

抽象化让数学创建了丰富的理论框架，揭示现象的统一性和联系。它不仅是解决问题和理论发展的基础，也推动了知识积累和创新。通过抽象化，数学能创建普遍适用的概念和定理，从而广泛应用于理论物理、计算机科学、经济学等领域。

②逻辑推理。数学思维依赖逻辑推理来确保论证的严密性和有效性。逻辑推理核心特征包括以下五个：

——演绎推理：从已知前提通过逻辑推导得到特定结论，是数学证明中最常用的方法，保证结论的必然真实性。

——归纳推理：从特定实例推广出一般规律或定理，其关键是形成假设和提出猜想，虽不直接证明结论的普遍真实性。

——条件推理：涉及“如果……那么……”的推理，则是演绎推理的特例，常用于展示特定条件下结论的成立。

——反证法：假设命题的否定为真，推导出矛盾，证明命题的真实性，是解决困难证明的强有力技巧。

——直觉和创造性推理：虽不严格，但可指引研究方向和构思证明策略。

这些逻辑推理形式构成数学论证的基础，帮助数学家构建严谨知识体系，确保推导的可靠性和结论的普遍认可性。

③证明与验证。数学思维要求对发现的规律或命题进行证明，以确保结论的真实性和可靠性。证明过程如下：

——每步逻辑推理基于已知信息、定义、公理或已证明定理。

——目的在于证实命题在给定条件下的普遍真实性。

——发现证明方法需要创造性和直觉，找到证明方法是一个具有挑战性的过程。

——证明不仅可验证命题真实性，也是构建和扩展数学知识体系的基础。

证明是数学知识真实性的保障，确保了数学结论的绝对确定性，是数学与其他科学领域的显著区别。

④解决数学问题。数学思维在解决问题中强调以下关键步骤：

——问题识别：作为起点，需要观察现象，明确具体问题，定义边界，理解本质和背景。

——问题分析：深入探究问题，识别关键因素及其关系，可能包括知识回顾、信息收集或问题分解。

——数学建模：将现实问题抽象为数学形式，选择合适数学工具如方程、函数描述问题，建立分析框架。

——问题解决：应用数学方法或技巧找到解决方案，包括计算、逻辑推理、应用定理公式等，以验证解的正确性，必要时将解转化回现实应用。

以上这些共同确定了数学思维的本质特征，反映了数学在理解世界、解决问题以及发展科学和技术方面的独特作用。

6.2.2 数学思维的数学研究价值

6.2.2.1 数学思维与数学研究方法

数学思维与数学研究方法之间的关系具体体现在以下四个方面：

（1）思维驱动方法

数学思维提供了数学研究的基本逻辑和思考方式，包括归纳与演绎、抽象与概括、逻辑推理等，这些思维方式指导着数学研究方法的选择和应用。没有清晰的数学思维作为指导，数学研究就没有了方向。

例如，英国数学家安德鲁·怀尔斯证明了费马大定理。

在抽象化方面，费马大定理本身就是一个对数学现象进行抽象的结果，是从具体的数学问题中抽象出一种普遍性质，即整数在特定的代数方程中的行为。

在逻辑推理方面，怀尔斯在证明过程中使用了复杂的逻辑推理，其中包括使用椭圆曲线和模形式的理论。这些都是数学思维方式中逻辑推理的体现，通过逻辑上的严密推导来达到证明的目的。

在证明策略选择方面，怀尔斯的证明策略是具有创新性的，链接着几个似乎不相关的数学领域——代数几何、数论和拓扑学。这种策略的选择体现了数学思维方式在指导研究方法上的作用，通过创新的角度和方法来解决长期未解决的难题。

在问题解决方面，费马大定理的证明过程充分显示出数学思维解决问题的过程。怀尔斯首先识别和分析问题，然后建立了一个数学模型来描述这一问题，并最终找到了解决方案。在整个过程中，怀尔斯不断尝试、失败、再尝试，直到找到成功的路径。

这个实例说明：通过抽象化、逻辑推理、选择合适的证明策略以及系统化的问题解决过程，才能解决极其复杂的数学问题。

（2）方法实践思维

通过具体的数学研究方法，如数学建模、证明、算法设计等，数学思维得以实践和体现。研究方法的应用是优化数学思维的重要方式，这主要体现在以下六个方面：

①提升理解和抽象化能力。数学研究者需要深入理解问题本质并将其抽象为数学模型，培养将复杂现象简化为模型的能力。

②提升逻辑推理技巧。逻辑推理是数学核心，通过实践各种逻辑方法，如演绎、归纳、反证法等，提高推理的准确性和效率。

③增强证明能力。证明是数学关键环节，通过尝试不同证明策略，增强理解和创造性证明问题的能力。

④创新解决问题策略与方法。面对新问题，需要探索或改进研究方

法，提升思维的灵活性和创新性。

⑤持续学习和知识更新。数学研究者需要不断学习最新成果，保持知识更新，拓宽视野，提高综合运用知识能力。

⑥培养批判性思维。对解决方案进行批判性分析，识别假设和局限性，培养全面的数学思维。

（3）互相促进

数学思维的发展推动了数学进步和研究方法的创新与完善，这具体体现在以下五个方面：

①问题解决方法创新。数学家寻求更有效的问题解决方法，如微积分的创立极大创新了变化率和累积量问题的解决方法。

②证明技术革新。数学思维进步能够促进技术革新，如反证法、数学归纳法可以提高证明的严密性和效率。

③数学模型拓展。数学思维发展使数学家能将现实问题抽象化，用数学语言描述和解决现实问题，从而增强数学在各领域的应用能力。

④研究领域跨界融合。数学思维拓展与其他学科研究的交叉融合，如物理学、生物学、计算机科学，产生新研究方法，丰富数学工具，推动其他学科发展。

⑤研究视角多样化。数学思维发展带来视角多样化，数学研究关注对象内在属性、变化过程及与其他对象的关系，促进研究方法向综合、动态方向发展。

（4）解决问题的能力

数学思维的核心在于解决问题，包括深入理解、分析问题，寻找并实施解决方案。数学研究方法为这一任务提供了工具和手段。

数学思维要求深入理解并细致分析问题，确定其性质和范围。数学研究方法（如抽象化和建模），能够帮助人们将实际问题转化为清晰的数学问题。

定义问题后，数学思维引导人们寻找可能的解决方案。研究方法如归纳演绎推理、假设验证、反证法等，提供了探索和验证解决方案的逻辑框架。

找到潜在解决方案后，数学思维要求验证和证明其正确性和有效性。证明技巧（如直接证明、数学归纳法等）是关键工具。

验证解决方案后，数学思维进一步探讨类似问题的解决办法，推广解决方案。数学研究方法提供了系统化、形式化的解决方案，并探索其应用范围的途径。

综上所述，数学思维与数学研究方法之间的关系是相辅相成、互为支撑的。没有深刻的数学思维，数学研究方法将无从谈起；没有有效的数学研究方法，数学思维也难以得到实际的应用和检验。两者共同构成了数学研究的核心。

6.2.2.2 数学思维的数学研究价值

数学思维从概念形成、问题解决、理论构建到逻辑证明以及跨学科应用都影响着数学的发展，这具体体现在以下六个方面：

（1）定义和概念的形成

批判性思维要求系统评估现有数学概念、理论和方法，质疑现有定义，审视证明过程，深入探索改进，不满足于现有理解和工具，寻求更好的理论和方法。

创造性思维体现为探索新概念、方法和理论，从深入理解现有概念出发，创新角度重新定义或抽象化，形成广泛或精确定义，提出一般性定理或概念，发明新数学工具和方法，并提出新的理论框架。

批判性思维和创造性思维的结合促使研究者在深入理解现有知识基础上，不断寻找创新解决方案和理论，要求对现状进行精确评价和批判，并在此基础上实现创新，形成广泛、精确且深入的数学知识体系。

例如，19 世纪初，数学家乔治·格林（George Green）深入研究并批判性分析了当时的数学和物理理论，发现数学方法在处理电磁场和流体动力学，特别是多变量函数积分问题时存在局限。为克服这些局限，格林运用创造性思维发明了“格林定理”，即一种将多变量函数的线积分转换为面积积分的数学工具，简化了电磁学和流体动力学的复杂计算。格林定理不仅解决了特定物理问题，还对数学分析和物理理论发展产生了深远影响。

（2）问题的提出和解决

数学思维方式在识别、分析和解决数学问题的过程中发挥着核心作用，这种思维方式特别强调逻辑性、抽象化、结构化和创新性。

①识别问题和建立模型。数学思维能够将实际问题抽象化为数学模型，提取关键信息和关系。这种能力使得数学家能够识别问题的本质，将复杂的现象简化为数学语言描述的模型，为问题的进一步分析奠定基础。

例如，安德鲁·怀尔斯通过将费马大定理转化为一个更易处理的相关问题来证明。怀尔斯专注于椭圆曲线和模形式之间的联系，这两个数学领域原本不相关。通过证明“模性定理”显示某些椭圆曲线与模形式的关联，依赖于代数几何、数论和拓扑学等复杂数学工具和现有理论解决证明费马定理的难题。

②分析问题和探索解决方案。数学思维依赖逻辑推理，包括演绎、归纳和反证法等，帮助从已知条件推导解决问题的途径，强调问题的结构化分析，探索数学对象间的关系和结构，如代数中方程与变量的相互作用，几何中图形属性与空间关系。

③解决问题和验证结果。面对难题，数学思维鼓励创新思考和方法探索，常需要发明新工具或理论。解决方案须严密准确，每步推导逻辑无懈可击，通过数学证明验证正确性，保证结论的可靠性和普适性。

（3）理论的构建与发展

数学研究的本质在于通过严谨的思维过程探索抽象的概念、解决复杂的问题，并在此基础上构建和发展数学模型与理论体系。归纳、推理、抽象等思维过程相互补充，在这一探索中起着核心作用，共同推动数学知识的进步。

①归纳。归纳思维从具体实例提炼一般性规律或原理，对数学研究至关重要，尤其是在推导一般性原理时。通过观察特定数学现象或问题，研究者发现普遍规律，形成广泛适用的数学定理或概念。数学归纳法是证明命题适用于所有自然数的有效方法，它通过证明命题对某个数成立则对下个数也成立，来证明其对所有自然数的适用性。这种方法不仅是数学证明的重要工具，也是从特殊到一般理解发现数学结构的基本途径。

②推理。推理是数学证明和论证的基石，包括演绎推理和归纳推理。数学研究者通过逻辑推导，从已知假设或定理出发，逐步推导出新结论，确保数学理论的逻辑性和严谨性。例如，毕达哥拉斯定理表明直角三角形中斜边平方等于两直角边平方和。通过逻辑推导从基本几何形状和性质得出这一数学真理，显示出逻辑推导的力量和数学的美学与简洁性。这种方法是数学思维的核心，是探索未知、解决复杂问题、创新理论的基础。

③抽象。抽象思维使研究者将具体问题和现象转化为抽象模型和概念，忽略非本质细节，是数学研究的基本技能，允许数学广泛应用。数学研究者通过抽象思维构建数学模型，用以描述和解释复杂系统。

例如，牛顿观察到苹果落地和月球绕地球旋转的不可见力，将其抽象为数学问题，提出了万有引力定律，即任意两物体间存在与质量成正比、与距离平方成反比的引力。应用此模型，牛顿预测了天体运动轨迹，如行星椭圆轨道，后续观测和实验如海雷彗星的返回验证了定律的正确性。

牛顿从具体现象中抽象出数学规律，构建了描述天体运动的数学模型，推动物理学发展，成为经典力学基石，显示了数学模型在解释复杂系统中的强大能力。

④结构化。数学理论体系的构建是一项复杂而精细的工作，不仅包括对概念和定理的定义和证明，还涉及这些元素之间的逻辑关系和相互作用的明确表述。这种结构化和系统化的方法使得数学能够以一种严谨和一致的方式发展。

例如，群论的构建与应用。群论是数学的一个分支，主要研究群的性质。

在构建数学理论体系方面，首先定义群的基本概念。一个群是一个集合，配合一个二元运算，满足四个条件：封闭性、结合律、单位元存在性和逆元存在性。

在群的定义基础上，数学家们证明了许多关于群的基本定理，如拉格朗日定理，即任何有限群的子群的阶数都是该群阶数的因子。

在建立逻辑关系方面，展示定理和概念之间逻辑关系。如通过拉格朗日定理，可以推断出群的一些性质，如群的阶即元素数量是其子群阶数的倍数。

在探讨相互作用方面，研究不同群之间的相互作用，如同态和同构，这些概念帮助数学家理解不同群之间的结构相似性。

群论的概念和结论被广泛应用于解决具体问题，如在物理学中，群论被用来描述对称性和守恒定律。在化学中，分子的对称性可以用群论来分类和分析。在晶体学中，晶体的空间对称性被群论的语言所描述。

（4）证明的逻辑严密性和创造性

证明在数学研究中占据核心地位，不仅是检验数学命题真假的基本手段，也是体现数学思维精髓的重要形式。证明过程体现了数学思维的逻辑严密性、创造性和抽象能力。

①逻辑严密性。在准确推理方面，证明是基于逻辑推理构建的，要求每一步推理都必须准确无误，任何结论都需要严格依据数学逻辑和已有的

数学知识得出。这种逻辑严密性是数学的基本特征之一。

例如，费马小定理的证明。费马小定理是数论中的一个重要定理，表明如果 p 是一个质数，且 a 是任何不被 p 整除的整数，则 $a^{p-1}\equiv 1\mod p$。这个定理对于加密和数论中的许多问题都非常重要。

证明：考虑一个集合 $S=\{a, 2a, 3a, \cdots, (p-1)a\}$，其中所有元素都对 p 取模。由于 p 是质数，且 a 不被 p 整除，集合 S 中的元素在模 p 下互不相同且不包含 p 的倍数。

计算集合 S 中所有元素的乘积模 p，得到 $(p-1)!\ a^{p-1}\mod p$。由于 S 中的元素在模 p 下与 $\{1, 2, 3, \cdots, p-1\}$ 是相同的，尽管顺序不同，它们的乘积模 p 也相同，即 $(p-1)!$。

因此，可以得到 $(p-1)!\ a^{p-1}\equiv (p-1)!\mod p$。由于 p 是质数，$(p-1)!$ 不被 p 整除，可以两边同时除以 $(p-1)!$，得到 $a^{p-1}\equiv 1\mod p$。

每一步推理都基于数学逻辑和已有的数学知识，如模运算的性质、质数的性质和组合数学的原理。

该证明展示从已知的假设即 p 是质数且 a 不被 p 整除出发，逐步逻辑推导出费马小定理的结论。证明中没有任何逻辑跳跃，每个推理步骤都是必要的且充分支持结论。

②创造性。创造性体现在解决问题方法的多样性方面，对于许多数学问题，存在多种证明方法，找到一种新的、简洁的或更深入的证明方法，展现创造性思维。这种创造性不仅体现在发现新的方法，也体现在对已知问题新的理解。

例如，欧拉恒等式 $e^{i\pi}+1=0$ 被广泛认为是数学中最美丽的公式之一，将数学中五个最重要的常数：e 自然对数的底数、i 虚数单位、π 圆周率、1 和 0，以一个惊人的简洁方式联系起来。

欧拉恒等式的证明涉及复数指数函数的泰勒级数展开和复数的欧拉公式。虽然这个证明在欧拉的时代以他当时的数学工具已经可行，但现在有更多简洁而深入的方法来理解它，显示出数学理论进步带来的新视角。

复数的欧拉公式：$e^{ix}=\cos(x)+i\sin(x)$。

应用欧拉公式：将 π 代入欧拉公式，得到 $e^{i\pi}=\cos(\pi)+i\sin(\pi)$。

简化：由于 $\cos(\pi)=-1$ 且 $\sin(\pi)=0$，因此有 $e^{i\pi}=-1$。

简单重组上述等式，即得到欧拉恒等式：$e^{i\pi}+1=0$。

欧拉通过将复数和指数函数的性质结合起来，提出了一个全新的视角来理解数学关系，这种跨领域的思维方式是创造性的体现。欧拉恒等式的证明方法不仅简洁，而且揭示了复数指数函数与三角函数之间的内在联系，显示出数学之美。

（5）数学直觉的启发

在数学研究中，数学直觉思维起着至关重要的作用，与逻辑思维并重，对于发现问题、生成想法和指导思考过程至关重要。数学直觉是指对数学概念、问题和解决方案的直觉性理解和感知，超越了严格的逻辑证明和计算过程，为数学家提供了一种直接感知数学真理的能力。

①发现问题。数学直觉在探索中至关重要，能够引导数学家发现新问题或理论，哪怕最初缺乏严格证明。1904 年，法国数学家庞加莱基于对拓扑学的深入理解和直觉，提出庞加莱猜想（Poincaré conjecture）：任何闭合简单连通的三维流形与三维球面同胚。当时数学工具和理论尚未能形式化或证明此猜想，但庞加莱坚信其真实性。该猜想成拓扑学领域的重要未解问题，数学家尝试多种方法未果，其过程涉及直觉性理解和创新思考。

2003 年，俄数学家佩雷尔曼（Grigori Perelman）用汉密尔顿的里奇流方法（Ricci flow method）证明庞加莱猜想，建立在前人理论上，体现其深刻直觉和独到理解。直觉是猜想的起点，但证明需要严密逻辑和数学分析，佩雷尔曼验证了庞加莱直觉，这也是数学理论和工具发展的结果。

②生成方法。直觉思维在解决数学问题和探索新领域时能激发创新解决方案和独到见解，帮助快速定位有希望的方法。如印度数学家拉马努金（Srinivasa Ramanujan）以其深刻直觉闻名，虽然他缺乏高等数学教育背景，但提出了许多难以直接证明的数学结果和公式。

拉马努金频繁使用直觉发现新真理，如在分区函数研究中提出的精确估计。直觉也引导他探索不直接相关的数学领域，如复分析和无穷级数，揭示数论问题的深刻洞察，显示出不同数学分支间的深刻联系。

拉马努金基于直觉的发现后来被其他数学家验证，也引发了其他领域的研究，如模形式和自守形式理论的发展。这表明数学直觉在解决复杂问题或探索新领域时具有不可替代的价值。

③引领思维过程。在详细的逻辑分析和证明之前，直觉思维能够提供一个预感性的方向，即哪些途径可能会成功地解决问题。直觉也可以在思维遇到逻辑障碍时，通过非常规的思维方式寻找突破口。

例如，20 世纪 70 年代，传统欧几里得几何学未能有效解释自然界中普遍存在的不规则形状。本尼特·曼德博（Benoît Mandelbrot）发现了这些复杂且看似无规则的结构可能遵循内在重复模式，促成了分形几何学的诞生。

曼德博采用非传统思维方式，探索如何通过简单数学规则迭代生成复杂形状，最终发现了著名的曼德博集合。其分形几何源于对自然界的直觉洞察，但发展成为具有深刻逻辑基础的数学理论，证明了直觉在发现和创新中的重要性，即使最初缺乏直接逻辑支持。

虽然逻辑思维在数学研究中不可或缺，为数学提供了精确性和严密性的基础，但直觉思维的作用不容忽视。直觉不仅增强了数学思维的灵活性和创造性，而且在许多情况下，可以促进创新。因此，培养数学直觉思维，对于数学研究具有重要意义。

（6）解决数学问题：人类智力的巅峰表现

因为数学研究涉及深刻的数学思维，所以，从事数学研究被视为挑战最伟大的人类心灵，解决数学问题是人类智力的巅峰表现。

①纯粹的抽象思维。在抽象概念方面，数学研究通常处理高度抽象的概念，这需要研究者拥有极强的抽象思维能力。例如，数论、拓扑学和函数分析等领域充满了难以直观理解的抽象概念。在创造性思维方面，在纯数学中，创造全新的理论和证明是常态，这要求研究者不仅具备扎实的基础知识，还要有创新性的思维模式。

②严密的逻辑推理。在严格证明方面，数学的本质在于严格的逻辑推理和证明，每一个结论都需要通过严谨的逻辑链条来证明，这种精确性在其他学科中极为罕见。在解决悖论方面，数学家常常面临解决悖论和难题的挑战，如康托尔集理论中的悖论，就要求数学家在逻辑推理上达到极高的水准。

③深远的影响力。在基础科学方面，数学是自然科学和工程学的基础，很多重大的科学突破和技术进步都依赖于数学理论的支持。例如，相对论、量子力学和计算机科学的发展都离不开数学的贡献。在跨学科应用方面，数学不仅在物理、化学、生物学等自然科学中有重要应用，在经济学、社会学、心理学等社会科学中也发挥着关键作用。

④解决未解之谜。在历史难题方面，数学历史上有许多著名的难题，如费马大定理、四色定理和黎曼猜想，这些问题的解决需要几十年甚至几百年的努力，挑战着一代又一代数学家。在前沿研究方面，现代数学前沿

研究涉及许多尚未解决的复杂问题如 NP 完全性等，这些问题的难度极高，解决它们通常意味着数学领域的重大突破。

⑤探索的无尽性。在无穷性方面，数学研究常常涉及无穷的概念和结构，诸如无穷级数、无穷集合和无穷维空间等，探索这些无穷概念需要极大的智力投入和想象力。在不断进化方面，数学是一个不断发展的学科，每一个新发现和新理论的提出，都可能引发一系列新的研究方向和问题。

⑥个人心智的极限挑战。在高度智力集中方面，从事数学研究需要高度的智力集中和长时间的专注，研究过程中的每一步都需要精确和细致的推理，这种心智投入是对人类智力的极大挑战。在探索心理韧性方面，数学研究过程充满了挫折和失败，许多问题可能需要数年甚至数十年的努力才能解决，这要求研究者具备极强的心理素质。

因此，从事数学研究确实是对人类心灵的伟大挑战，因为它不仅要求研究者具备高超的智力和创造力，还需要他们在抽象思维、逻辑推理和心理韧性等方面达到极高的水平。数学研究的深度和广度使得它成为智力探索的终极领域之一。

6.3 数学思维：科学创造性思维的逻辑遵循

6.3.1 数学哲学与科学思维

6.3.1.1 数学哲学对科学思维的指导作用

柏拉图主义的数学实在论、符号体系形式主义和直觉构造主义是数学哲学中的三种重要观点，对科学思维方式具有指导作用。

（1）柏拉图主义的数学实在论

柏拉图主义的数学实在论认为数学对象是独立于人类思维的客观存在，强调数学真理的客观性和普遍性，数学对象和结构在一种超越时空的理想世界中存在，具体的科学思维方式包括以下六种：

①理论数学研究。理论数学研究是在柏拉图主义指导下的核心思维方式之一，关注数学对象的本质和内在结构，通过探索数学对象的性质和关系，揭示其在理想世界中的本质。例如，在数论中，研究整数的性质及其之间的关系，如素数分布、同余关系等。在拓扑学中，研究空间的性质和结构，揭示其在理想世界中的本质。

②数学公理化和形式化。数学公理化和形式化方法建立在柏拉图主义的基础上，认为通过公理化的形式可以揭示数学对象的本质和结构。数学公理化过程被视为发现和描述理想世界中的真理。例如，欧几里得几何就是基于公理系统建立几何学理论，Zermelo-Fraenkel 集合论通过公理化研究集合的基本性质和关系。

③数学实体的发现。数学实体的发现强调通过研究来揭示客观存在的数学实体和结构。这些数学实体被认为是独立于人类思维的客观存在，数学家的任务便是去探索和揭示它们。例如，探索和发现圆周率 π 的性质，如其无理性和超越性；通过研究和证明费马大定理揭示其在理想世界中的真理性。

④数学的应用和解释。关注数学理论如何应用于解释和描述自然世界，用于解释自然现象，揭示自然界中的普遍规律。例如，物理学中的数学模型就利用数学方程和模型描述物理现象，如牛顿力学、量子力学中的数学描述；天文学中，通过数学进行轨道计算来揭示行星和卫星的运动规律。

⑤抽象数学结构的研究。抽象数学结构关注超越具体实例的普遍数学结构，探索这些结构的本质和性质。柏拉图主义认为，这些抽象结构在理想世界中客观存在。例如，代数结构研究群、环、域等抽象代数结构的性质和关系；范畴论研究抽象结构之间的关系，揭示其普遍性质。

⑥数学美学与和谐。数学美学与和谐强调数学对象和结构的内在美与和谐性，认为数学的美是其真理性的体现。柏拉图主义者追求数学中的和谐与美，认为这反映了数学对象在理想世界中的完美。例如，研究几何对称性、代数对称性等数学中的对称性现象，探索黄金比例在数学和自然界中的美学意义和实际应用。

总之，柏拉图主义指导下的科学思维方式强调数学对象和结构的客观性和普遍性，认为数学真理存在于一个超越时空的理想世界中。这些思维方式通过发现和揭示数学的本质和结构，推动了数学和科学的进步。

（2）符号体系形式主义

形式主义认为数学仅仅是符号系统的操作，没有内在的实际意义。数学是由一系列规则和公理系统构建的符号游戏，具体的科学思维方式包括以下六种：

①公理化系统和形式推理。公理化系统和形式推理是形式主义的核

心，强调从一组公理出发，通过形式化的推理规则进行符号操作。例如，形式逻辑的重点是命题逻辑和谓词逻辑，通过定义一组公理和推理规则，进行符号化推理；几何学中，如欧几里得几何和非欧几何，基于不同公理系统进行符号推理和证明。

②形式语言和语法。形式语言和语法研究符号的结构和生成规则，不关注符号的实际意义，而是强调符号系统的内部一致性和形式化特性。例如，形式语言理论中定义和研究形式语言的语法，如上下文无关语法和正则语法；编程语言的语法分析中，利用形式语言理论设计和验证编程语言的语法。

③形式化证明和验证。形式化证明和验证是利用计算机和自动化工具进行数学证明，确保每一步推导都严格符合公理和规则。如自动定理证明就是使用计算机程序自动生成和验证数学定理的证明，如 Coq、Isabelle 等工具；模型检测就是通过形式化的方法验证系统设计是否符合规范。

④代数结构的形式研究。代数结构的形式研究关注通过符号操作和规则推导代数结构的性质，忽略其潜在的实际意义。例如，群论、环论和域论就是研究这些代数结构的公理系统及其推论；线性代数研究向量空间和线性映射的形式化性质。

⑤计算理论和自动机。计算理论和自动机研究计算过程和算法的形式化模型，强调计算过程的符号操作和规则系统。例如，图灵机作为形式化计算模型，用于定义算法和计算的概念；有限状态自动机研究自动机的状态转换和输入输出行为，作为形式语言的接受器。

⑥数学建模和仿真。数学建模和仿真是利用形式化的数学模型描述和模拟现实系统，强调模型的内部一致性和符号操作的准确性。例如，微分方程模型是通过形式化的微分方程描述物理和工程系统，并进行符号化求解；离散事件仿真是利用形式化的仿真模型模拟系统行为，应用于工程、经济等领域。

总之，形式主义指导下的科学思维方式强调符号系统的操作和公理系统的内部一致性，通过严格的形式化方法进行研究和推理。这些方法广泛应用于数学、逻辑学、计算机科学和工程等领域，推动了这些学科的发展和应用。

（3）直觉构造主义

直觉构造主义认为数学对象是通过人的思维构造出来的，数学的真理是通过具体的构造过程获得的，强调直觉和具体性，具体的科学思维方式包括以下六种：

①构造性证明。构造性证明要求数学对象的存在性通过具体的构造过程来证明，而不是通过非构造性的方法如反证法。每一个数学命题的证明都必须明确展示构造过程。例如，存在性的构造性证明。证明某个数存在时，不仅要证明其存在性，还要具体构造出这个数，如构造一个满足特定条件的数列或函数。

②可计算性和算法。可计算性和算法强调数学对象和问题的解决方法必须是具体可计算的。构造主义者研究那些可以通过具体算法解决的问题，确保其可操作性和实用性。例如，素数生成算法，如埃拉托色尼筛法，通过具体算法生成素数；计算复杂性理论中，研究算法的可计算性和复杂性，确保问题在实际中是可解的。

③数学分析中的构造方法。数学分析中的构造方法强调通过具体的构造过程来定义和研究函数、序列和极限等分析对象，确保每一步都是直观且可操作的。例如，构造实数中，通过戴德金分割或柯西序列具体构造实数；构造函数连续性就是通过具体的方法构造连续函数，而不是依赖抽象的定义。

④直观几何。直观几何重视通过具体的几何构造来理解和解决问题，强调几何对象的直观性和具体性。例如，利用尺规作图法进行几何构造，如正多边形的作图；构造具体几何体中，通过几何方法构造特定的多面体或曲面。

⑤计算机辅助数学。计算机辅助数学就是利用计算机程序和算法进行数学研究和验证，确保构造过程的可操作性和准确性。例如，在计算机代数系统中，如 Mathematica、Maple 等，就通过具体算法进行符号计算和验证；在计算机辅助定理证明中，就使用如 Coq、Lean 等工具进行定理的构造性证明。

⑥数学教育中的具体化和直观教学。数学教育中的具体化和直观教学强调通过具体的实例和直观的方法教授数学概念，确保学生能够直观理解和掌握数学知识。例如，通过具体实例教授抽象概念，如通过具体的几何图形教授抽象的几何定理；通过实际操作和实验教授概率论和统计学中的概念。

总之，构造主义指导下的科学思维方式强调具体构造过程的可操作性和实用性，注重通过具体的构造和直观的方法获得数学真理，确保数学对象和方法的具体性和可操作性。

需要说明的是：柏拉图主义、形式主义和构造主义三种哲学观点各自强调不同的科学思维方式，在科学研究中相互补充、共同发挥作用。

例如，在量子力学中，柏拉图主义的数学实在论认为：量子力学中的数学结构如希尔伯特空间和算符等，是独立于人类思维的客观存在。研究这些数学结构，可以揭示微观世界的本质规律。薛定谔方程和海森堡矩阵力学被认为是描述量子系统的客观真理。形式主义认为：量子力学的数学框架依赖于严格的公理化体系和符号操作。物理学家通过形式化的算符代数和矩阵运算，推导出量子系统的行为和性质。形式主义确保了量子力学理论的逻辑严密性和内部一致性。构造主义的观点是：在实际应用中，量子力学必须通过具体的实验和计算来验证其理论预测，如量子计算和量子密码学中的具体算法和协议，依赖于具体的构造方法和可操作性。构造主义确保了量子力学理论的实际应用和具体实现。

再如，在人类基因组计划中，柏拉图主义强调基因组的结构和功能是客观存在的，独立于人类对其的研究，通过解析基因组，揭示其中蕴含的生物学规律和生命本质。柏拉图主义的观点让人们相信基因组中存在着深奥而普遍的生物学真理。形式主义认为：基因组分析依赖于严格的算法和计算模型。列如，序列比对算法和基因组组装算法都依赖于形式化的符号操作和逻辑推理。形式主义确保了基因组分析过程的准确性和严密性。构造主义的观点是：在基因组测序和分析过程中，科研人员需要具体的实验技术和计算方法。例如，使用DNA测序技术获取基因组数据，并通过具体算法和工具进行数据分析和解释。构造主义确保了基因组分析的实际可操作性和具体实现。

6.3.1.2 数学思维在创造性思维中的关键作用

（1）数学思维与科学创造性思维的区别与联系

科学创造性思维与数学思维在性质和应用上有显著区别，具体体现在以下四个方面：

在目标和应用领域方面，科学创造性思维侧重观察、实验、发现和创新，应用于自然科学和社会科学，探索自然规律、解决实际问题、提出新理论。数学思维专注于抽象概念、问题解决、理论推导和证明，应用于纯数学和应用数学，通过逻辑推理探索数学结构。

在思维过程和方法方面，科学创造性思维强调观察、实验、归纳和假设检验，鼓励创新和试错。数学思维侧重逻辑推理、演绎证明和抽象思考，强调精确性和严密性，用符号、公式探讨问题。

在结果的表达和验证方面，科学成果需要用实验和观察验证，理论发现依赖于实验数据。数学成果通过数学证明验证，结论接受基于逻辑推理的严密性。

在知识的构建方式方面，科学知识发展迭代，实验结果和技术进步可改变或深化理论理解。数学理论建立在公理和定义上，通过逻辑推导形成自洽的知识体系。

因此，在科学发现和创新方面，数学思维提供有力支撑，具体体现在以下五个方面：

①逻辑推理。数学强调逻辑性和结构性，为科学探索提供精确逻辑框架，帮助发展和验证假设和理论。

②问题解决。数学提供模型构建、定量分析等工具，科研人员可以应用数学原理创新性地解决科学问题。

③抽象思考。数学能够培养人的抽象思维能力，帮助科研人员发现广泛规律和原理，推动理论发展。

④创新启发。数学思维鼓励重新审视和扩展已知概念，促进跨学科创新。

⑤预测与验证。数学模型用于科学预测未知现象，通过实验验证。数学思维在构建理论模型和提供量化预测工具中至关重要。

（2）数学思维在创造性思维中的关键作用

在科学研究创造性思维中，数学思维方式的关键作用具体表现在以下四个方面：

①理论构建。数学的抽象化将现实世界的复杂问题简化为数学模型，便于分析和理解，是理论构建的基础。牛顿通过观察苹果落地和月球运动，提出万有引力定律，将物理现象抽象为数学模型，不仅解释了苹果落地，也解释了行星轨道，模型得到观测数据验证，推动了经典力学的发展。

数学的逻辑结构化能够确保理论一致性和逻辑严谨性。达尔文发现进化论时，通过观察物种差异，提出自然选择假设，使用逻辑推理构建进化论框架，确保理论一致性，后又经过验证，从而为理论提供证据基础。

②问题解决。在科研中，数学思维通过构建模型分析特定问题，预测现象行为，测试变量影响，设计实验或提出新研究方向。在物理学中，数学模型能够描述和预测物质行为，从基本粒子到宇宙现象，如广义相对论方程预测黑洞、引力波行为，这些预测经实验验证。

数学思维在科研中不仅是工具，也可用于寻找最优解和开发高效算法，尤其在工程技术科学领域。生物信息学，如DNA序列分析和蛋白质结构预测，通过数学模型和算法（如隐马尔可夫模型），识别基因序列模式，预测蛋白质结构功能，加速药物发现和基因疗法研究。

③理解现象。数学思维在科学研究中提供了一种描述自然界现象的方式，这不仅能够准确描述复杂系统的行为，还使得预测和控制这些系统成为可能。例如，经济学中，数学被用来模拟市场和经济系统的行为；供需曲线等数学工具可以帮助分析商品价格如何受生产成本、消费者偏好和市场竞争等因素的影响；博弈论提供一种分析决策者如何在相互依赖的情况下做出最优选择的方法。

数学思维在模式识别中扮演着至关重要的角色，特别是通过统计分析和数据挖掘技术，帮助科研人员识别自然界和社会现象中的规律和模式。例如，天文学中的星体发现。在天文学中，数据挖掘和机器学习算法被用来处理和分析庞大的数据集，以识别新的天体或星系。如通过分析来自望远镜的光谱数据，科研人员可以识别星系、恒星和行星的特定模式，从而发现新的天体。这种方法依赖于模式识别技术，以从数据中自动识别有意义的信息。

④创新和预测。数学思维不仅能解决具体问题，还能推广特定发现至一般情形，加深对现象的理解并激发出新的科学问题。例如，分形几何学研究自相似模式，挑战传统几何，应用于描述自然界多种结构，并在计算机图形学、生态学和经济学中得到应用。

数学思维在预测未来趋势和新现象方面至关重要。基于现有数据和模型，数学提供工具预测分析自然和社会现象。如金融市场分析中，数学模型预测股票价格、汇率和利率，虽然市场预测具有不确定性，但数学统计工具如时间序列分析和机器学习算法有助于管理人员做出投资决策。

总之，数学思维方式在科学研究中起着至关重要的作用。利用数学思维，人们可以用更加精确、系统和创新的方式来探索世界，解决各种复杂问题。

6.3.2 数学思维方式是科学创造性思维的根本遵循

6.3.2.1 科学创造性思维必须遵循数学思维

科学创造性思维是一种发现问题、解决问题和创新的思维方式，涉及对已知信息的分析、综合以及新假设的生成，是推动科学进步的重要驱动力。数学思维，作为科学创造性思维的重要组成部分，强调抽象性、逻辑性和结构性，为科学创造性思维提供严谨的思维模式和方法论，这具体体现在以下三个方面：

（1）抽象性

数学的抽象性能揭示事物的本质规律，对发展科学理论和概念至关重要，有助于超越现有知识边界，探索未知领域。例如，牛顿利用数学方法提出万有引力定律，显示数学抽象在物理学发现中的重要性。

①抽象思维表达。牛顿观察苹果落地和月球运动，推理出这些运动的共同原理——万有引力，将现象抽象为数学表达。

②构建数学模型。牛顿发展微积分描述计算变化速率和物体运动轨迹，用数学模型揭示自然界基本规律。

③超越知识界限。牛顿定律打破天体运动和地面物体运动的界限，展示天地间物体遵循同一物理定律。

④探索未知领域。牛顿理论不仅解释已知天体运动，还预测未发现的现象，如潮汐成因和海王星的存在，证明了数学模型和抽象思维在探索未知中的重要性。

（2）逻辑性

数学思维强调逻辑推理的严密性和结构的合理性。在科学创造性思维中，逻辑性帮助研究者发现问题之间的内在联系，有效推导出新的结论或理论。

例如，1869 年，化学家德米特里·门捷列夫根据元素的原子质量和化学性质的周期性变化，创立了元素周期表。门捷列夫发现元素周期表的逻辑步骤如下：

①观察和分类。门捷列夫注意到当元素按照原子质量顺序排列时，化学性质表现出一定的周期性。这也是发现问题之间内在联系的起点。

②逻辑推理。基于观察，门捷列夫利用逻辑推理提出元素之间存在着一种内在的、有规律的关系。这种关系是由元素的本质特性决定的。

③构建模型。构建一个能够体现这种周期性的元素排列模型，通过逻辑性分析和排序已知元素，预测一些未发现元素的存在及其性质。

④预测和验证。门捷列夫的元素周期表不仅总结当时已知元素，而且预测多种未知元素的存在和特性，如镓、锗和钪，这些预测后来被实验发现的元素所验证。

⑤理论创新。门捷列夫的元素周期表不仅是一个分类工具，更重要的是，揭示了元素之间的内在联系和化学性质的规律性，是原子结构理论和量子力学的基础。

（3）结构性

数学提供一种组织和表述复杂信息的有效工具。通过数学建模，科研人员能够以结构化的方式理解和解决问题，这是创新过程中不可或缺的一部分。

例如，20 世纪初，爱因斯坦的广义相对论为描述宇宙的重力现象提供了新的数学框架，这具体体现在以下四个方面：

①数学建模。爱因斯坦方程是一个复杂数学模型，描述物质如何影响空间时间曲率，以及这种曲率如何引导物质和光线运动。通过解这些方程，科研人员如卡尔·史瓦西（Karl Schwarzschild）提出史瓦西半径的概念，这是描述黑洞特征的关键数学表达式。

②理解问题。数学模型使得科研人员能够以结构化的方式理解宇宙极端条件下的物理现象。虽然从直观上难以理解，但数学建模提供了一种工具，以逻辑和定量的方式探索和理解重力、时间和空间的极端行为。

③解决问题。数学建模不仅帮助科研人员预测了黑洞的存在，还指导人们探索寻找黑洞的方法。如对黑洞附近星体运动的预测、黑洞与恒星相互作用产生的 X 射线辐射，以及引力波的直接探测都是基于数学模型的。

④创新过程。黑洞最终通过直接观测事件视界和引力波探测得以证实，这是科学创新过程中不可或缺的一部分。这些发现验证了数学模型的预测，并推动新技术和观测方法的开发，如引力波探测器 LIGO 和事件视界望远镜 EHT 项目。

6.3.2.2 以数学思维为准则进行科学研究

（1）数学感知能力

在科研中，数学感知能力体现为以下四个方面：

①识别数学结构：将科学现象抽象为数学表达，理解变量关系，描述

现象。如开普勒通过天文数据分析提出行星运动三定律，为牛顿万有引力定律和科学方法发展奠定基础。

②构建数学模型：将科学概念转换为数学公式，预测新现象，解释原理，优化理论。瑞典化学家斯万特·阿伦尼乌斯（Svante Arrhenius）提出描述化学反应速率与温度之间关系的方程式：

$$k = A\,e^{-\frac{E_a}{RT}}$$

其中，k 是反应速率常数，A 是指前因子或频率因子，代表在没有能量障碍时反应的最大速率，E_a是活化能即进行反应所需克服的能量障碍，R 是理想气体常数，T 是绝对温度，e 是自然对数的底数。

阿伦尼乌斯方程将化学反应速率与温度的关系简化为一个数学表达式，使得化学家可以准确计算在给定温度下的反应速率。通过这个方程，人们可以预测温度变化如何影响特定化学反应的速率，这对于化工生产、药品合成等领域至关重要。

③数学推理证明：用逻辑推理和证明验证假设和理论，确保科研的严谨性。如爱因斯坦广义相对论用黎曼几何描述时空弯曲。

④增强数学感知：数学提供了框架以解决已知问题，探索未知领域，提出新假设。如富兰克林提出电荷守恒概念，抽象具体现象为可量化属性，奠定了用数学模型描述电力关系的基础。

（2）以数学思维激发新的科学问题和解决方案

在科学研究过程中，数学思维在对已有知识的重新组合和扩展方面能力，以及在激发新的问题和解决方案方面的作用具体体现在以下四个方面：

①促进深层理解。数学思维通过对科学概念和原理的抽象化和符号化处理，可以帮助科研人员深入理解复杂的科学现象，揭示其背后的本质规律。例如，马克思在《资本论》中详细阐述的剩余价值规律，揭示资本主义生产方式下，资本家如何通过雇佣劳动获取剩余价值，即超出支付给劳动者工资的那部分价值，从而实现资本的增殖。此规律虽未直接使用数学符号，但其逻辑推理和抽象化过程体现了数学思维的精髓。

②推动理论创新。通过将不同的科学理论和概念进行数学上的重组和扩展，科研人员能够发现新的理论联系，提出具有创新性的科学假设和理论模型。例如，复杂性科学中著名的“小世界网络”模型。1998 年，邓肯·瓦茨（Duncan Watts）和史蒂文·斯特罗加茨（Steven Strogatz）提出

这一模型，解释了即使在节点连接稀疏的网络中，任意两节点间的路径也可能非常短，有助于理解社交网络、互联网等的高效信息传递。该模型结合数学、社会学和网络科学理论，显示少量“捷径”连接能显著缩短网络中的平均路径长度。

③激发新的问题。数学思维鼓励科研人员从不同的角度审视问题，往往能够发现新的研究问题和方向，这些新问题可能会引领科学进入未被探索的领域。

例如，19 世纪初，阿莫迪欧·阿伏伽德罗提出阿伏伽德罗定律，奠定了莫尔概念（Mole Concept）的基础。莫尔（mole）定义为包含与 12 克的碳-12 中原子数量相等的任何物质数量，大约是 6.022×10^{23} 个，即阿伏伽德罗常数。这引入了量化思维，促使科研人员用数学方式理解化学问题。莫尔概念解释了气体体积与分子数量的关系，推动了原子质量、化合物组成和化学反应定量关系的研究，同时促进化学与物理学的融合，并为纳米科技和分子生物学提供了基础工具和理论框架。

④创新解决方案。数学工具和方法，如统计分析、计算模型等，为解决科学问题提供了新的途径。这些工具不仅能够解决现有的科学问题，还能够激发对问题的全新认识，从而产生创新的解决方案。如弗朗西斯·克里克和詹姆斯·沃森利用统计分析理解 DNA 分子的空间结构，通过计算模型构建并测试不同的 DNA 结构假设，以匹配 X 射线数据。同时，他们使用逻辑推理，基于化学物理原理和 DNA 复制需求，确定双螺旋结构模型，证明数学工具和方法在解决复杂科学问题中的强大能力。

第7章　科学问题与数学

没有任何一种科学，能像数学那样，在发现新问题方面具有如此显著的作用。

——莱昂哈德·欧拉（Leonhard Euler）《代数学原理》（1768）

科研人员通过数学定律来探索自然的奥秘，发现新的科学问题。

——彼得·德拜（Peter Debye）《分子结构与量子力学》（1935）

7.1　科学问题的来源与确定

7.1.1　科学问题及其来源

7.1.1.1　含义

科学问题是指那些通过科学方法可以探究和解答的问题，可以是具体的或抽象的，可以是理论上探讨也可以是实际应用中遇到的难题。科学问题的关键特征如下：

（1）可观察性

科学问题必须可以通过实验或观测来验证，这是科学方法的核心原则。一个科学问题必须是基于可以实际测量、观察或以其他方式经验验证的现象或数据。

例如，植物学的科学问题：光照强度、二氧化碳浓度和温度如何影响植物的光合作用？在实验和观测验证方面，通过控制实验室中的光照强度、二氧化碳浓度和环境温度，观察植物的光合作用速率的变化。这种实验可以准确测量光合作用速率，并分析不同外部条件对其的影响。

（2）可测量性

可测量性是指与科学问题相关的变量和结果必须可以量化，以使研究人员能够使用数学和统计方法来分析数据，从而提出可靠的结论。可测量性是科学研究的基石，确保科学问题可以通过量化的数据来进行客观分析。

例如，污染对水质的影响科学问题：工业排放如何影响河流的水质？其中，可测量变量包括：河水中特定污染物的浓度、水温、pH 值、溶解氧水平等。在数据分析方面，通过收集和分析不同地点如上游未受污染区域与下游工业排放区域的水样，研究人员可以量化工业活动对水质的具体影响。使用统计方法比较两地点的数据，可以得出污染对水质变化的影响程度。

（3）可重复性

科学问题的可重复性是指不同研究者在相同的条件下使用相同的实验方法能够得到一致或非常相近的研究结果。这是科学研究的一个核心原则，能够确保研究结果的可靠性和有效性。例如，洗手对于减少医院感染影响的科学问题：在医院环境中，医务人员的洗手习惯是否对减少患者感染率有显著影响？19 世纪中叶，医生伊格纳兹·塞梅尔维斯通过引入手部消毒措施，显著降低了产科病房的产妇热死亡率。其可重复性体现在：后续的研究者通过在其他医院和科室实施类似的洗手和消毒措施，观察到了相似的结果——感染率显著下降。这些研究的可重复性证明了良好的卫生实践在控制医院感染中的重要性。

（4）可推广性

可推广性是指科学问题的研究结果应当具有一定的普适性，即在不同的条件、不同的时间和空间范围内依然有效。这不仅意味着科学发现可以应用于类似的情况，还意味着它们可以被用来预测未来的事件或解释过去的现象。这是科学理论和法则区别于偶然发现和单一现象解释的关键特征。例如，牛顿的运动定律的科学问题：物体运动的规律是什么？研究研究结果是：牛顿提出三条运动定律，描述物体运动状态改变的基本原理。在普适性方面，这些定律在地球上几乎所有的环境中都适用，无论是抛物线运动还是天体运动。只有在接近光速或者在极强引力场中，相对论效应才会变得显著，此时需要使用爱因斯坦的相对论来描述。

这些特征共同构成科学问题的基础，确保科学研究的严谨性和有效性。

7.1.1.2　来源

科学问题通常源自对自然世界和宇宙的好奇，涉及对自然现象的观察、理解、解释和预测。科学问题的来源多种多样，涵盖从日常观察到高级科学研究的广泛领域。

（1）突破现有知识限制

科学知识的发展往往受到当前理论和实验结果的限制，当现有知识无法解释新的观察结果或实验数据时，就会产生新的科学问题。这些问题推动科研人员探索未知领域，寻找新的理论和方法来填补知识的空白。例如，在伽利略之前，普遍接受的宇宙模型是地心说，即地球位于宇宙的中心。伽利略使用望远镜观测到了木星的卫星、金星的相位变化和太阳黑子，这些观察结果与地心说不相符。这些发现支持了哥白尼的日心说——太阳而非地球是太阳系的中心。这引发了科学革命，改变了人们对宇宙的基本理解。

（2）技术进步扩展观测范围

新技术的发展和应用常常会揭示以前无法观测或测量的现象，从而引发新的科学问题。例如，电子显微镜的发明和细胞内结构的发现。其中，新技术是指电子显微镜能够提供比传统光学显微镜更高的分辨率，能够观察到细胞内部的微小结构；揭示的现象是：使用电子显微镜，能够看到病毒、细胞器如线粒体和内质网等微小结构，这些都是肉眼或光学显微镜无法观察到的；引发的科学问题是：关于细胞如何工作、病毒如何感染细胞以及细胞内部各种结构功能等新的科学问题。

（3）社会需求的问题驱动

社会的需求和面临的问题是科学研究的重要驱动力。例如，疾病控制和疫苗开发的社会需求是防止传染病的暴发和传播。科学研究动力是：为了控制如天花、麻疹、新冠病毒等传染病进行研究，包括病毒学研究、免疫机制的理解以及疫苗的开发。其成果是：开发出疫苗如天花疫苗等，显著降低疾病的发病率和死亡率。

（4）哲学和科学理论的矛盾

科学理论和哲学观点之间的争论往往触发了新的科学问题、实验设计和理论探索。这种争论不仅有助于明确科学研究的基本原则，还能推动科学界对某些概念的深入理解和重新评估。

例如，生物进化论中，达尔文的进化论认为，物种是通过自然选择而非创造性设计逐渐进化的，这与当时宗教和某些哲学观点形成尖锐对立。这一争论促进了对化石记录的深入研究、遗传学的发展以及生物多样性的广泛研究，以寻找支持进化论的证据。形成新的科学问题、实验设计和理论探索结果是：进化论逐渐被人们接受，改变了人们对生命、物种起源以及人类在自然界中地位的理解，成为生物学研究领域的一个重大突破。

这些说明，科学问题是科学进步的基础，驱动着知识积累和创新。

7.1.2 科学问题的研究价值与课题选择

7.1.2.1 研究价值

评估科学问题的研究价值是科学研究过程中的一个关键步骤，有助于确定资源投入和努力的方向，这具体体现在以下六个方面：

（1）原创性

原创性是指科学问题提供新的理解、新的观察角度或是对现有知识显著扩展的程度。原创性在科学研究中占据核心地位，不仅能推动科学知识的深化和拓展，还能经常引领科学进入全新的领域。高原创性的科学问题通常提供了对现象的新理解、新观察角度，或对现有知识体系扩展，从而激发新理论、方法或技术的发展。

例如，量子纠缠和量子信息科学的原创性问题：爱因斯坦、波多尔斯基和罗森首先提出了量子纠缠现象，提出 EPR 悖论并质疑了量子力学的完备性，这引发了人们对量子纠缠深度探究的兴趣。推动科学发展体现在：量子纠缠被证实为量子物理学的一个基本特性，推动了量子信息科学的发展，包括量子计算、量子通信和量子加密等领域的研究，这些都是在传统信息科学基础上的显著扩展。

这说明，原创性科学问题通过提供全新的研究方向和视角，能够极大地推动科学知识的增长和技术的创新，从而不断拓展人类对自然界的理解和掌控。

（2）重要性

重要性是指科学问题的解决会对科学领域产生深远的影响，或对社会、经济、环境等方面产生积极的效应。

例如，发现和应用抗生素的科学问题是：如何有效治疗细菌引起的疾病？解决途径是：亚历山大·弗莱明发现了青霉素，这是第一个被广泛认识的抗生素，对许多细菌感染有着显著的治疗效果。重要影响是：抗生素的发现和广泛应用极大提高细菌性疾病的治愈率，降低了手术和创伤后的感染风险，对公共卫生产生革命性影响。

这说明，科学问题的解决，不仅推动了科学本身的发展，还在改善人类生活、保护环境和推动经济发展方面发挥了关键作用。

（3）可行性

可行性是指当前技术、方法和资源是否足以解决这个问题。科学问题无论其原创性和重要性有多高，如果在实际操作中难以执行，其研究价值也会受到限制。

例如，人类大脑全面映射的科学问题：如何实现对人类大脑所有神经元和连接的完整映射？这个问题具有极高的原创性和重要性，能够深化对人类认知功能和神经疾病的理解，但当前的技术限制使得对数十亿个神经元及其连接进行完整映射极为困难。这样，由于技术和资源的限制，全脑映射的进展非常缓慢，这限制了其在短期内解决相关科学问题的价值。

这说明，即使是最有前景和重要性的科学问题，也可能因为实际操作的难度而难以快速推进。

（4）明确性

科学问题的清晰定义和明确边界对于确保研究的有效性和效率至关重要。一个具有明确定义的科学问题可以帮助研究人员集中资源和努力，避免研究过程中的混淆和目标偏移，从而提高研究的质量和实用性。

例如，对抗生素抗性机制研究的科学问题：特定细菌是如何对抗生素产生抗性的？清晰的定义和边界是：这个问题明确指向细菌对特定抗生素的抗性机制，而不是广泛探讨所有微生物的药物抗性。这允许研究人员集中于研究特定细菌种类的基因变异、蛋白质表达改变或其他分子机制。研究结果是：这种聚焦的研究方法可以对特定细菌抗性机制进行深入理解，有助于开发新的药物和治疗策略。

（5）可验证性

科学问题研究价值的可验证性是指科学研究的结果和结论是否能够通过独立的验证来证实其正确性和可靠性。这通常涉及研究方法的透明度、数据的可访问性和结果的可复制性。

例如，黑洞的存在证明的科学问题是：黑洞真的存在吗？可验证性是：虽然直接观察黑洞极为困难，但通过观察黑洞对周围环境的影响（如引力透镜效应和吸积盘辐射等）来间接验证其存在。2019 年，事件视界望远镜项目发布了第一张黑洞的“照片”，为黑洞的存在提供了直接证据。研究结果是：这些证据的积累不仅验证了黑洞的存在，还加深了人们对广义相对论和宇宙极端条件下物质行为的理解。

（6）推广性

科学问题的研究结果如果具有广泛的应用前景，不仅能够推动其直接相关领域的发展，还能跨越学科界限，为其他领域提供重要的见解或方法论上的指导。例如，詹姆斯·沃森和弗朗西斯·克里克发现DNA的双螺旋结构。这一发现不仅是现代分子生物学的基石，而且为遗传工程、法医学、生物信息学和个性化医疗等多个领域的发展奠定了基础。

这些方面共同构成科学问题评估的框架，通过这样的评估，科学研究资源可以更有效地分配，从而加速科学进步和知识的积累。

7.1.2.2 课题选择

在科学研究中选择科学问题时，遵循一定的指导原则和考虑因素对于确保研究的有效性和影响力至关重要。

（1）关联性

选择关联性强的课题意味着选题与当前科研热点、社会需求或具有长远科学价值的领域密切相关。这样的选题不仅学术贡献显著，还能实际解决社会问题、推动技术进步和改善人类福祉。具体的关联性课题包括以下四类：

①应对气候变化。全球变暖日益严重，研究如何减缓其影响成为热点。可能的研究方向包括开发新型清洁能源技术、提高太阳能电池效率，或通过政策和经济激励减少碳排放。

②人工智能伦理。随着人工智能技术的快速发展，确保其伦理性和公正性已成社会焦点，如探讨AI决策的透明度、防止算法偏见和保护用户隐私。

③可持续发展。面对资源枯竭和环境污染问题，可持续发展已成为全球共识。研究方向可包括可持续农业实践、开发环保材料或探索绿色城市规划。

④社会公正与平等。全球普遍关注种族、性别、经济不平等等社会问题。研究可以聚焦减少社会不平等的政策、教育和就业中的歧视问题，或法律制度如何保护弱势群体。

选择这样的课题时，研究者需要深入了解科学发展趋势、社会挑战和人类长远需求，以促进全球可持续发展。

（2）创新性

选择一个创新性的课题意味着寻找一个新颖的问题，该问题能拓展研究边界，探索未被充分研究的领域，或以新视角审视现有问题。

①新视角：提出新的视角或解释现有问题。例如，从文化自信和身份认同角度分析经济发展对文化多样性的影响，揭示经济增长与文化变迁之间的相互作用。

②新技术：在传统研究领域中应用最新技术。例如，使用机器学习算法分析历史文献，发现历史事件间的模式或联系，揭示传统方法难以发现的洞见。

③新领域：关注主流研究忽视的领域。例如，探索非主流教育方法如森林学校、无课程学校等对儿童社会技能的影响。

④跨学科：结合两个或多个学科的课题。例如，结合环境科学和社会学研究气候变化对特定社区心理健康的影响，从社会学视角引入心理健康维度。

通过这些方式，研究者不仅能为学术领域带来新见解，还能解决实际问题，推动知识进步和社会发展。

（3）可行性

选择可行的课题是研究规划中的关键，需要考虑资源、技术支持、数据获取、时间安排和实验或分析的可能性。这样的选择确保研究能在现实条件下顺利进行并完成。

①资源的可获取性。课题应确保必需实验材料或数据在研究过程中可获取。如研究特定植物提取物的治疗效果时，需要确认植物材料供应稳定性和样本量。

②技术的适用性。确保研究可在现有技术和实验室条件下执行。如依赖高通量测序技术，确认实验室技术可用性或合作伙伴的技术支持。

③时间的合理安排。课题应在研究者设定的时间框架内完成，包括文献回顾、数据收集、分析和论文撰写等。

④伦理的可行性。研究设计需要符合伦理标准，特别是涉及人类或动物的研究。如涉及人类参与者，需要确保获得伦理审批并保护参与者权益。

⑤数据分析的可实施性。确保所选课题可以利用现有统计软件和数据分析方法。若计划使用先进技术（如机器学习），则要求研究人员具备相

关技能或获得必要技术支持。

综合考虑这些因素有助于选择具有科学意义和社会价值的课题，避免不可克服的障碍，提高研究成功率。

（4）明确性

选择具有明确性的课题是科研成功的关键，要求科学问题有清晰、具体且可操作的描述。

①研究目标。如研究“社交媒体使用时间与青少年抑郁症状之间的关系”，而非模糊的“社交媒体对青少年的影响”。

②研究范围。如研究“2020—2030 年特定地区海平面上升对沿海农业产出的影响”，而不是宽泛的“全球气候变化”。这界定了时间、地点和具体影响。

③研究假说。如“基于游戏的学习策略能提高初中生的数学成绩”，指定了干预措施、目标群体和预期结果。

④研究方法。如“通过随机对照试验评估某植物提取物在治疗慢性炎症中的效果”，而不是“研究某植物的药用价值”，以说明研究方法、对象和应用领域。

⑤数据分析计划。如“使用多变量回归分析探究工作压力、生活习惯和年龄如何影响心血管健康”，明确了变量和统计方法。

（5）重要性

选择重要性高的课题意味着研究问题在科学、理论发展、实践应用或解决社会问题方面具有显著意义，这样的课题能推动学术领域知识边界前进并对社会实践产生积极影响。

①推动理论发展。如在心理学中研究“社交媒体使用与青少年自尊感之间的关系”，能够填补理论空白，为数字时代的人际交往提供新视角，促进相关心理健康干预措施的发展。

②指导实践应用。如研究“城市绿地对改善空气质量及居民健康的影响”，指导城市规划和环境管理，为创造更健康、可持续的城市环境提供科学依据。

③解决社会问题。面对气候变化，研究“社区可再生能源项目在减碳中的效果”，为清洁能源转型提供政策依据，推动可再生能源的接受与使用。

④填补知识空白。在公共卫生领域，研究“新型疫苗在不同人群中的

效果及其长期免疫反应”，填补新疫苗长期效果的研究空白，指导传染病预防控制。

⑤提供创新思考。在教育技术领域，探究“虚拟现实技术在提升学生科学理解能力中的作用”，为教育提供新方法，提高教学效果和学生参与度。

通过这样的聚焦，课题研究不仅能获得学术界认可，还能增进社会和人类福祉。

（6）伦理性

选择科学问题时，考虑研究的伦理影响是必需的，以确保对人类、动物或环境的尊重和保护。

①参与者保护。在心理学研究中，如探讨“压力管理干预措施对工作场所压力的影响”，要确保参与者心理健康和隐私保护，获取知情同意，将数据进行匿名处理，并提供支持服务。

②动物福利标准。在生物医学研究中，如研究“新药对特定疾病的治疗效果”，应采用替代方法减少动物使用或确保遵守动物福利标准，减少痛苦和不适。

③环境保护责任。在环境科学研究中，探索“工业污染物处理技术的效率”，要确保方法不加剧环境伤害，选择环保材料和确保废物安全处理。

④社会和文化敏感性。在社会学研究中，研究“不同文化背景下的家庭结构变化”，必须尊重文化传统和价值观，进行文化敏感性培训，避免冒犯参与者。

⑤数据使用道德标准。在数据科学研究中，分析“社交媒体数据预测消费行为的有效性”，要合法获取数据，尊重隐私权，避免信息泄露。

这些原则能够确保所选科学问题具有科学价值且符合伦理要求，帮助研究者有效利用资源，促进知识发展，对社会产生积极影响。

7.2 数学化：确立科学问题的关键

7.2.1 科学问题数学抽象化

7.2.1.1 数学哲学指导

（1）系统化处理与分析

数学哲学通过提供精确定义、构建数学模型、逻辑推理和处理不确定性的方法，有助于系统地提出和分析科学问题。

①提供精确定义和结构化框架。数学哲学强调对概念精确定义和问题明确表述。这种精确性和结构化有助于清晰界定研究问题，避免歧义和误解。如在物理学中，精确定义基本量和单位对于理论推导和实验测量至关重要。

②构建和验证数学模型。数学哲学提供关于如何构建和验证模型的指导原则。科学研究中常常需要将复杂的现象转化为可分析的数学模型，通过这些模型可以进行预测和解释。如气象学中的天气预报模型和流行病学中的疾病传播模型都是基于数学哲学的建模原则。

③逻辑推理和严谨性。数学哲学重视形式逻辑和证明，确保科学研究中的推理过程的严谨和可信性。严格的逻辑推理，可以验证科学假设和理论的正确性，确保每一步论证过程的合理性。如化学反应机制的推导和物理学中的理论验证都依赖于逻辑推理。

④处理不确定性和概率。数学哲学探讨不确定性和概率的概念，这在处理具有随机性和复杂性的科学问题时尤为重要。通过概率和统计方法，人们可以描述和分析数据中的不确定性，从而更准确地理解和预测自然现象。如医学研究中的临床试验分析和经济学中的风险评估都依赖于统计方法。

数学哲学不仅能提高科学研究严谨性和准确性，还为研究提供了丰富的工具和方法。

（2）不同数学哲学的具体指导

不同的数学哲学观，提出的科学问题目标、途径和方法也有所不同，具体体现在以下三个方面：

①柏拉图主义的数学实在论。数学实在论的指导思想体现在：数学对

象是独立于人类思维的真实存在物，提出科学问题基于对这些数学对象和关系的探索。

例如，在天文学中的恒星和行星运动研究中，利用数学天体力学中的独立数学实体如轨道方程来提出关于天体运动的具体问题。在物理学中的理论构建中，在探索引力波的研究中，假设引力波作为一个独立存在的数学实体，基于广义相对论的数学模型提出问题，如“在什么条件下可以探测到引力波”。

②符号体系的形式主义。形式主义的核心思想体现在：数学只是符号的操纵，数学真理是通过形式系统中的推理和演绎得到的，科学问题可以通过构建和分析符号系统来提出。

例如，在量子力学的矩阵力学中，通过符号系统如希尔伯特空间中的算子，来提出和解决量子态演化的问题。在量子计算中，研究如何设计高效的量子算法。通过分析量子位（Qubit）的符号系统，提出问题“如何通过符号操纵实现量子态的快速纠缠”。

③直觉构造主义。直觉构造主义的核心思想体现在：数学对象必须是可以被构造的，数学真理是通过构造过程得以验证的，科学问题可以通过构造具体实例来提出和解决。

例如，在数学数论问题中，构造具体的质数序列来研究质数的分布规律。在研究生物进化时，科研人员通过模拟具体的生物进化过程来提出问题，如“如何通过构造具体的进化算法来优化复杂系统的性能”。

这些数学哲学思想为科学问题的提出提供了不同的视角和方法，使得科学研究能够在不同层次上进行系统化和结构化的探索。

（3）提出科学问题的方法

运用数学哲学指导提出科学问题的方法，具体体现在以下七个方面：

①数学模型和抽象。将现实问题抽象为数学模型，可以更清晰定义问题并分析其内在结构。如物理学中的许多问题可以被建模为微分方程，然后通过求解这些方程来理解物理现象。

②定义和公理化。科学问题需要明确的定义和假设。数学哲学强调对概念的精确定义和假设的清晰陈述，这有助于提出明确的问题并确保讨论的一致性。如在生物学中，定义“物种”时需要明确其生物学特征和分类标准。

③逻辑推理。利用形式逻辑进行推理是数学哲学的重要内容。在提出

科学问题时，逻辑推理可以确保问题的提出和解答都具有逻辑一致性。如在化学领域，可以通过逻辑推理推导化学反应的可能产物。

④数学归纳法。通过观察个别现象并推测一般规律，这种方法在科学研究中非常常见。如天文学家通过观察天体运动归纳出开普勒定律。

⑤演绎法和归纳法。数学哲学中演绎法和归纳法的运用可以指导科学问题的提出和验证。演绎法通过已知原理推导出具体结论，而归纳法通过具体实例总结出一般原理。如演绎法在理论物理中被广泛应用，而归纳法在实验科学中常见。

⑥确定性和不确定性。数学哲学还探讨了确定性和不确定性的问题。量子力学中的许多问题就是在不确定性原理的指导下提出的。这种方法可以帮助科研人员在面对复杂系统时，合理设定问题范围和研究方法。

⑦数学美学。数学哲学强调数学之美，如对称性、简洁性和普遍性。科学问题的提出也可以受这种美学观的启发，寻找最简单和最优雅的假设和模型。如爱因斯坦的相对论部分受到对称性和简洁性的影响。

通过以上方法，数学哲学不仅可以提供一个逻辑和结构化的框架，还可以激发科学研究中的创造性思维，提出有深度和广度的科学问题。

7.2.1.2 基本目标

科学问题的数学抽象化的基本目标如下：

（1）精确描述

精确描述是使用数学语言精确描述问题中的关键概念和关系，以避免语言的模糊性和误解。

例如，空气质量评估模型。科学问题是：某城市的空气质量如何变化？这种变化如何影响居民的呼吸系统？

在数学抽象化过程中，为了精确描述并量化这个问题，使用空气质量指数（AQI）和相关健康影响指数来建立模型。AQI 是一种用于公众信息的标准，将空气污染的复杂数据转化为一个易于理解的指数，具体步骤如下：

在污染物浓度的度量方面，选择关键污染物，如 PM2.5（细颗粒物）、NO_2（二氧化氮）、O_3（臭氧）等，并通过监测站实时测量这些污染物的浓度。

在建立转换函数方面，为每种污染物设定一个数学函数，该函数将实际测得的污染物浓度转换为一个子指数。这些子指数的计算通常包括设定浓度阈值，超过这些阈值的浓度将导致健康风险增加。

在计算综合空气质量指数方面，通过一个数学公式将所有重要污染物的子指数合成一个总的 AQI 值。这个值通常是各个子指数中的最大值，以反映最严重的污染情况。

在建立影响健康的模型方面，进一步建立模型来描述 AQI 与居民健康状况之间的关系。例如，使用回归分析来评估 AQI 增加与呼吸系统疾病发生率增加之间的相关性。数学公式为

$$\mathrm{AQI}=\max\left(\mathrm{I}_{\mathrm{PM2.5}},\ \mathrm{I}_{\mathrm{NO2}},\ \mathrm{I}_{\mathrm{O3}}\right)$$

其中，$\mathrm{I}_{\mathrm{PM2.5}}$、$\mathrm{I}_{\mathrm{NO2}}$、$\mathrm{I}_{\mathrm{O3}}$分别是 PM2.5（细颗粒物）、$NO_2$（二氧化氮）、$O_3$（臭氧）的指数。

这种数学抽象化使得原本可能模糊的空气质量和健康影响描述转变为具有量化基础的清晰指标，提供了一个可靠的决策支持工具，用以指导公共健康政策和个人健康行为。通过这种方式，复杂的环境健康风险问题得到了精确的数学描述，减少了因语言表述不明确而产生的误解。

（2）量化预测

量化预测是通过数学模型进行量化，使得对系统的未来行为做出定量的预测。

例如，预测宏观经济指标国内生产总值（GDP）的科学问题是：下一个财年国内生产总值（GDP）将如何变化，并且哪些因素将是关键驱动力？

数学抽象化是指，为了对这个问题进行精确的量化和预测，可以采用经济计量模型，具体步骤如下：

①变量选择与数据收集。选择影响 GDP 的关键经济指标，如消费支出、政府支出、投资和净出口等。同时，收集这些变量的历史数据作为模型的输入。

②模型建立。使用统计方法如回归分析来建立 GDP 与这些变量之间的关系。模型的形式通常为

$$\mathrm{GDP}_t=\beta_0+\beta_1 C_t+\beta_2 I_t+\beta_3 G_t+\beta_4 X_t+\varepsilon_t$$

其中，C_t、I_t、G_t、X_t分别代表消费支出、投资、政府支出和净出口，β_i是对应的系数，ε_t是误差项。

③参数估计。使用历史数据来估计模型参数（β_i），这些参数反映了各变量对 GDP 的影响程度。

④预测与模拟。通过当前和预期的经济指标数据输入到模型中，预测未来的 GDP。此外，还可以通过模拟不同的经济政策情景如税收变化、政府支出增加等，来评估这些政策对 GDP 的可能影响。

通过这种数学抽象化和量化，经济学家能够提供关于经济未来行为的定量预测，帮助政府和企业做出更有效的决策。如果预测显示 GDP 增长放缓，政府可能需要采取刺激经济的措施，如增加公共支出或减税。这种预测不仅有助于理解经济运行的机制，还能够为政策制定提供科学依据。

（3）解决问题

解决问题是指利用数学工具和技术求解问题，以提供明确的解决方案或优化策略。

例如，桥梁悬索优化模型的科学问题：如何设计一座桥的悬索，使其在满足安全和功能要求的同时，成本最小化？

在数学抽象化过程中，解决问题时采用优化模型具体步骤如下：

①模型参数定义。定义影响桥梁设计的关键参数，如悬索的长度、直径、材料类型、悬索间的距离等。

②约束条件设定。它包括安全标准（如最大承载力、抗风能力等、环境约束）和对周围环境影响等。

③目标函数建立。目标函数通常是最小化总成本，包括材料成本、建造和维护成本。同时，确保所有的安全和性能标准都得到满足。

数学形式可以表示为：min（材料成本+建造成本+维护成本）。

约束条件：f（安全性）≥安全标准，f（耐久性）≥耐久标准。

④优化算法应用。使用如线性规划、非线性规划或进化算法等数学优化技术来求解上述优化问题。这些算法可以帮助找到在给定约束条件下成本最低的悬索设计方案。

通过这种数学抽象化和优化模型，工程师能够系统分析和计算不同设计方案的性能和成本，最终选择最合适的设计。这不仅提高了桥梁的性能和安全性，还能有效控制成本，从而解决了原始的科学问题。这种方法的应用显著提高了工程设计的效率和效果，使决策过程更加科学和经济。

（4）通用化与模型验证

通用化与模型验证是建立可以广泛应用于其他类似问题的通用模型，并通过实验和观察来验证这些模型的有效性和准确性。

例如，药物动力学模型的科学问题：新开发的药物在人体内的行为特征是怎样的？药物在人体内的吸收速率、生物利用度、代谢路径和排泄速度如何？

采用药代动力学（PK）模型将这个问题进行数学抽象化的具体步骤如下：

①模型参数定义。定义关键的药代动力学参数，如药物的生物利用度、半衰期、清除率、体积分布等。

②方程建立。利用常用的 PK 方程，如一室或多室模型，这些模型使用微分方程描述药物在体内的浓度随时间的变化。如一室模型可以表示为

$$\frac{\mathrm{d}C(t)}{\mathrm{d}t} = -kC(t)$$

其中，$C(t)$ 是药物在血浆中的浓度，k 是消除常数。

③模型通用化。确保模型具有足够的灵活性，可以调整参数以适应不同类型的药物和不同的患者群体（考虑到年龄、性别、肝肾功能等因素）。

④模型验证。通过在临床试验中收集的数据来验证模型的有效性和准确性。这包括比较模型预测的药物浓度时间曲线与实际观察结果，以及评估模型在不同患者和不同剂量下的预测准确性。

⑤模型应用。使用这一模型来预测未来研究或实际应用中的药物行为，评估新药的剂量响应关系和潜在的副作用，以便为医生提供更精确的处方信息。

通过这样的数学抽象化和通用模型建立，药物开发者和医疗专业人士可以更好地理解和预测药物在不同患者体内的表现，从而提高治疗的效率和安全性。同时，通过广泛的临床数据验证，这类模型的普适性和可靠性得以增强，成为药物研发和审批过程中不可或缺的工具。

7.2.1.3 关键步骤

将科学问题抽象化为数学问题的过程是一个涉及多个关键步骤的复杂转换，旨在将实际观察和问题以数学的形式表达出来。

（1）定义问题

科学问题抽象化为数学问题需要准确理解和定义科学问题，明确问题的核心内容及其与相关变量之间的关系。这一步骤涉及将问题的科学背景、目标和限制条件转化成清晰的描述，为后续的数学表述奠定基础。

例如，人口增长模型问题。在生态学或社会科学中，人口增长是一个常见的研究主题。科学问题可能是“预测某地区人口增长的未来趋势”。

将这一科学问题抽象为数学问题涉及的步骤如下：

①理解科学问题。首先需要理解影响人口增长的多种因素，如出生率、死亡率、移民等。

②定义核心内容和变量。确定哪些因素是研究重点。其中，如果关注自然增长，则主要考虑出生率和死亡率。这些因素成为模型的关键变量。

③建立数学模型。使用适当的数学工具来描述这些变量之间的关系。例如，可以使用指数增长模型 $P(t) = P_0 e^{rt}$。其中，$P(t)$ 是未来某一时刻的人口，P_0是初始人口，r 是自然增长率即要考虑出生率和死亡率，t 是时间。

④参数估计和模型验证。通过历史数据估计模型参数如增长率 r，并通过额外的数据测试模型的预测能力。

⑤实际应用。使用这一模型进行预测，为政策制定提供依据，如预测人口超载可能的时间点，从而帮助制定城市规划、资源配置等政策。

可以看出，将科学问题转化为数学问题需要准确理解问题的科学背景，明确核心变量，并使用数学语言和工具来精确描述这些变量之间的关系。

（2）识别关键变量

在科学问题被定义之后，需要识别出关键的变量并确定这些变量之间的关系。这可能包括建立或识别物理、化学或生物模型，这些模型能够描述变量间的动态关系。例如，研究气候变化对农作物产量的影响这一科学问题。科研人员们在定义了这一问题之后，需要进一步识别影响因素（即关键变量），并确定这些变量之间的关系。这一过程通常涉及的步骤如下：

①识别关键变量。在这个例子中，关键变量包括：

——气温（T）：高或低温可能影响植物的生长周期。

——降水量（P）：水分供应对农作物生长至关重要。

——二氧化碳浓度（CO_2）：高二氧化碳浓度可能促进某些作物的生长，通过所谓的“肥料效应”。

——土壤质量（S）：包括土壤的养分含量、pH 值等，这些都会直接影响作物的生长。

——农业管理实践（M）：如种植方式、灌溉系统、使用的农药和肥料等。

②确定变量之间的关系。识别出这些关键变量，接下来需要探索和建

立这些变量之间的关系。这就涉及建模、实验设计和数据分析。

——建模。创建数学模型或统计模型来描述变量之间的关系，如使用回归分析来评估气温和降水量对作物产量的直接影响。

——实验设计。在控制条件下进行实验，如设置不同的温室实验来观察在控制的温度和 CO_2 水平下作物的生长反应。

——数据分析。收集现场数据或历史数据，使用统计工具来分析变量之间的相互作用和影响。

③应用和验证。这就是把数学模型用于预测和验证，具体体现在以下两个方面：

——预测。利用已建立的模型来预测在未来不同气候变化情景下的作物产量。

——验证。通过与现实世界数据的对比，验证模型的准确性和可靠性。

在实践中，研究人员可能发现，在一定的温度范围内，随着 CO_2 浓度的增加，某种作物的产量显著提高。然而，当气温超过作物的耐受极限时，即使 CO_2 浓度较高，产量也会下降。这种模型可以帮助政策制定者和农民做出更好的种植决策，以适应预测的气候条件变化。

这种方法，不仅能够更好理解各种因素如何单独和共同影响农作物产量，还能为相关决策提供科学依据。

（3）构建数学模型

将科学问题抽象化为数学问题，基于对问题的理解和关键变量的识别，构建反映变量之间相互关系的数学模型，包括方程、不等式、函数等数学工具，用以描述变量间的动态关系、约束条件或演化规律。

例如，环境科学中，评估一个工业区对附近河流的污染影响。这个科学问题可以通过建立一个数学模型来抽象化，具体步骤包括识别关键变量、定义它们之间的关系、使用适当的数学工具来描述这些关系。

①识别关键变量。在这个问题中，关键变量包括以下四个：

——工业排放量（E）：工业区排放到河流中的污染物总量。

——河流流量（F）：河流的水流量，这影响污染物的稀释程度。

——污染物浓度（C）：河流中的污染物浓度。

——自然净化率（P）：河流自然净化污染物的能力。

②建立数学模型。基于以上变量，可以构建一个简化的数学模型来描

述污染物在河流中的行为。模型可以包括以下两个部分：

——污染物平衡方程：$\frac{\mathrm{d}C}{\mathrm{d}t}=\frac{E}{F}-P\cdot C$。

这个方程说明河流污染物浓度的变化率 $\frac{\mathrm{d}C}{\mathrm{d}t}$ 依赖于工业排放造成的增加 $\frac{E}{F}$ 和自然净化造成的减少 $P\cdot C$ 。

——流量约束：$F\geqslant$最小流量需求。

这个不等式确保了河流的流量不低于生态系统和人类活动所需的最低水平。

③使用模型进行分析。这一过程包括动态模拟和灵敏度分析。

——动态模拟：通过对污染物平衡方程进行数值求解，可以模拟在不同的工业排放量和河流流量条件下，污染物浓度如何随时间变化。

——灵敏度分析：分析污染物浓度对不同变量如排放量和流量变化的敏感度，帮助识别控制污染的关键因素。

④实际应用。将数学模型应用在实际问题，以做出科学的管理决策，包括政策制定和环境管理。

——政策制定：模型可以帮助制定限制工业排放的政策，确保河流污染控制在安全水平之内。

——环境管理：通过调整模型参数，环境管理者可以预测未来污染趋势，制定预防措施。

将环境污染的科学问题转化为数学模型，不仅可以更系统理解问题，还可以利用数学工具来预测和控制环境质量的变化，从而做出更科学的决策。这种方法显示出将科学问题抽象化为数学问题的强大能力，可以进行定量分析和解决复杂的实际问题。

（4）形式化模型

形式化模型是指构建反映变量之间相互关系的数学表达式，构建反映变量之间相互关系的数学表达式后，需要将其中数学关系整合成一个或多个数学模型，这一步骤要求综合考虑所有相关的数学表达式和关系，形成一个完整的数学描述，能够全面反映原科学问题的核心和复杂性。

例如，地震防护弹簧系统模型的科学问题是：如何设计一个弹簧系统，使其能有效减轻地震时建筑的振动？

数学抽象化过程中，为了解决这个问题，采用动力学和控制理论，构建一个综合的数学模型，具体步骤如下：

在变量识别方面，弹簧常数 k：影响系统恢复力。建筑质量 m：影响系统惯性。阻尼系数 c：模拟能量耗散。地震加速度 $a(t)$：是指外力对系统的影响。

在数学表达式构建方面，描述弹簧和阻尼器对建筑运动的影响可以通过二阶微分方程进行建模：

$$m\ddot{x} + c\dot{x} + kx = ma(t)$$

其中，$x(t)$ 表示建筑相对于静止位置的位移，$\dot{x}$ 和 $\ddot{x}$ 分别是速度和加速度。

在数学模型整合方面，此方程集成了所有关键的物理变量和它们的相互作用，完整描述弹簧系统如何响应外部地震力的挑战。这个模型可以进一步与实际地震数据结合，进行模拟和优化，以找到最佳的 k、c 和 m 的值，从而设计出最有效的防震弹簧系统。

在模型验证与优化方面，使用历史地震数据进行模拟测试，观察模型预测的建筑响应与实际建筑在相似条件下的响应是否一致。

通过参数调整，优化模型的响应特性，确保它能有效减轻地震对建筑的影响，同时保证经济性和可行性。

通过这种综合的数学描述，该模型不仅能精确反映各个变量之间的动态关系，而且能够全面反映出设计防震系统所需考虑的核心问题和复杂性。

（5）验证和修正

构建的数学模型是否能够准确描述科学问题，需要通过实际数据或专业知识来验证，检查模型的预测与实际观察是否一致，要通过实验数据来测试模型，根据结果对模型进行调整和优化，以提高模型的准确性和适用性。

例如，气候变化对湖泊生态系统影响模型的科学问题“气候变化如何影响湖泊中的温度、溶解氧水平以及生物多样性”的数学抽象化就是：为了解决这个问题，需要构建一个生态动力学模型。

在变量识别与方程建立方面，湖泊温度受气候温度和湖泊物理特性影响；溶解氧水平受温度和生物活动如光合作用和呼吸作用影响；生物种群受温度和溶解氧水平等环境因素影响。

在数学表达式构建方面，使用微分方程来模拟气温变化对湖泊温度的影响，构建溶解氧与温度、生物活动之间的关系模型，通过生态模型来模拟主要生物种群对环境变化的反应。

在数学模型的整合方面，将上述方程整合成一个系统，描述气候变化如何通过影响湖泊的物理和生物过程来影响整个生态系统。

在模型验证与优化方面，数据收集包括：收集关于湖泊温度、溶解氧水平和生物种群数量的历史数据。收集相关的气候数据，如温度、降水量。

实验与观察包括：使用这些数据来验证模型预测的准确性，通过比较模型预测结果与实际观测数据。

模型调整包括：如果模型预测与实际数据存在偏差，分析可能的原因如模型参数不准确、缺乏某些关键过程的描述等。根据实际数据调整模型参数或改进模型结构，如引入附加的变量或更复杂的动力学关系来提高预测精度。

优化与应用包括：优化模型后，再次使用新的或扩展的数据集进行验证，确保模型能够准确反映气候变化对湖泊生态系统的影响。使用优化后的模型为环保决策提供科学依据，比如制定保护措施以减少气候变化的负面影响。

通过科学的数据验证和模型调整，一个初步的数学模型可以逐步优化，从而更准确地描述复杂的科学问题。这种方法增强了模型的适用性和预测的可信度，为科学研究和实际应用提供了强大的工具。

通过这些步骤，研究人员能够将具体的实际问题转化为可以用数学工具解决的形式，进而深入探索和理解问题的本质。

7.2.2 科研课题的数学模型化

7.2.2.1 基本目标

科研课题的数学模型化的基本目标如下：

（1）精确描述

精确描述是指使用数学语言精确表达科学问题中的关键概念和变量间的关系，从而提供清晰和无歧义的问题定义。

例如，社交网络影响力模型的科学问题：在社交网络中，信息是如何传播的？哪些用户在信息扩散中扮演关键角色？

数学抽象化中，为了精确描述问题，采用数学模型化的步骤如下：

①变量识别与方程建立。其中，节点代表社交网络中的用户。边代表用户之间的连接关系。信息扩散速率：是某个信息从一个节点到另一个节点的传播速度。影响力分数：是量化一个节点影响其他节点的能力。

②数学表达式构建。构建一个图论模型，其中节点通过边相连，边的权重代表信息传播的可能性或速度。影响力的数学定义可以基于节点的中心性度量，如度中心性、接近中心性，或专为信息扩散设计中心性度量，如 PageRank 算法中，假设社交网络中的节点集合为 p，节点 p_i 的 PageRank 值为 PR（p_i）。通过迭代计算每个节点的影响力，其基本公式为

$$PR(p_i) = \frac{1-d}{N} + d \sum_{p_j \in M(p_i)} \frac{PR(p_j)}{L(p_j)}$$

其中，N 是网络中节点的总数，p_i是网络中的节点，M（p_i）是指向 p_i的节点集合，L（p_j）是节点 p_j的出链接数，d 是阻尼系数，通常设为 0.85。

③模型参数定义和调整。利用实际的社交网络数据来估计模型参数，如边的权重和阻尼系数 d。验证模型的预测与实际社交网络中观察到的信息传播模式是否一致，进行必要的调整。

这种数学抽象化允许研究者精确描述社交网络中信息传播的机制，通过影响力分数来识别关键的传播节点。模型提供了一种量化工具，用以分析信息如何在复杂网络中流动，以及如何通过改变网络结构或者增强特定节点的影响力来优化信息传播。

（2）量化分析

量化分析是通过数学表达式和模型将科学问题量化，使得可以使用数学和统计工具来分析问题、解释数据，并验证假设。

例如，药物剂量-血压反应模型的科学问题：不同剂量的药物如何影响高血压患者的血压水平？

数学抽象化中，为了分析和预测这一科学问题，数学模型化的步骤如下：

①变量识别与方程建立。其中，药物剂量：作为自变量，表示给药的具体量。血压变化：作为因变量，表示血压从基线到治疗后的改变。

②数学表达式构建。建立剂量-反应模型，使用回归模型或非线性模型来描述药物剂量与血压反应之间的关系。一个常见的选择是 Logistic 模型，可以形式化为如下模型：

$$BP_{change} = \frac{BP_{max} + Dose}{EC_{50} + Dose}$$

其中，BP_{change}是血压变化，BP_{max}是药物能引起的最大血压改变，EC_{50}是产生50%最大效应所需的药物剂量。

③模型参数定义和调整。

通过临床试验收集数据，使用统计方法来估计模型中参数，如BP_{max}和EC_{50}。考虑患者个体差异、剂量依赖性和可能的药物相互作用，进一步细化模型。

在模型验证与应用方面，利用实际临床数据进行模型验证，检查模型预测的血压变化是否与实际观测相符。根据模型结果调整剂量方案，以实现最佳的治疗效果和最小的副作用。

这种数学抽象化不仅允许量化分析药物剂量与血压变化之间的确切关系，还使得可以使用统计工具来分析问题、解释数据，并验证假设。模型的建立和应用有助于优化治疗方案，提升治疗的精准度。

（3）未来预测

未来预测是指构建模型以预测系统在给定条件下的行为，这使得科研人员能够在理论和实验之前预测可能的结果，优化实验设计。

例如，全球变暖与海平面上升模型的科学问题：在特定的全球温室气体排放情景下，未来几十年海平面将如何变化？

数学抽象化中，为了预测和分析这一问题，数学模型化的步骤如下：

①变量识别与方程建立。其中，全球平均气温：作为影响因素，与温室气体排放直接相关。冰川和冰盖融化速率：受气温影响的变量，对海平面上升有直接贡献。海平面上升量：作为结果变量，是需要预测的主要目标。

②数学表达式构建。使用气候模型来链接温室气体浓度和全球平均气温的关系。通过物理模型描述气温对冰川融化的影响，进一步模拟冰川融化对海平面上升的贡献。如可以用一个简化的热平衡模型来估计融化水的体积：

$$\text{Sea Level Rise} = \int \text{Melting Rate}\ (T)\ dt$$

其中，T是由气温模型提供的温度，Melting Rate（T）是温度对冰川融化速率的函数。

③模型参数定义和调整。参数化这些模型，使用历史数据和气候记录来校准模型。考虑不确定性和可能的未来排放情景来调整模型。

在模型验证与应用方面，利用历史数据测试模型的准确性，检查模型预测的海平面上升与实际观测数据的吻合度。根据不同的温室气体排放情景进行海平面上升的预测，提供未来政策制定的参考依据。

在数学模型的作用方面，通过这种数学抽象化，科研人员能够预测在特定的全球变暖情景下海平面可能的变化，这不仅有助于理解和解释当前的海平面上升现象，也能预测未来几十年甚至几百年的变化趋势。此外，这种预测有助于优化相关的实验设计和政策制定，比如评估不同减排策略的效果和紧急性。

（4）优化决策

优化决策是指利用数学模型来提供最优解决方案或改进现有方案，支持复杂决策过程，确保决策基于坚实的、可靠的数据和理论基础。

例如，货物配送网络优化模型的科学问题：如何配置和调度配送网络中的资源，以最小化整体运输和仓储成本，同时确保货物按时配送？

数学抽象化中，为了解决这一问题，数学模型化的步骤如下：

①变量识别与方程建立。车辆数量和类型：每种类型车辆运载能力、成本和可用性。配送路线：每条路线的距离、时间和成本。仓库位置：每个仓库的操作成本、容量和地理位置。

②数学表达式构建。使用整数规划或线性规划模型来表达问题。如可以构建一个混合整数线性规划模型，用以优化路线选择和车辆分配，公式如下：

$$\min \sum_{i,j} C_{ij} x_{ij} + \sum_{k} F_k y_k$$

其中，x_{ij}表示从地点 i 到地点 j 是否选择该路线，C_{ij}是对应的成本，y_k是在位置 k 建立仓库，F_k是仓库的固定成本。

③模型参数定义和调整。参数化模型，并利用历史数据来校准运输和仓储成本。考虑实际操作中的限制，如车辆的最大行驶距离、仓库的开放时间等。

在模型验证与应用方面，使用实际操作数据来测试和验证模型的准确性，确保模型能够正确反映实际情况。根据模型结果调整资源配置和调度策略，进行实际应用测试，以观察成本节约和效率提升。

数学模型的作用体现为：通过这种数学抽象化，物流公司能够在复杂的决策环境中找到成本最低、效率最高的配送方案。模型不仅提供了一个可操作的解决方案，还支持复杂决策过程优化，确保决策基于坚实、可靠数据和理论基础。

这些目标共同构成了科研中数学模型化的核心，可以更系统、更精确理解和解决问题。

7.2.2.2 关键步骤

以构建数学模型为核心确立科研课题的关键步骤如下：

（1）课题选择与定义

构建数学模型，要基于现有的科学知识、技术进步、社会需求等因素，选择一个具有研究价值和现实意义的科研课题，明确课题的研究目标、背景、以及预期解决的具体科学问题。这一步骤是确立研究方向和范围的基础。

例如，水资源管理问题：研究和预测地下水位的长期变化，以制定有效的水资源管理策略。体现在：

①研究目标。其中，主要目标是开发一个数学模型来预测和管理地区地下水资源的变化，以支持可持续的水资源管理和保护地下水免受过度开发的影响。次要目标是通过模型，识别影响地下水位变化的关键因素，如降雨量、地表水输入、农业用水、以及人口增长等。

②研究背景。水资源压力方面，随着人口增长和工农业活动的扩展，许多地区的地下水资源面临严重的开发压力；环境影响方面，地下水位的下降可能导致河流干涸、湿地退化和地面沉降等环境问题；政策需求方面，政府和环保机构需要科学的数据和预测工具来制定和实施有效的水资源管理政策。

③预期解决的具体科学问题如下：

——预测未来几十年内，基于当前的开发趋势和气候变化情景，地下水位将如何变化？

——哪些地区最可能出现地下水资源枯竭，需要优先进行水资源管理？

——实施不同的水资源管理策略如提高水效、雨水收集和回用等，将如何影响地下水位的恢复？

④数学模型的核心作用如下：

——构建模型。利用历史地下水位数据、降雨记录、地表水流量等建立一个动态的地下水流模型。

——参数估计。使用统计方法和现场测量数据来估计模型中的参数，如渗透率、再充能能力等。

——模拟预测。通过模型进行多种情景分析，预测不同管理策略和气候变化条件下的地下水位变化。

——政策制定支持。提供模拟结果，帮助决策者了解潜在的风险和制定适应性管理措施。

通过这种方式，科研课题不仅具有具体、清晰的研究目标和背景，而且能够通过构建和应用数学模型来解决具体的科学问题，体现出数学模型化在科学研究中的核心地位。

（2）文献回顾与理论框架构建

对相关领域的文献进行广泛回顾，了解课题的研究历史、现状和未解决的问题。基于现有理论和研究结果构建理论框架，有助于指导数学模型的建立，确保模型的科学性和实用性。

例如，环境科学问题：评估城市化对区域气候变化的影响。这个科研问题需要理解城市化如何通过改变地表特性来影响地区气温、降水等气候因素。

构建理论框架和指导数学模型建立过程如下：

在理论背景方面，城市化通常伴随着土地利用变化如森林和田地转变为建筑物和道路等，这些变化会导致地表反照率（albedo）、热容量和水分蒸发等属性的变化，进而影响局部气候。理论上，这些变化通过改变能量和水分的平衡来影响气温和降水模式。

在利用现有理论和研究结果方面，主要包括：第一，城市热岛效应。现有研究已经表明，城市地区因建筑物和道路吸热较多，导致温度通常高于周边乡村地区。第二，水文循环变化。城市化改变地表覆盖，减少了土壤中的水分，这影响了地面的水分蒸发和降水重新分配。第三，大气边界层的变化。建筑物增加地面的粗糙度，影响风速和大气边界层结构，进一步影响天气模式。

构建理论框架的具体步骤如下：

①识别关键变量。

设计的关键变量包括：地表反照率、地表热容量、地表水分蒸发率、大气边界层高度。

②理论假设。

——城市化增加的地表反照率降低，增加吸收太阳辐射，导致表温度升高。

——增加的地面粗糙度导致局部风速变化，可能影响降水模式。

③模型建立。

——利用能量平衡方程和水分平衡方程来描述上述变化对气温和降水影响。

——使用气候模型如区域气候模型来模拟不同城市化程度下的气候变化。

在确保模型的科学性和实用性方面，主要包括：

——数据驱动。收集典型城市化区域和未城市化区域的气象数据、土地覆盖类型等数据，用于模型参数的校准和验证。

——多方案模拟。运行模型以模拟不同城市化发展情景，预测未来气候变化。

——模型验证。与现有的气候数据进行比较，检验模型的准确性和可靠性。

这样的理论框架和数学模型，可以科学地评估城市化对区域气候的影响，并为城市规划和气候适应策略提供依据。这种方法确保了模型不仅是科学的，也是符合实际应用需求的，使研究成果可以有效地支持决策制定。

（3）变量识别和数据收集

识别和定义影响问题的关键变量，包括独立变量、依赖变量以及控制变量等。根据课题需求，收集或规划收集所需的实验数据或观测数据，这些数据是构建和验证数学模型的基础。

例如，药理学研究中的药物剂量优化问题，如何在构建数学模型时识别和定义影响问题的关键变量，包括独立变量、依赖变量以及控制变量。

药物剂量优化模型的科学问题是：对于特定的药物和疾病，怎样的药物剂量能最大化疗效同时最小化副作用？

识别和定义关键变量，主要包括：

①自变量。药物剂量：药物给予量，这是模型中的主要输入变量，因为它直接决定了药物在体内的浓度。给药频率：每天给药的次数，这影响药物在体内的稳态浓度和波动。

②因变量。疗效：药物产生预期医疗效果的程度，可通过临床评分或生物标志物的变化来量化。副作用：药物导致的不良反应，随剂量和个体差异而异。

③控制变量。患者体重：影响药物剂量计算的关键因素。肾功能：肾功能影响药物的清除率，是剂量调整的重要参考。年龄、性别：这些生物学变量影响药物的代谢和副作用。

在数学模型的构建方面，使用药代动力学（PK）和药效学（PD）模型来链接剂量与疗效及副作用。PK 模型描述药物在体内的吸收、分布、代谢和排泄过程，而 PD 模型描述药物浓度与其疗效及毒性的关系。

在模型方程方面，PK 模型可以用以下方程表示：

$$C(t) = D \cdot \frac{F}{V_d} \cdot e^{-k_e t}$$

其中，$C(t)$ 是药物在血液中的浓度，D 是剂量，F 是生物利用度，V_d 是分布容积，k_e 是消除常数，t 是时间。

PD 模型可能采用如下方程来表示剂量-反应关系：

$$E = E_{\max} \cdot \frac{C^n}{\mathrm{EC}_{50}^n + C^n}$$

其中，E 是疗效，$E_{\max}$ 是最大可能疗效，C 是药物浓度，EC_{50} 是产生 50% 最大疗效所需的药物浓度，n 是希尔系数，表征曲线的陡峭程度。

在模型应用与验证方面，使用临床试验数据来估计模型参数，如 $E_{\max}$、EC_{50}、V_d、k_e。通过与实际观测数据比较，验证模型的准确性，并据此调整治疗方案。

通过这种方法，科学定义和理解药物剂量与疗效及副作用之间的复杂关系，并为临床提供合理的药物。

（4）模型构建与数学表达

基于前期的理论框架和数据分析，构建反映科学问题本质的数学模型，包括选择适当的数学工具和方法，如方程、算法或统计模型等，将科学问题转化为数学语言表达，并进行逻辑推理和计算分析。

例如，金融经济学中的一个问题：评估和预测股票市场中某股票的价格波动性。这个科研课题需要掌握股票价格变化的统计特性，以便投资者和政策制定者作出更为精准的决策。构建理论框架和数学模型，具体体现为三个方面：

在理论背景方面，股票价格的波动性被广泛认为是衡量金融市场风险的重要指标。波动性高意味着股价变动大，风险和不确定性增加。波动性建模有助于投资者评估其投资组合的风险敞口，并为风险管理和衍生品定价提供关键输入。

在前期数据分析方面，包括：历史价格数据：收集股票的历史交易数据，包括日收盘价、最高价、最低价和成交量。波动性指标分析：计算简单的历史波动性指标，如标准差和平均绝对偏差，或更复杂的如指数加权移动平均波动性。

在理论框架构建方面，基于金融理论，波动性被模拟为时间变量，采用随机波动性模型或 GARCH（generalized autoregressive conditional heteroskedasticity）类模型来表示。这些模型能够捕捉股票价格波动的聚集性和杠杆效应。

数学模型构建的关键步骤是：

①模型方程定义。GARCH 模型：适合建模金融时间序列的条件波动性，模型可以表达为

$$\sigma_t^2 = \alpha_0 + \alpha_1 \varepsilon_{t-1}^2 + \beta_1 \sigma_{t-1}^2$$

其中，σ_t^2 是时间 t 的条件方差（波动性），ε_{t-1}^2 是 $t-1$ 时刻的残差平方，α_0、α_1、β_1是模型参数。

②参数估计。使用历史股价数据通过最大似然估计或者最小二乘法来估计模型参数。

③模型验证与调整。通过实际数据对比，检验模型的预测能力和参数的稳定性。考虑到现实世界中可能存在的事件影响，如金融危机、政策变化等，可能需要对模型进行调整以反映这些因素。

④模型的应用。一是预测未来波动性。模型可以用来预测未来的股价波动性，为风险管理和投资决策提供依据。二是衍生品定价。准确的波动性预测可以帮助定价期权等金融衍生产品。

（5）模型验证、分析与优化

通过与实际数据的比较，验证模型的准确性和适用性。根据验证结果对模型进行调整和优化，确保模型能够准确反映现实问题的特性。进一步分析模型结果，提炼科学见解，可能会发现新的研究问题或深化对现有问题的理解。

例如，环境科学中水质模型是评估和预测某一地区湖泊的营养盐积累及其对水质的影响。这个问题涉及多个环境因素，如降雨、流域径流、工农业排放等，均会影响湖泊中营养盐如氮、磷等的浓度和分布。

构建和优化水质模型的基本步骤是：

①在初始模型建立方面，使用一个水质动态模型如 WASP（water quality analysis simulation program）来模拟湖泊中营养盐的输入、转化和输出过程。同时，建立方程来描述营养盐的传输和反应动力学，考虑沉积、吸附、矿化和生物同化等过程。在参数设定方面，初始参数基于先前的研究或近似估计，如营养盐的降解速率、水体交换率等。

②模型验证。在收集数据方面，收集湖泊中营养盐浓度的历史和当前监测数据，获取相关环境变量数据，如流域降雨量、流入水体的流量和质量。在模型校准方面，使用实际监测数据对模型进行校准，调整参数以使模型输出与实际数据吻合。

③模型优化与调整。在评估模型性能方面，分析模型预测与实际监测数据之间的差异，识别模型表现不佳的方面；评估模型是否能够捕捉到关键的环境变化，如极端天气事件对营养盐浓度的影响。在调整模型结构或参数方面，如果模型未能准确预测某些条件下的营养盐浓度，可能需要修改反应动力学参数或引入新的过程，如非点源污染的影响。同时，考虑更复杂的数学表达式或更高级的数值解法来改进模型精度。在引入新的数据或技术方面，使用遥感数据来估计流域内未监测区域的污染负载，应用机器学习技术来预测复杂的环境变量和湖泊响应之间的关系。

④模型再验证。在使用更新的数据进行验证方面，重新使用新的环境监测数据对优化后的模型进行验证；进行敏感性分析，以确定模型预测对关键参数的敏感度。在评估模型的适用性方面，确保模型在不同的环境条件和多个时间尺度上都能提供准确的预测。同时，与行业专家和政策制定者共享结果，确保模型满足实际应用的需求。

通过这种系统的方法，可以确保水质模型不仅反映实际的科学问题特性，而且在实际应用中提供准确的决策支持。

这些步骤构成了以数学模型为核心确立科研课题的流程，涉及问题定义、理论框架构建、数据处理、模型建立和验证等关键环节。整个过程是迭代和动态的，模型可能需要多次调整和改进，以确保研究的准确性和深度。

第 8 章　科学观察的数学精确表达

精确的观察是正确理论的基础，而数学方法则是从这些观察中获得正确结论的手段。

——詹姆斯·克拉克·麦克斯韦（James Clerk Maxwell）《电磁学论》(1873)

数学不仅拥有真理，而且拥有至高的美。科学观察的魅力在于它们通过数学得到了精确的表达。

——伯特兰·罗素（Bertrand Russell）《数学研究》(1919)

8.1　科学观察行为及其特征

8.1.1　科学观察行为及其类型

8.1.1.1　行为

科学观察是在自然发生条件下，即不人为干预、改变自然现象本来面目，按照事物、现象固有运动和变化有选择地感知客观对象，从而获取科学事实的一种研究方法。科学观察是科学研究方法中的一种基本方式，涉及对自然界或人造现象的系统性、有目的的观察和记录。科学观察的目的是收集关于研究对象的数据和信息，这些信息可以用来支持或反驳科学假设，或用于生成新的假设。

科学观察的关键步骤如下：

①问题定义。明确观察的目的和需要解决的具体科学问题。

②计划制订。设计观察的方法和过程，包括选择观察对象、确定观察的时间和地点以及如何记录观察结果。

③进行观察。根据计划进行观察，系统地收集数据。这可能包括直接

观察或使用仪器和设备收集数据。

④数据记录。详细记录观察过程和结果，包括所有量化数据和定性描述。

⑤数据分析和解释。分析收集到的数据，寻找模式或规律，并根据数据对原有的假设进行支持、反驳或修正。

科学观察是科学研究的基石，可以独立使用，也可以与其他研究方法（如实验、模型构建）等结合使用。有效的科学观察要求观察者具有客观性、系统性和精确性，以确保收集的数据具有可靠性和真实性。

8.1.1.2 类型

科学观察的基本类型主要包括以下四种：

①定性观察。定性观察（qualitative observation）侧重于描述现象的属性、特征或变化，而不依赖于数值测量。定性观察通常用于初步研究或当事物的量化不可行或不必要时，如观察植物的生长状况或动物的行为模式。

②定量观察。定量观察（quantitative observation）与定性观察相对，侧重于使用数值和测量来记录现象。这种观察可以提供更精确的、可比较的数据，适用于需要统计分析或数学建模的情况，如测量温度、计算生物种群的数量等。

③控制观察。控制观察（controlled observation）是在实验室或特定环境中进行的，研究者可以操纵和控制实验条件。这种类型的观察允许研究者精确测试假设和理论，通过控制变量来探索因果关系。

④自然观察。自然观察（naturalistic observation）是在自然环境中进行的，不对现象进行任何人为干预。这种观察法允许研究者在真实环境中收集数据，非常适用于研究动物行为、生态系统的动态等领域。

每种观察类型都有其特定的应用场景和优缺点，要根据研究的具体需求选择合适的观察方法。科研人员通过结合这些不同类型的观察方法，可以获得关于研究对象更全面、更深入的理解。

8.1.2 科学观察行为特征

8.1.2.1 基本特征

科学观察是系统使用感官或工具收集关于自然现象或实验条件的数据和信息的过程，其基本特征如下：

（1）系统性

科学观察不是随机或偶然进行的，而是一个有计划、有组织的过程，是基于明确的研究目标和方法论，确保观察过程和数据收集具有系统性和一致性。

例如，长期生态研究（LTER）项目是一个跨国的科学研究计划，目的是通过长期的观察来理解生态系统的动态变化，涵盖不同生态系统，包括森林、湿地、草原和海洋等。科学观察的系统性具体体现在以下三个方面：

①计划与组织。LTER 项目非常有组织和系统性，涉及广泛的预先计划和设计。研究团队首先会设定具体的研究目标，如研究气候变化对某一特定森林生态系统的影响。随后，根据这些目标，设计一系列标准化的观察方法来收集数据，如温度、降雨量、植被覆盖率和生物多样性的变化。

②数据收集。数据收集不是偶尔进行的，而要按照既定的时间表系统执行，如每季度或每年进行一次。这样的安排可以捕捉到生态系统中的季节性变化和长期趋势。所有数据都要仔细记录并存储在数据库中，以便进行后续分析。

③分析与应用。收集到的数据不仅用于验证或构建生态模型，也用于预测未来的环境变化和制定应对策略。如通过分析多年来收集的数据，会发现全球变暖对特定生态系统的影响，这可以帮助政策制定者制定更有效的环境保护政策。

这表明，科学观察的重要性不仅在于收集数据，还在于如何通过组织和计划来提高数据的质量。

（2）目的性

科学观察是实现特定的研究目的而进行的，如测试一个假设、收集关于某个现象的数据或寻找新的研究问题。观察的目的在于提供科学研究所需的信息和证据。

例如，霍桑效应（Hawthorne effect）的研究。在研究目的和假设方面，霍桑效应的研究原始目的是测试工作环境变量（如照明强度）对员工工作效率的影响。研究假设是环境改善将直接提高员工的生产力。

在观察过程中（1924—1932 年），霍桑工厂的研究团队进行了一系列实验，系统地改变工作场所的照明条件，观察这些变化如何影响员工的工作效率。研究人员记录了各种环境设置下员工的表现，以便分析照明变化对生产力的影响。

在发现新问题方面，令研究者意外的是，研究人员发现无论照明强度提高还是降低，员工的生产效率似乎都有所提高。这一观察结果导致了霍桑效应的识别，即员工知道自己被观察，则会改变他们的行为。因此，这项研究不仅测试了原始假设，还意外发现一个新的心理社会现象，即员工对于正在被观察这一事实的反应，而不仅仅是环境变化本身，也能显著影响生产效率。

霍桑通过系统的观察提供了重要的科学信息和证据，这不仅挑战了原有的假设，还引发了工业心理学和组织行为学领域进一步的研究。研究表明，员工的工作表现受到多种因素的影响，包括心理状态和感知到的关注等。

因此，科学观察的重要性不仅在于验证预设的假设，而且在于能够揭示出乎意料的现象和新的研究问题。

（3）客观性

科学观察强调客观性，即观察者需要尽量减少个人偏见和主观感受对观察结果的影响。这要求观察者进行精确记录，使用可量化的方法如数值测量，并在可能的情况下采用盲法或双盲法来增强数据的客观性。

例如，医学研究中常用的双盲法临床试验。由于新药的效果和安全性评估极其重要，所以为确保结果客观性并减少偏见对研究结果的影响，常采用双盲法。这种方法旨在消除患者和研究人员预期效应，从而提供更可靠的数据。

在实施过程方面，在双盲临床试验中，既有参与试验的患者，也有实施治疗的医生，他们都不知道患者接受的是实验药物还是安慰剂。这种安排是为了避免患者的心理预期和医生的潜意识偏好影响治疗效果的观察和记录。

在数据记录客观性方面，试验过程中，所有的观察结果都需要按照预先设定的标准进行精确记录，包括患者的症状变化、生物标志物的测定等，所有这些数据都要进行量化分析。这样的记录方式有助于实现数据的客观比较和分析。

在结果分析方面，试验结束后，通过对比实验组和对照组的数据，研究者可以客观评估药物的有效性和副作用。实验的设计排除了参与者和研究者双方的偏见，因此得出的结论更加可靠和客观。

（4）可重复性

科学观察的结果应当是可重复的，即其他研究者在相同或类似的条件下应能得到一致的观察结果。可重复性是确保研究可靠性和有效性的核心原则。

例如，物理学中的重力波检测。1916 年，爱因斯坦在广义相对论中预测，重力波是宇宙中的质量变化快速移动（如黑洞和中子星的合并）而产生的时空扰动。2015 年，这一预测才由 LIGO 即激光干涉引力波天文台科学合作组织实际观测到，成为重大科学突破。

在观测过程中，LIGO 实验设计涉及两个地理位置分离的观测站（即一个在华盛顿州，另一个在路易斯安那州），两地几乎同时记录到重力波事件。这种设计是为了确保观察结果的可靠性和可重复性，通过在不同地点使用相同技术进行同步观测，可以排除地点特有的偶然因素或误差。

在结果确认方面，检测到的信号在两个站点得到了一致的记录。随后，这一发现通过与其他国际合作的引力波探测器（如意大利的 Virgo 探测器）进行数据对比，进一步确认观测结果的准确性和一致性。

这一发现公布后，其他研究团队通过复查 LIGO 的数据和方法论，以及通过尝试在其他引力波探测项目中复制发现，进一步验证了结果的真实性。

这个实例说明，科学观察结果的可重复性不仅对验证新的科学现象至关重要，还对进一步的理论建构和实际应用提供了基础，可以有效构建知识体系，不断推动科学知识的进步。

8.1.2.2 重要作用

科学观察在科学研究中的重要作用突出体现在以下四个方面：

（1）理论的生成和假设的提出

科学观察是科学研究的初步步骤，它为理论的构建提供了基础数据。通过系统观察自然界或社会现象，研究者能够发现新的模式、关系或异常，这些发现往往会激发新的问题和假设，引导科学探索的方向。例如，在生物学中，达尔文对各种物种进行观察，这些观察成为其提出自然选择理论的基础。

（2）实验设计与实施

科学观察对于科学实验的设计和执行至关重要。观察可以帮助科研人员确定哪些因素可能对研究结果有影响，从而在实验设计中作为变量进行控制。此外，观察实验过程中的变量变化和响应，是确保实验数据有效性和可靠性的关键。

例如，化学研究需要探索不同反应条件如温度、压力、浓度、催化剂的存在等因素如何影响特定化学反应的速率和产物。

在实验设计方面，假设一个简单的化学实验，目标是观察不同浓度的硫酸对锌的腐蚀速率的影响。实验设计包括准备几组不同浓度的硫酸溶液，将相同质量的锌片放入每组溶液中，并观察反应速率。

科学观察对于科学实验的设计和执行的重要性具体体现在以下四个方面：

①确定影响因素。在实验前的初步观察，可以帮助确定需要控制的变量如硫酸浓度、锌的质量和形状、溶液的温度等以及实验控制组如不加硫酸溶液中锌片。

②精确记录数据。在实验过程中，观察并记录每组中锌片的溶解速率、生成气泡的数量和速度等，这些数据对于理解化学动力学至关重要。

③调整实验条件。基于观察结果，可能需要调整实验条件，如改变溶液的温度或更换不同浓度的硫酸，以更深入地研究实验条件如何影响反应速率。

④数据有效可靠。通过系统的观察确保数据的可靠性，因为可以检验实验中的偶发事件或错误，确保所有实验重复的一致性和准确性。

这样，观察到的数据使研究人员能够建立反应速率和硫酸浓度之间的量化关系，进一步通过理论模型来解释这种关系，并用于指导实际的工业化学过程，比如在材料加工或废物处理中优化化学用剂的使用。

因此，科学观察不仅是收集数据的过程，还是一个涉及批判性思维和策略调整的动态过程。

（3）理论验证

观察是验证科学理论和假设的主要方法之一。科研人员通过观察预测的现象是否如理论所预期的那样出现来检验理论的正确性。如果观察结果与理论预测不符，则可能会导致理论的修正或重构。

例如，天文学中，科研人员通过对星体运动的观察来验证牛顿的万有引力定律。牛顿的万有引力定律在理论上解释了地球上的物体为何下落以及天体如何在太空中运行。

17 世纪末，人们通过观察行星（如木星和土星）的运动，来检验牛顿万有引力定律的准确性。根据牛顿的理论，行星围绕太阳运动的轨道应该是椭圆形的，而行星的运动速度会随着它们与太阳的距离的变化而变化。

在数据分析方面，通过望远镜和精确的天文仪器，天文学家能够收集行星位置的详细数据。通过数学计算，人们确认了行星的实际运动轨迹与牛顿理论预测的轨迹高度一致。这种一致性不仅验证了万有引力定律，也加深了人们对太阳系动力学的理解。

在理论修正方面，后续观察发现某些行星轨道如水星的预测与实际观测不完全符合时，研究人员开始寻求理论的修正。这最终促进了相对论的发展，爱因斯坦的理论提供了更精确的描述，解释了这些轨道的异常现象。

这说明，科学观察是验证科学理论和假设的主要方法之一，观察结果会直接影响理论的修正或重构。

（4）新技术和方法的推动

为了更精确地进行科学观察，往往需要开发新的技术和方法。这些技术不仅提高了观察的精度和效率，也常常带动其他科学领域的技术革新。

例如，电子显微镜的发明就极大地推动了细胞生物学的研究。传统的光学显微镜由于受到光波长的限制，其分辨率大约只能达到 200 纳米，限制了人们对更小尺寸结构的观察。随着电子学的发展，人们开始探索使用电子波代替光波进行显微观察。1931 年，德国物理学家恩斯特·鲁斯卡和马克斯·克诺尔发明了第一台电子显微镜。电子显微镜利用电子束来照射样本，并通过电磁透镜聚焦电子束，因为电子的波长远远短于可见光，因此，电子显微镜的分辨率可以达到原子级别，远远超过光学显微镜。这样的精确性和效率，使人们可以观察到细胞内部的复杂结构，如线粒体、内质网、高尔基体等细胞器的详细结构，甚至可以看到病毒和蛋白质的形态。这种观察的精确性不仅为生物学提供了新的结构信息，也使得研究人员能够在分子水平上理解生物过程和疾病机制。

电子显微镜的发明不仅革新了显微观察技术，还推动了其他科学领域的技术发展。如在材料科学中，电子显微镜使得研究人员能够观察材料的纳米结构。在化学中，观察催化剂在反应中的行为变得可能。这些技术进步不仅提升了人们的科学观察能力，也推动科学研究达到新的高度。

这说明，科学观察不仅是收集数据的基础，也是科学探索、验证的基石。

8.2 科学观察的数学本质

8.2.1 科学观察到科学理论

8.2.1.1 因果关系抽象化

科学观察的本质可以被视为观察对象因果关系认识的抽象化过程，涉及从具体现象中抽象出普遍的规律、理解事件和现象之间因果联系。

（1）从具体到抽象

科学观察开始于对自然界或实验条件下具体现象的观察。例如，1609年，伽利略改进望远镜，并开始观测夜空，首次观察到木星。伽利略的观察表明，不是所有天体都绕地球转。这一发现对支持哥白尼的日心说提供了重要证据。1928年，亚历山大·弗莱明注意到一个霉菌——青霉菌，意外污染其细菌培养皿，并且这种霉菌能够杀死培养皿中的细菌。弗莱明发现青霉素，是现代医学中非常重要的一步。

这说明，科学观察是理解自然规律的第一步，通常从对现象的基本注意和记录开始，然后逐步发展为系统的研究。这些发现背后的观察不仅仅是一个现象，更重要的是能从中提出问题并进行科学推理。

（2）识别因果关系

科学观察的目标之一是确定变量之间的因果关系。例如，路易·帕斯特（Louis Pasteur）通过一系列精心设计的实验，证明微生物在疾病传播中的作用。其实验包括让生物体在无菌和有菌的环境中生长，并观察它们的生长情况。这些观察帮助他建立了微生物和疾病之间的因果关系，从而推翻了当时流行的“自生说”，即生物可以从无生物自发生成。门捷列夫通过观察化学元素的属性如原子量和化学性质，发现元素按照原子量排序时表现出周期性的性质变化。这不仅表明元素之间存在相关性，还推测某些未发现元素的存在和它们的性质，从而确定了元素属性和其原子量之间的因果关系。

这说明，通过系统观察变量在不同条件下改变情况，可以推断这些变量之间是否存在因果联系以及这种联系的性质。

（3）发现模式和规律

科学观察通过重复和系统化的方法，发现自然界中的模式和规律。这些模式和规律通常被进一步抽象化并表述为科学理论或法则。

例如，18 世纪 70 年代，约瑟夫·普利斯特利（Joseph Priestley）利用聚焦阳光加热含空气的玻璃瓶，并观察其化学反应及对空气的影响。1774 年，普利斯特利通过这种方法发现一种新气体，即氧气。普利斯特利注意到，有些物质在封闭空间加热时，能增加空气中的某种成分，使火焰燃烧更旺或使小动物呼吸更顺畅。

通过重复实验并记录各种物质对空气性质的改变，普利斯特利发现了“脱磷酸化空气”，即氧气，具有支持燃烧和呼吸的独特性质。这一发现揭示了气体成分对燃烧和呼吸的影响，是化学史上的重大突破，也是现代化学的基石之一。

重复实验和细致记录、控制变量和重复观察，至今仍是科学研究的核心。

（4）理论建构和验证

通过抽象化的过程，科学观察可以为科学理论的建构和验证奠定基础。观察到的现象和因果关系成为理论假设的出发点，而这些假设随后又通过进一步的观察和实验进行测试和修正。

例如，1831 年，迈克尔·法拉第发现了电磁感应现象，即通过改变磁场可以在导体中产生电流。该实验使用铁环和两组线圈，当一组线圈通电时，另一组线圈中产生电流。这一发现不仅是实验记录，更是从具体现象到抽象概念的过渡。

法拉第通过实验继续探索电和磁的相互作用，提出了电磁场的概念，揭示电磁效应是通过空间中的场来传递的，而非神秘的直接作用力。这一全新思想改变了人们对电和磁的理解，为麦克斯韦电磁理论和爱因斯坦相对论奠定了理论基础。

法拉第没有止步于实验现象，而是提出了场的概念，使电磁学从经验规律转化为系统化科学理论。因此，科学观察不仅是现象记录，更是通过抽象化来理解自然界复杂因果关系的方法，是科学方法论的核心。

8.2.1.2 数学哲学指导

数学哲学指导的科学观察具体体现在以下两个方面：

（1）理念指导

①数学实体的独立存在。在科学观察中，柏拉图主义认为数学实体是独立于人类思维之外存在的。因此，科研人员会倾向于认为科学定律和数

学公式是对客观现实的准确描述，而不是主观构建。因此，在理论与现实的对应方面，科学观察中的数据和实验结果被视为对现实世界中的数学结构的验证或揭示。例如，物理学中的对称性和守恒定律被认为是自然界中固有的数学规律。

②符号操作的规则性。形式主义认为科学观察中使用的数学和逻辑表达式被视为符号体系，这些体系是按照严格的规则操作的。科研人员在分析数据和构建模型时，遵循严格的形式逻辑和数学推理规则。因此，在模型和假设的构建方面，科研人员构建和使用数学模型来解释观察结果，强调符号体系内部的一致性和逻辑性。符号体系形式主义指导下的科学观察注重理论模型的形式结构，而不一定要求这些模型与现实世界有直接的对应关系。例如，量子力学中的波函数，是一个复杂的数学对象，在希尔伯特空间中演化。波函数本身并不直接对应现实中的物理量，而是通过概率解释来关联实验观测。

③构建与验证。直觉构造主义认为科学观察是一个构建和验证的过程。在这一过程中，通过实验和观察逐步构建出数学概念和模型，这些概念和模型是科研人员直觉和经验的产物。在数据解释方面，科学观察结果被视为科研人员直觉和思维的建构，强调观测结果的主观性和相对性。直觉构造主义者认为，科学知识随着科研人员的积极构建和解释过程逐步发展。例如，19 世纪初，数学家们如高斯、罗巴切夫斯基等，通过对欧几里得几何公理的修改，构建了非欧几里得几何。

（2）综合运用

①数据分析。在进行实验和观察时，科研人员会使用数学模型来分析数据。柏拉图主义认为这些模型是对现实的反映，符号体系形式主义强调模型的逻辑一致性，直觉构造主义则关注模型构建的过程和直觉合理性。

例如，麦克斯韦的电磁场理论。在柏拉图主义指导下的科学观察中，在电磁场方程组研究方面，麦克斯韦将电和磁的现象统一到一组数学方程中，这些方程不仅在形式上优美，而且被认为是对自然界电磁现象的真实描述，具体体现在：麦克斯韦的方程预言了电磁波的存在，这一预言后来得到了赫兹实验的验证，进一步支持了柏拉图主义观点，即数学模型能够真实反映自然界的规律。

在符号体系形式主义的指导下，在数学自洽性方面，麦克斯韦方程组被视为一个完整的符号体系，其内部逻辑一致性和数学完备性得到了广泛认可，具体体现在：科研人员对麦克斯韦方程的分析和应用，更多关注的是方程组的形式结构和符号操作，而不一定要求这些方程在所有情况下都有直观的物理意义。

在直觉构造主义的视角下，在构建过程与验证方面，麦克斯韦在构建其电磁理论时，依赖于实验结果和直觉推理，将安培定律、法拉第电磁感应定律等现象通过数学形式结合起来，显示出直觉构造主义的思想。具体体现在：麦克斯韦通过不断的实验和理论推演，逐步构建和验证其电磁场理论，从而显示了科学知识是通过科研人员的主动构建过程而逐步发展起来的。

②模型验证。在模型验证方面，科学观察的结果会用于验证和发展理论。柏拉图主义强调理论与现实的对应；形式主义关注理论的形式结构；构造主义则强调理论发展的过程和科研人员的主观构建。

例如，DNA 双螺旋结构的发现。柏拉图主义指导的理论验证具体体现在：一方面是理论与现实对应，即詹姆斯·沃森和弗朗西斯·克里克提出 DNA 双螺旋结构，被认为是对生物遗传信息真实物理载体的描述，是准确反映 DNA 的分子结构的模型；另一方面是科学实验验证，即通过 X 射线晶体学和其他生物化学实验，验证双螺旋结构的正确性，支持了其与生物现实的对应性。

符号体系形式主义指导体现在：形式结构的逻辑一致性，即 DNA 双螺旋模型的构建依赖于明确的化学和物理原理，其内部逻辑一致性和形式结构受到科研人员的重视。在科学实验验证方面，关注模型的化学键和分子力学的一致性，确保其在分子生物学框架内自洽。

直觉构造主义视角体现在：理论主动构建过程，即詹姆斯·沃森和弗朗西斯·克里克通过直觉推理和对已有实验数据的解释，构建 DNA 双螺旋结构模型。这个过程即科研人员主动构建和发展理论的过程。在科学实验验证方面，模型提出后，通过进一步的实验研究，逐步验证和完善这一结构，显示出科学知识的逐步构建和完善。

这说明，柏拉图主义强调理论与现实的对应性，符号体系形式主义关注理论形式结构和逻辑一致性，直觉构造主义则重视理论构建过程和科研人员的主观构建。

8.2.2 数学抽象建模

8.2.2.1 数学抽象化

从科学观察到科学理论的转变，其基础支撑是数学抽象化过程。这一过程支撑了科学知识的形成和发展，具体体现在以下四个方面：

（1）形式化描述

数学抽象化是以形式化的方式描述观察到的现象和数据。通过将复杂的自然规律转化为数学表达式和模型，科学观察的结果得以精确记录和传达。

例如，1948 年，香农（Claude Shannon）发表了《通信的数学理论》的开创性论文，其中，香农定义了“信息熵”的概念，信息熵作为一个度量信息中不确定性的数学表达，描述如何在有噪声的通道中最有效传输信息。香农使用概率论来形式化描述信息的产生、存储和传输过程，将这一抽象的数学概念与实际的通信系统联系起来。香农的信息熵公式如下：

$$H(x) = -\sum_{i=1}^{n} P(x_i)\log P(x_i)$$

其中，$H(x)$ 表示随机变量 x 的熵，$P(x_i)$ 是变量取特定值 x_i 的概率。

这个公式提供了一种计算信息量的方法，不仅适用于通信技术，也适用于其他领域如密码学、网络理论、经济学等。

香农的信息理论以形式化的方式描述了数据传输中的基本问题。这一理论，不仅奠定了通信系统设计的理论基础，还推动了整个信息科技领域的发展。

（2）数学提炼

数学提炼是指运用数学工具和方法从科学观察中识别模式和规律，利用统计分析、几何建模和代数表达等数学手段，从数据中提炼出普遍性的原理。

例如，1895 年，皮尔逊（Karl Pearson）创立皮尔逊积矩相关系数（Pearson correlation coefficient），这是一种评估两个量化变量间线性关系的统计方法。皮尔逊的相关系数通过以下数学表达式进行定义：

$$r = \frac{\sum (x_i - \bar{x})(y_i - \bar{y})}{\sqrt{\sum (x_i - \bar{x})^2 \sum (y_i - \bar{y})^2}}$$

其中，x_i 和 y_i 是两个变量的观察值，$\bar{x}$ 和 $\bar{y}$ 是各自的平均值。这个公式不仅表达了两个变量之间的线性关系的强度，还表达了其关系的方向。

通过这种方法，皮尔逊能够从实际的科学数据中抽象出变量间数学关系，这对于生物学、心理学、社会科学等领域的研究具有重要意义。如在生物学研究中，相关系数可以用来分析基因表达的相关性。

（3）数学抽象

科学理论的构建往往依赖于对观察数据的深入分析和数学建模。通过数学抽象化，科研人员可以将观察到的现象和规律总结为一套连贯的理论框架，从而对自然世界的运作机制提供系统的解释。

例如，麦克斯韦通过数学抽象化方法，将电和磁的现象相统一，形成麦克斯韦方程组。在此之前，电学和磁学被视为独立领域。麦克斯韦观察到电场和磁场的相互作用，推理它们是同一种自然力的不同表现，并用微积分和场的概念描述这些力在时空中的变化。

麦克斯韦方程组不仅成功解释了已知的电磁现象，还预测了电磁波的存在，直接促进了无线电波的发现和现代通信技术的发展。通过数学模型，麦克斯韦不仅系统解释了电和磁现象，还揭示了光是一种电磁波。

（4）预测与验证

数学抽象化使得科学理论具有预测能力。理论中的数学模型可以用来预测未被观察到的现象，这些预测随后通过实验和观察进行验证。这不仅是理论正确性的检验，也是科学知识进步的重要推动力。

例如，20 世纪 30 年代，珀尔·迪拉克在研究量子力学和相对论性电子理论时，发展了迪拉克方程。方程的解包括意想不到的负能态，这最初让物理学家感到困惑。迪拉克提出，如果存在与普通电子质量相同但电荷相反的粒子，负能态就有了物理解释，这就是迪拉克对正电子的预测。

1932 年，卡尔·安德森（Carl Anderson）在宇宙射线的云室实验中发现带正电荷的粒子，即正电子，证实了迪拉克的预测。这一发现表明，数学模型不仅能解释已知现象，还能预测未观测到的现象。

因此，数学抽象化是科学观察向理论转化的基础，不仅为科研提供了精确的工具，也是科学进步和创新的关键。通过数学抽象化，自然现象得以转化为普遍科学知识。

8.2.2.2 数学关系精确化

科学观察作为对研究对象之间的数学关系认识的精确化过程，体现出科学探究从定性到定量、从模糊到精确的转变。

（1）量化数据的收集

科学观察强调通过测量和记录数值数据来描述现象，使得对研究对象的理解从主观的、定性的描述转变为客观的、定量的分析。

例如，1781年，亨利·卡文迪什通过一系列精密实验测定氢气的密度，并研究氢气与氧气的燃烧反应。卡文迪什发现，当氢气与氧气按一定比例混合并点燃时，会生成水，而且消耗的氢气和氧气的质量与生成的水的质量相等。这不仅证明了质量守恒定律在化学反应中的适用性，还首次定量描述了水的化学组成。

卡文迪什精确测定生成一定质量的水所需的氢气和氧气的比例，确定水是由氢和氧按一定比例组成的化合物。这一发现将化学从主要依靠定性描述的科学转变为可以通过精确测量和数值计算来探索物质性质的科学，使化学研究更加精确和可靠。

（2）数学模型的建立

科研人员会利用收集到的数据，建立数学模型来描述变量之间的关系。这些模型可以是简单的线性模型，也可以是复杂的非线性方程或动态系统模型。这些模型通过数学语言精确表达现象之间的相互作用和依赖。

例如，1842年，克里斯蒂安·多普勒（Christian Doppler）提出了多普勒效应（Doppler Effect）理论，描述波长或频率如何因波源和观察者之间的相对运动而变化。多普勒基于波速、波源速度和观察者速度建立了一个数学模型，该公式能计算出当波源朝向或远离观察者移动时，观察者测得的波长。这一数学模型为多普勒效应的验证奠定了理论基础。最初针对声波提出的这一理论，很快被应用于光波和其他类型的波。在天文学中，多普勒效应用于测量星体的运动速度，是现代天文学和宇宙学研究的基本工具。通过观察星体光谱线的红移或蓝移，科研人员可以确定星体是接近还是远离地球，并计算出其速度。

多普勒效应的发现和数学描述表明，科研人员可以通过收集数据并建立数学模型的方式来描述和预测自然界中变量关系能力，证明了数学模型在解释和预测自然现象中的重要性。

（3）理论预测与验证

数学模型可以进行预测并计算在特定条件下可能出现的结果。科研人员可以通过进一步的观察和实验验证这些预测，并检验模型的准确性和理论的有效性。

例如，1928 年，保罗・狄拉克创立了一个融合量子力学和狭义相对论的新理论，即狄拉克方程，用于描述电子的行为。这个方程在形式上也预测，一种未知粒子具有与电子相同的质量但带有相反的电荷。狄拉克最初对这一结果感到困惑，因为当时还没有观察到这种带正电的粒子，然而通过数学模型推理，狄拉克意识到这种粒子不仅可能存在，而且必然存在。因此，狄拉克大胆预测存在一种与电子质量相同但带正电荷的反粒子。

1932 年，物理学家卡尔・安德森通过宇宙射线验证这一预测。安德森在云室实验中观察到正电子，从而确认狄拉克的理论预测。这一发现是粒子物理学和量子场论的重要里程碑，不仅验证了狄拉克的数学模型，还显示出数学模型在物理科学中的预测力量。

（4）规律发现与抽象化

持续的观察和分析能够帮助科研人员发现更深层次的规律，从特定现象中抽象出普遍的数学规律，加深了科研人员对自然界的整体理解。

例如，约翰内斯・开普勒发现描述行星运动的三个定律，从数学角度总结行星围绕太阳运动的规律，就是基于对第谷・布拉赫留下的精确天文观察数据的分析。这表明，系统的观察和数学分析可以从一系列复杂的天文数据中提炼出简洁的数学规律，这些规律不仅适用于已知的行星，也适用于以后发现的其他天体。这种从特定现象中抽象出普遍规律的方法极大加深了人们对自然界的理解，并推动了现代科学方法的发展。

8.3 科学观察：建立数学模型的基础

8.3.1 循环往复深化

数学模型与科学观察之间是循环往复、相互依存的关系。

8.3.1.1 数学模型的完善

数学模型在其构建和验证过程中，深度依赖于科学观察提供的数据和思考。

（1）数据驱动的模型构建

科学观察提供的数据是数学模型构建的基石。这些数据能够反映自然现象或实验条件下的情况，从而为数学模型提供定量数据，使模型精确描述和预测现象。

例如，1895 年，德国物理学家威廉·康拉德·伦琴（Wilhelm Conrad Röntgen）在实验中发现了 X 射线。伦琴观察到，当电子流通过真空管并撞击物质时，产生了一种能穿透黑纸和其他物质的辐射。这种辐射能在一定距离外使荧光屏发光，并在摄影底片上留下影像。进一步研究发现，这种辐射能穿透人体和其他物体，但被铅等重金属阻挡。伦琴将这种未知辐射命名为“X 射线”。

伦琴的实验提供了关于 X 射线的初步定量数据，如穿透能力和与物质的相互作用方式。这些数据成为构建 X 射线物理数学模型的基础。通过这些模型，人们可以更深入地理解 X 射线的性质，并预测其在医学成像和材料科学等领域的应用。例如，在医学成像中，X 射线能够穿透不同密度物体如人体组织和骨骼；数学模型能预测 X 射线穿透组织时的衰减模式，从而生成体内结构的清晰图像。

（2）观察洞见引导假设形成

除了原始数据，科学观察还能提供对现象深层次理解的理论观点，这些观点可以形成关于现象背后机制的假设。这些假设是数学模型试图验证的理论基础。

例如，20 世纪中叶，墨西哥天文学家吉列尔莫·哈罗（Guillermo Haro）首次观察并确认恒星形成区域内的特殊天体——哈罗天体（Herbig-Haro objects）。哈罗和同事发现这些发光的小云块与新生恒星的活动有关。通过光谱分析，哈罗获得些天体的成分和物理条件数据，并注意到它们显示出异常的高速度和能量输出，超过当时已知的任何恒星现象。

这些观察结果提供了对恒星形成早期阶段动态过程的深层理解。哈罗的观察推动了恒星形成理论的发展，特别是关于年轻恒星通过物质喷射失去角动量的假设。科研人员通过这些观察和分析，推测出年轻恒星周围的物质喷射是恒星形成过程中重要的物理过程之一。这种现象在后来的理论模型中得到了进一步确认和细化，通过星际物质的相互作用解释了恒星形成区域中复杂的动力学行为。

因此，哈罗不仅提供了恒星形成区域中特定天体的原始数据，还为理解恒星形成的物理机制提供了关键的理论观点，极大推动了天文学和宇宙学中恒星形成理论的发展。

（3）验证与调整模型

数学模型的有效性需要通过与新的科学观察数据进行比较来验证。

例如，19世纪初期，光的波动理论的创立。1801年，托马斯·杨（Thomas Young）进行了著名的双缝实验，观察到光通过两个小缝时在屏幕上形成一系列亮暗条纹。这一干涉现象难以用当时流行的光的粒子理论解释。杨提出，这种条纹是光波相遇并产生相长或相消的干涉效果。其实验为光的波动理论提供了直接证据。

随后，法国物理学家奥古斯丁·菲涅尔（Augustin-Jean Fresnel）进一步发展了光的波动理论，通过数学模型详细描述了光波在不同介质间的折射和反射。菲涅尔的模型精确预测了光波遇到障碍物时的行为，包括衍射现象。菲涅尔设计了一系列实验来验证这些数学模型，包括复杂的衍射和干涉实验，结果与其理论预测吻合。这些实验验证了其模型的有效性，促进了光的波动理论的普及，最终取代牛顿的光粒子理论，成为描述光现象的主流理论。

因此，数学模型的建立和验证是一个动态过程，需要通过不断的新实验和观察来确认其准确性。

（4）迭代优化

科学观察和数学模型之间形成了一个迭代循环。随着新的观察数据和洞见的出现，模型不断被调整和优化，以更好地反映现象的本质。这一过程增强了模型的预测能力和解释力。

例如，20世纪初，海上船只记录了太平洋东部海面温度的变化。20世纪40年代，人们开始注意到这些海温变化与大气压力模式的关联，这种关联后来被称为“南方涛动”。20世纪50年代，美国气象学家雅各布·布约克尼斯（Jacob Bjerknes）提出厄尔尼诺与南方涛动之间的相互作用理论，认为这是一个复杂的海洋-大气相互作用系统。

为了理解这种现象，科研人员利用海洋和气象卫星数据、浮标等监测工具进行广泛观察，并通过数学模型进行分析，以预测厄尔尼诺事件的发生和持续时间。初期模型较为简单，主要依据统计关系预测。随着计算机技术的发展和对海洋大气系统理解的深化，科研人员开发了更复杂的动态模型，模拟海洋和大气之间的物理过程。新的观察数据不断用于测试和改进这些模型，提高了预测的准确性。1997年，强厄尔尼诺事件的成功预测显示了数学模型的进步。

初始科学观察可以为科研人员提供基础数据，科研人员基于这些数据建立初步数学模型；随后，新的观察数据被用来验证和改进这些模型，而更精确的模型又进一步指导更有针对性的观察。因此，数学模型的构建、验证和完善过程密切依赖于科学观察的数据和洞见。通过这种依赖关系，数学模型能更准确反映和预测自然界的复杂现象，为科学研究和技术发展提供强有力的工具。

8.3.1.2 科学观察的迭代

数学模型可以指导对科学观察的作用，具体体现在以下四个方面：

(1) 指导观察

数学模型提供对未来观察和实验的预测，指出应该关注的特定条件、变量和潜在的新现象。

例如，孟德尔的遗传学实验和遗传规律的发现：19 世纪末，奥地利修道士格雷戈尔·孟德尔通过对豌豆植物的杂交实验，发现了基因的传递规律。孟德尔观察到，豌豆的颜色和形状等特征在后代中以特定比例出现，这与当时的混合遗传理论相矛盾。经过多年实验，孟德尔归纳出孟德尔遗传定律，特别是分离定律和独立定律。

孟德尔的发现不仅总结了观察数据，还建立了数学模型来预测未来实验结果。这些模型预测，如果继续进行豌豆植物杂交实验，特定特征如颜色和形状将继续遵循相同的遗传规律。这些预测指导了后续的遗传实验，并逐步验证了孟德尔定律的普遍性。此外，孟德尔的模型揭示了研究遗传现象时应关注的变量，如基因型、表型及其在后代中的表现比例。这些理论引领了后续对遗传交互作用、连锁现象以及基因和环境因素相互作用的研究。

因此，孟德尔数学模型预测性和指导性显示出科学模型在引导未来研究的关键作用，有助于设计更有针对性的观察和实验，探索模型尚未涵盖的新领域。

(2) 构建理论框架

数学模型为科学观察提供了理论框架，能够帮助解释观察到的现象。

例如，热力学第二定律及克劳修斯和卡诺的数学表述。热力学第二定律最初由尼古拉·卡诺（Nicolas Carnot）提出，他通过卡诺循环理论描述了热机在高温和低温间转移热量时的能量效率理论极限。卡诺循环理论指出，任何热机的效率不能超过由工作物质的温度决定的理论最大值，且只能在可逆过程中达到这一效率。

随后，鲁道夫·克劳修斯（Rudolf Clausius）发展了热力学第二定律，他引入了“熵”的概念，作为衡量系统无序度的量。克劳修斯通过熵的概念表示热力学第二定律，表明在封闭系统中，总熵永远不会减少，这意味着自然过程是不可逆的，总是朝向熵增的方向发展。

这些数学模型帮助科研人员深入理解各种热力学过程，如热量自然从高温流向低温，以及能量转换形式的效率差异。这些理论不仅在基础物理学中起到核心作用，也对工程学、化学、生物学等领域的实际应用产生深远影响。

热力学第二定律及其数学模型的发展，显示出数学模型在科学观察和理论构建中的基础性作用，使得观察不仅是数据收集，而且是对现象深层机制的理解。

（3）发现新现象

通过数学模型的预测和指导，科学观察可能揭示模型中未考虑的新现象或规律，这些发现反过来又可以促进新模型的构建和旧模型的修正，推动科学发展。

例如，爱因斯坦广义相对论对牛顿万有引力定律的修正及其预测。1915 年，爱因斯坦提出广义相对论，其核心思想是重力由物质引起的时空弯曲所致，而非物体间的力。这一理论提供了数学模型，预测了牛顿力学无法解释的现象，如引力透镜效应、光的引力偏折和行星轨道的进动。

爱因斯坦预测光线在经过大质量天体如太阳附近时会被弯曲，这一现象是牛顿理论未曾预见的。1919 年，天文学家亚瑟·爱丁顿在日食期间观测到星光路径确实在经过太阳附近时被弯曲，验证了爱因斯坦的预测，显示了牛顿万有引力定律的局限性。广义相对论还成功预测了水星轨道的进动，解释了之前理论无法完全解释的天文观测数据。

这些成果不仅显示出数学模型在科学发现中的重要性，也揭示了数学模型的预测与科学观察验证之间的互动是推动科学知识前进的重要动力。

（4）验证和精确化

科学观察的结果用于验证数学模型的预测，这是模型精确化和理论验证的关键步骤。验证和精确化是指，观察结果与模型预测的一致性评估模型的有效性，并指出需要进一步研究或改进的领域。

例如，量子力学发展过程中，海森堡不确定性原理的提出和实验验证。1927 年，德国物理学家维尔纳·海森堡提出不确定性原理，认为在量子尺度上粒子的位置和动量不能同时被精确测定。海森堡指出，测量粒子位置会不可避免干扰其动量，反之亦然。

海森堡的不确定性原理需要基于理论计算和量子力学的基本假设。该原理通过多种实验验证。实验结果证实了海森堡的预测：粒子的波动性质使其具有固有的不确定性。

这些实验不仅验证了不确定性原理的正确性，也验证了量子力学的整体框架。通过科学观察，科研人员确认了量子力学基本方程和预测模型的精确性和适用范围。

这个例子表明，科学观察应用于验证数学模型的预测时，是模型精确化的关键步骤，也是整个理论体系验证过程的核心环节，能够不断推动科学进步。

通过这种循环往复的过程，科学观察和数学模型相互促进，共同推动了科学理论的深化和拓展。数学模型的构建和应用不仅增强了科研人员对科学观察结果的理解，也指导了新的观察方向，推动了科学发现的进程。这表明，数学模型在科学研究中起到了桥梁和催化剂的作用，是连接理论和实践、推动科学进步的关键工具。

8.3.2 数学建模：科学观察的目标

8.3.2.1 基本目标

科学观察和数学建模是现代科学研究中两个互相促进的重要部分，共同推动数学模型的优化和科学理论的发展。推动数学模型优化的基本目标如下：

（1）验证和修正理论

科学观察提供了实验数据和实际现象的详细记录，这些数据可以用来验证数学模型的准确性和适用性。数学模型能够准确预测或解释观察结果时，就被认为是有效的。反之，如果观察数据与模型预测不符，则可能促使科研人员修改模型或理论，旨在更准确地反映客观现实。

（2）推广和泛化现象

数学建模帮助科研人员从具体的观察中抽象出普遍规律，通过构建广义的模型来描述广泛的现象。例如，通过对特定化学反应进行观察后，科研人员可以建立数学模型来描述和预测其他类似反应的行为。

（3）预测未知现象

数学模型的一个核心优势是预测尚未观察或无法直接观察的现象。通过在现有科学观察基础上建立的模型，科研人员可以探索新的实验设计或预测新的自然现象。例如，天体物理学中的模型可以预测行星运动或黑洞的行为，即使这些现象在直接观察上存在限制。

（4）优化实验设计和策略

科学观察往往需要大量的资源和时间，有效的数学模型可以优化实验设计，预测实验结果，从而减少不必要的实验步骤。此外，模型可以指导实验中变量的选择和控制，提高实验效率和结果的精确性。这种优化不仅节省了资源，也提高了科学研究的效率和质量。

通过这些相互作用，科学观察和数学建模共同推动了科学知识的深化和技术的进步。数学模型的不断优化与科学观察的精细化，是现代科学研究的重要动力。

8.3.2.2 关键步骤

（1）识别问题和收集数据

识别问题和收集数据是指通过观察和实验收集与科学问题相关的数据。在这一步骤中，清晰定义问题和识别影响因素是至关重要的。

例如，20世纪初，输血技术存在重大安全问题，因为不同病人的血液直接转输可能会导致严重的免疫反应甚至死亡。奥地利科学家卡尔·兰德斯泰纳（Karl Landsteiner）发现了这一问题，并系统研究人类血液的性质。

通过在实验室将不同人的血液样本进行混合，兰德施泰纳发现血液不兼容性源于血液中存在特定的抗体和抗原。他将这些抗体和抗原分类，最终确定A型、B型和O型三种主要血型。这一分类解释了为什么某些血液在输血时会引起反应，而另一些则不会。兰德施泰纳的发现立即改变了输血实践，使医生在输血前可以测试并匹配合适的血型，极大地提高了输血安全性和成功率。此外，血型系统发现对法医学、遗传学研究以及理解人类免疫系统等方面也产生了深远影响。

因此，兰德施泰纳的研究显示出识别问题和数据收集的重要性。

（2）确定关键变量

确定关键变量指是从收集的数据中分析和识别出对问题有显著影响的关键变量。这些变量是构建数学模型的基础。

例如，1896年，法国物理学家亨利·贝克勒尔（Henri Becquerel）研究含铀化合物在阳光照射下的磷光行为时，发现即使没有阳光照射，某些化合物也能在摄影底片上留下影像。贝克勒尔通过一系列实验排除了光照、温度等因素的影响，确定放射性现象与铀元素有关。

贝克勒尔将不同的铀化合物和其他磷光材料放在未曝光的底片上，置于黑暗中。结果显示，只有含铀样本能在底片上产生影像，而且这种效应与样本是否暴露在阳光下无关。通过分析这些数据，贝克勒尔确定放射能是铀独有的性质，并非由外界条件引发。

贝克勒尔的发现揭示了一种全新的自然现象——放射性，即从原子内部产生的能量释放过程。贝克勒尔不仅定义了放射性这一新概念，还催生了后续的研究，包括居里夫人对放射性物质的研究和原子核物理学的发展。

这表明，通过排除无关因素并集中研究核心变量，科学方法在发现和定义新现象中起到了核心作用。

（3）构建数学模型

构建数学模型是指根据对问题的理解和关键变量之间的关系，建立数学模型。这涉及使用数学符号和表达式来描述这些变量之间的关系。

例如，1757 年，欧拉提出的欧拉方程对流体动力学方程的贡献。

欧拉首先识别了描述流体运动的关键变量，包括流体的速度、压力以及流体密度，然后探讨了这些变量之间的相互作用和变化规律。通过这些关键变量，欧拉建立了一套数学方程，能够描述流体在不同情况下的行为。

欧拉方程如下：

$$\frac{\partial u}{\partial t} + (u \cdot \nabla) u = - \frac{1}{\rho} \nabla p + f$$

其中，u 是流体速度场，ρ 是流体密度，p 是流体压力，f 是作用在流体上的外力，如重力。

这些方程使用数学符号和表达式来描述了速度、压力和密度之间的关系，以及它们是如何受到外力影响的。

通过这些方程，欧拉不仅提供了一个强大的工具来从理论上预测流体在给定条件下的行为，而且也为后续的科研人员提供了一个框架，用以进一步研究更复杂的流体动力学问题，如考虑黏性的纳维-斯托克斯方程。欧拉方程的提出标志着流体力学从经验模型向理论和数学模型的重要转变。

（4）验证和优化模型

验证和优化模型是指使用额外的数据或实验结果来测试模型的准确性

和有效性。根据结果对模型进行必要的调整和优化，可以确保准确反映现实世界的情况。

例如，珀金杰-罗勃逊定律的发现和验证。20世纪初，珀金杰和罗勃逊观察了不同类型恒星的光谱特征，特别是氢的巴耳末线系列的强度变化。他们注意到这些光谱线的强度与恒星的表面温度有关，并呈现出特定的模式。基于这些观察数据，珀金杰和罗勃逊提出了描述这种关系的数学模型，即珀金杰-罗勃逊定律。

为了验证模型准确性和有效性，珀金杰和罗勃逊使用更先进的光谱仪做了进一步观测，并覆盖更多的恒星类型。他们通过这些额外数据，验证模型的预测，并对其进行必要的调整和优化。后续观测确认了珀金杰-罗勃逊定律的基本准确性，帮助天文学家更好地理解恒星表面温度与氢线光谱特征之间的关系。

此外，这一定律的验证和优化过程也揭示了模型的局限性，如不能适用于特定类型的变星或非常年轻的恒星。这些发现促使科研人员进一步研究恒星光谱的复杂性，推动了光谱学和恒星物理学的发展。

因此，珀金杰-罗勃逊定律的发现和验证过程显示：科学模型建立后，还要经历通过额外数据或实验结果测试和优化模型的过程。这不仅提升了模型的实际应用价值，也促进了科学理论的进一步完善和发展。

第9章　数学模型：创立科学假说的心脏

数学模型不仅是对自然界的描述，更是科学假说的基础，它们引导我们理解并预测现象。

——詹姆斯·克拉克·麦克斯韦（James Clerk Maxwell）《热学理论》(1871)

数学模型是科学假说的心脏，没有模型，假说只是一堆未经验证的想法。

——亨利·庞加莱（Henri Poincaré）《科学与假说》(1902)

9.1　科学假说的本质与形成

9.1.1　科学假说的本质和作用

9.1.1.1　定义和本质

(1) 定义

科学假说（hypothesis）是一个基于有限的证据提出的初步解释，用于对一个科学问题做出可测试的预测，指出两个或多个变量之间预期数学关系的判定命题。科学假说应当是具体的、可测试的，并且可以通过实验或进一步的观察来验证其正确性。

在科学研究过程中，假说扮演着至关重要的角色，不仅提供了研究的方向和焦点，还定义了实验的设计和目标。科学假说通常基于现有的知识体系，如理论、以往的研究成果或观察经验，并且能引导科研人员进行有意义的实验来探索未知的自然现象或验证理论概念。

科学假说的最终目标是通过科学方法的应用——包括实验验证、数据收集和分析——来证实或否定。这一过程不仅可以验证假说本身，也能够增进人们对自然世界的理解，推动科学知识的发展。

例如，达尔文在《物种起源》中提出自然选择假说，解释了生物进化的核心机制。该假说认为，生物种群中的个体存在变异，有利于变异的个体生存并繁衍。随时间推移，这些变异积累导致新物种形成，从而改变了人们对生物多样性和生命演化的理解。

爱因斯坦的相对论假说包括狭义相对论和广义相对论。狭义相对论的核心是物理定律在所有惯性参考系中相同，而广义相对论将重力视为时空的曲率，这些理论彻底改变人们对时间、空间和重力的看法。

维尔纳·海森堡提出的不确定性原理，表明我们无法同时准确知道一个粒子的位置和动量。这是量子力学的基础，极大地影响量子力学及其在多个科学领域的应用。

这三个假说不仅显示出科学思想的重大进展，也标志着生物学、物理学和量子科学新纪元的开始。

（2）本质

科学假说的本质是提供一种可测试的解释或预测，旨在解答科学问题或探索自然现象之间的关系，是基于现有的知识、观察或理论推导，形成对未知现象的初步理解，指出可能的因果关系或模式。科学假说包括以下三个关键特征：

①可测试性。假说必须能够通过实验或进一步的观察进行验证或反驳，这意味着它应当是具体和明确的，以便科研人员设计实验来验证其有效性。

例如，爱因斯坦提出的关于光电效应的假说，说明光由光子组成，其能量与频率成正比。19 世纪末，关于光的本质的学说有波动论和粒子论。1905 年，爱因斯坦为解释光电效应，提出了光子的概念，即光照射到金属时电子会被释放，这个过程与光的频率有关，而与强度无关。通过实验验证光的量子性，爱因斯坦的假说得到支持，为量子物理学发展奠定了基础，并使他获得 1921 年诺贝尔物理学奖。科学假说的可验证性是科学方法的核心，能够确保科学理论的可靠性和进步。此外，科学假说应建立在现有科学知识和实证数据上，以保证其科学性和合理性。

这个实例表明，有效的科学假说不仅仅是对未知的随意猜测，而应该是基于充分的科学知识和实证数据的设想。

②假说性。科学假说本质上是一种假定，可能被证实也可能被证伪。这种不确定性是科学探索的一个重要方面。

例如，黑暗物质假说就是可能被证实也可能被证伪的科学假说。20 世纪初，天文学家发现星系边缘旋转速度远超预期，与牛顿万有引力理论不符，即星系外围以与中心相似的速度旋转。为解释这一现象，天文学家提出“黑暗物质”假说，认为存在一种不发光不吸收光的看不见物质，通过引力影响星系旋转。虽然尚未直接观测到黑暗物质，但多种间接证据支持其存在。黑暗物质假说对宇宙学、粒子物理和天文学的研究具有重要影响，推动了宇宙标准模型的发展。

③探索性。提出新的假说并通过实验或数据分析来测试这些假说，能够不断探索未知、验证理论、发现新现象，从而推动科学的发展。

例如，路易·巴斯德的生物生成理论实验。19 世纪，自发生成生命理论，即生命可从非生命物质自发产生，是被广泛接受的观点，如腐肉能自动产生苍蝇，污水能生出微生物等。然而，路易·巴斯德对此表示怀疑，并提出相反的假说“生命只能来自生命”。

为验证这一假说，巴斯德设计了一个著名实验，使用“S”形弯曲颈部的特制瓶子，允许空气进入但阻止微生物进入。巴斯德在瓶中放入肉汤并煮沸杀死所有微生物后进行观察。实验表明，只要瓶颈完整，肉汤即使长时间放置也不会出现微生物。但当瓶颈被打破，让空气中微生物接触肉汤时，肉汤很快出现微生物生长。巴斯德的实验成功证伪了生物生成理论，证实“生命只能来自生命”，为微生物学和无菌技术发展奠定了基础，成为现代生物科学和生物技术的基石。

因此，科学假说的本质在于它是一种启动科学研究过程、引导实验设计和数据分析、通过其验证或否定来积累新知识的工具。它是科学方法论的一个基本组成部分，对于科学知识的生成和验证至关重要。

9.1.1.2　功能与作用

科学假说在科学研究过程中具有重要价值，具体体现在以下五个方面：

（1）指导研究方向

科学假说提供了研究的具体方向和目标。科学假说基于观察、先前的研究或理论推导，指出希望验证的特定关系或现象，从而聚焦特定的研究问题。例如，亨利克·洛伦茨的磁场影响光电导性假说。19 世纪末至 20 世纪初，电磁理论得到了深入研究，基于法拉第和麦克斯韦的工作，亨利克·洛伦茨提出一个关于磁场如何影响物质中电荷载流子的假说，进而改变物质的光电导性。为验证此假说，洛伦茨和其他科研人员进行了多项实验，包括测量不同磁场强度下的物质光电导性。实验结果表明，施加磁场后，光电导性确实发生变化，与洛伦茨的假设一致。这些发现不仅证实了洛伦茨的假说，也推动了固态物理学的发展，特别是光电效应和电磁理论的结合，为半导体技术和量子物理学的进一步发展奠定了理论基础。

这个研究说明，科学假说不仅指出希望验证的特定关系或现象，而且聚焦具体研究问题，使研究更加有方向和效率，从而推动相关科学领域的发展。

（2）预测可能结果

假说是对实验或研究结果的预测，描述独立变量对因变量可能产生的效果。这种预测性质使研究者在实验或观察前有一个明确的期望，从而更好地设计研究方案。

例如，心理学中的斯特鲁普效应实验。斯特鲁普效应（Stroop effect）是心理学中的一个经典现象，描述了当颜色词汇的打印颜色与其含义不一致时，人们识别打印颜色的反应时间会延长。其中，当“红色”以绿色墨水打印时，人们识别墨水颜色的时间比颜色与词义一致时更长。

在实验中，假设是：如果文字描述的颜色与墨水颜色不一致，被试者完成识别任务的时间将长于颜色一致的情况。独立变量是“文字颜色的一致性”，因变量是“反应时间”。实验中，一组被试者看到颜色与词义一致的词汇如“红”打印成红色，另一组看到颜色与词义不一致的词汇如“红”打印成绿色。通过比较两组的平均反应时间，通常发现不一致组的反应时间显著长于一致组。这说明处理文字意义的认知冲突需要额外时间，从而验证了假说。

斯特鲁普效应实验强调了假说在科学研究中的作用，即具体预测实验结果，明确描述在特定条件下如何影响因变量。通过这种方式，假说不仅引导实验设计，还有助于解释观察到的现象并深化了对相关认知过程的理解。

（3）影响实验设计

有效的科学假说能够直接影响实验设计的结构，包括如何选择和操纵变量、如何收集数据以及如何评估结果。假说的明确性确保了实验的目的性和高效性。

例如，心理学实验研究了睡眠质量对认知功能的影响。该研究假设较差睡眠质量会削弱短期记忆的能力，将睡眠质量作为独立变量，将短期记忆能力作为因变量。实验设置包括两种条件：噪音干扰的低睡眠质量和正常安静的睡眠环境。次日通过记忆测试（如回忆单词列表）测量短期记忆。收集数据后，利用 t 检验或方差分析比较两组记忆表现，验证睡眠质量与短期记忆的相关性。

（4）提供检验标准

科学假说为实验结果提供了检验的标准。通过实验或观察验证假说，研究者可以确定假说是否得到支持。这一过程是科学知识积累和发展的基础。

例如，药物对疾病治疗效果的研究涉及明确验证药物有效性及其效果程度。科学假说是："新药 A 可以有效减轻疾病 B 的症状。"实验设计包括实验组和对照组：实验组给予患病 B 的患者新药 A，对照组给予安慰剂或标准治疗。通过症状评分表和生理指标检测量化症状变化，使用 t 检验或方差分析比较两组症状变化。如果实验组症状显著减少，支持假说，表明新药 A 有效；反之，假设可能不成立，需要进一步研究。这个例子表明，科学假说对实验研究具有指导作用，为药物开发和科学研究提供了关键的实验设计和结果检验标准。

（5）生成新的假说

支持或反驳假说的过程可能会揭示新的现象和规律，引导研究者提出新的假说，从而推动科学知识的发展。

例如，1928 年，亚历山大 · 弗莱明在未打算寻找抗生素的情况下发现了青霉素。弗莱明观察到一个发霉的培养皿中细菌被杀死，进而提出霉菌可能产生某种抗菌物质的假设。通过实验，弗莱明发现青霉菌能抑制多种细菌生长，因此将这种物质命名为"青霉素"。这一发现揭示了一种通过生物产生的天然物质抑制细菌生长的新机制，并为后续抗生素研究奠定了基础，推动了科学知识的发展。

9.1.2 科学假说的形成与途径

9.1.2.1 形成

科学假说的形成是一个系统的过程，涉及观察、理论背景、逻辑推理和创新思维，其基本步骤如下：

（1）观察和问题识别

科学假说通常源于对自然世界的仔细观察。科研人员注意到某个现象或模式，可能与现有的理解不符，从而提出一个需要解答的问题。

例如，1831—1836年，达尔文在贝格尔号航海期间在加拉帕戈斯群岛发现，虽然各岛距离不远，但每个岛上的雀鸟等动物种类存在明显差异，特别是喙的形状不同，这与食物获取方式密切相关。这与当时认为物种固定不变的观念相悖，促使达尔文思考物种是否能随时间适应环境而变化，从而提出自然选择理论：适应环境的生物特征会遗传至后代。这一假说挑战物种不变论，认为物种多样性和适应性是自然过程的结果。1859年，达尔文在《物种起源》中详细阐述这一理论，对生物学及其他学科产生深远影响，改变了人们对生命演化和生物多样性的看法。

（2）广泛文献回顾

在提出假说之前，应深入研究相关领域的现有研究和理论。这有助于了解该问题的现状，避免重复别人的工作，并为构建假说提供理论支持。

例如，在提出相对论之前，爱因斯坦深入研究了现有的物理理论和实验结果，特别是麦克斯韦的电磁理论和迈克尔逊-莫雷实验。该实验未检测到预期的以太风，暗示光速在所有参照系中恒定。基于这些理论和实验结果，爱因斯坦提出了狭义相对论的核心假设：物理定律在所有惯性参照系中相同，且光速在真空中与光源运动无关。这挑战了牛顿的绝对时间和空间概念，引入了时间膨胀和长度收缩的新概念。狭义相对论的提出，通过实验如时间膨胀的验证得到支持，彻底改变了对时间、空间和速度的认识，显示出科学理论需要基于理论研究并通过实验验证的重要性。

（3）构建理论基础

构建理论基础是指基于对现象的初步理解和文献回顾，构建一个或多个理论框架来解释观察到的现象。例如，阿尔弗雷德·韦格纳（Alfred Wegener）的大陆漂移理论是基于对地质现象的初步理解和详细的文献回顾而形成的。韦格纳通过将大陆拼接起来，观察到地质结构和化石类型在许多大陆边缘展现出惊人的一致性。通过广泛查阅地质和古生物学数据，韦格纳分析不同大陆上的山脉、化石记录以及古气候证据，发现它们之间存在显著的相似性和连贯性，这些都难以用当时的科学理论解释。

韦格纳因此提出大陆漂移假说，主要假设所有大陆曾是一块超大陆，之后便裂开并漂移到现位置。这一假说解释了大陆间地质结构的相似性、远隔大洋的大陆上相同化石种类的存在，以及现在寒冷地区发现的热带植物化石。这些发现表明，这些地区在过去有过不同的气候和地理位置。大陆漂移理论为后来的板块构造理论奠定了基础，成为地质学中解释地球物理和地球动力过程的核心理论。

（4）提出假说

提出假说是指，结合观察到的现象、已知的科学理论和逻辑推理，提出一个或多个假说，通常以“如果……那么……”的形式表达，以预测不同变量之间的关系或效应。

例如，路易·巴斯德的狂犬病疫苗的发现。19 世纪，狂犬病被视为一旦出现症状便不可治愈的致命疾病，主要通过被感染动物咬伤传播。已成功研发鸡霍乱和炭疽病疫苗的科研人员发现，可以通过接种削弱或死亡的病原体来激发免疫反应。针对狂犬病，巴斯德利用其长潜伏期的特点，提出了一种假设：在病毒达到致命阶段前接种削弱病毒株可以预防其致命效应。

巴斯德通过培养并弱化病毒，并用这些病毒株接种健康动物并观察其对激活病毒的反应，来验证这一假设。实验成功表明，预先接种的动物显示出抵抗力。这一发现为 1885 年人类狂犬病疫苗的成功研发奠定了基础，狂犬病疫苗被首次应用于一位被感染犬咬伤的男孩，并成功防止了病毒发展。

这一例子显示出科学假说是如何基于观察、现有知识和逻辑推理构建的，通过“如果……那么……”的形式来预测并验证变量间的关系。

（5）逻辑推理和假说精炼

逻辑推理和精炼假说可以确保假说既具有可测试性，又符合已知的科学原理，这一步骤可能涉及对假说的多次修正和调整。

例如，海森堡的不确定性原理的发现。20 世纪初，量子力学的兴起揭示了微观粒子（如电子和光子）的行为与经典物理学预测的不同。海森堡在研究这些行为时，特别关注了粒子位置和动量的测量问题。海森堡通过深入分析和逻辑推理，提出了不确定性原理的核心假设：在量子尺度上，粒子的位置和动量不可能同时被精确确定，这一现象反映了自然界的基本性质而非测量技术的局限。

海森堡的初步想法在与尼尔斯·玻尔等物理学家的广泛讨论和理论推

敲后得到了精炼，形成不确定性原理的严谨科学假说。这一原理明确指出位置的不确定性与动量的不确定性的乘积不可能小于一个特定的量子限制值。尽管这一原理在初看可能与直觉和经典物理学相悖，海森堡确保了它与量子力学的其他已知原理相一致，并提供了可通过如电子干涉实验等方式验证的实验预测。海森堡发现不确定性原理过程显示出逻辑推理和科学一致性在假说发展中的重要性。

9.1.2.2 途径

（1）观察与实验

通过直接观察自然界或进行有控实验来收集数据和现象，观察法依赖于对自然界细致入微的注意力和记录，是假说形成的基础。

例如，达尔文在其航海日志中详尽记录了各种生物的特征，包括它们的生活习性、环境适应方式及它们所处的生态位。达尔文还收集了大量标本，这使其能够更仔细比较这些生物的相似性和差异性。基于这些观察，达尔文提出自然选择的概念。

（2）归纳推理

从具体的数据或实例中抽象出一般性的规律或模式。通过分析大量特定情况下的观察结果，以形成涵盖这些情况的广泛假说。

例如，格雷戈尔·孟德尔通过豌豆植物的杂交实验形成了描述遗传现象的假说，这些假说成为现代遗传学的基础。孟德尔精选了七种具有显著不同遗传特征（如花色、豆荚形状和颜色等）的豌豆植物进行研究。通过交叉授粉不同品种的豌豆植物并记录每代的特征，孟德尔积累了大量遗传数据，发现某些特征在第一代中显性表现，而在第二代中隐性特征重新出现。

从这些数据中，孟德尔抽象出了遗传定律——分离定律和自由组合定律。

——分离定律：每个个体有一对遗传因子即基因控制一个特征，这对因子在生殖中分离，每个后代继承其中一个。

——自由组合定律：不同特征的遗传因子在传递给后代时是独立的。

这些定律不仅适用于孟德尔的豌豆实验，还适用于其他许多生物的遗传过程，为遗传学提供了数学模型并阐明了生物特征的传递机制。

（3）演绎推理

从一般原理出发，应用逻辑推导出特定现象的预期结果。演绎推理通常基于已有的理论框架，通过推理过程预测新的现象或行为。

例如，爱因斯坦的广义相对论推广了牛顿的万有引力理论，并预测了包括光线在强重力场中弯曲等多种新现象，这一现象后来通过实验得到验证。广义相对论基于等效原理，该原理认为局部无法区分均匀加速的参考系和处于重力场中的参考系。这扩展了相对性原理至非惯性参考系，并引入时空弯曲概念以描述重力。

使用张量数学和黎曼几何，爱因斯坦将重力描述为物质引起的时空弯曲，并推导出一系列场方程来描述物质如何影响时空结构及其对物体运动的指导作用。1919 年，英国天文学家亚瑟·爱丁顿在日全食期间观察到星光在太阳附近被弯曲的现象，验证了广义相对论关于光的路径受重力影响即重力透镜效应的预测。

（4）类比推理

借助已知现象之间的相似性，将一个领域的知识应用到另一个领域，通过跨学科的知识和创新思维，利用类比的方法发现不同领域之间的联系，可以形成和验证新的科学假说。

例如，麦克斯韦的电磁理论显示出通过类比将不同领域的知识应用于新的科学假说。19 世纪中叶，虽然电学和磁学被广泛研究，但是二者的联系还不明确。受到流体动力学中液体和气体行为的启发，尤其是流体力学中的场概念，麦克斯韦将电磁现象类比为流体运动，提出电力和磁力在空间中传播和相互作用的统一框架，推测电场和磁场可以通过类似流体的波动形式传递，即电磁波。

基于这种类比，麦克斯韦推导出描述电场和磁场相互作用及其与电荷和电流关系的麦克斯韦方程组。这些方程不仅统一了电学和磁学，还预测了可以在真空中以光速传播的电磁波的存在。后来，赫兹实验不仅验证了麦克斯韦关于电磁波的预测，还揭示了光的电磁性质，推动了物理学特别是量子力学和相对论的发展。

（5）偶然发现

在科研过程中，偶然观察到的现象或实验结果往往能够触发新的科学假说的形成。这些意外发现要求科研人员具有高度的敏感性和对可能性的开放态度。

例如，亚历山大·弗莱明发现青霉素，显示出科学假说往往由科研中的偶然观察触发。1928 年，在伦敦圣玛丽医院研究流感病毒时，弗莱明回到实验室发现某些培养皿被霉菌污染。弗莱明观察到这些霉菌周围的细菌形成了抑制圈，似乎被霉菌杀死或抑制生长。由此，弗莱明假设霉菌可能产生了具有抗菌作用的物质。进一步研究这种霉菌——青霉菌后，弗莱明成功提取出了青霉素。

（6）问题解决

面对特定的科学问题或挑战，通过批判性思维和创造性思维寻找解决方案，从而形成新的假说。这种途径是靠目的驱动的，要对问题进行深入理解和分析。

例如，约翰·斯诺在19世纪中叶的霍乱传播机制研究中，挑战当时普遍接受的“瘴气”传播理论。斯诺观察到霍乱与特定水源的使用有关，并非通过空气传播。1854年，伦敦霍乱大暴发期间，斯诺通过收集霍乱病例数据并与当地水源使用情况进行对比，发现使用布劳德街水泵的居民霍乱感染率远高于其他水源用户。

基于这些观察，斯诺提出新假设：霍乱是通过受污染的水传播，而非空气。这一假设违背了当时主流医学理论，但后续流行病学研究和微生物学的发展证实了其正确性。斯诺的研究不仅改变了对霍乱及其他水源传染病的理解和防治策略，还标志着现代流行病学的开始。

这些途径反映了科学假说形成过程的多样性，显示出科学探索既依赖于对自然现象的深入观察和理解，也依赖于逻辑推理、创造性思维和问题解决能力。

9.2 数学与科学假说

9.2.1 数学理论与科学假说

9.2.1.1 数学理论表达科学假说

科学研究使用数学理论来表达科学假说的原因，可以概括为以下五点：

（1）精确性和清晰性

数学提供了一种精确和明确的语言，可以用来表达科学的概念和关系。这种表达方式降低了模糊性和误解的可能性。

例如，爱因斯坦的质能等价公式 $E = mc^2$，即能量等于质量乘以光速的平方，提供了一个极为简洁且强大的描述，揭示了质量和能量之间的关系。这个公式的精确性不仅改变了人们对物理世界的理解，还为核能提供理论基础。这种数学表达方式使得复杂的科学概念和过程被清晰定义、验证和共享。

（2）可验证性

数学表达的假说可以通过逻辑推理和实验数据来验证。这是科学方法的核心，即通过实验和观察来测试理论。

例如，黑洞的预测和验证。黑洞的存在最初是基于广义相对论的数学推导而预测的。这些数学模型预测，在特定的质量和密度条件下，引力会强到足以不让光逃逸。后来，科研人员通过观测引力波并利用高分辨率成像技术，验证了这些数学预测，观测到与黑洞相符的天体现象。

这说明，数学表达的科学假设通过实验和观测数据得到验证，这不仅是科学方法的核心，也是科学理论发展和完善的基础。

（3）预测能力

数学模型可以用来做出定量的预测，这些预测可以通过实验或观测来检验。

例如，氢原子光谱线的定量预测。1913 年，玻尔提出玻尔模型，使用量子化概念来解释氢原子的电子结构和发射光谱。玻尔模型能够准确预测氢原子光谱线的波长，这些预测后来通过精确测量得到了验证，这一结果对量子物理学的发展起到了关键作用。

这说明，数学模型能够做出基于现有理论和数据的具体预测，并通过后续的实验和观测来检验这些预测的准确性。当预测得到实际验证时，相关的科学假设和理论的可信度随之增强，这是科学进步的重要驱动力。

（4）普适性

数学语言具有跨文化和跨学科的通用性。不同领域的科研人员都可以使用相同的数学工具来描述不同的现象，促进不同学科之间的交流和合作。例如，在物理学和量子力学中，线性代数用来描述量子状态和操作；在计算机图形学中，线性代数用于处理和变换图像；在机器学习中，线性代数是支持向量机、主成分分析等机器学习算法的基础。线性代数为这些看似无关的学科领域提供处理多维数据和复杂运算的强有力工具。

（5）理论发展

数学提供了工具和框架来发展和细化科学理论。理论物理学中的许多进展，如广义相对论和量子力学，都依赖于复杂的数学结构。

例如，广义相对论的发展。爱因斯坦在发展广义相对论时，重度依赖了黎曼几何这一数学框架。这种高级的数学工具使得其能够描述时空的曲率与物质存在的相互作用。广义相对论的数学表达不仅预测了黑洞和引力波等现象，还提供了对宇宙大尺度结构的深入理解。

因此，数学在表达和发展科学假说中扮演了不可或缺的角色。

9.2.1.2　科学假说的数学本质

科学假说的数学本质具体体现在以下四个方面：

（1）量化表达

科学假说借助数学语言进行量化表达，将自然现象的特征、变量间的关系以及假说的效果用数学公式和符号精确描述。这种量化使得假说具有明确性和可检验性，为实验设计和数据分析奠定了基础。

例如，黑体辐射研究中的普朗克量子假说。19 世纪末，物理学家面对一个重大的挑战：经典物理理论无法准确描述黑体在不同温度下发射的辐射光谱。实验数据显示，高频率即短波长的辐射强度不符合经典理论预测的无限增加，即紫外灾难。

为解决这一问题，马克斯·普朗克（Max Planck）提出了一个革命性假说：能量并非连续的，而是以最小单位即量子的形式发射或吸收。普朗克定义能量量子的大小如下：

$$E=h\nu$$

其中，h 是普朗克常数，ν 是辐射的频率。

在数学表达的清晰性和精确性方面，普朗克通过引入量子化概念，提出黑体辐射的新公式：

$$E=\frac{hv}{e^{hv/kT}-1}$$

上式表示，在温度 T 下，频率 ν 的辐射能量 E 的分布。这里 k 是玻尔兹曼常数，T 是绝对温度。

这个公式成功解释了黑体辐射光谱的实验数据，尤其是在高频率，即短波长端避免无限增加的问题。

在假说的可检验性方面，普朗克的量子假说提供了一个清晰且具有高度可检验性的数学模型，使得能够设计实验来精确测量相关参数，验证量子化理论的正确性。实验结果与普朗克的预测相符，从而验证了其理论。

这说明，通过数学语言量化表达科学假说，将自然现象的特征、变量间的关系以及假说的效果用数学公式和符号精确描述，不仅使假说具有明确性和可检验性，而且为实验设计和数据分析奠定了坚实的基础。

（2）预测能力

数学性质赋予科学假说预测未来事件的能力。通过构建数学模型，科学假说可以预测在特定条件下的实验结果或自然现象的行为，这些预测结果随后可以通过实验或观察进行验证。

例如，牛顿的万有引力定律。数学模型的假说是：所有物体之间存在着引力，这种力的大小与它们的质量成正比，与它们之间的距离的平方成反比。这个数学模型不仅解释了为什么苹果会落地，也预测了月亮如何绕地球运动，甚至可以推广到解释所有天体的运动，包括行星绕太阳的轨道。牛顿的万有引力定律预测的行星轨道与开普勒早先通过天文观测得到的轨道定律完美契合。

后续的观察和实验，如对行星运动的更精确测量、对潮汐现象的分析等，都一再验证了万有引力定律的正确性，显示出数学模型能够为假设提供清晰的预测，这些预测不仅可以解释已知现象，还可以预测未观测到的行为。这种假说的可测试性是科学方法的核心，通过持续的实验和观察，科学理论得以建立和完善。

（3）统计检验

科学假说的数学性质体现在使用统计学方法来评估假说的可信度。科研人员通过计算概率、置信区间、假说检验等统计指标，可以判断实验数据是否支持原始假说，从而对假说的有效性做出客观评估。

例如，罗纳德·费舍尔关于孟德尔遗传学数据的统计分析。费舍尔深入分析了格雷戈尔·孟德尔关于豌豆遗传的实验数据。孟德尔通过交叉授粉实验，提出了遗传的基本规律，如分离定律和独立分配定律。然而，孟德尔的数据与理论预期异常匹配，引起费舍尔怀疑。费舍尔采用卡方检验方法，评估数据与理论的匹配程度，并怀疑数据可能被操纵。虽然后续研究认为这种匹配可能是偶然的，费舍尔的分析强调统计学在科学研究中客观评估假设的重要性。通过计算概率和执行假设检验，费舍尔不仅使统计学在生物学等科学领域的应用范围更广，也凸显了使用统计方法来客观评估假设有效性的重要性。

（4）模型优化与修正

科学假说的数学本质还包括科学假说能够被数学模型不断优化和修正。基于实验数据和统计分析的结果，科研人员可以调整和改进数学模型，使假说能更加准确地反映自然现象，这是科学进步和知识累积过程中的一个重要环节。

例如，恩里科·费米提出的研究核反应过程中的费米模型。20 世纪 30 年代，费米通过中子轰击原子核的实验，发现中子与原子核互动后可以引发核裂变，释放更多中子和能量。费米据此提出一个描述这一过程的初步数学模型，基于中子与原子核之间的概率作用。随着实验数据的积累，费米不断优化模型，引入了如中子减速和俘获概率等新的数学概念和参数，这些改进都基于统计方法和量子理论。

通过广泛的实验，包括对不同原子核和中子能量的测试，费米和团队收集了大量数据，这帮助他们逐步完善了核反应的模型，并成功预测了多种核素在不同条件下的行为。费米模型在核反应堆设计和核武器开发中发挥了关键作用，其应用成功也验证了模型的准确性。此研究显示出基于实验数据和统计分析调整数学模型的重要性，凸显了科学进步过程中数学模型不断修正和优化的核心特征。

9.2.2 数学哲学与创立科学假说

9.2.2.1 数学哲学指导

以柏拉图主义的数学实在论、符号体系形式主义和直觉构造主义，从不同侧面对创立科学假说提供了指导。

（1）数学实体的存在

柏拉图主义认为，数学实体是独立于人类思维的客观存在。在科学假说中，这种观点体现在对数学结构和规律的探索上。科学家假设宇宙中的物理现象遵循某些数学定律，这些定律是客观存在的，可以通过研究和发现来理解。基于柏拉图主义，科研人员常用抽象的数学模型来描述和预测自然现象。

例如，麦克斯韦提出的描述电磁场基本性质的麦克斯韦方程组。柏拉图主义的数学实在论在创立科学假说的指导作用具体体现在以下两个方面：

①数学实体的存在。麦克斯韦方程组中的电场和磁场被视为客观存在的数学实体。通过这些方程，麦克斯韦揭示了自然界中电磁现象的内在规律。

②抽象模型的使用。麦克斯韦通过抽象的数学模型即偏微分方程来描述电磁场，这种抽象方法帮助其统一了电学和磁学。

（2）符号和规则的定义

符号体系形式主义强调通过严格定义符号和操作规则来构建数学体系。在科学假说中，这种方法体现在精确定义科学概念和构建理论框架上。科学理论通过明确的符号和逻辑规则表达，确保理论的内在一致性和可检验性。因此，科学假说往往需要通过形式化的数学证明来验证其逻辑一致性。

例如，麦克斯韦提出的描述电磁场基本性质的麦克斯韦方程组。符号体系形式主义在创立科学假说中的指导作用，具体体现在以下两个方面：

①符号和规则的定义。麦克斯韦用精确定义的数学符号如电场 E、磁场 B、电流密度 J 等，以及严格的数学规则来表述电磁现象。

②形式证明的使用。通过数学推导，麦克斯韦证明了电磁波的存在，并且计算出其传播速度与光速相同，从而预测光是一种电磁波。

（3）构造性方法

直觉构造主义强调通过具体构造方法来理解和建立数学对象。在科学假说中，这种观点体现在实验和模拟的使用上。科学家通过实验装置或计算机模拟来验证假设，强调可操作性和实际构造过程。

例如，麦克斯韦提出的描述电磁场基本性质的麦克斯韦方程组。直觉构造主义在创立科学假说的指导作用具体体现在以下两个方面：

①构造性方法。麦克斯韦在提出方程时，考虑具体的实验现象和实际的物理构造，如电流、电荷密度等的具体表现。

②可证性和可构造性。麦克斯韦的理论不仅在数学上具有内在一致性，还能通过实验（如赫兹的实验）来验证其预言的准确性。

因此，直觉构造主义关注数学对象的可构造性和可证性，科学假说也体现了对可观察和可验证现象的关注。科学理论需要能通过实验或观察加以验证，强调理论的可操作性和实证性。

（4）综合应用

在科学假说的创立过程中，柏拉图主义的数学实在论、符号体系形式主义和直觉构造主义三种数学哲学流派，常常是被综合应用的。科研人员通常借助柏拉图主义的数学实在论来构建他们认为客观存在的数学模型，通过符号体系形式主义来精确定义和推导这些模型，并通过直觉构造主义的方法来验证和操作这些模型，确保其与现实的可观察现象一致。

例如，门捷列夫提出元素周期表，基于原子量或后来的原子序数对已知元素进行了系统的排列。

①柏拉图主义的数学实在论的指导作用具体体现在以下两个方面：

——数学实体的存在。门捷列夫认为元素的性质是由其原子结构决定的，这种观念可以看作是对元素“数学本质”的探求。门捷列夫相信元素的性质存在一种客观的数学规律。

——使用抽象模型。元素周期表本质上是一个二维的数学模型，通过原子量或后来的原子序数和化学性质进行排列，揭示了元素之间的内在联系。

②符号体系的形式主义的指导作用具体体现在以下两个方面：

——符号和规则的定义。门捷列夫使用明确的符号（即元素符号）和排列规则（即基于原子量和化学性质）构建了元素周期表，确保了系统的精确性和一致性。

——形式证明使用。虽然门捷列夫的周期表起初是基于经验观察得来的，但其形式化的排列方式为后来通过发现新元素和验证已知元素的性质提供了严格的数学基础。

③直觉构造主义的指导作用具体体现在以下两个方面：

——构造性方法。门捷列夫通过具体的实验数据和化学性质观察，构建了元素周期表，这一过程符合直觉构造主义的思路。

——可证性和可构造性。元素周期表不仅在理论上具有一致性，还通过后来发现新元素和预测元素性质得到验证，显示出其强大的可操作性。

这表明，科学假说不仅在理论上具有逻辑一致性和美感，而且在实践中也具有可操作性和验证性。

9.2.2.2 创立假说价值

以数学哲学为指导创立科学假说，是因为数学哲学可以确保科学假说的创建具有严谨性、可操作性和科学价值，这具体体现在以下六个方面：

（1）逻辑严密性

数学哲学具有逻辑严密性，能够确保假说内部一致，没有自相矛盾之处，使得假说在理论上具有可靠性。这样做可以为科学假说提供严谨的推理基础，使得假说能够经得起逻辑检验，确保假说的合理性和科学性。

例如，麦克斯韦就说过："随着我着手对法拉第的研究，我发觉他设想出电磁现象的方法也是一种数学方法，虽然没有以数学符号传统的形式表示出来。我还发现这些方法能够表述为普通的数学形式，因而可与那些专业数学家的方法相媲美。"①。麦克斯韦的电磁场理论，就用一组数学方程（麦克斯韦方程组）精确描述电场和磁场如何相互作用和变化。

在经济学中，供需模型通过供应曲线和需求曲线的数学表达来确定市场均衡价格和数量。通过清楚定义价格、需求量、供应量之间的关系，这种模型能够帮助经济学家准确预测市场变动，从而为政策制定提供理论依据。

（2）表达形式化

以数学哲学为指导的数学形式化，使得假说能够精确和简明表达复杂概念，避免模糊和歧义。这样既可以增强假说的透明度和可操作性，也便于其他研究人员理解、检验和应用。

例如，麦克斯韦方程组中，数学形式化的价值体现在以下三个方面：

①精确表达复杂概念

——电磁感应。通过麦克斯韦-法拉第方程，电磁感应的现象被精确表达为：$\nabla\times E=-\partial B/\partial t$，避免了模糊和歧义。

——高斯定律。电场和磁场的发散性被清晰表达为：$\nabla\times E=\rho/\varepsilon_0$和$\nabla\times B=0$，明确指出电荷和磁单极子（不存在）的关系。

②增强假说透明度和可操作性

——透明度。麦克斯韦方程组的形式化表达使得其他科学家可以直接理解电磁现象的基本规律，无须依赖复杂的物理解释。

——可操作性。通过数学形式化，电磁学成为一个可以被其他研究人员应用和扩展的工具。例如，赫兹验证了电磁波的存在，马可尼则应用这些理论发明了无线电通信。

③便于理解、检验和应用

——理解。麦克斯韦方程组清晰而简明，便于人们理解电磁现象。

——检验。数学形式化使得方程的预言可以通过实验来检验。例如，

---

① 埃里克·坦普尔·贝尔. 数学大师：从芝诺到庞加莱［M］. 徐源，译. 上海：上海科技教育出版社，2018：4.

光速的计算与实验结果一致，就验证了方程的正确性。

——应用。麦克斯韦方程组成为电磁学的基础，被广泛应用于无线电通信、雷达、微波技术等领域。

通过数学哲学的指导，麦克斯韦将电磁学的复杂现象以精确和简明的数学形式表达，使得麦克斯韦方程组不仅在逻辑上透明，还在实际应用中具有巨大的操作性和实用价值。

（3）可验证性

科学假说需要通过实验和观察进行验证，以确保其描述的现象和预测的准确性。而以数学哲学为指导的数学模型，能够明确假说的变量和参数，使得实验设计更具针对性和操作性。

例如，狭义相对论作为一个科学假说，有了数学哲学的指导后，便明确了相关变量和参数，使得实验设计更具针对性和操作性，具体体现在以下三个方面：

①在明确假说的变量和参数方面

——洛伦兹变换。狭义相对论中的洛伦兹变换明确了运动速度、时间和空间之间的关系，使得相关实验可以精确设计。

——质量-能量等价性。$E = mc^2$ 公式明确了量和能量之间的关系，为核反应等实验提供了清晰的变量和参数指导。

②在设计实验的针对性和操作性方面

——迈克尔逊-莫雷实验。这一实验试图测量以太风，但结果支持爱因斯坦关于光速恒定的假设，成为狭义相对论的一个重要实验依据。

——时间膨胀实验。使用高速粒子如 μ 子等寿命延长的实验，验证了狭义相对论的时间膨胀效应。实验设计明确了速度和寿命作为变量，验证了理论的准确性。

③在确保现象和预测的准确性方面

——时间同步性实验。GPS 系统中的时间同步校正利用了狭义相对论的时间膨胀效应，确保了系统的准确性。实际应用证明了狭义相对论的有效性。

——高能物理实验。在粒子加速器中进行的高能物理实验，验证了狭义相对论的质量-能量等价性。通过精确能量和质量测量，实验结果与理论预言高度一致。

实验和观察验证了理论的描述和预测的准确性，增强了假说的透明度和可操作性。数学模型不仅帮助爱因斯坦精确地表达复杂的概念，还为后续的实验提供明确的指导。

（4）简约性（奥卡姆剃刀原则）

数学哲学具有简约性，有助于排除不必要的复杂性，使假说更易于理解和检验。这样便通过数学模型简化假说，去除冗余成分，提高假说的优雅性和实用性。

例如，门捷列夫的元素周期表在数学哲学的指导下，排除了不必要的复杂性，使假说更易于理解和检验。数学哲学的简约性体现在以下三个方面：

①简化假说

——周期规律简约性。门捷列夫的元素周期表将众多化学元素按周期性规律排列，揭示了复杂化学现象背后的简单数学规律。这一简约性使得科学家能够更容易理解元素之间的关系。

——结构清晰性。元素周期表的二维排列方式简单明了，每个元素在表中的位置明确其化学性质，使得化学反应的预测更加直观。

②排除不必要的复杂性

——去除冗余成分。通过数学简化，门捷列夫的元素周期表去除了复杂的化学分类方式，将元素的化学性质归纳为周期性的简单规律，减少了冗余信息。

——统一标准。元素周期表使用统一的排列标准，即初始为原子量，后来为原子序数，避免了以往分类方法中的混乱和不一致。

③提高假说的优雅性和实用性

——优雅性。门捷列夫的元素周期表以其简洁而优雅的结构著称，每一行每一列都有明确的意义，揭示了自然界的内在秩序。这种数学上的优雅性增强了其科学美感和吸引力。

——实用性。元素周期表的简约性使其在化学研究和教育中极具实用性，科学家和学生都能轻松理解和应用这一工具。数学哲学的实用性不仅帮助研究人员预测未发现的元素（如镓和锗），还指导其进行与化学反应相关的研究。

总之，数学简化使得元素周期表去除了冗余成分，揭示元素之间的深层联系，为化学研究提供了一个强大而直观的工具，极大地推动了化学的发展。

（5）科学预测性

科学假说不仅要解释现象，还要预测新现象，推动科学进步。以数学哲学为指导来构建数学模型并进行精确推导，可为科学研究提供新的方向。

例如，量子力学中的薛定谔方程，就是在数学哲学的指导下，通过精确推导提出了可检验的新预测，推动了科学研究的新方向。

①在精确推导方面

——时间演化。通过薛定谔方程，物理学家可以精确计算量子系统在不同时间点的演化状态，这种精确推导使得量子力学的预测具有高度的准确性。

——能级分布。薛定谔方程明确了电子在原子中的能级分布和跃迁规则，这些结果在实验中得到了一致验证。

②在提出新预测方面

——量子纠缠。通过薛定谔方程，物理学家提出了量子纠缠现象，即两个粒子的状态可以瞬间相关联，这一预测在贝尔实验和量子信息科学中得到验证。

——量子霍尔效应。薛定谔方程预测了在低温和强磁场下的量子霍尔效应，这一现象在实验中得到证实，并使薛定谔获得了诺贝尔物理学奖。

这个简洁而强大的数学模型不仅解释了许多复杂的量子现象，还预测了许多新现象，极大地推动了科学和技术的进步。通过数学简化去除冗余成分，薛定谔方程展示了假说的优雅性和实用性，为科学研究提供了新的方向和工具。

（6）理论统一性

科学假说需要与已有理论框架相容，或在新的框架下统一解释各种现象。数学哲学提供了检验假说一致性和统一性的工具，确保新假说能够融入现有的科学理论体系，促进理论整合和统一。

例如，广义相对论在数学哲学的指导下，通过严格的数学推导和验证，实现了与已有理论框架的相容，并在新的理论框架下统一解释多种现象。

①在科学假说与已有理论框架相容方面

——牛顿引力理论的推广。广义相对论在弱引力场和低速情况下，回归到牛顿引力理论。这种一致性确保了广义相对论能够融入已有的经典力学框架。

——实验验证。广义相对论的预测如水星近日点进动和光线在太阳引力场中的弯曲，都在经典力学未能解释现象中得到验证，增强了其与已有理论的一致性。

②在新的框架下统一解释各种现象方面

——引力和加速度的统一。广义相对论通过等效原理，统一了引力和加速度的描述。引力不再被视为一种力，而是时空曲率的结果。

——时空和物质的关系。广义相对论通过爱因斯坦场方程统一了时空几何和物质能量之间的关系。

③在数学哲学提供的工具方面

——一致性的检验。黎曼几何学和张量分析提供了检验广义相对论数学一致性的工具，确保了理论内部的逻辑自洽。

——统一性的验证。通过数学模型，广义相对论不仅能够解释经典力学的已知现象，还能预测新的现象，如黑洞和引力波，这些预测在后来的观测中得到了验证，证明了理论的统一性。

④在广义相对论的推导方面

——等效原理。通过数学推导，爱因斯坦将等效原理形式化，展示了惯性质量和引力质量的等价性。这一推导过程确保了广义相对论的数学一致性。

——推导场方程。通过变分原理和张量分析，爱因斯坦推导出了描述时空曲率和物质分布的爱因斯坦场方程，确保了理论的逻辑一致性和数学严密性。

⑤在理论的验证和应用方面

——水星近日点进动。广义相对论成功解释了水星近日点进动这一经典力学无法解释的现象，通过精确的数学计算和观测验证，证明了理论的正确性。

——光线弯曲和引力透镜效应。广义相对论预测了光线在引力场中的弯曲，这一现象在1919年的日食观测中得到验证，为理论提供了强有力的证据。后来，引力透镜效应也成为天文学研究的重要工具。

⑥在推动科学进步方面

——黑洞理论。广义相对论预测了黑洞的存在，通过数学模型，科学家能够描述黑洞的性质和行为，这一理论在天文学中得到了广泛应用和验证。

——引力波。广义相对论预言了引力波的存在，2015 年 LIGO 探测到引力波，验证了这一重要预测，推动了宇宙学和天文学的研究。

总之，数学哲学提供的工具确保了新假说的数学一致性和统一性，使其能够融入现有的科学理论体系，促进了理论的整合和统一，推动了科学的巨大进步。

9.3 数学模型：创立科学假说的关键

9.3.1 科学假说中的数学模型

9.3.1.1 科学分类

根据模型本身揭示的科学规律特征，科学假说数学模型可以划分为如下六类：

（1）描述性模型

描述性模型主要用于描述和表达观测到的数据之间的关系，不涉及因果解释，通常用于初步的数据分析，如统计回归模型，用于找出变量之间的相关性。

例如，门捷列夫通过系统整理当时已知的化学元素，并依据其性质的相似性对它们进行分类，预测了一些尚未被发现的元素的性质。门捷列夫根据元素的原子量进行排序，并观察到它们的化学和物理性质呈现出周期性变化，这些观察都基于实验室的观测和化学反应结果。

门捷列夫创建了一个元素表，按原子量增加顺序排列元素，并根据性质如反应活性、熔点、沸点等将它们分组。当发现性质相似的元素时，门捷列夫将它们置于同一列，形成周期性的模式。这个描述性模型，虽然没有深入到原子结构的因果机制，但显示出按原子量排序时元素性质的周期重复，极大地促进了化学元素行为的预测和理解。

门捷列夫的元素周期表是描述性的，它的结构能预测未被发现的元素如镓、锗的存在和特性，这些预测后来通过实验得到了验证。此外，门捷列夫的元素周期表也成为化学教育和研究的基础工具，能够帮助人们理解元素间的关系和化学反应，指导无数的化学研究和实验设计。

这表明，描述性模型能有效描述和表达观测到的数据之间的关系，并在整理数据和指导未来研究中发挥关键作用，尤其是在科学发展的初期阶段。

（2）机制模型

机制模型基于对现象背后机制的理解，试图解释导致观测结果的原因。这些模型通常较为复杂，包括多个变量和参数。

例如，达尔文自然选择理论解释生物如何通过抢夺资源，如食物和生存空间等，在自然选择过程中生存下来并繁殖后代。达尔文指出，最能适应环境条件的个体更有可能生存并传递其适应性特征给下一代，导致物种逐渐变化和新物种的形成。

在机制模型构建方面，达尔文的理论基于观测，解释了生物多样性和物种分化的原因，描述了物种的变化过程，并阐释了为何某些特征在生物群体中增多或减少。

在科学验证方面，自然选择理论通过现代生物学和遗传学的研究得到广泛支持，特别是现代遗传学的发展验证了遗传变异和特征在生物进化中的重要作用，进一步证实了达尔文的自然选择机制。

达尔文的理论不仅改变了人们对生物进化的理解，也对心理学、社会学、环境科学等领域产生了深远影响。此外，机制模型在科学假设中解释观测结果的原因，不仅能解释已知现象，还能指导新的科学研究和实验设计。这显示出科学理论模型在理论和实践方面的广泛影响。

（3）预测模型

预测模型旨在基于现有数据预测未来事件或状态。这类模型在气象学、金融市场分析、流行病学等领域尤为重要。

例如，使用时间序列分析来预测股市趋势。首先，收集股市的历史数据，这包括股价、成交量、市场指数等。这些数据通常是按照时间顺序排列的，形成了时间序列。

在模型构建中，使用各种时间序列分析方法来构建预测模型。常见的方法包括自回归模型（AR 模型）、移动平均模型（MA 模型）、自回归移动平均模型（ARMA 模型）、自回归积分滑动平均模型（ARIMA 模型）。这些模型基于历史数据中的趋势和季节性模式来预测未来的股价走势。如 ARIMA 模型可以有效处理非平稳的时间序列数据，使其适合复杂的股市数据分析。

在参数估计和模型拟合方面，使用统计方法如最小二乘法估计模型参数，并依此对模型进行拟合。模型拟合的质量通常通过赤池信息量准则（AIC）等指标评估，以确定模型的有效性。

在预测和验证方面，利用经过良好拟合的模型来预测未来的股市走势。模型的有效性需要通过在独立的验证数据集上的测试来确认。这些验证过程有助于投资者评估模型的预测准确性和实用性。

在模型应用方面，如果预测模型显示出高准确性，则可用于指导实际的投资决策，如何时买入或卖出股票。此外，模型也可用于风险管理，预测可能的市场崩溃或价格波动，使投资者能够采取措施以减少潜在损失。

时间序列分析的重要性体现在：其构建基于大量历史数据提供的实证基础，使得预测基于理论或假设；随着新数据的不断加入，模型能持续更新和优化，提高预测的准确性和时效性；通过预测未来市场趋势，时间序列分析支持投资者和决策者理解市场可能的发展，并制定相应策略。

时间序列分析的应用表明，科学假说中预测模型的功能基于现有数据预测未来事件或状态，从而做出更为明智的决策。

（4）优化模型

优化模型旨在找出约束条件下的最优解。这类模型广泛应用于工程、运筹学和经济学中，如线性规划和非线性规划模型，以帮助决策者在资源有限的情况下最大化或最小化某个特定的目标。

例如，线性规划是一种数学方法，用于在给定一组线性不等式的约束条件下，优化（最大化或最小化）一个线性目标函数。这种方法由乔治·丹齐格在第二次世界大战期间开发，最初用于优化军事物资分配，后来广泛应用于多个领域。

线性规划的核心是确定最佳的决策方案，常用于科学和工程领域，帮助在多种资源限制下寻找成本最低或效益最高的解决方案。构建线性规划模型时，需要定义代表成本、利润或其他优化量的线性目标函数，并设定一系列代表资源限制和需求满足线性约束。

在化学工业中，线性规划用于设计最优化的化学混合物，如确定混合不同原料以生产最经济的肥料的比例，同时满足特定的营养成分需求。在食品制造业，线性规划帮助制定同时确保满足营养需求和法规限制的成本最小化的食品配方。如在设计婴儿食品配方时，必须考虑成分的营养价值、成本及安全标准。

线性规划还应用于能源行业，如在电网中优化电力分配，以最小化损耗和成本，同时应对电力需求的波动。

线性规划可以帮助科研人员在各种约束条件下寻找最优解。线性规划不仅在经济和工业领域中有重要应用，也是现代科学研究中处理复杂决策问题的关键工具。利用这种优化模型，科研人员可以系统分析和解决涉及多变量和多约束的问题，从而显著提升决策的质量和效率。

（5）模拟模型

模拟模型通过模拟复杂系统的行为来进行分析和预测，常用于那些难以用解析方法解决的复杂系统问题。

例如，气候模型通过模拟地球大气和海洋的交互作用来研究气候变化。气候模型基于物理学、化学和生物学的基本定律，如能量守恒、流体动力学和辐射传递等，用于这些模型被设计来模拟和理解气候系统中的复杂相互作用及其对各种因素（如温室气体排放）的响应。

在模拟模型的构建方面，气候模型通常包括大量的方程组，这些方程描述了气候系统中各种物理和化学过程的动态。由于系统的复杂性，这些方程往往难以解析求解，因此需要使用数值方法和计算机模拟来求解。

气候模型的应用主要包括以下四个方面：

①预测未来变化。气候模型广泛用于预测未来气候变化。这些预测包括全球温度上升、海平面上升，以及极端天气事件的频率和强度的变化。

②评估环境政策。模型提供了一个工具，用于评估各种减缓气候变化的政策措施的潜在效果。例如，减少特定类型温室气体排放对全球温度上升的影响。

③理解复杂系统的反馈机制。气候模型能够探究气候系统内部的反馈机制，如冰雪覆盖能够降低影响地面反照率（反射阳光的能力），从而加剧气候变暖。

④增强公众和政策制定者的意识。模拟结果常用于公共报告和决策支持，帮助政策制定者和公众理解气候变化的严重性和紧迫性。

气候模型通过模拟复杂系统的行为来进行分析和预测，是因为其处理的是现实世界中难以直接观测或实验验证的大尺度和长时间跨度问题。

（6）统计模型

统计模型用于数据分析和推断，利用概率论来估计和测试变量之间的关系。这类模型在医学、社会科学和自然科学研究中的应用非常普遍，如方差分析（ANOVA）和多元回归分析。

例如，20 世纪初期，罗纳德·费雪（Ronald Fisher）对遗传学数据的统计分析，不仅在统计学领域内具有划时代的意义，也对现代遗传学的发展起到了关键作用。

费雪结合孟德尔的遗传定律和生物统计数据，提出遗传变异的统计模型，以解释生物特征的遗传和变异，是第一位将复杂的遗传学数据用严密的统计方法进行分析的科研人员。

在数学模型的构建方面，费雪引入方差分析和最大似然估计等统计方法来分析遗传数据。这些方法可以从实验数据中推断出基因对某些性状的影响力度。

统计模型的应用主要包括以下四个方面：

①数据分析。费雪的统计方法可以系统分析遗传交叉实验中的数据，如通过分析不同植物的花色和种子形状数据，来确定不同基因的遗传模式。

②假说测试。通过统计推断，费雪能够测试关于基因型频率、基因独立分离等遗传学的正确性。这些测试基于概率论，评估假说与观测数据的一致性。

③推广应用。费雪的方法在生物学以外的许多其他领域也得到了应用，包括社会科学、医学和公共健康，其中统计模型用来链接观测变量和潜在因素，从而预测结果并控制混杂变量。

④科学推理。构建和使用统计模型，不仅增强了科学研究的严谨性，还促进现代统计科学的发展，尤其是实验设计和假设检验方面的理论发展。

费雪的统计模型可被用于数据分析，以及估计和测试变量之间的关系。这种方法的有效性和广泛应用性在科学研究中至关重要，尤其是在需要从复杂数据中提取信息和知识的领域。

这些分类并不是相互独立的；相反，很多科学研究会结合多种类型的模型来增强假说的表达和验证。每种模型都有其特定的应用场景和优势，科研人员可以根据研究需求和数据特性选择适当的模型。

9.3.1.2　数学分类

根据模型本身的数学特征，科学假说模型可以划分为以下四种：

（1）数量关系模型

数量关系是数学研究的重要组成部分，科学假说中必然用到数量关系模型。例如，1929 年，埃德温·哈勃提出的哈勃定律，描述了宇宙的膨胀现象，并成为现代宇宙学的基石之一。哈勃利用位于威尔逊山的 100 英寸望远镜进行观测，发现远离地球的星系似乎都在从地球远离。通过对这些星系的红移即光波长向更长波长的偏移进行测量，哈勃注意到红移与星系的距离成正比。

在数学模型的构建方面，哈勃将其观察到的现象表达为一个简单的线性关系，即 $v = H_0 \cdot d$。其中，v 是星系远离地球速度，d 是星系离地球距离，H_0是哈勃常数，表示宇宙膨胀速率。

这种数量关系模型的意义具体体现在以下三个方面：

①提供宇宙膨胀的直接证据。哈勃定律通过量化星系的退行速度与其距离之间的关系，提供宇宙膨胀的直接物理证据。这一发现彻底改变人们对宇宙的理解，支持了大爆炸理论。

②为科学研究提供预测工具。通过哈勃定律，科研人员可以估算星系的距离和宇宙的年龄，这对宇宙学研究具有重要意义。其中，哈勃常数的精确测量仍是现代宇宙学研究的核心之一。

③推动理论发展。哈勃定律可以激发更多理论研究，包括宇宙膨胀模型和对暗物质及暗能量的研究，这些都依赖于对哈勃定律的理解和应用。

哈勃定律的提出说明，数学模型不仅能描述现象，还能预测未来的观测结果，并为理论提供验证手段。数量关系模型的成功应用表明，其在科学研究中具有重要意义。

（2）数学结构关系模型

数学结构关系是数学研究的重要组成部分，科学假说中必然用到数学结构关系模型。例如，19 世纪末，波尔兹曼（Ludwig Boltzmann）对分子运动进行了统计性描述，利用统计力学推动热力学和粒子系统行为的研究，波尔兹曼在研究中就用到了数学结构关系模型。在经典热力学中，温度、压力和体积等宏观属性被用来描述和预测热力学系统的行为。然而，这些描述并没有解释这些宏观属性是如何从微观层面的粒子行为得来的。波尔兹曼提出，可以通过分析大量粒子的平均行为来连接微观物理与宏观现象之间的关系。

在数学模型的构建中，波尔兹曼引入概率论来描述粒子在特定能量状态下的分布，最著名的表达就是波尔兹曼分布（Boltzmann distribution）：

$$f(E) = \mathrm{e}^{-E/kT}$$

其中，E 代表粒子的能量，T 是温度，k 是波尔兹曼常数，e 是归一化常数。

这一公式描述了粒子在不同能量状态下的存在概率，是统计力学的核心。

波尔兹曼分布这一数学结构关系模型的意义具体体现在以下三个方面：

①宏观与微观连接。通过应用统计方法和概率论，波尔兹曼的理论分析了原子和分子的微观行为与宏观热力学性质之间的关系，起到了将宏观与微观连接起来的作用。这种连接是理解物质状态以及相变等现象的关键。

②预测与验证。波尔兹曼的统计方法使得科研人员能够从微观层面出发预测宏观热力学行为。随着实验技术的进步，许多基于统计力学的预测被实验所验证，如理想气体的行为、黑体辐射和固体的热容。

③理论发展。波尔兹曼的理论为后来的量子力学和现代物理学的发展奠定了基础。其思想和方法影响了众多物理学家，尤其在统计和量子领域研究方面的物理学家，包括爱因斯坦和薛定谔。

波尔兹曼的统计力学是科学假说中数学结构关系模型，能够通过数学描述和逻辑推理将看似无关的微观粒子行为与整体的宏观物理属性相连接。这种深刻的数学结构关系不仅解释了自然界基本法则，也极大推动物理科学的发展。

（3）数学空间关系模型

数学空间关系是数学研究的重要组成部分，科学假说中必然用到数学空间关系模型。例如，20 世纪 70 年代末，本华·曼德尔布罗特（Benoît Mandelbrot）提出的曼德尔布罗特集合的科学假说就是数学空间关系模型。

曼德尔布罗特集合基于复平面上的简单迭代公式：

$$z_{n+1} = z_n^2 + c$$

其中，z 和 c 都是复数。

这个迭代公式可以生成极其复杂和精细的图形。

在这个模型的构建中，从 $z_0 = 0$ 开始迭代，并对每个复数 c 进行测试，看序列 z_n 是否发散即模趋于无穷大。如果序列不发散，则认为 c 属于曼德尔布罗特集合。

在数学空间关系的应用中，曼德尔布罗特集合是一个典型示例，体现出分形几何的自相似性，即在不同缩放级别上重复出现的模式。该集合不仅是混沌理论和分形几何的象征，也提供了一种研究自然界中如云、山脉和植物等模式的方法。

曼德尔布罗特集合揭示了动态系统中的混沌行为，表明初始条件的微小变化（蝴蝶效应），可能导致巨大的结果差异。这对于理解复杂系统如天气和生态系统的动态行为至关重要。

此外，该集合在数学美学和计算实践方面也具有显著地位，其独特的美学价值受到广泛欢迎，并促进了计算机图形和视觉艺术领域的发展，模糊了数学与艺术之间的界限。

曼德尔布罗特集合通过将简单的数学公式与复杂的空间图像相结合，为理解复杂系统提供了重要工具，不仅推动了多个学科的理论发展，还深化了人们对自然和数学世界的理解。

（4）数学变化关系模型

数学变化关系是数学研究的重要组成部分，科学假说中必然用到数学变化关系模型。例如，阿基米德的浮力原理。根据传说，阿基米德被要求确定国王的皇冠是否为纯金制造，且需要在不破坏皇冠的前提下进行验证。在一次沐浴时，阿基米德观察到水位上升，激发了其对于物体在水中的浮力的思考。在数学模型的构建中，阿基米德提出了一个简单而深刻的数学模型来描述浮力：任何浸入流体中的物体都会经历一个向上的浮力，等于该物体排开流体的重量，数学公式为：$F=\rho\times g\times V$。其中，F 是浮力，ρ 是流体密度，g 是重力加速度，V 是物体排开流体体积。

阿基米德的浮力原理不仅提供了解释物体在流体中为何浮起或沉下的数学描述工具，还可以通过实验轻易验证，如测量不同物体在水中的排水量与其浮力的关系。

此原理在船舶工程、潜水技术、航空技术等领域具有实际应用价值，能够帮助工程师计算船只排水量和设计潜艇的浮沉系统等。同时，阿基米德原理是物理教育的基础，显示出科学方法（如观察、假设、验证）的过程，并通过简洁的数学表达清晰解释和预测复杂的自然现象。

9.3.2 创新数学模型：科学假说创新的关键

9.3.2.1 建立数学模型的基本准则

建立数学模型来表达科学假说时，要确保模型不仅在理论上具有合理性，而且要在实际应用中有效，需要遵循以下四个基本准则：

（1）简洁性

简洁性，即奥卡姆剃刀原则，是指科学假说的数学模型应尽可能简洁。理想的模型应当在能够充分解释所有已知数据的前提下，具有最少的假设和参数，这样有助于模型的理解、使用和验证。

例如，开普勒行星运动定律。17 世纪初期，约翰内斯·开普勒提出开普勒行星运动定律，极大地简化了对行星运动的描述，摒弃了之前复杂的环轨理论。

在开普勒之前，天文学家普遍使用托勒密的地心说或哥白尼的日心说来解释天体运动。这些理论依赖于复杂的圆周运动和本轮、均轮等构造，这些都使得模型复杂且难以与观测数据完全吻合。

在数学模型构建方面，基于第谷·布拉赫的详尽观测数据，开普勒提出三个描述行星运动的定律，用简洁的数学形式表达行星运动基本规律。

第一定律即椭圆轨道定律：行星轨道都是椭圆形，太阳位于其中一个焦点。

第二定律即面积速度定律：行星围绕太阳扫过的面积速率恒定。

第三定律即调和定律：行星轨道半长轴的立方与其公转周期的平方成正比。

简洁性在开普勒提出的三个描述行星运动的定律中的具体体现包括以下三个方面：

①简化理论与观测的一致性。开普勒的行星运动定律用极其简洁的数学表达，替代了之前复杂的天体模型，直接基于实际的天文观测数据。其模型不仅数学表达简单，而且在预测精度上远超以往的理论。

②推动科学进步。这种简洁而强大的数学描述为牛顿后来的万有引力理论提供了基础，牛顿能够从这些定律出发，推导出万有引力定律，进一步统一了地面和天体的物理定律。

③理论的广泛应用。开普勒的行星运动定律不仅改变了人们对宇宙的认识，而且在后续的天文学和物理学研究中继续发挥着基础作用。

开普勒通过简化数学模型，不仅增强了理论的解释力，还极大地促进了科学的进步。

（2）逻辑严密性

数学模型必须保证逻辑严密，即从给定的假设出发，通过数学推导得出结论。这样才能保证模型理论内部的一致性和理论推导的正确性。

例如，麦克斯韦提出统一电磁场理论的麦克斯韦方程组，改变了之前将电和磁视为两种不同现象的观念。

麦克斯韦通过扩展法拉第的电磁感应理论，形成了描述电场、磁场与电荷、电流间关系的四个方程：电场线的发散等于电荷密度（高斯定律）、磁场线不发散（无孤立磁单极）、时间变化的磁场产生电场（法拉第电磁感应定律）以及电流和时间变化的电场产生磁场（麦克斯韦-安培定律）。

麦克斯韦方程的逻辑严密性体现在：内部一致性、能预测新现象如电磁波，以及广泛的理论应用。麦克斯韦从理论上预测了电磁波的存在，后由赫兹验证，证实了方程的正确性。这些方程也为电磁技术（如无线通信、电动机和发电机等）提供了理论基础，证明了其在实际应用中的巨大价值。

因此，麦克斯韦方程不仅确保了理论的内部一致性，还推动了物理学及相关技术的快速发展，显示出数学模型在科学理论中的核心作用。

（3）可验证性

科学模型的有效性取决于其是否能够在实验或实际观测中得到验证。一个好的数学模型不仅能够解释现有的数据，还能对未来的实验结果做出准确的预测。这些预测必须是可以被实验方法检验的。

例如，彭齐亚斯（Arno Penzias）和威尔逊（Robert Wilson）发现的宇宙微波背景辐射（CMB）极大地推动了宇宙学的发展，并为大爆炸理论提供了关键证据。1964 年之前，大爆炸理论已预测宇宙早期存在一种均匀辐射，这种从大爆炸后遗留的热辐射，理论上在今天的宇宙中以微波形式存在。

乔治·伽莫夫及其学生通过复杂计算预测了这种宇宙微波背景辐射的存在，估计其温度为几度开尔文。彭齐亚斯和威尔逊在贝尔实验室使用高灵敏度天线测量天空无线电波时，意外发现一种持续的、来自各个方向的、不可解释的噪声信号。

排除地球来源干扰和设备错误等可能性后，他们意识到观测到的可能是宇宙微波背景辐射。这一发现与大爆炸理论的预测高度一致，成为该理论的强有力实验支持，也是对大爆炸模型中数学预测的直接验证。这种验证不仅证实大爆炸理论的数学逻辑严密性，也符合物理现实，为彭齐亚斯和威尔逊赢得 1978 年诺贝尔物理学奖。

这表明：科学假设中的数学模型需要通过实验和观测数据来验证其有

效性；科学理论必须经历从数学推导到实验验证的全过程，才能被广泛接受和应用。

（4）广泛适用性

良好的数学模型应具有广泛的适用性，能够在不同的条件和环境下提供准确的结果。例如，牛顿的万有引力定律显示出其广泛的适用性，具体表现在以下四个方面：

①宏观天体运动。牛顿的万有引力定律不仅解释了地球上的物体落体运动，还能解释行星绕太阳的椭圆轨道运动及其他天体现象。该定律可以用于计算行星、彗星及人造卫星的轨道。

②天文学预测。牛顿的万有引力定律使天文学家能够准确预测天体事件，如日食、潮汐和行星位置，其准确性在历史上多次得到验证。

③宇宙尺度应用。虽然在处理极高速度和极大质量的情况时需要与相对论结合，但在大多数日常观测情况下，牛顿的万有引力定律仍能提供非常准确的描述。

④工程应用。在航天工程中，牛顿的万有引力定律是设计航天器轨道和星际导航的基础，确保如阿波罗登月任务和旅行者探测器等复杂空间任务能按预定计划执行。

牛顿的万有引力定律表明：一个数学模型的科学性应具备广泛的适用性，能在多种条件和环境下提供准确结果，从而加深人们对自然界的理解，推动科技发展。同时，明确数学模型的适用范围对于确保其在科学研究中正确应用至关重要。

这些基本准则是评价和构建任何科学数学模型时的关键指标，以确保模型不只是理论上的构想，而是一个有实际应用价值和科学根据的工具。遵循这些准则可以显著提升科学研究的质量和效率。

9.3.2.2 创新数学模型的思维模式

在创新科学模型的过程中，思维模式起到了重要作用，主要包括以下五种：

（1）坚持问题导向

在理解问题本质方面，要彻底理解科学问题的本质，包括其关键因素、影响机制和存在的挑战，从而确保数学模型能针对核心问题进行设计和优化。例如，研究气候变化对全球气温的影响。在这个问题中，首先需要了解影响气温的关键因素，包括温室气体浓度、太阳辐射、海洋和陆地的热容量、气流模式等。其次，要了解这些因素之间的相互作用机制，如温室气体如何影响辐射平衡、海洋如何吸收和释放热量等。最后，要明确在当前气候模型中存在的挑战，如数据的准确性、模型的复杂性和计算资源的限制等。

在理解问题本质后，就要确定数学模型的核心目标，如明确要解决的问题、模型的输出目标以及模型要达到的精度要求。例如，在气候变化研究中，数学模型的核心目标可能是预测未来 50 年全球平均气温的变化趋势。具体的输出目标可能包括每年的平均气温、季节性变化趋势以及区域性气温变化。

明确核心目标后，就要开始设计和优化数学模型，包括选择合适的数学方法和工具、进行假设检验、不断优化模型参数以提高模型的准确性和可靠性。例如，为了设计一个高效的气候变化模型，可以选择使用差分方程来描述气温变化，利用数值模拟技术进行计算。需要对模型进行多次迭代，调整关键参数，如温室气体排放量、太阳辐射强度等，并利用历史数据进行模型验证和校正。反复地测试和优化，才能确保模型能够准确反映实际情况。

设计好的数学模型需要进行严格的验证，确保其结果可靠，并通过与实测数据对比，评估模型的预测能力，在实际应用中不断改进。例如，在气候变化模型的验证过程中，可以利用过去几十年的气温数据进行对比，评估模型的预测精度。如果模型能够准确预测过去的气温变化趋势，则可以认为其具有一定的可靠性。在实际应用中，还可以将模型用于不同的情景分析，如评估不同政策下的气温变化趋势，帮助决策者制定科学的气候政策。

需要注意的是：在明确目标方面，需要明确模型建立的具体目标，如是否旨在解释现象、预测未来事件或优化某些过程。

（2）坚持创新与整合

在数学工具的探索与应用方面，应积极探索并应用新的或不常用的数学工具和理论，如图论、统计物理或机器学习技术，将这些工具整合到模型中。例如，在发现 DNA 双螺旋结构的过程中，詹姆斯·沃森和弗朗西斯·克里克积极探索并应用了当时不常用的数学工具和理论，如 X 射线衍射图像分析。20 世纪 50 年代，科学家们已经知道 DNA 是遗传物质，但对其结构仍然不了解。罗莎琳德·富兰克林通过 X 射线衍射技术拍摄了 DNA

的图像，这些图像为确定DNA的结构提供了关键线索。沃森和克里克利用X射线衍射图像，通过数学方法解读衍射图样，以推测DNA的空间结构。

其中，应用图论和几何学来理解和构建DNA分子的三维模型，具体包括：在分析X射线衍射图像方面，通过数学工具和理论，如傅里叶变换，将X射线衍射图像转换为可以解读的空间信息；在构建模型方面，使用图论和几何学原理，设计并优化DNA的三维结构模型，确保符合实验数据；在验证结构方面，通过比对实验数据和数学模型的结果，确认双螺旋结构的合理性和准确性。

在跨学科整合方面，融合不同学科的理论和方法，将物理、生物、化学、计算科学等领域的知识和技术整合到数学模型中，以创造全新的解决方案。例如，詹姆斯·沃森和弗朗西斯·克里克不仅依靠数学工具，还融合了多个学科的理论和方法，包括生物化学、物理学和计算科学，来解决这一科学难题。在解密DNA结构的过程中，需要理解生物分子的化学性质、物理结构以及遗传信息的传递机制。其中，应用生物化学，了解DNA的化学组成和核苷酸的配对原则；应用物理学，利用X射线衍射技术获取分子结构信息；应用应用计算技术，模拟和验证DNA三维结构。

在具体操作中，在融合化学信息方面，将DNA的化学性质和碱基配对原则纳入模型设计，确保结构的合理性；在整合物理数据方面，利用X射线衍射图像的物理数据，指导模型构建和验证；在应用计算模拟方面，通过计算机模拟和数学计算，优化并验证DNA双螺旋结构的模型。

这种思维模式不仅适用于沃森和克里克的时代，在现代科学研究中，如利用机器学习进行基因组分析、利用统计物理进行蛋白质折叠研究等，依然具有重要的指导意义。

（3）实证和验证的思维

在数据驱动方面，依赖实证数据来指导模型的构建和验证。这涉及收集高质量的数据，并用这些数据来测试和校准模型。

例如，爱因斯坦在创立狭义相对论和广义相对论时，虽然其理论主要依赖于逻辑推理和数学演绎，但实证数据在模型的验证和改进中起到了关键作用。狭义相对论预测了时间膨胀和长度收缩，这些现象在高能粒子实验中得到了验证，广义相对论则通过光线在引力场中的偏折和引力红移等现象得到了证实。在收集实验数据方面，如迈克尔逊-莫雷实验提供了光速不变的关键证据；天文观测数据验证了光线经过太阳引力场时的偏折。

爱因斯坦利用这些实证数据，构建了狭义相对论和广义相对论的数学模型，并通过进一步的实验和观测数据，不断验证和校准其理论。如爱丁顿在1919年的日全食观测中验证了广义相对论的预言。

爱因斯坦不仅根据实证数据进行验证，还融合了多个学科的理论和方法，包括数学、物理学和天文学，以解决科学难题。在物理学方面，理解物体运动、光速不变性、引力和惯性等基本物理概念，重新定义时间和空间的概念，确保理论基础的正确性。在数学方面，使用黎曼几何等高级数学工具，描述时空的弯曲和引力场，使用黎曼几何描述时空结构，构建爱因斯坦场方程。在天文学方面，利用天文观测数据验证理论预言，如恒星光线在引力场中的偏折和引力波的观测数据，验证和校准广义相对论的预言，如天体光线的偏折和引力红移。

这种思维模式在现代科学研究中，如利用大数据进行天体物理研究、利用实验数据进行高能物理研究等，依然具有重要的指导意义。

在模型验证方面，通过实验和实际应用来验证模型的准确性和实用性。如果验证过程中发现任何偏差或不足，都应重新调整模型，确保其科学性和有效性。

例如，爱因斯坦的狭义相对论理论模型通过多个实验证据和观测数据得到了验证，包括迈克尔逊-莫雷实验，该实验无法检测到以太的存在，支持了光速不变的假设；佩斯检验，对高速运动粒子的寿命延长现象的观测，支持了时间膨胀效应；广义相对论验证，虽然狭义相对论主要处理高速运动，但是爱因斯坦后来的广义相对论通过水星近日点进动的精确计算以及爱丁顿的日全食观测，进一步验证其理论框架。

爱因斯坦融合了不同学科的理论和方法，将物理学、天文学和工程学等领域的知识整合到一个统一的模型中，以提出全新的解决方案，具体包括：融合物理学原理，将经典物理学的基本概念与相对论的新理论相结合；整合天文学观测，通过对天文现象的观测，如水星轨道的近日点进动，验证广义相对论。将理论应用实际生活中，相对论在GPS导航系统中的应用，通过考虑时间膨胀和空间收缩，确保了系统的精确度。

这种思维模式在现代科学研究中，如利用实验数据验证量子力学理论、通过观测数据校准宇宙学模型等，依然具有重要的指导意义。

（4）迭代与反馈的思维

在持续改进方面，模型的开发是一个迭代过程，需要不断基于新的研究发现、技术进步或反馈信息进行改进。例如，孟德尔通过统计学方法分析实验数据，提出遗传基本规律。孟德尔通过多次重复豌豆实验验证其理论。20世纪初，科学家如雨果·德·弗里斯和卡尔·科伦斯等人重复孟德尔的实验，验证了其遗传定律。

在分析实验数据方面，通过分析多次实验的数据，验证遗传因子的分离和独立分配；在比较模型预测与实测结果方面，将孟德尔模型的预测结果与实测数据进行比较，寻找任何偏差；在调整和优化模型方面，根据实验结果，对模型进行调整和优化，确保其准确性和一致性。

在跨学科整合方面，孟德尔结合生物化学、分子生物学等多学科的知识来改进和验证其理论，具体步骤包括：融合植物学原理，将植物学的基本概念与遗传学的新理论相结合；整合生物化学发现，随着DNA结构的发现，遗传学理论得到分子水平的验证和扩展；将理论应用于实际生活中，孟德尔定律在育种、遗传学等领域得到了广泛应用，并随着基因组学的发展不断完善。

在持续改进方面，孟德尔定律不断改进和扩展，形成现代遗传学理论。这一过程包括基因定位、突变分析、分子遗传学技术的发展等，具体体现在：基于新发现的改进，即随着基因结构和功能的深入研究，孟德尔定律被进一步解释和细化；技术进步的应用，即现代基因组学技术，如CRISPR基因编辑技术，进一步推动了遗传学的发展；整合反馈信息，通过实验反馈和新技术，遗传学模型不断优化和完善。

这种思维模式不仅适用于孟德尔的时代，还在现代科学研究中，如利用基因编辑技术改进遗传学模型、通过多学科整合推动生物技术发展等，具有重要的指导意义。

在运用反馈机制方面，建立一个开放的反馈机制，鼓励来自不同领域专家的意见和建议，这些反馈可以用于进一步优化和完善数学模型。

例如，路易斯·巴斯德微生物学与疫苗开发的发现与应用，就是建立一个开放的反馈机制，鼓励来自不同领域专家的意见和建议。这些反馈可以用来进一步优化和完善数学模型。巴斯德通过广泛的科学交流和实际应用反馈，不断改进其理论和方法，包括：鸡霍乱疫苗实验，巴斯德通过实验发现，减毒的霍乱菌株可以用来预防鸡霍乱；炭疽疫苗实验，进一步利用减毒的炭疽菌株开发了炭疽疫苗，并通过大规模的田间试验验证其有效性。实验的具体操作步骤如下：分析实验数据，即通过分析不同条件下细菌生长和疫苗效果的数据，验证模型的预测；比较模型预测与实测结果，即将理论模型的预测结果与实测数据进行比较，寻找存在的偏差；调整优化，即根据实验结果，对模型进行调整和优化，确保其准确性和一致性。

在跨学科整合与开放的反馈机制中，巴斯德不仅利用微生物学和医学方面的知识，还结合化学、物理学和统计学等多学科的知识来改进和验证其理论，具体步骤包括：融合微生物学原理，将微生物学的基本概念与疫苗开发的新理论相结合；整合化学和物理学发现，通过对微生物代谢和环境影响的研究，进一步优化疫苗的开发；将理论应用于实际生活中，巴斯德的疫苗在实际防疫中得到了广泛应用，并随着技术的发展不断完善。

在开放反馈机制方面，巴斯德建立了一个开放的反馈机制，鼓励来自不同领域专家的意见和建议，这些反馈可用于进一步优化和完善其理论和模型，具体包括：接受专家意见，积极与其他科学家交流，接受对实验设计和数据分析的反馈；科学会议和论文修正，通过参加科学会议和发表论文，公开研究成果，接受同行的批评和建议；实践反馈，在大规模疫苗接种中，巴斯德收集实际应用中的数据和反馈，进一步改进疫苗配方和接种策略。

这种思维模式，在现代科学研究中，如利用跨学科团队开发新药、通过开放科学平台收集和整合反馈信息等，依然具有重要的指导意义。

（5）系统思维

在系统分析中，采用系统思维来分析和构建模型，要关注模型中各个部分如何相互作用，以及这些相互作用如何影响整体的行为和结果。在模型评估方面，考虑数学模型在科学、技术、社会和环境等方面可能产生的广泛影响，评估这些影响并在模型设计中予以考虑。

例如，物理学对基本粒子的科学认识逐渐深化，按时间顺序是：1808年，约翰·道尔顿提出了原子论，认为物质是由不可分割的原子构成的；1897年，约瑟夫·汤姆逊（J. J. Thomson）发现了电子，证明了原子是可分割的，电子是原子的组成部分之一；1911年，恩斯特·卢瑟福（Ernest Rutherford）通过金箔实验发现了原子核，证明了原子内部有一个带正电的核；1913年，尼尔斯·玻尔提出玻尔模型，引入量子化的概念来解释原子的稳定性和光谱线；1925年，沃尔夫冈·泡利（Wolfgang Pauli）提出不相容原理，也就是泡利排除原理；1925年，维尔纳·海森堡（Werner Heisenberg）提出量子力学的矩阵形式；1926年，埃尔温·薛定谔（Erwin Schrödinger）提出了波动力学，即著名的薛定谔方程；1930年，保罗·狄拉克提出狄拉克方程，预测反物质的存在；1932 年，卡尔·安德森（Carl Anderson）在实验中发现了正电子，即电子的反粒子。1956 年，希德尼·张伯伦（Clyde Cowan）和弗雷德里克·雷因斯（Frederick Reines）首次检测到中微子；20 世纪 60 年代，穆雷·盖尔曼（Murray Gell-Mann）和乔治·茨威格（George Zweig）提出夸克模型，说明质子和中子是由夸克构成的；20 世纪 70 年代，谢尔登·格拉肖（Sheldon Glashow），阿卜杜勒·萨拉姆（Abdus Salam）、史蒂文·温伯格（Steven Weinberg）提出了电弱理论，将电磁力和弱核力统一到一个理论框架下；2012 年，在欧洲核子研究组织（CERN）的大型强子对撞机（LHC）中确认希格斯玻色子存在，这是标准模型最后一个被验证的粒子。

这一历程显示了从原子到夸克和希格斯玻色子的发现，标志着人们对物质基本组成的理解逐渐深入，不断扩展了人们对宇宙最基本层面的认识。

物理学中对基本粒子的理解大大依赖于创新的数学模型，这些模型不仅提出了科学假说，还推动了理论的发展。

①数学化物理概念。数学化物理概念，就是将物理现象数学抽象化，将复杂的自然现象转换为数学模型。例如，在量子力学早期，用波动方程描述电子行为，推动薛定谔方程和狄拉克方程等创新模型的提出，精确描述基本粒子的量子行为。

②整合和统一现有理论。创新的数学模型可以整合先前看似不相关的理论。20 世纪的电弱理论就将电磁作用和弱核力统一在一个理论框架下。

③预测新现象或粒子。数学模型的预测能力是其核心特性之一。狄拉克方程不仅描述了电子的行为，还预测了正电子的存在；标准模型预测了希格斯玻色子，这些预测后由实验验证。

④模型的验证与迭代改进。提出的数学模型必须通过实验验证。如希格斯玻色子的发现支持了标准模型，而中微子振荡的观测则提示标准模型需要在中微子质量方面做出调整。

⑤跨学科合作与技术创新。物理学家、数学家和工程师的合作至关重要，如粒子加速器设计和优化就需要结合复杂的工程技术和精确数学计算。

通过这些策略，物理学家能够有效运用数学模型的思维模式来提出和验证科学假说，推动了基本粒子物理学及其他相关科学领域理论的发展。

第 10 章　数学模型修正：科学实验的最终目标

科学实验的目标在于构建数学模型，通过这些模型，我们能够理解并预测自然界的行为。

——尼尔斯·玻尔（Niels Bohr）《原子理论与自然的描述》（1934）

科学实验的最终目标是建立数学模型，这些模型可以解释现象并预测新的结果。

——约翰·冯·诺依曼（John von Neumann）《量子力学的数学基础》（1955）

10.1　科学实验的概述

10.1.1　科学实验的含义与目标

10.1.1.1　含义与本质特征

（1）含义

科学实验是一种研究方法，是在控制条件下通过操纵系统中一个或多个因素即独立变量，来观察其对另一因素即因变量的影响。

①探索因果关系。科学实验的核心目的是确定变量之间的因果关系。通过控制实验条件并操纵一个或多个独立变量，观察这些变化如何影响依赖变量，从而揭示事件之间的直接联系。如伽利略的自由落体实验质疑了亚里士多德关于重物比轻物落得更快的理论。伽利略在比萨斜塔进行实验，同时释放两个质量不同的铅球。据观察，无论质量大小，两个铅球几乎同时触地。这个实验结果与亚里士多德的理论相悖，显示出下落速度并

不因物体的重量而异。

②验证假设和理论。实验是检验科学假设和理论正确性的直接手段。通过设计实验来测试特定的预测，实验结果可以支持或反驳现有的假设和理论，促进科学知识的发展。

③重复验证性。科学实验的设计和执行要求能够被其他研究者重复，这是科学研究的基本原则之一。实验的可重复性确保了发现的可靠性和科学共同体的验证。

④观察与记录的系统性。在科学实验中，对实验过程和结果的系统观察与详细记录至关重要。这不仅有助于分析数据和解释结果，也保证了实验的透明度和公开性，使其他研究者可以复制实验，验证结果。

（2）本质特征

科学实验的本质体现在对研究对象因果关系的认识行为。这种行为通过设计和执行实验来实现，目的是明确变量之间因果联系。对因果关系的探索和认识，是科学实验的核心，也是其区别其他类型研究方法的关键特点，具体体现在以下四个方面：

①变量控制性。科学实验通过控制环境和条件来确保只有独立变量即实验者操纵的变量对因变量即观察结果变量产生影响。除了被研究的变量外，其他所有可能影响实验结果的变量都被保持不变或控制。在科学观察中，变量不受研究者控制，研究者记录的是在自然状态下的行为或现象；而在科学实验中，研究者通过控制变量来确保结果的有效性，即只有被测试的变量发生变化，这样就排除了外界干扰，确保了实验结果的准确性。

②设计可重复性。科学实验应设计得能够被其他研究者重复执行，以验证其结果的可靠性和有效性。实验设计和执行的方式使得其他研究者可以重复实验，并在相同的条件下获得一致的结果。科学观察依赖于观察者在自然条件下或实验设置中系统记录信息，虽然可以重复进行，但在自然条件下的观察可能因环境变量的不可控性而难以精确重复，这就使得重复性更多依赖于相似条件下观察到的一致性，而非精确复制。

③记录客观性。实验过程和结果都需要被详细观察和记录，包括任何意外的观察。在科学实验中，观察与记录直接关系实验结果的准确性、可靠性和可传递性。精确、客观的观察能够确保收集到的数据反映实验条件下的真实情况。详细记录实验过程和结果是验证实验假设的基础，使得实验可以被其他科研人员在相同或类似的条件下重复进行。在实验过程中，

细致的观察可能揭示预期之外的现象或结果，使得科学实验的过程和结果具有可信度、可检验性和可复制性，从而保证了科学研究的严谨性和客观性。

④假设驱动性。科学实验通常是围绕特定的科学假设或问题设计的。实验的目的是验证假设的正确性，即通过控制变量和观察结果来测试假设的准确性。

科学实验和科学观察具有互补性关系。科学观察往往是科学实验的前提，通过观察来发现现象，提出问题和假设。科学实验则是对观察到的现象进行深入研究，测试假设的有效性。科学实验和科学观察相辅相成，两者不仅在科学研究过程中相互关联，而且经常在同一个研究项目中交替使用。观察可以引导实验设计，而实验结果又可以促进对观察到的现象的更深入理解。这种互动促进了科学知识的完善和发展。

例如，青霉素的发现过程中，在观察阶段，亚历山大·弗莱明在实验室做流感病毒相关实验时，发现假期后一个窗边培养皿被霉菌污染，霉菌周围的细菌被消灭，便引发弗莱明的好奇心，使其进一步研究这种现象。

在实验设计阶段，弗莱明系统研究青霉素对细菌的影响，通过一系列实验观察青霉对不同细菌的抑制效果，包括控制实验环境、细菌种类和霉菌生长条件。在数据收集过程中，弗莱明精确控制实验条件，记录青霉素对多种细菌的抑制作用，包括能杀死或抑制致命金黄色葡萄球菌。在结果分析中，弗莱明不仅验证了霉菌能杀死细菌的初始观察，还揭示了一种新的抗菌物质——青霉素，对医学和人类健康产生深远影响。

这一例子表明，科学发现过程中，观察与实验至关重要。

10.1.1.2 目标

科学实验的目标既可以是探索性的，也可以是解释性的，取决于研究的性质和研究者的目的。科学实验的根本目的都是知识发现和验证，这主要体现在以下四个方面：

（1）验证假说

实验是测试特定理论或假设正确性的直接方式。通过在控制的条件下操纵变量并观察这些变化如何影响其他变量，科研人员能够确定假设或理论是否与实际观测结果一致。

例如，福卡尔特摆实验。19 世纪，地球自转的直接观测被认为是困难的，直到法国物理学家福卡尔特（Léon Foucault）通过其摆动实验，即福卡尔特摆，提供了直观证据。福卡尔特基于地球自转理论提出假设：如果地球自转，悬挂的摆在摆动时，其方向应随时间变化。实验中，福卡尔特在巴黎的巴特利米教堂悬挂了一根长 67 米的线，末端系有 28 公斤铅球。控制变量包括摆的长度和悬挂方式，以确保摆动由地球自转引起。独立变量为地球自转，因变量为摆动方向的变化。通过细沙记录摆动轨迹发现，摆动方向相对地面缓慢旋转。福卡尔特通过观察摆动方向的旋转，计算出地球自转的角速度，发现摆动方向变化与地理纬度相关。这一实验不仅证实地球自转，还成为物理学史上的里程碑，显示出科学实验的直接性和有效性。

（2）求证因果关系

科学实验的核心是确定变量之间的因果关系，即通过改变一个变量即独立变量并观察如何影响另一个变量即因变量，以揭示事件、现象或行为之间的直接联系。

例如，格雷戈尔·孟德尔的豌豆植物遗传实验。孟德尔通过在花园中培育并交叉授粉豌豆植物，巧妙地研究了遗传特征的因果关系，如花色和种子形状。孟德尔假设遗传因素即“遗传单元”能够控制遗传特征的表现，并在生物繁殖中按特定规律传递给后代。实验中，孟德尔选取具有明显特征差异的豌豆植物，如紫色或白色的花和圆形或皱形的种子。通过人工授粉，孟德尔控制杂交过程，确保了精确的遗传实验条件。在实验执行阶段，孟德尔仔细记录了每一代植物的遗传特征。研究结果表明，遗传特征遵循特定的分离规律，即后来的孟德尔定律。这些发现明确了遗传特征的传递规律，为现代遗传学奠定了基础。

（3）发现现象和原理

实验不仅可以用于测试已有的假设，也可以用于探索未知的自然现象和原理。通过实验，科研人员可以发现新的物理定律、化学反应、生物过程等，拓展人们对自然世界的认识。例如，麦克斯韦对电磁场方程的发现。19 世纪中叶，电学与磁学之间的联系尚不明确，已知电能可以产生磁效应，磁场变化可以产生电流，但基本原理未被人们完全理解。法拉第的电磁感应定律指出变化的磁场可激发电场，基于此，麦克斯韦提出电场与磁场相互关联的理论，并通过一系列理论模型和数学方程描述它们与光的相互作用。1887 年，赫兹通过实验验证了麦克斯韦的电磁波理论，并首次生成及检测无线电波，支持了麦克斯韦的理论。麦克斯韦方程统一描述了电、磁、光现象，深刻改变了对这些基本自然现象的理解，并为相对论等后续物理研究奠定了基础。

（4）理论模型精确化

科学实验可以帮助改进现有的理论模型，使之更加精确。通过实验数据的收集和分析，科研人员可以细化理论，更好预测未来的现象或结果，从而提高科学模型的实用性和预测能力。

例如，1915 年，爱因斯坦提出广义相对论，描述重力为时空弯曲，从理论上预测了大质量物体（如太阳）会弯曲附近光线，即“光线偏折”。1919 年，英国天文学家亚瑟·爱丁顿（Arthur Eddington）使用 5 月的日全食现象来验证此预测，观测到太阳周围的星光偏折现象。爱丁顿在非洲普林西比岛和巴西对星光位置进行了精确测量，并与日食前位置进行对比。结果表明，星光路径确实发生了偏折，且偏折角度与理论预测相符。此观测不仅证了实广义相对论的正确性，还推动了对黑洞、引力波等现象的进一步研究。

这些目标共同体现了科学实验在推进科学知识、理解自然界和解决实际问题中的作用。

10. 1. 2　科学实验的设计与执行

10. 1. 2. 1　设计与执行

（1）设计步骤

科学实验设计的具体步骤如下：

①问题和目标。要明确实验旨在解决的问题或探究的现象，以及实验的主要目标。这包括对现有研究的回顾，明确实验希望回答的科学问题。

②构建假设。基于预先的知识和研究，提出一个或多个假设。假设是对实验可能结果的预测，通常形式为“如果……那么……”的陈述，指明独立变量和因变量之间的关系。

③设计实验。详细规划实验的操作步骤，包括选择研究对象、确定独立变量和因变量、设计控制变量的方法，以及决定收集和分析数据的方式。这一步骤也需要考虑实验的重复性，确保实验可以被其他研究者复制。

④收集数据。执行实验并收集数据。这涉及实验的进行，包括独立变量的操纵和因变量的测量，以及对所有相关数据的记录。

⑤分析和解释结果。对收集到的数据进行分析，检验假设的正确性。这一步骤包括统计分析、对实验假设进行解释、得出结论。

（2）执行关键

科学实验执行的关键环节如下：

①准备阶段。在这一阶段，研究者需要准备所有必需的材料和设备，并确保实验环境符合设计要求。这也包括对实验操作人员的培训，以确保每个人都清楚实验的步骤和安全措施。

②预实验。进行预实验或试验性实验来测试实验设计的可行性，包括独立变量的操纵方法和因变量的测量技术。预实验有助于发现并解决可能的问题，从而优化正式实验的流程。

③数据收集。正式执行实验，系统操纵独立变量，并精确记录因变量的响应。在这一阶段，对所有观察到的现象进行详细记录，包括预期内外的结果。

④数据分析。使用合适的统计方法对收集到的数据进行分析。这个阶段的目的是评估数据的统计显著性，以及独立变量对因变量的影响。

⑤结果解释和报告。基于数据分析，解释实验结果，判断实验假设是否得到支持。然后，编写实验报告，详细描述实验过程、结果和结论，同时讨论实验可能的局限性和未来研究的方向。

10.1.2.2　基本特征

与科学观察相比，科学实验在设计和执行方面的基本特征如下：

（1）设计指向假说

在控制变量方面，科学观察主要侧重于记录自然状态下的现象，不涉及变量的人为操控。观察研究可能涉及变量的测量，但不控制或改变这些变量。科学实验要求操控和控制变量。这包括一个或多个自变即认为改变的变量和因变量即研究测量的变量，以及控制组和实验组的设置。实验目的在于确定变量之间是否存在因果关系。

在假设测试方面，科学观察更加开放，不一定基于特定的预先设定假设。它通常用于生成假设和理论，或者当实验操作不可行时收集数据。科学实验常常是用科学假说驱动的，需要设计可以验证或反驳特定的科学假设。

例如，光合作用对光照强度的依赖性。科学假设为：随光照强度增加，植物光合作用速度先加快再趋于饱和。实验设计中，实验对象为豆科和蔬菜植物；控制变量能够确保水分、温度、土壤类型等条件一致，唯独光照强度不同。实验组设低、中、高光照三组，定期使用叶绿素荧光仪测量各组光合速度，并记录光照强度等数据。假设验证中，若数据显示光合作用速度随光照增加而增加至稳定，则支持假设；若无明显相关性或与假设不符，则可能反驳假设。该实验设计旨在直观验证光合作用依赖性假设，清晰指向假设的支持或反驳，体现出科学方法的基本要求。

（2）严格控制环境

环境设置中，科学观察通常在自然环境中进行，科研人员要记录事物的自然状态，因此可能受到多种未控制因素的影响。科学实验通常在严格控制的环境中进行，以确保外界因素的影响最小化。

干预程度方面，科学观察干预程度低或无干预。科研人员作为旁观者记录信息，努力保持对研究对象或环境的最小干扰。科学实验涉及高度的干预，科研人员通过实验设计直接干预研究对象的状态或行为。

例如，药物对血压的影响。研究目的是测试新降压药对高血压患者的影响。在实验设计方面，随机挑选具有相似健康背景的高血压患者，分为实验组和对照组。实验组使用新药，对照组使用安慰剂；控制饮食、活动量等变量；定期测量血压，并记录健康指标与副作用。

在实验干预方面，实验组口服新药，以直接观察药物对血压的影响。

在数据分析方面，使用统计方法比较两组血压变化，进行因果推断，评估新药的有效性与安全性。

在结果解释方面，如果实验组血压显著低于对照组且统计差异显著，则新药有效；无显著差异或血压未下降，则新药可能无效。

在总结方面，精确控制实验条件和系统干预可揭示因果关系，为药物研发等提供科学依据。

10.2 科学实验的最终目标

10.2.1 数学的地位和作用

10.2.1.1 数学理论的基础地位

数学为科学研究提供了坚实的理论基础和分析方法。虽然科学还涵盖了实验、观察和理论等其他方面，但数学在科学研究中尤其是现代科学研究中扮演着不可或缺的工具性角色。这是因为，科学观察和实验结果是间接的结论，内在的机理或机制需要数学的分析和解析，或者说在科学观察和实验结果分析中对数学推理的依赖更甚于对感觉经验的依赖。正如在物理学研究方面，“随着科研人员对宇宙中的未知问题的探索的深入，随着科研人员研究的现象越来越精细，我们将面对越来越多的这类‘发现’，这类‘发现’与客观实在的联系是相当纤细的。相应地，我们把物理宇宙的本质与其数学含义混为一谈的风险也上升了”①。这说明，随着科学研究的深入和细化，数学越来越重要。

随着科学研究在微观如量子力学等方面的深入和宏观方面如复杂性系统等方面的扩展，现代科学实验研究中，数学理论的决定作用越来越明显和重要。

例如，物理学研究中，中微子的发现就说明了数学推理的重要性。

事实上，中微子最初是通过数学推理而提出的而不是直接观测到的。中微子是一种基本粒子，非常微小，没有电荷，并且与其他物质的相互作用非常弱。1914 年，英国物理学家查德威克（Chadwick）发现，物质在 β 衰变过程中，会消失掉一部分能量，虽然能量很小，但是违背了现代物理学最根本的理论：能量守恒定律。所以，这个问题困扰着物理学界。著名的哥本哈根学派领袖波尔，甚至开始怀疑能量守恒定律正确性。1931 年，瑞士物理学家沃尔夫冈·泡利（Wolfgang Pauli）提出假说：在 β 衰变过程中，同时还有一种静止质量为零的电中性粒子放射出去并带走了亏损的那一部分能量。1932 年，物理学家费米将泡利预言的新粒子命名为中微子，意思是“小中性粒子”。这种粒子与物质的相互作用极弱，以至于仪器很难探测到。泡利甚至认为中微子永远都不可能会被找到。泡利的中微子假设表明，在 β 衰变中，能量和动量会通过带走一个带有极小质量的无电荷粒子（中微子）来守恒，从而解释了实验观察到的现象。这一假设后来得到了实验证实，并为中微子物理学的发展奠定了基础。泡利提出的中微子概念在物理学领域中具有重要意义，并为其赢得 1938 年诺贝尔物理学奖。直到 1956 年，美国物理学家弗雷德里克·雷恩斯（Frederick Reines）和科琳·考文斯（Clyde Cowan）在美国的萨凡纳河核电站进行了一项实验，使用一个大型的液体闪烁体探测器来探测反中微子，这是一种特殊类型的中

① 刘兵．认识科学［M］．北京：中国人民大学出版社，2004，373.

微子。最终，他们使用这种探测器，观察到了预期的信号，这是验证中微子存在假说的直接证据。这项工作，使雷恩斯于 1995 年获得诺贝尔物理学奖。

中微子的发现，充分展示出数学形式化在科学实验中的基础和决定作用。数学不仅为理论预测提供必要的框架，而且在理论假说、实验设计、数据分析和结果解释等环节中起着关键作用，这具体体现在以下五个方面：

①在理论假说方面，数学形式化是不可或缺的。例如，在 β 衰变问题中，泡利用数学表达理论假说，预测了一种新的粒子——中微子。这些理论包括能量守恒定律和量子力学的原理。这些理论需要用数学工具来精确描述物质的性质和相互作用。这是避免观察到的能量不守恒问题的理论方法。为了这些理论假说可以验证，需要建立数学模型来描述中微子的性质，包括中微子的质量、自旋、能量等。这些数学模型可以预测中微子在实验中的行为，如中微子的散射模式和衰变模式。

②在实验设计方面，数学形式化是不可或缺的。为了探测中微子并验证相关的理论，需要进行实验。而实验通常依赖于复杂的仪器和数据分析方法，也依赖于数学。弗雷德里克·雷恩斯和科琳·考文斯在设计微子探测实验时，需要使用复杂的物理和数学模型来预测可以观察到的信号。这需要理解和计算各种因素，如探测器的灵敏度、背景噪声的水平以及中微子与探测器物质相互作用的概率。

③在实验数据分析方面，数学形式化是不可或缺的。中微子的探测常常涉及大量的数据分析，当实验结果收集起来后，需要使用统计方法来分析和解释实验数据，以确定观察到的信号是否真正证明了中微子的存在并评估结果的可靠性。这就需要运用统计学方法处理和解释不确定性、进行误差分析以及在数据中确定中微子信号的统计显著性，并排除可能的误差或背景干扰。

④在预测和验证方面，数学形式化是不可或缺的。数学模型可以用来预测实验的结果，如果预测结果与实验观察结果相符，那么可以进一步支持因果关系的存在；如果预测结果与实验观察结果不符，则需要重新构建理论假设和数学模型。科研人员需要通过数学模型来验证实验结果是否与理论预测相符，以确定理论的有效性。数学的使用可以确保实验结果的精确性和可重复性。

⑤在确立因果关系方面，数学形式化过程通常涉及数学模型的调整和扩展。通过数学建模和分析，科研人员可以建立因果关系的数学模型，这有助于准确分析自然现象中的因果关系。如果实验结果与理论不符，则需要用数学来修改或发展新的理论，以准确解释观测到的现象。

总之，正是运用数学推理可以从实验数据中提取有用的信息，科研人员才推断出中微子的存在和性质。这种情况表明，虽然感觉和经验在科学研究中发挥着重要作用，但数学推理对于理解自然界中的现象也是至关重要的。依靠数学准确和可靠的分析工具，才能建立理论模型、预测现象，并验证实验结果，推动科学发展。

10.2.1.2　数学模型的决定作用

数学模型在科学实验设计和实施过程中具有决定作用，具体体现在以下四个方面：

（1）预测和假设测试

数学模型可以在实验前进行精确的预测。这些预测可以形成在实验中测试的假设，从而指导实验的设计和目标设定。

例如，牛顿的万有引力定律。牛顿在提出其数学模型前，已经有了开普勒关于行星运动的定律，但缺乏一个统一的理论来解释这些观察结果。牛顿提出万有引力定律，并利用数学模型预测行星、卫星，以及苹果等所有物体之间的引力作用。

牛顿的数学模型基于一系列简单的方程式，描述两个物体之间的引力与它们的质量成正比，与距离的平方成反比。这个理论不仅能够解释已知的天文现象，如行星的轨道，还能预测如潮汐等其他自然现象。

具体应用是预测月球对地球的引力效应，这一预测后来通过实际观测被证实是正确的。此外，牛顿的万有引力定律还能预测行星运动中的微小差异，这些差异最终通过更精确的观测得到验证。牛顿的万有引力定律也推动了科学方法的发展。

实验和观测的目标设定、数据收集和分析都围绕着验证这些数学预测进行，这些都深刻体现了数学模型在科学实验设计中的重要角色。

（2）理解复杂系统

数学模型能够简化并描述复杂系统中的关键变量和它们之间的相互作用。这种简化有助于更好地理解系统行为的本质，以及不同因素如何影响整体结果。

例如，布莱克-斯科尔斯模型（Black-Scholes model）是一个著名的金融数学模型，由费雪·布莱克（Fischer Black）和默伦·斯科尔斯（Myron Scholes）于1973年提出，用于确定欧式期权的定价和衍生金融工具的价值。该模型简化了金融市场中的许多复杂因素，把期权价格的决定变量缩减为股票价格、执行价格、到期时间、无风险利率和股票价格波动性等关键参数。通过这些变量之间的数学关系，模型可以提供计算期权价值的公式，使得投资者能够评估期权的合理价格。

这种简化极大地帮助投资者理解期权价格形成的本质。通过应用这一模型，投资者和金融机构更有效地进行风险管理和策略规划，这显示出数学模型在揭示复杂经济系统行为本质及其各因素相互作用的重要作用。

（3）节省实验资源

模型有助于预测哪些实验变量是关键变量，哪些变量可能是冗余的。这可以优化实验资源的配置，减少不必要的实验设计，节省时间、资金和材料。

例如，莱特兄弟发明飞机的过程。在进行飞机设计和测试的过程中，广泛利用早期的空气动力学模型，莱特兄弟利用这些模型来估算诸如机翼的形状、大小以及角度对升力的影响，这是飞机飞行中的关键变量。

在实验中，莱特兄弟通过建立和测试多个风洞模型，系统修改机翼的曲率和横截面，从而理解这些参数如何影响飞行性能。通过这种方式，莱特兄弟识别出哪些设计变量是最关键的，比如机翼设计和控制系统的配置，同时也发现一些较少影响飞行性能的变量，如机翼某些微小细节，这些可以视为在早期阶段的冗余变量。

这种基于模型的方法不仅能优化实验资源使用，避免在不关键的设计变量上浪费时间和材料，而且显著加快了飞行技术的发展速度。莱特兄弟通过集中精力在关键变量上，并忽略或简化冗余的变量，以最有效的方式推动他们的设计前进，最终成功实现人类的首次动力飞行。这一过程充分体现了模型在科学发现中的重要作用，尤其是在优化实验设计和资源分配方面的贡献。

（4）数据分析和解释

数学模型是分析实验数据的强大工具。模型可以解释数据中的趋势和模式，验证理论的正确性，并指出理论的潜在缺陷和需要改进的地方。

例如，约翰内斯·开普勒通过分析第谷·布拉赫收集的天文观测数据，于1609年和1619年公布描述行星运动的三条定律，即开普勒定律。

开普勒的第一条定律，即行星轨道为椭圆，其中太阳位于一个焦点，是对之前普遍接受的圆形轨道理论的重大修正。通过精确的数学模型，开普勒分析天文观测数据，并明显看到数据更符合椭圆轨道而非完美圆形。这个数学模型不仅描述了行星运动的实际路径，还指出了之前理论的缺陷。

开普勒的第二条定律，即行星扫过的面积速率恒定，进一步阐释数学模型在揭示天体物理数据背后的物理定律方面的力量。这一定律能够提供一种解释为何行星在远日点移动较慢而在近日点移动较快的方式。

开普勒的第三条定律，即行星轨道周期的平方与其轨道半长轴的立方成正比，提供了一种简洁的方式来连接行星间的相对位置与它们的轨道周期。这一发现不仅验证了他的椭圆轨道模型，还预示着后来牛顿万有引力定律的发展。

开普勒定律都是通过精确的数学建模和数据分析得出的，不仅有助于理解太阳系中行星运动的实际情况，也为后来的物理理论提供了坚实的基础，显示出数学模型在科学发现中的核心作用。

这些理由共同体现了数学模型在科学研究中的核心作用，不仅有助于设计更有效的实验，也促进了对实验数据的深入理解和科学知识的发展。

10.2.2 数学模型的验证与修正

10.2.2.1 验证

科学实验的根本目的是验证和修正科学假说中的数学模型。通过实验，根据收集的数据，观察自然现象是否与理论预测相符。当实验结果与假说的数学模型不一致时，就对模型进行修正，以更准确描述和预测现实世界的行为。因此，科学实验在科学研究中扮演着关键角色，既是验证理论的工具，也是推动科学知识不断发展的手段。

通过科学实验验证数学模型过程中，最为关键的步骤如下：

①明确数学模型的假设和预期结果，包括定义模型的参数、变量以及模型的数学表达式。

②根据模型的假设，设计适当的实验，确保实验条件可以控制，并且能够有效收集与模型相关的数据。

③进行实验并收集相关数据，数据的质量和准确性对模型验证至关重要，因此实验需要重复进行以确保数据的可靠性。

④将实验数据与数学模型进行比较，通常使用统计分析方法来检验数据是否符合模型的预期结果。

⑤根据实验数据和分析结果，对数学模型进行必要的调整和改进。如果实验数据与模型预期有显著差异，可能需要重新审视模型假设或实验设计。

⑥重复实验以验证模型的可靠性和稳定性。进行多次实验验证，确保模型在不同条件下仍然有效。

⑦根据实验结果得出结论，并探讨模型在实际应用中的适用性和局限性。如果模型验证成功，就可以将其应用于相关领域的问题解决中。

每一步骤都至关重要，特别是数据收集和分析部分，直接决定了模型验证的准确性和可靠性。

例如，研究人口增长问题。英国人口统计学家马尔萨斯（Malthus）通过查阅一百多年人口出生统计资料，发现人口出生率是一个常数。1798年，世界著名的马尔萨斯人口模型在《人口原理》一书中提出。该模型的基本假设是：在人口自然增长过程中，出生率与死亡率之差的净增长率是常数，即单位时间内人口的增长量与当时人口总数成正比，比例系数为 r。

设 t 时刻人口为 $N(t)$，在 t 到 $t+\Delta t$ 时间内人口的增长量为

$$N(t+\Delta t)-N(t)=rN(t)\Delta t$$

并设 $t=t_0$ 时的人口为 N_o，可以得到

$$\frac{\mathrm{d}N}{\mathrm{d}t}=rN,\ N(t_0)=N_0$$

解为：$N(t_0)=N_0e^r(t-t_0)$

上式就被称为马尔萨斯人口模型。$r>0$，表明人口将以指数规律无限增长（以 e^r 为公比）。

通过实际情况检验马尔萨斯模型，1961 年全世界人口总数约为 $3.06\cdot10^9$，而在此之前的十来年间人口按每年 2%的速度增长。可以得到：

$$t_0=1\,961,\ N_0=3.06\cdot10^9,\ r=0.02$$

所以，世界人口增长模型为：$N(t)=3.06\cdot10^9e^{0.02(t-1\,961)}$。

这个公式非常准确地反映在 1700—1961 年世界人口总数，因为在这期间地球上的人口大约每 35 年增加一倍与公式的预测相差不大。

这种方法的典型特征是，运用数学语言对研究问题进行数学形式化的逻辑推导，从而建立抽象数学模型。使用演绎法推理虽然“只能证明、不能证伪”，但可以保证推导出的结论命题与逻辑起点的命题具有一致性。

需要说明的是：如果实验验证的抽象数学模型不能成立，从而没有得出符合实际的结论性命题，需要思考数学模型成立的前提条件，构建新的数学模型。

如上面例子中，在逻辑前提中，如果加入地球上人口发展存在阈限问题，那么，就需要对马尔萨斯模型进行改进，这是因为：地球上的自然资源、环境条件等因素对人口增长存在阈限。当人口增加到一定数量以后，增长率就要随人口增加而降低。

其中，最为著名的“比率对数”函数（logistic function）模型。这一模型是由法国数学家皮埃尔·弗朗索瓦·韦尔赫特（Pierre francois Verhulst）在研究人类人口增长趋势时提出来的。1920年，美国生物学家雷蒙德·佩尔（Raymond Pearl1）和洛厄尔·J·里德（Lowell J. Reed）在研究美国人口的增长时又单独重新发现了“比率对数”函数。这个函数的发现过程如下：

韦尔赫特引入常数 N_m，表示自然环境条件所能容许的最大人口数量值，并假定净增长率随着 $N(t)$ 的增加而减小，即

$$\frac{\mathrm{d}N}{\mathrm{d}t}=r\left(1-\frac{N}{N_m}\right)N\ ,\ N(t_0)=N_0$$

这个模型就是著名的“比率对数”函数模型，是一个符合伯努利（Bernoulli）方程的初值问题。

伯努利方程一般形式：$\frac{\mathrm{d}y}{\mathrm{d}x}=P(x)\,y+Q(x)\,y^n$（$n\neq0$，1）具有一般性的求解公式。伯努利方程的求解过程如下：

一般的齐次线性方程：$y'+P(x)\,y=0$，即：$\mathrm{d}y/\mathrm{d}x+P(x)\,y=0$。

可以改写为：$\mathrm{d}y/y=-P(x)\,\mathrm{d}x$，$\ln y=-\int P(x)\,\mathrm{d}x$。

从而有：$y=c_0\,e^{-\int p(x)\mathrm{d}x}$。

设一般非齐次线性方程 $y'+P(x)\,y=Q(x)$ 的解为：$y=u(x)\,e^{-\int P(x)\mathrm{d}x}$。

则有：

$$u'(x)\,e^{-\int P(x)\,\mathrm{d}x}+u(x)\,[-P(x)]\,e^{-\int P(x)\,\mathrm{d}x}+u(x)\,P(x)\,e^{-\int P(x)\,\mathrm{d}x}=Q(x)$$

可得：

$$u'(x)\,e^{-\int P(x)\,\mathrm{d}x}=Q(x)\ ,\ u(x)=\int Q(x)e^{\int P(x)\,\mathrm{d}x}\mathrm{d}x+C$$

则有：

$$y=\left[\int Q(x)e^{\int P(x)\mathrm{d}x}\mathrm{d}x+C\right]e^{-\int P(x)\mathrm{d}x}=e^{-\int P(x)\mathrm{d}x}\left[\int Q(x)e^{\int P(x)\mathrm{d}x}\mathrm{d}x+C\right]$$

对于伯努利方程：$\frac{\mathrm{d}y}{\mathrm{d}x}=P(x)y+Q(x)y^{n}$，$y^{-n}\frac{\mathrm{d}y}{\mathrm{d}x}=P(x)y^{1-n}+Q(x)$。

所以：$\mathrm{d}(y^{1-n})=(1-n)y^{-n}\mathrm{d}y$。

可得：$(1-n)y^{-n}\frac{\mathrm{d}y}{\mathrm{d}x}=(1-n)P(x)y^{1-n}+(1-n)Q(x)$。

令：$z(x)=y^{1-n}$，上式变为一次非齐次线性方程：

$$\frac{\mathrm{d}z}{\mathrm{d}x}=(1-n)P(x)z+(1-n)Q(x)$$

通解为：$z=e^{-\int(1-n)P(x)\mathrm{d}x}\left[\int(1-n)Q(x)e^{\int(1-n)P(x)\mathrm{d}x}\mathrm{d}x+C\right]$

这样，得出伯努利方程一般解为

$$y^{1-n}e^{(1-n)\int P(x)\mathrm{d}x}=(1-n)\int Q(x)e^{(1-n)\int P(x)\mathrm{d}x}\mathrm{d}x+C$$

运用伯努利方程一般解公式，“比率对数”函数模型解为

$$N(t)=\frac{N_m}{1+\left(\frac{N_m}{N_0}-1\right)e^{-r(t-t_0)}}$$

以上纯数学推导以实现抽象数学问题转化。这样的数学模型的特征如下：

第一，当 $t\to+\infty$ 时，$N(t)\to N_m$，也就是说，无论人口的初值如何，人口总数都趋向于一个固定的极限值 N_m。

第二，当 $0<N_0<N_m$ 时，$\frac{\mathrm{d}N}{\mathrm{d}t}=r\left(1-\frac{N}{N_m}\right)N>0$，所以，$N(t)$ 是时间 t 的单调递增函数。

第三，根据 $\frac{\mathrm{d}^2N}{\mathrm{d}t^2}=r^2\left(1-\frac{N}{N_m}\right)\left(1-\frac{2N}{N_m}\right)N$，$N=N(t)$ 曲线呈现 S 形，$N=\frac{N_m}{2}$ 是曲线拐点。当 $N<\frac{N_m}{2}$ 时，$\frac{\mathrm{d}^2N}{\mathrm{d}t^2}>0$，$N=N(t)$ 曲线向上凹；当 $N>\frac{N_m}{2}$ 时，$\frac{\mathrm{d}^2N}{\mathrm{d}t^2}<0$，$N=N(t)$ 曲线向下凹。

第四，人口的增长率 $\frac{dN}{dt}$ 由增长变成减少，在 $N = \frac{N_m}{2}$ 时最大。也就是说，在人口总数达到极限值一半儿以前，是加速增长时期，超过这点以后，增长的速率逐渐变小，并且逐渐趋向于零，这段时间就是减速增长时期。

研究发现：相对于 Malthus 模型，“比率对数”函数（logistic function）模型与实际数据拟合程度高，所讨论的人口模型同样适用于在自然环境下作为单一的物种生存着的其他生物，如森林中的树木、池塘中的鱼等，在生物数量的分析和预测中都有着广泛的应用。其中的重要原因是运用数学方法对原有模型进行改进，更加精确地解释了人口数量变化先增后减的客观规律，更加科学地揭示出人口数量的发展规律。

通过这个迭代和精细化的修正过程，科研人员可以提出准确描述和预测自然现象的数学模型，为未来科学探索和应用奠定坚实的基础。

10.2.2.2　修正

（1）不同数学哲学观的视角

关于数学模型的修正过程，不同的数学哲学观提供了不同的视角。

①实在论：接近客观存在的数学事实。

在实在论的数学哲学观中，由于数学对象和结构是真实存在的，通过科学实验修正数学模型被视为揭示或更接近这些客观存在的数学事实。所以，在迭代过程中，通过实验数据的分析，数学模型得以修正，从而更准确地描述自然规律。每次迭代都被视为逐步逼近客观数学真理的过程。在精细化过程中，模型的精细化是通过实验不断验证和调整的，直至模型能够充分反映或揭示隐藏在自然现象背后的数学规律。

②形式主义：形式系统的一致性调整。

在形式主义中，数学被视为符号系统，定义和推理过程都应具有系统一致性或自洽性，而不需要考虑其是否对应某种“现实”。所以，在迭代过程中，形式主义者关注的是通过一系列符号和规则构建的数学模型在形式系统中有效运行。科学实验的修正主要被视为调整这些符号系统以更好地描述现象。这种修正更多的是对形式系统的调整，而非揭示“真实”的数学结构。在精细化过程中，在形式主义框架下，精细化是指通过引入新的符号、定义或规则来使模型更具表达力和适用性。实验数据为模型提供了约束和指导，但模型本身是基于符号操作的模型。

③直觉构造主义：模型的心智创造。

直觉构造主义认为，数学是由人类心智创造的，是一种基于直觉的构造活动。数学对象只有在构造出来时才被视为存在。所以，在迭代过程中，科学实验的结果促使数学家构造更符合直觉的模型。模型的修正和迭代是一种心智活动，是对经验和直觉理解的重新构建，而非发现预先存在的数学真理。在精细化过程中，不断对模型进行重新构造，使其更符合实验观察和直觉逻辑。每次精细化都是对现有构造的完善，使其更贴近人类的直觉理解。

这三种数学哲学观对于数学模型通过科学实验修正的过程提供了不同的解释框架，从追求客观真理、符号系统调整到直觉构造，反映了数学和科学探索的不同思维路径。

（2）修正步骤

①评估模型。在修正数学模型的过程中，使用已有的实验数据来评估现有数学模型的表现。这包括将模型预测的结果与实验观测结果进行对比，检查模型在哪些方面与实际数据相符或存在偏差。例如，普朗克解决"紫外灾难"的问题，即经典物理的雷利-金斯定律预测黑体辐射强度随频率增加而无限增大，与实际观测严重不符。1900年，普朗克通过引入量子假设，即能量以离散的量子交换，修正黑体辐射理论。普朗克提出能量发射和吸收为量子化过程，使理论预测与实验数据高度吻合。普朗克模型首次准确描述了各频率下的黑体辐射谱，并验证了其在低频与高频下的有效性，解释了旧模型的偏差。这标志着量子物理学的诞生，推动了物理学的进步，显示出实验数据在理论评估与修正中的核心角色。

②识别不足。通过数据比较，识别模型在哪些具体方面需要改进。有些时候，模型不能准确预测某些现象，或者模型参数不能反映实际观测的动态变化。分析模型不足的原因可能涉及理论假设的错误、参数设置不当，或是模型结构本身的局限。例如，珀金逊方程（Percus - Yevick equation）在液体理论中的应用。珀金逊方程是统计物理学中描述液体粒子分布的重要积分方程，特别适用于简单液体分析。该方程通过比较模型预测的径向分布函数与实验如中子散射数据，评估其准确性。然而，方程在高密度或多组分系统的预测与实验数据存在偏差，暴露出其在处理复杂液体系统时的限制。这些局限可能源于简化的理论假设，如忽略粒子大小分布和多体相互作用。因此，改进方程包括引入复杂相互作用模型，考虑粒

子多样性和系统非均匀性，以及发展新的数学方法，以更准确地预测多组分和高密度系统的行为，促进液体理论和技术进步。

③优化模型。基于识别出的问题对模型进行调整。这可能包括调整或重新估计模型参数、引入新的变量来捕捉更多影响因素，或是改变模型结构如从线性模型转向非线性模型。调整过程中需要借助数学或统计软件进行更复杂数据分析和模型仿真。例如，1929 年，哈勃通过观察星系红移现象，发现星系退行速度与距离成正比的线性关系。随着测量技术的发展，模型在预测某些星系速度时存在偏差，哈勃常数的初步估计也因距离测量不准确而需要重新评估。对模型的调整包括重新估计哈勃常数，引入新变量并考虑如本地星系群引力影响等因素，以及探讨非线性模型。这些调整通过复杂的数据分析和模型仿真完成，使用如最小二乘法拟合技术和高级数值模拟，优化哈勃定律模型，从而精确描述宇宙膨胀。

④验证迭代。修正模型后，需要再次使用实验数据来验证模型的预测准确性，以检查修正后的模型是否提高了与实验数据的吻合度。这个验证过程可能需要多次迭代，每次都需要根据新的验证结果进一步调整模型。例如，在探索和完善原子模型的过程中，尼尔斯·玻尔改进了卢瑟福的原子模型并进行了验证。1911 年，卢瑟福通过金箔实验揭示了原子由密集正电荷核组成的结构，但未能解释电子的稳定性及其不坠入核心的原因。1913 年，玻尔引入量子化轨道概念，提出了玻尔模型，解释了电子稳定轨道。该模型假设电子只在特定轨道上运动且没有辐射，仅在跃迁时吸收或释放能量。玻尔通过比对氢原子的发射光谱与模型预测来验证其准确性，模型能精确预测光谱线位置。随着更多光谱数据的积累，玻尔模型在解释复杂原子时显示出局限性，引发了进一步的修正，其中就包括阿尔诺德·索末菲（Arnold Sommerfeld）的椭圆轨道理论及量子力学的发展。这个过程凸显了科学模型验证的迭代性和理论的逐步完善。

总之，科学实验与数学模型修正之间存在着紧密的相互作用和反馈关系。科学实验能够验证数学模型的准确性，并提供数据支持模型的修正和优化。数学模型能够指导实验设计和预测实验结果，而实验结果又促使数学模型不断改进和发展。通过这一迭代过程，科学实验与数学模型共同推动了科学理论的完善和科学知识的进步。数学模型修正是科学实验的最终目标。

第 11 章　数学之美：科学知识创新的方向

数学是科学的皇后，其美丽与艺术和音乐的美丽相媲美，是科学发现的灵感源泉。

——卡尔·弗里德里希·高斯（Carl Friedrich Gauss）《算术研究》(1856)

如果数学定律描述了现实，那么它们必须是美丽的。如果一个数学公式不美丽，那它不可能是真实的。

——保罗·狄拉克（Paul Dirac）《数学与物理的关系》(1939)

11.1　数学与科学知识之美

11.1.1　数学知识及审美创造

11.1.1.1　数学知识之美

(1) 数学审美性

数学审美性（aesthetics）是指数学知识领域中存在的美感、美学价值和美学特征，是一种主观的体验，涉及数学概念、定理、证明以及数学结构的感知和欣赏。数学审美性具体现在以下三个方面：

①简洁性。简洁的数学表达是数学的审美特征之一。简洁性可以体现在公式、方程、证明过程等各个层面。

例如，二项式定理（Binomial theorem）的表述中，简洁表述为

$$(x+y)^n=\sum_{k=0}^{n}\binom{n}{k}x^k y^{n-k}$$

如果不使用简洁表述，展开一个多项式 $(x+y)^n$ 就会变得非常复杂和冗

长，需要逐个展开每一项并相加，这样的非简洁表述如下：

$$(x+y)^n = x^n + \binom{n}{1} x y^{n-1} + \binom{n}{2} x^2 y^{n-2} + \cdots + \binom{n}{n-1} x^{n-1} y + y^n$$

在这个例子中，二项定理的简洁表述可以快速而方便地计算多项式展开的结果，而不必进行冗长的手工计算。

简洁性不仅适用于公式，还涉及定义、定理陈述和证明过程。

例如，欧几里得证明素数有无穷多个的过程可以简洁的表达如下：

设 p_1，p_2，…，p_n 为全部素数，则 $1+p_1p_2\cdots p_n$ 不能被 p_i（$1\leqslant i\leqslant n$）整除。

②对称性。数学对象的对称性在数学中常常被认为是美的表现。除了几何之外，还有代数、群论等多个领域。例如，代数对象通常也可以具有某种形式的对称性，尤其在抽象代数和群论等数学分支中，对称性概念可以广泛使用。其中，置换群（permutation group）是一个典型的代数对象，显示出代数结构的对称性。

置换群是由一组元素的所有可能排列所组成的群。举例来说，考虑一个由三个元素 $\{A, B, C\}$ 组成的集合，其置换群包含了以下六个不同的排列：

(A, B, C)，(A, C, B)，(B, A, C)，(B, C, A)，(C, A, B)，(C, B, A)

这六个排列组成了置换群的元素。

置换群的对称性体现在以下三个方面：

——交换对称性。置换群的元素是排列，可以通过交换元素的位置来实现对称性。例如，排列 (A, B, C) 和排列 (B, A, C) 是对称的，因为，只是交换了元素 A 和 B 的位置。这种交换对称性是置换群的一个重要特征。

——合成对称性。在置换群中，元素之间的组合操作（合成）也保持对称性。如果一个置换群中包含了排列 (A, B, C) 和排列 (C, B, A)，那么它们的合成 $(A, B, C) \cdot (C, B, A)$ 仍然是该置换群的元素，并且具有对称性。

——恒等元素。每个置换群都包含一个恒等元素，可表示不进行任何排列操作。这个恒等元素在置换群中具有对称性。

对称性在代数中不仅仅是排列的概念，也涉及群、环、域等代数结构中的元素和运算之间的关系。这种对称性不仅有助于理解代数结构的性质，还在数学和物理等领域中有广泛的应用。

③和谐性。数学中的不同概念和定理是相互联系，共同构成一个和谐的整体。这种和谐性被认为是数学的美的体现，显示出数学的内在结构和逻辑之美。

数学之美体现在其内在的逻辑和结构方面，每一个数学概念和定理不是孤立存在的，而是通过精巧的联系形成了一个统一和谐的整体。例如，基本的算术运算是建立复杂数学理论的基石；代数定理可以解释几何结构，而微积分则连接着变化概念。这种跨学科链接不仅展示出数学的实用性，也反映了一种深刻的美学。

数学的和谐性源于其对称性，如在几何图形、代数方程等领域中常见的对称性。此外，数学证明中的简洁和经济性也是美的一种体现，即通过最少的步骤达到逻辑上的严谨。进一步地，数学中的递归、无穷等概念不断地拓展人们对自然界的理解，这种探索未知的过程本身就具有一种特别的美感。

例如，黄金比例（golden ratio）和斐波那契数列之间具有协调性。黄金比例（φ）是一个无理数，约为 1.618 033 988 749 895，其计算公式如下：

$$\varphi = \frac{1 + \sqrt{5}}{2}$$

斐波那契数列是一个无穷数列，从 0 和 1 开始，后续的每个数都是前两个数之和。斐波那契数列的前几项如下：0，1，1，2，3，5，8，13，21…

黄金比例和斐波那契数列之间存在数学美中的协调性。当取斐波那契数列中的两个相邻数，如 3 和 5，相邻两数的比值接近黄金比例。事实上，随着斐波那契数列的增长，相邻两数之间的比率趋近于黄金分割。如 13/8 或 21/13，会发现这个比值接近于黄金分割，斐波那契数列中相邻两项的比值越往后逼近黄金比例 φ。这个性质就属于数学存在的协调性。

斐波那契数列因其在自然界中如花瓣、松果和菠菜螺旋的常见出现而显得特别。这些数列与黄金分割相关，后者在自然现象如贝壳螺旋、飓风和银河系中普遍存在。黄金矩形的比例接近黄金比例，是数学美学的标志。斐波那契数列构成的正方形逐渐趋近于这一比例，体现了数学的和谐与协调。此外，黄金分割的特殊比值也被广泛用于艺术和建筑中，以营造均衡与和谐的视觉效果。

因此，数学不仅是数字和公式的堆砌，还是一种对世界和谐与秩序感的深刻反思。在这种和谐中，每一个部分都与其他部分紧密相连，共同构成了一个逻辑严密且优雅的系统，这正是数学美的精髓所在。

（2）哲学观点与审美体验

不同的数学哲学观点对数学的审美体验具有不同的影响。

①实在论。实在论认为数学对象和真理是独立于人类心智的客观存在，数学研究是对这些预先存在的真理的揭示，对审美的影响如下：

——内在美与和谐美。柏拉图主义强调数学真理的内在美与和谐性，认为数学对象和结构具有一种超越性的美。人们在发现和揭示这些真理时，会体验到一种深刻的美感。这种美感源于对数学结构的对称性、简洁性和普遍性的欣赏。如欧几里得几何中的定理及其简洁优美的证明，或费马大定理在经过几百年后被证明所带来的震撼与美感。

——抽象与永恒。实在论让人感受到数学的永恒性和超越性，认为数学真理不受时间和空间的限制。这种对永恒真理的追求和发现过程本身就具有美感，令人敬畏和陶醉。数学家如高斯、欧拉等在研究中所体现的对数学之美的追求，反映了这种哲学观点的深远影响。

②形式主义。形式主义认为数学是由符号和规则构成的形式系统，数学真理是这些系统内的一致性结果，对审美的影响如下：

——逻辑严密与形式美。形式主义注重逻辑推理和形式系统的严密性，这种严密性本身就具有美感。数学家在构建和证明过程中体验到一种形式的完美和逻辑的美丽，如形式化的公理系统（像希尔伯特系统）和严谨的逻辑推理所带来的结构美感。

——简洁与优雅。形式主义强调数学表达的简洁性和优雅性。简洁而优雅的数学表达和证明让数学家体验到一种纯粹的美，如证明费马小定理的简单而优雅的方法，或者通过逻辑推理得出复杂定理的过程。

③直觉构造主义。直觉构造主义认为数学对象是通过人的直觉和构造过程产生的，数学真理依赖于构造性证明，对审美的影响如下：

——构造性与可视化美。直觉构造主义强调数学对象的构造性和可计算性，通过构造具体的数学对象和证明过程，体验到一种创造性的美感。这种美感源于看到通过具体构造将抽象概念变得直观和可视化，如通过构造几何图形来理解和证明几何定理的过程，或者通过具体算法来解决复杂问题。

——过程与发现的美。在直觉构造主义中，数学发现的过程本身就具有美感。人们通过一步步的构造和探索，体验到发现的乐趣和创造的美感，如构造性实分析中，逐步逼近和构造极限的过程所带来的美感。

总之，实在论强调数学的内在美与和谐性，以及数学真理的永恒性和普遍性，在发现这些真理的过程中体验到深刻的美感。形式主义注重逻辑严密性和形式系统的美，强调简洁和优雅的数学表达，在逻辑推理和形式化表达中体验到一种纯粹的美。直觉构造主义强调数学对象的构造性和具体性，在构造和发现过程中体验到创造性和直观性的美感。

11.1.1.2　审美驱动的创造发现

波特兰·罗素（Bertrand Russell）曾说过："正确的看法是，数学不仅拥有真，而且拥有非凡的美——一种像雕塑那样冷静而朴素的美，一种无须我们柔弱的天性感知的美，一种不具有绘画和音乐那样富丽堂皇的装饰的美，然而又是极其纯净的美，是唯有伟大的艺术才具有的严格完美的美。"① 审美不仅是数学知识发现的动力，还代表追求数学理论和证明中简洁性、对称性以及和谐性的最高境界。这种追求不仅使得数学知识的创造发现更加精确和有效，还使得数学本身成为一种艺术形式，这具体体现在以下四个方面：

（1）启发性

数学审美对于数学研究的启发特征表现为，受到美丽的数学结构、公式或问题的启发，从而产生兴趣，促使人们进行深入研究以发现数学知识。

例如，费马大定理（Fermat's Last theorem）由17世纪法国数学家皮埃尔·费马提出，直到1994年被英国数学家安德鲁·怀尔斯证明，陈述为："对于任何大于2的正整数 n，不存在满足 $a^n + b^n = c^n$ 的正整数 a、b、c，其中 a、b、c 互不相等。"怀尔斯被定理的美感吸引，其证明过程显示了数学的挑战性与创新，涉及代数、数论和几何学等领域。怀尔斯引入了调和模形式（modular forms）等抽象概念，其证明逻辑严密，也体现出协调和优雅。

---

① 埃里克·坦普尔·贝尔. 数学大师：从芝诺到庞加莱［M］. 徐源，译. 上海：上海科技教育出版社，2018：15.

（2）引导研究方向

数学审美引导选择研究方向的表现为：以数学结构之美为目标，深入研究该领域，寻找新的性质和定理。例如，爱因斯坦在研究相对论时，受到几何美感的启发，感受到几何学的美和数学结构的和谐。这种美感引导爱因斯坦思考时空中物体的运动。1915 年，爱因斯坦提出广义相对论，将引力视为时空的几何属性，用黎曼几何描述时空弯曲对物质和光线的影响。广义相对论成功预测了光线弯曲和时钟效应等新现象，这些都通过实验证实了。几何美感不仅推动爱因斯坦的理论创新，也说明数学美感在物理学创新中的重要作用。

（3）指导问题解决

数学审美在指导解决数学问题方面表现为：以美学的直观感受为指导，选择更优雅、更简洁的解决方案，而不仅仅是机械地追求答案。这种追求数学审美的过程可能会催生出创新性的解决方法。

例如，数学审美在解决四色问题时发挥着重要作用。这个问题中数学审美的影响具体体现在以下三个方面：

①四色问题的陈述本身因其与可视化和图形相关而具有审美吸引力。

②问题简洁表述背后涉及复杂数学，展示出数学审美与问题的紧密联系。

③阿佩尔和哈肯方法，虽依赖大量计算，但其将问题转化为图论的复杂性问题并构建复杂逻辑链的方式，就体现了数学美感。

（4）数学艺术激发

数学艺术是一个具有审美价值的领域，融合了数学的抽象性和美感。例如，弗拉克曲线（Fractal curve）艺术。弗拉克曲线是一种具有分形特性的数学曲线，通过迭代过程生成，展示出复杂且有规律的几何结构。其中，科赫雪花曲线通过将等边三角形边分成三等份并不断添加小三角形来构建，形成美丽的雪花形状。

数学艺术激发是指在数学研究中，通过数学艺术不仅能增强数学的视觉和直观理解，还能进一步激发创新和探索。一方面，数学艺术可以用于直观理解复杂的数学概念和数据。如曼德勃罗集合，就有助于理解动态系统和混沌理论中的模式。这种视觉化不仅美观，也让抽象概念变得更加直观。另一方面，通过艺术的方式展现数学结构，有时可以揭示数学本身未被注意的性质。如艺术家和数学家共同研究平面镶嵌和对称性，可能发现新的几何形状或对称组。这种交叉领域的合作有时会促使科研人员发现全新的数学理论或工具。所以，数学艺术不仅是美学表达，还是推动数学理论和实践创新的重要力量。

11.1.2 科学知识及审美创造

11.1.2.1 科学知识之美

与数学审美相比，科学知识审美最为重要的特征如下：

（1）实证性

实证性（empirical validity）是指科学理论必须基于观测和实验数据来验证。这种对实证支持的依赖是科学知识审美的核心，区别于数学审美，后者更依赖于逻辑和内部一致性。科学理论的美感部分源于其能够准确预测自然现象和实验结果的能力。

例如，爱因斯坦的广义相对论就是科学理论之美。1915 年，爱因斯坦提出广义相对论，当时是一个关于引力的全新理论，描述质量影响周围时空结构造成时空弯曲的理论。理论美感首先体现在其数学结构的优雅和概念的革新上——用时空几何方式重新定义重力。

爱因斯坦理论预测并在后来通过观测和实验得到证实的关键现象如下：

①星光偏折。1919 年，天文学家亚瑟·爱丁顿在日全食期间观测到星光通过太阳引力场时的偏折，这一观测结果与广义相对论的预测完美吻合。这不仅证实了时空弯曲的存在，也是广义相对论的第一个实验验证。

②水星近日点进动。广义相对论提供了水星轨道近日点异常进动的解释，这是牛顿引力理论无法完全解释的一个现象。爱因斯坦的理论准确描述这一轨道变化，这种精确的预测力显示出理论的实用性和有效性。

③引力波检测。直到 2015 年，科研人员通过 LIGO 实验首次直接探测到引力波，这验证了广义相对论预测的另一个重要现象。引力波的发现不仅是技术上的壮举，也是理论物理学的一个巨大胜利，再次证实了时空结构和动态的理解。

这些成功预测体现出科学理论的一种美——通过简洁和谐的数学形式，将复杂的自然现象纳入一个统一的框架，并能以惊人的准确度预测未知的天体行为。这种预见性和验证的过程本身，就是对科学理论美感的一种体现。

（2）可预测性

可预测性（predictive power）是指科学理论的美感也体现在其预测未来事件或现象的能力。一个理论如果能够准确预测尚未观测到的现象，这种前瞻性被视为其审美的一部分。

例如，黑洞的预测。爱因斯坦提出广义相对论不久，德国物理学家卡尔·史瓦西找到描述星体坍缩为一个奇点的解——著名的史瓦西解。这个解描述了在某个临界半径内，即所谓的“史瓦西半径”，物质的引力会变得如此强大，以至于连光也无法逃逸。这便是后来所称的“黑洞”。

这一理论的美感首先体现在其数学的优雅和对自然界极端现象的描述。虽然黑洞的概念未得到广泛接受，甚至被视为数学上的奇异性，但广义相对论的数学结构却揭示了这种极端解的存在。黑洞预测的科学理论美学特征具体体现在以下三个方面：

①未知前瞻性。广义相对论不仅解释了已知引力现象如行星运动，还预测完全未被观测的新现象——黑洞。

②简洁普适性。广义相对论用相对简单的数学表达式描述质量、时间和空间的关系，这种表述的简洁性和普适性使其不仅能够应用于日常的引力现象，还能够延伸到宇宙学和高能物理的极端条件。

③实验验证性。黑洞的存在直到20世纪后半叶才通过观测间接得到证实，如通过探测恒星在黑洞周围的运动。这些观测验证理论的预测，增强了广义相对论的信誉和美感。

广义相对论的成功预测使得黑洞从理论上预言转变为现实中的物理实体，证明了科学理论之美，同时深化了对宇宙极端条件下物理规律的理解。

（3）一致整合性

一致整合性（consistency and unification）是指科学理论在提供一个统一框架以整合之前分散的知识点时表现出特别的美感。

例如，在麦克斯韦建立麦克斯韦方程的过程中，其科学研究灵感的源泉就是数学审美性。麦克斯韦之所以能够发现电磁波的存在并建立一套完整的电磁理论，其中的灵感来源于数学审美性，这主要表现在以下四个方面：

①对称性和统一性。麦克斯韦在整理和扩展早期电磁理论时，强调方程的对称性和统一性。麦克斯韦运用数学分析方法整合成电磁学方程。

高斯定律（Gauss's law for electricity）：

$$\nabla \cdot E = \rho / \varepsilon_0$$

其中，$\nabla \cdot E$ 表示电场 E 的散度，ρ 表示电荷密度，ε_0是真空电容率。

高斯磁定律（Gauss's law for magnetism）：

$$\nabla \cdot B = 0$$

其中，$\nabla \cdot B$ 表示磁场 B 的散度。这个方程表明没有磁单极子存在。

法拉第感应定律（Faraday's law of electromagnetic induction）：

$$\nabla \cdot E = - \frac{\partial B}{\partial t}$$

其中，$\nabla \cdot E$ 表示电场 E 的旋度，$\partial B / \partial t$ 表示磁场 B 随时间的变化率。

并利用数学对称美的理念，创立麦克斯韦——安培定律（Ampère's law with Maxwell's addition）：

$$\nabla \cdot B = \mu_0 J + \mu_0 \varepsilon_0 \frac{\partial E}{\partial t}$$

其中，$\nabla \cdot B$ 是磁场 B 的旋度，μ_0是真空磁导率，J 是电流密度，$\partial E / \partial t$ 是电场 E 随时间的变化率。

公式说明：磁场可以通过传导电流生成，即安培定律也可以依靠变电场即位移电流生成。麦克斯韦将电场和磁场的方程统一为一组联合的麦克斯韦方程，通过这一统一性显示出电磁现象的内在联系。

②数学工具运用。麦克斯韦使用数学工具，特别是向量和微积分，这些工具使麦克斯韦能够准确描述电磁场的变化，并预测电磁波的存在。

③假设和预测。对称性和统一性数学美感使得麦克斯韦相信电磁波存在，并通过麦克斯韦方程预测电磁波的性质，如速度和传播方式，后来被实验证实。

④简洁普适性。麦克斯韦方程简洁地描述了电磁现象的所有基本法则极具美感，而且对后来科学和技术发展产生了深远的影响，包括无线电、电视、雷达等技术的出现。麦克斯韦方程不仅适用于宏观现象，也适用于微观领域，为量子力学和相对论提供了理论基础。这种普适性显示出理论解释的强大能力。

11.1.2.2　审美驱动的创造发现

审美在科学知识的创造发现中扮演着重要的角色，这主要表现在以下三个方面：

（1）启发新思想

启发新思想是指在科学研究中科研人员会被自然界的美丽形态与和谐规律所启发，进而探索背后的科学原理。例如，费马最小时间原理就是从光的传播路径的美学出发，提出光线在不同介质中传播路径的时间总是最短的。这种审美为形成新的理论提供了重要启示。

（2）评价科学理论的美学标准

在科学理论的选择和发展过程中，简洁性和对称性往往被视为理论美的一种表现。科研人员倾向于选择那些公式简洁、逻辑对称的理论。例如，爱因斯坦的相对论就以其优美的数学形式和对宇宙根本规律的深刻描述受到推崇。简洁和对称性通常被视为高度整合和深刻见解的标志。

（3）驱动科学理论的接受与普及

美丽的科学理论更容易被人们接受和记住。当一个科学理论不仅逻辑严密，而且形式美观，更有可能吸引科研人员和公众的注意，并促进其传播和应用。例如，保罗·狄拉克提出“物理定律应该具有数学美”，强调数学在物理学中的核心价值，认为物理定律不仅是实验和观察的结果，而且应该具有内在的数学美，即在数学上具有简洁性和优雅性。狄拉克这种观点对后来的物理学研究产生了深远影响，鼓励人们在寻找物理定律时，不仅要关注实验数据，也要追求理论的数学优雅性。狄拉克方程，不仅预言反物质的存在，而且在数学上具有高度的对称性和美感，展示出数学之美的力量，激发了公众对科学的兴趣。

综上所述，审美不仅在科学理论的形成和发展中起到直接作用，也在科学知识的传播和教育中发挥着重要作用，提升了科学探索的整体质量和效率。

11.2 科学知识创新与数学审美

11.2.1 科学知识创新中的数学审美

11.2.1.1 独特价值

数学在科学知识美学创新中具有至关重要的独特价值，这具体体现在以下五个方面：

（1）普遍和精确

数学的语言具有通用性，这一特点使得数学在科学理论和实验结果的精确描述、验证和共享中扮演着至关重要和独特的角色。这一点在科学知识的创新和美学表达中尤为显著。例如，物理学中爱因斯坦的相对论用数学语言来表述。相对论的数学表达式，如质能等价公式：$E=mc^2$，不仅为物理学提供了一种精确的理论框架，而且预言了新的物理现象如黑洞的存在。这证明了数学语言不仅能精确描述现象，还能推动科学理论的创新和发展。

（2）抽象和创新

数学的抽象性和创新性在科学进步和知识美学创新中发挥着至关重要的作用。数学建模和抽象思维，能够探索直觉上不可触及或难以直接观察的概念，从而推导出新的理论，预测未被观察到的现象。

例如，非欧几何推动广义相对论建立。19世纪，非欧几何的发展，挑战了欧几里得几何的绝对性，科研人员提出了曲率可变的空间概念。爱因斯坦的广义相对论正是建立在这种非欧几何的基础上，描述重力影响空间和时间结构。这一理论不仅改变了人们对宇宙的理解，也表明抽象数学概念可以使物理学领域取得重大突破。

（3）理解和欣赏

数学工具性是为解决复杂科学问题提供了强大的工具。数学的关键性是从基本的算术运算到高级的微积分、线性代数、统计学和计算机算法，数学的各个分支都在科学研究和技术开发中发挥着关键作用。数学的工具性和关键性在解决复杂的科学问题和推动技术开发中起着核心作用。通过各个分支如基础的算术运算、高级的微积分、线性代数、统计学，以及计算机算法，数学不仅提供了解决问题的方法，而且加深了人们对科学现象的理解，从而推动技术创新和科学知识的美学创新。

例如，经济学中的线性代数工具使用。在经济学中，线性代数被广泛用于优化资源分配、分析市场结构、预测经济增长等问题。利用线性代数工具，如矩阵和向量，经济学家能够构建复杂的经济模型，分析不同经济政策的潜在影响。这种数学工具的应用促进了经济理论的发展和政策制定的精确性。这说明，数学不仅为解决复杂问题提供了强大工具，而且还加深了人们对世界的理解。

（4）简洁和美感

数学的简洁和优雅是其在科学知识及其美学创新中扮演至关重要和独特价值的明显证明。数学不仅仅是一门科学，更是一种艺术，其美学价值体现在它的简洁性、对称性和优雅性上。这些特性使数学成为理解自然界复杂现象的强大工具，并且在科学知识创新中起着核心作用。

例如，在最优化理论中，数学的简洁性和优雅性体现在使用数学模型和算法来找到最佳解决方案的方式。无论是在工程设计、经济学、管理科学还是在人工智能中，最优化理论都扮演着核心角色，不仅解决了实际问题，也显示出数学在创新解决方案中的美学价值。这表明，通过这些具有美感的概念和理论，数学在科学知识美学创新中扮演着至关重要和独特的角色。

（5）预测未来和探索未知

数学能够构建模型和算法来预测未来事件或探索未知领域。数学预测未来的功能在科学知识、美学和创新中具有重要和独特作用，不仅可以更好地预测自然现象和社会发展趋势，还为创造性思维和美学表达提供了丰富素材和工具。

例如，在金融领域，数学模型用于预测股票价格、汇率和经济指标的变化。这些模型帮助投资者和管理者做出基于数据的决策，以最大化利润并减少风险。此外，金融市场的动态性和复杂性激发了新的数学理论和算法的发展，这些理论和算法又反过来推动了金融产品和服务的创新。

数学也在艺术创作中扮演着独特的角色。许多艺术家和设计师利用数学原理，如比例、对称和几何形状，来创造美观和谐的作品。此外，计算机算法和数学模拟被用于创造新型的视觉艺术作品，如算法生成艺术和虚拟现实体验。这些创新不仅拓展了艺术的边界，也提供了全新的方式来探索和表达美学概念。

11.2.1.2　基本路径

用数学阐示自然现象和发展规律的美的路径，可以分为数学基本概念和体系结构两个方面。这两个方面共同构成数学理解自然的框架，揭示了自然界的深层次规律和美学。

（1）基本概念

数学基本概念如数、形、变化等，为理解自然界提供了基础工具和语言。科研人员通过这些数学概念，不仅可以量化和模拟自然现象，还揭示了这些现象的内在美和规律性。

在数即数量方面，数是数学的基础，可以用来计数和测量，为自然界中的现象提供量化的手段。通过计数和测量，科研人员可以理解物体多少、天体运动速度、化学反应比例等，从而发现其中的规律性和对称性，而这些都是美的体现。

在形即几何方面，几何形状是数学中描述空间属性和关系的基本概念。自然界充满了各种几何形状，从蜂巢的六边形到雪花的对称性，再到植物的分枝结构。通过研究这些形状，数学不仅揭示了自然设计的效率和功能性，还显示了其美学价值。

在变化即变量与函数方面，数学中的变量和函数用于描述事物的变化，这对于理解物理现象的动态特性至关重要。例如，利用微积分可以研究速度和加速度，探索行星轨道，理解生态系统的动态平衡。这种对变化的描述和预测不仅可以提高对自然界的控制和预测能力，也让可以欣赏到动态变化中的规律与和谐。

这些基本概念，不仅可以使人们理解和预测自然界的现象，还让人们欣赏到自然现象中的规律性、对称性、和谐美。

（2）体系结构

数学体系结构，包括其理论框架和建模方法，为探索和理解自然现象提供深入和高效的途径，不仅揭示了自然界的深层次规律，也展现出其内在的美学。

在理论框架方面，数学的理论框架包括逻辑推理、证明方法、理论构建等。这些框架使数学能够以一种高度系统化和逻辑严密的方式来处理信息和概念。例如，抽象代数研究各种代数结构如群、环、域等，这些结构在理解物理现象（如对称性和守恒定律）中扮演着重要角色。集合论和逻辑为现代数学奠定了基础，能够以统一的方式描述和处理数学对象，揭示出数学概念之间的深刻联系。

在建模方法方面，数学模型是理解自然现象的强大工具。数学模型作为科学研究中的重要工具，通过提供一种简化但精确的方式来描述复杂现象，揭示了自然界秩序和规律背后的独特美感。这些模型有助于理解自然界的结构、过程和动态变化，同时揭示了自然界中存在的和谐与平衡。例如，分形几何中的曼德勃罗集，是通过一个简单的数学公式：$Z_{n+1}=Z_n^2+c$迭代产生复杂而美丽的图形。这种图形不仅在视觉上吸引人，而且展示在简单的数学规则下可以产生无限的复杂性和自相似的结构。分形几何在自然界中普遍存在，如雪花的形状、树木的枝杈分布、河流的分支结构等，这些自然现象的分形特性揭示了自然界的内在美。

在揭示深层次规律和美学方面，数学使人们能够看到超越表面现象的深层结构，如薛定谔方程是量子力学中的基本方程，描述微观粒子的波函数随时间的变化。这个方程揭示了物质波动性质的本质，可以理解和预测原子和分子层面上的现象。通过数学模型，人们可以领略到微观世界的奇异美感，如粒子的概率分布、量子纠缠等现象，数学模型展现了自然界在最基本层面上的和谐与秩序。这些深层次的数学结构不仅解释了自然现象的功能和效率，也展现了一种不易察觉的美学维度。

通过对基本概念的探索，人们可以捕捉到自然界的基础形态和过程；通过对体系结构的研究，人们则能深入理解这些形态和过程是如何互相作用、发展变化的。通过数学，人们可以认识到自然界秩序和规律，还能领略这些秩序和规律背后的深刻美感。

11.2.2 数学审美引领现代科学知识创新

11.2.2.1 重要作用

科学之美通常体现在对称、平衡、秩序、方法简单和思维经济等方面，这些特征使科学理论不仅有效，还具有赏心悦目的审美特征。数学审美，特别是其追求的简洁性、对称性、和谐性，是科学美感的深层基础，可以视为众美之源，在推动现代科学发展中具有重要作用，这具体体现在以下三个方面：

（1）简洁性：通过普适化推动理论创新

简洁性（elegance）是指使得复杂的科学理论变得更加通俗易懂，同时保持普遍性。在科学发展史上，简洁的数学表达往往预示着理论的优越性，通过寻求简洁数学形式来提出新理论或改进现有理论，是现代科学理论创新的重要途径。

例如，群论在粒子物理学中的应用。20 世纪中叶，物理学家开始意识到对称性在物理定律中的基本角色。因为群论，特别是李群和李代数，能够提供关于系统如何对某些变换保持不变的精确数学语言，用于描述这些对称性。

群论在标准模型应用中，粒子物理学的标准模型是一个关于强、弱、电磁三种基本相互作用及其作用于基本费米子的理论。在标准模型中，群论不仅用来描述这些相互作用的对称性，还用来预测新的粒子。例如，标准模型基于三个群的直积结构：SU（3）·SU（2）·U（1）。

SU（3）负责描述强相互作用即色动力学，涉及夸克之间的交换。

SU（2）·U（1）则描述电弱相互作用，这是电磁力和弱核力的统一描述。

这些群结构不仅提供了一种处理粒子类型和相互作用的简洁方法，还使得理论预测变得可能，比如预测 W 和 Z 玻色子以及希格斯粒子的存在。这些粒子后来在实验中被发现，验证了理论的正确性。

在理论改进方面，群论的框架能够以一种极为简洁和系统的方式来处理复杂的问题，这在没有群论的情况下几乎是不可能的。群论的引入不仅简化了粒子物理的数学表达，还提升了理论的预测能力，使得物理学家可以探索新的科学领域，如对称性自发破缺和粒子的质量生成机制。

群论在粒子物理学中的使用说明，通过寻求数学上更简洁的形式来提出新理论或改进现有理论，是现代科学理论创新的重要途径。这种方法不仅提高了理论的内在美，而且通过提供一种强大的统一框架，推动科学的发展。

（2）对称性：通过对称性是寻求理论统一揭示自然法则

对称性（symmetry）揭示自然法则和守恒定律。例如，1915 年，德国数学家艾米·诺特（Emmy Noether）提出诺特定理（Noether's theorem）并指出：每一个物理系统的连续对称性都对应一个守恒定律。具体来说，如果一个物理系统的行为对某种连续变换保持不变，即系统具有对称性，那么必定存在一个对应的物理量守恒。这种对称性可能是时间平移对称（不随时间改变）、空间平移对称（不随位置改变）或是旋转对称等。

其中，时间平移对称性与能量守恒定律是：如果一个系统的物理定律在时间上的平移（随着时间的推移物理定律不变）是对称的，那么这个系统的能量是守恒的。这意味着无论何时测量系统的能量，其总量总是相同的，除非有外部作用。

空间平移对称性与动量守恒定律是：如果一个系统的物理行为对于空间中的位置移动是不变的，那么该系统的动量守恒。这表明在没有外力作用的封闭系统中，系统总动量保持不变。

旋转对称性与角动量守恒定律是：如果一个系统对旋转保持不变，则该系统的角动量守恒。这在描述行星运动和其他旋转体系统中尤为重要。

诺特定理不仅是一个用来理解已知的守恒定律的理论框架，还能从基本的对称性出发预测新的守恒定律。在粒子物理学、宇宙学、量子力学等领域，诺特定理都发挥着核心作用。如通过考察粒子相互作用的对称性，物理学家能够预测相应的守恒定律，这对于理解基本粒子的性质及其相互作用至关重要。

诺特定理通过对系统的对称性进行分析，不仅可以更好地理解已知的物理现象，还可以预见和验证新的物理规律，显示出数学在物理科学中的基础地位和应用价值，证明了对称性原理是自然界的基本组织原则之一。

在理论物理中，对称性不仅是理解物理现象的核心概念，也是追求理论统一的关键工具。20 世纪初以来，物理学家一直在尝试将四种基本相互作用——强相互作用、弱相互作用、电磁相互作用和引力——纳入一个统一的理论框架。

在对称性与大统一理论方面，大统一理论（grand unified theories, GUTs）是一类试图在一个单一的理论框架内解释强、弱和电磁三种基本相互作用的理论。这些理论基于更大的对称群如 SU（5）、SO（10）等，这些群扩展了标准模型中 SU（3）·SU（2）·U（1）的对称性。这种统一旨在展示在极高能量如大爆炸初期的条件下，三种相互作用实际上是同一种力的不同表现形式。

通过引入这样的对称性，大统一理论能够预测一些新现象，如质子衰变，这是在标准模型中不会发生的过程。虽然这些预测尚未在实验中得到验证，但对称性在理论构建中的应用极大地拓展了物理学的边界。

对称性在超弦理论中应用方面。超弦理论试图统一所有的基本相互作用，包括引力，还试图统一所有的基本粒子。在超弦理论中，粒子被视为更小尺度上振动的弦，而这些弦的振动模式决定观察到的粒子性质。超弦理论依赖极其复杂对称性，特别是超对称性（supersymmetry），假设每种玻色子，即力的载体，都有相应的费米子，即物质的基本粒子，作为其对称伙伴。

在引力与量子场理论统一方面，引力量子化一直是物理学中的一个巨大挑战。在尝试将引力与其他三种基本相互作用统一的过程中，理论物理学家利用了几何对称性如广义相对论中的广义协变性和其他更高级的对称性如弦理论中的对偶对称性来构造一致的量子引力理论。

通过探索不同基本相互作用之间的对称性，理论物理学家能够拓展理论的边界，找到一个更全面、更深刻的自然界描述。这些努力不仅会加深人们对宇宙的理解，也为未来的技术创新奠定了理论基础。

（3）和谐性：通过科学之美使得不同科学理论之间的兼容与一致

和谐性（harmony）体现在不同科学理论之间的兼容与一致。在科学理论的构建过程中，数学审美性可以选择更具有内在一致性和对称性的方程和结构，建立更强大的理论，更好地解释和预测自然现象。

例如，2000 年，霍金（Stephen Hawking）就指出："在实验室中对小到普朗克长度的范围内进行的探索是不可能的……在更大的程度上，我们不得不依赖数学的美和一致性来发现关于万物的最终理论。"①

①限制性。实验通常受到技术和物理限制的制约，特别是在极小或极大尺度上。普朗克长度是一个微观尺度的极小长度标准，而在宇宙尺度上，宇宙学的研究也存在观测和测量的限制。因此，霍金指出在这些尺度范围内进行实验探索是不可能的或受到严重限制的。

②数学性。在无法进行实验的情况下，科学必须依赖数学工具和数学理论来推进研究。数学被认为是一种非常强大的工具，因为数学可以提供精确的描述、模拟和预测物理现象的方式。数学理论中的简洁性、对称性和一致性的美学特征反映了自然界的基本规律。

③数学审美一致性。万物的最终理论是物理学家们一直在寻找的统一的理论，能够统一解释宏观和微观世界的所有现象，包括引力、量子力学和粒子物理。这样的理论，通常称为统一场论或量子引力理论。由于受到极小和极大尺度的实验限制，科研人员可能无法通过实验来验证这些理论，因此，必须依靠数学的美和一致性来发现这些理论。

"数学的美和一致性"也影响了霍金关于辐射的研究。20 世纪 70 年代，霍金发现黑洞并不是绝对吸收一切的"黑体"，而是会辐射出微弱的热辐射，这个现象后来被称为霍金辐射。这个发现颠覆了传统黑洞理论，并将量子力学与引力理论融合在一起。数学审美性在"霍金辐射"研究中的作用表现在以下两个方面：

——内在一致性。霍金辐射理论依赖于量子场论和广义相对论。在这个理论中，霍金需要考虑黑洞的引力效应与量子力学的微观效应之间的交

---

① 刘兵. 认识科学［M］. 北京：中国人民大学出版社，2006：30.

互。数学审美性驱使寻找一种方式来统一这两种理论，以使它们在黑洞背景下保持内在一致性。

——数学对称性。在推导过程中，霍金运用数学上的对称性原理，特别是在黑洞的事件视界（event horizon）周围。这种对称性使霍金能够在模型中引入角度均匀性和其他数学上的优雅特性，使辐射理论更具吸引力。

通过将内在一致性和对称性数学审美性为指导原则，霍金成功建立霍金辐射理论，这一理论不仅解释了黑洞的辐射现象，还将量子力学与引力理论融合，为物理学的进一步发展提供了重要的指导。

11.2.2.2 基本目标

（1）简洁性引领理论的优化与创新

在现代科学研究中，数学简洁性不仅仅是理论美学的追求，也是实现理论优化与创新的重要手段。在爱因斯坦发现广义相对论的过程中，简洁性的作用具体体现为以下四个方面：

①问题识别与重新定义。

在对现有理论局限性认识方面，爱因斯坦意识到牛顿的万有引力理论不能完全解释某些天体现象如水星近日点的进动问题。这需要寻求一个更广泛的理论框架。

在重新定义问题方面，爱因斯坦不仅仅寻求修正牛顿理论，而是提出了一个全新的问题：引力是如何与时空结构相互作用的？

②寻找合适的数学工具。

在采用黎曼几何方面，为了描述在弯曲时空中的引力，采用黎曼几何描述复杂几何和拓扑结构的理想工具。

在数学语言的选择方面，选择一种精确描述物理现象的数学语言是关键，对于广义相对论而言，黎曼几何能够简洁表达引力与时空关系的框架。

③理论的数学表达与优化。

在方程的推导方面，爱因斯坦发展场方程，即爱因斯坦方程，用来描述物质如何影响时空的几何结构以及时空如何指导物质的运动。

在追求简洁优美方面，广义相对论的方程在形式上非常简洁，将复杂的物理现象归纳为基本的数学表达式。

④理论的验证与应用。

在预测新现象方面，广义相对论不仅解释了已知的天体物理现象，还预测了新的效应，如光的弯曲和时间膨胀。

在实验和观测验证方面，广义相对论的预测通过天文观测得到验证。1919 年，日全食观测证实：光线在太阳引力作用下的弯曲。

这个过程强调通过数学的简洁性来推动理论的发展和优化，以寻找更普适、更深入的理论解释。

（2）对称性作为探索和验证的工具

对称性不仅是一个探索工具，也可以帮助人们更深入理解自然现象多样性和进化过程。同时，对称性作为一个验证工具，可以在实验中测试和改进揭示事物发展本质和规律的理论。

在生物学中，就将对称性作为工具优化和创新理论，其重要步骤如下：

①观察与假设的形成。

在识别对称性的模式方面，首先观察并记录不同生物体如植物、动物和昆虫等的对称性模式。例如，很多植物展现出辐射对称或双侧对称，而动物通常展现出双侧对称。

在形成假设方面，基于观察到的对称性，可以形成关于对称性如何影响生物的结构、功能和进化的假说。例如，对称性可能是由于在生物发育中特定遗传和分子信号通路的作用。

②数学和计算模型的应用。

在建立数学模型方面，使用数学和计算工具来模拟对称性在生物形态发育中的角色，包括使用计算生物学模型来模拟细胞分裂、组织生长和器官形成中的对称性分布。

在模拟和预测方面，通过模型，可以预测在特定遗传或环境条件下对称性的变化，以及这些改变如何影响生物的适应性。

③实验验证。

在设计实验方面，设计实验来测试对称性影响的假设，例如，通过改变生物体如果蝇或斑马鱼等的遗传构造，来研究对称性如何受到特定基因的控制。

在观测与数据分析方面，收集数据并分析实验结果，确认或否定初步假设，如检查生物形态对称性的改变如何影响其功能和适应性。

④理论整合与应用。

在理论优化方面，根据实验结果和模型预测，优化现有的生物发育理论，更好整合对称性的作用。

在跨学科应用方面，将对称性的研究成果应用于其他领域，如理解对称性如何影响物种适应环境变化，以帮助制定更有效的保护策略。

（3）和谐性在多学科整合中的作用

在跨学科应用方面，数学的和谐性允许将一个领域的概念和方法应用到其他看似无关的领域，从而激发创新。例如，混沌理论的跨学科应用的关键步骤如下：

①理论的跨学科识别与适应。

在识别共性方面，识别不同领域之间的共同问题或现象，如混沌理论在数学和物理中初步发现与其他领域如生态学、经济学和工程学中动态系统的相似性。

在适应和调整理论方面，将混沌理论中的核心概念如敏感性依赖于初始条件、奇异吸引子等调整和改编，使其适用于不同的学科背景和问题。

②发展跨学科的方法与工具。

在整合方法论方面，发展可以跨学科使用的研究方法，如使用动态系统的数学模型来分析经济市场的波动或生态系统的稳定性。

在创新工具和技术方面，开发和优化工具，如计算模型和仿真软件，以支持跨学科的混沌理论研究。

③实验验证与数据分析。

在设计和实施实验方面，在各个学科中设计实验或收集数据，验证混沌理论的应用效果和准确性。

在数据分析和模型验证方面，分析从不同领域收集的数据，以验证和细化理论模型。这包括使用统计方法和机器学习技术来理解混沌现象在不同系统中表现。

④理论的反馈循环与优化。

在反馈和调整方面，基于实验和实际应用的反馈，调整理论框架和模型。这可能涉及修改理论假设，或者根据一个领域的发现调整另一个领域的应用策略。

在推广与应用方面，将优化后的理论推广到更广泛的应用中，不仅限于原有的学科，还可能开拓新的应用领域。

需要注意的是：为增强理论和谐性，在发展新理论时寻找与现有知识一致性和协调性，确保新理论不仅在自身是合理的，而且与其他已验证理论相兼容。

(4) 审美标准推动科学方法的革新

追求简洁、和谐以及对称等美学元素，以审美标准推动科学方法的革新，并实现理论优化与创新，其重要步骤如下：

①审美准则的确定与采纳。

在定义审美目标方面，首先需要明确什么样的科学理论被视为美观。这可能包括理论的简洁性（如奥卡姆剃刀原理）、对称性（如物理定律中的对称原理），以及和谐性（即理论元素之间的逻辑和谐）。

在审美的哲学反思方面，探讨为何某些审美特征会与科学的有效性相关联，如为什么简洁的理论更容易被验证和接受。

②理论与方法的审美优化。

在审美导向的理论调整方面，在现有科学理论和模型中寻求审美的提升，如通过减少多余变量和参数，或者重新设计模型结构以达到更高对称性或简洁性。

在创新方法的开发方面，开发新的科学方法，不仅在技术上有效，而且在形式上满足审美准则，如创造新的数学工具或计算模型以提高理论的美学价值。

③实验设计与数据解读。

在审美驱动的实验设计方面，设计实验不仅为了测试假设有效性，也为了展现理论审美特征。这需要选择能够最直观展示理论美感实验设置和数据呈现的方式。

在数据与理论的美学整合方面，在数据分析和解释中，强调通过数据支持理论的审美属性，比如通过图形和视觉化工具来展示数据对称性或模式和谐性。

④理论评估与推广。

在审美与功能的评价方面，对新理论和方法进行评估，不仅要考虑科学有效性，也要考虑审美价值，包括同行评审和公众呈现以及如何接受和理解这些理论。

在跨学科的应用与发展方面，用审美优化推动跨学科的创新。如一个简洁美观的理论模型可能在原始学科之外找到新的应用，激发新的研究方向和技术发展。

通过这些步骤，审美标准不仅作为科学探索的一个方向，而且成为推动科学方法革新和理论优化的动力。

总之，数学之美不仅能激发科学研究的灵感和创造力，还提供了统一的理论框架，推动新科学理论的提出和已有模型的优化。通过对美丽数学结构的追求，人们不断创新，提出新的科学知识，并通过实验验证推动科学的发展。因此，数学之美是科学知识创新的前进方向。

第 12 章　科学理论层次跃迁的数学本质

数学是科学理论跃迁的工具，通过它我们可以发现新的自然规律。

——伽利略·伽利莱（Galileo Galilei）《实验者》（1623）

科学研究的每一个重大进展，都是数学方法的结果。

——尼古拉·特斯拉（Nikola Tesla）《特斯拉自传：我的发明》（1919）

12.1　科学理论的类型与发展

12.1.1　类型

科学理论的分类是理解和扩展科学知识的一个基本工具，有助于科学的理解与沟通、增进交流研究和实施教育、促进知识体系化研究和修正发展。

按照反映客观现实的深度、广度、精确性，以及理论对现象的解释能力和预测准确性的不同，科学理论的分类如下：

12.1.1.1　一般分类

按照反映客观现实的领域、广度、以及理论应用的不同，科学理论可以分为实证理论与规范理论、基础理论与应用理论、专门理论与综合理论。

（1）实证理论与规范理论

实证理论，或称实证主义，是一种强调通过观察和实验来获取知识的哲学思想。实证理论与关注价值判断和道德标准的规范理论形成对比，专注于解释客观现实中的现象，而不涉及对这些现象的价值评价。例如，经济学中的供需法则就是一个实证理论，它仅通过观察市场行为来解释价格是如何由供应和需求决定的，不对价格的适当水平做出评价。实证理论的核心是通过观察、实验和分析来理解客观现实，这一方法在科学研究中占据核心地位。

规范理论关注对事物的评价和指导的方法，基于价值判断，在伦理学和政治学中尤为常见。这类理论不仅追求理想状态，还反映了对人类行为和社会组织的深刻理解。例如，约翰·罗尔斯（John Rawls）的政治哲学理论“正义作为公平”设想了一个理想社会，其中基本权利平等保障，社会和经济不平等仅在有利于最不利者时可接受。该理论提供了对社会组织的深刻见解，并提出实现理想状态的具体原则。规范理论通过设定目标和原则指导行为，强调道德和价值判断在塑造社会行为和决策中的重要性。

（2）基础理论与应用理论

基础理论，亦称基本理论或根本理论，旨在探索和解释自然界和社会现象的基本原理和规律，构成科学和人文学科知识体系的核心。例如，达尔文的自然选择理论阐述了生物种类随时间演化的机制，不仅深化了对生物多样性的理解，也成为现代生物学的基石。自然选择理论通过解释物种如何适应环境并演化，为生物学多个分支提供了统一的理论框架。基础理论定义了其领域内的研究参数和目标，解释了自然和社会现象，指导新理论发展和实践创新，不断深化人们对世界的理解。

应用理论基于基础理论，专注于解决实际问题，并将理论知识转化为具体应用。这类理论旨在缩小理论与实践之间的差距，使理论成果在实践中发挥作用。例如，算法理论在计算机科学中研究设计和分析算法的方法，其应用则涵盖了开发高效计算方法来解决如数据排序、搜索、加密和网络传输等实际问题，谷歌搜索引擎算法便是其应用示例，能有效处理和检索大量互联网数据。应用理论旨在将科学研究转化为解决实际问题的创新解决方案。

（3）专门理论与综合理论

专门理论专注于特定领域或具体问题，其应用范围和适用性相对有限，通常只针对特定现象或数据集。例如，普朗克的量子假说就是针对19世纪末的“紫外灾难”的，即传统物理理论无法解释黑体不同温度下的精确光谱。1900年，普朗克提出能量以最小单元“量子”存在，这一假设成功解释了黑体辐射的光谱，尤其是高频端行为，虽然普朗克的量子假说后来成为量子理论的基石，但其依然是一个专门理论。

综合理论整合多个领域的理论来提供全面的解释框架，具有广泛的解释力和应用性，旨在链接和解释不同领域的现象。例如，系统生物学整合了生物学、数学、物理学和计算科学等学科理论，用于全面理解生物系统的结构和功能，如代谢网络和基因调控网络。这使得系统生物学不仅能解释单一生物现象，还能理解这些现象在更大系统中的协同作用。与专门理论相比，综合理论注重不同领域的广泛整合，两者都在科学研究和实际应用中发挥关键作用。

当然，科学理论还有静态理论和动态理论等其他类型，这里就不再赘述。

12.1.1.2 *层次类型*

科学理论发展是一个动态、迭代的过程，通常从观察现象的描述性理论开始，逐步深化到解释复杂的自然规律，最终可能达到统一不同领域知识的高级阶段。在这个过程中，不同阶段的理论反映了科学理论发展的不同层次。

（1）描述性理论

描述性理论是科学探索的起点，通过观察和记录自然现象，形成对这些现象的基本描述，关注现象的外在特征和状态而非其背后原因或机制。例如，卡尔·林奈（Carl Linnaeus）的《自然系统》通过详细记录已知生物种类并建立分类系统，为生物分类学奠定了基础。这类理论虽然主要是描述性的，却激发了对生物多样性、进化机制等深层次问题的探索，如达尔文的进化论就部分基于生物多样性和地理分布进行描述性研究。虽然描述性研究不直接解释现象背后的原因，但仍是科学进步的重要起点。

（2）经验性理论

随着研究的深入，经验性理论通过实验和观察收集分析数据来识别规律和模式。虽然科学定律是科学知识体系中最为坚实和可靠的部分，但是科学定律是基于经验性数据和观察的经验性理论。随着科学技术的发展和新证据的出现，定律会被更新或替代。例如，孟德尔的遗传定律。孟德尔通过豌豆植物的杂交实验研究遗传模式，在数据分析中，记录不同代植物的特征，分析遗传特征的传递方式，从而发现遗传的基本定律，包括分离定律和独立分配定律。再如，经济学中的供求法则通过市场交易数据来研究价格和数量的关系，分析了不同价格水平下的供给量和需求量，解释了市场价格如何通过供给和需求的相互作用来决定。

（3）科学创新性理论

科学创新性理论通常通过数学模型和逻辑推理解释观察到的规律，揭示现象的根本原因和机制。例如，爱因斯坦的相对论，包括狭义相对论和广义相对论，是这一理论类型的典型代表。相对论改变了人们对时空的基本理解，将引力视为物质和能量如何影响时空结构的结果。此外，广义相对论还预测了黑洞和引力波等现象，这些预测直到21世纪才得到证实。相对论还精确应用于全球定位系统（GPS）技术中，显示出其理论的实际应用性和精确性。爱因斯坦的相对论不仅深化了人们对自然界的理解，还在技术和日常生活中找到了重要应用，显示出科学创新性理论的重要性和影响力。

（4）统一性理论

统一性理论是科学理论发展的最高阶段，旨在将不同领域的知识和理论整合，从一个统一的视角来解释广泛的自然现象。例如，杰弗里·韦斯特在《规模：复杂世界的简单法则》中，通过规模法则来解释生物体、城市、公司等复杂系统的生长、衰老、创新和可持续性等普遍现象。

韦斯特认为，无论是生命体、城市还是公司，它们的生长和衰败都受到其规模的制约，并与其规模呈一定比例关系，这些关系可以用统一的数学公式来描述。例如，他提到生物体的代谢率与体重的关系遵循克莱伯定律，即代谢率与体重的3/4次幂成正比，这表明体重每增加一倍，代谢率仅增加3/4，或者说“只需要75%的能量”[①]。此外，城市的基础设施和经济活动也遵循规模法则，如城市规模增加一倍不仅会使得的人均工资、财富和创新增加约15%，犯罪案件总量、污染和疾病的数量也会按照相同的比例增加[②]。

这就是建立在大量数据分析和科学实验基础上的科学创新性理论，将物理学、生物学、经济学、社会学等多个学科的知识融合到一起，以一种全新的视角，认识复杂世界背后的简单逻辑，有助于理解并预测生命、城市和公司的发展趋势。通过规模法则，人们可以更加深入地理解复杂系统

---

① 杰弗里·韦斯特. 规模：复杂世界的简单法则［M］. 张培，译. 北京：中信出版社，2021：99.

② 杰弗里·韦斯特. 规模：复杂世界的简单法则［M］. 张培，译. 北京：中信出版社，2021：285.

的本质特征和内在联系，用以解释和预测复杂系统的发展规律。

综上所述，科学进步不仅是知识累积的过程，也是一个不断革新和整合的过程，旨在寻求对自然世界更全面、更统一的理解。

12.1.2 发展

12.1.2.1 过程

（1）科学知识进步的保证

科学理论起始于观察现象，通过提出假说、进行实验验证，并得到实验证据支持，以此形成能广泛且深入解释自然界现象的理论。这个过程体现了科学方法的核心原则：观察、假设、实验验证和理论建立。科学理论的特点在于能够提供对世界的深刻理解，并需要随新数据和证据不断修正或更新。

科学理论的开放性意味着形成后必须接受科学界内外的批评和挑战，通过整合新数据和证据，并开展新的研究周期来推动科学进步。例如，虽然经典力学在多数情况下有效，但相对论在极高速度和强引力场下提供了新的视角，显示出经典力学的局限。科学的开放性和持续自我纠正的能力使其能适应新观察和信息，促进理论的发展和精化。

因此，科学进步依赖于这种开放性和迭代的研究周期，使科学理论能够不断进化，更好地反映人们对自然界的理解。这种方法的根本目的是不断接近真理，而且永远不会完全到达或最终实现真理的目标。

（2）科学知识累积的关键机制

新理论的建立基于旧理论，并通过科学的迭代过程不断扩展对自然界的理解。这一过程包括：评估现有理论以确定其准确性；识别理论的局限性和矛盾；提出修正或新理论以解决这些问题；通过实验和观察验证新理论或修正，测试其预测的准确性；根据实验结果接受、修正或拒绝新理论。最终，这一过程不仅积累了科学知识，还揭示了新的问题，为未来研究指明了方向。

理论迭代过程体现了科学自我修正的特性，是科学不断进步和深化的关键机制。

12.1.2.2 方式

科学理论是在迭代中形成新的理论路径包括理论修正和理论替代。

（1）理论修正

理论修正方式是随着新的证据和技术的出现而产生的。在科学理论的迭代发展过程中，理论修正是一个核心环节，目的是确保科学知识的持续更新和精细化。理论修正通常遵循的方式包括以下六种：

①新证据集成。当观察或实验数据与现有理论不符时，研究人员会尝试修正理论以包括这些新发现，这可能涉及对假设、模型或解释的微调。例如，虽然牛顿的经典力学通过其三大定律成功解释了多种物理现象，但是19世纪末到20世纪初，迈克尔逊-莫雷实验等科学技术的进步显示出其局限性。爱因斯坦随后提出狭义相对论，基于物理定律在所有惯性参考系一致性和光速恒定性的假设，引入时间和空间相互关联的观点。相对论不仅揭示了经典力学无法解释的现象，并通过实验如引力透镜效应得到验证，从而对牛顿力学进行了重要修正，这是物理学领域的重大进步。

②技术进步应用。随着新技术的出现，先前无法观察或测量的现象变得可行，这些技术进步可能需要对现有理论进行修正。

例如，20世纪90年代之前，普遍观点是宇宙自大爆炸后一直在减速膨胀，这一理论基于爱因斯坦的广义相对论和观测到的物质密度。然而，20世纪90年代末通过使用新天文技术，如哈勃空间望远镜等，科研人员观察到宇宙膨胀速度实际上在加快，这与旧理论矛盾。为解释这一现象，科研人员提出了“暗能量”的概念，即有一种具有反引力效应的神秘能量，推动宇宙加速膨胀。这一理论修正深化了对宇宙的理解，并成为现代宇宙学的核心概念。随后的观测和技术发展进一步支持了暗能量理论，使其成为解释宇宙结构和演化的关键因素。

这个实例说明，新技术揭示的宇宙加速膨胀现象，不仅挑战了既有的宇宙学理论，也促进暗能量概念的提出，增进了人们对宇宙最基本特性之一的深刻理解。

③理论假设更新。理论中的某些假设可能需要更新或替换，以反映新的科学理解。这种更新有助于理论更准确地预测或解释现象。

例如，在20世纪初之前，物理学主要依赖牛顿经典力学原理，有效描述宏观物体的运动。然而，探究原子及亚原子粒子后发现，经典力学无法精确描述微观粒子行为，诸如电子的运动和光的波粒二象性。为解决这些问题，科研人员引入了量子力学，提出了全新假设，如不确定性原理和波函数。不确定性原理表明不能同时精确知道粒子的位置和动量，而波函数则提供了粒子状态的概率描述。量子理论彻底改变了对微观尺度的理解，成功解释了原子结构、化学键等现象，并通过实验验证，成为现代物理学的基础。

这说明，更新理论中的基本假设来适应新的科学发现，可以使理论更准确地预测和解释自然界的现象。

④理论模型进行扩展。理论模型扩展就是将现有的理论模型扩展，以包括新的变量或因素，这些新增加的部分可以使理论更全面地解释复杂的现象。例如，早期的气候模型主要研究自然因素如太阳辐射和火山活动对气候的影响，但在预测近代气候变化时遇到困难。随着研究的深入，科研人员发现人类活动特别是温室气体排放如二氧化碳和甲烷对气候有显著影响，提示了将新变量加入模型的必要性。因此，气候模型得到了扩展以包括更复杂的反馈机制和人类活动影响，如土地使用变化和气溶胶排放。这些扩展模型能更全面地模拟和预测气候变化，其预测结果与观测数据的吻合进一步验证了模型的有效性，特别是在预测全球变暖趋势和极端天气事件方面。

⑤研究异常深化理论。科学理论修正的“研究异常深化理论”方式，即遇到与现有理论预测不符的异常情况是理论修正的重要触发点，科研人员通过研究这些异常来深化对现象的理解，进而修正理论。

例如，为解决黑体辐射问题，马克斯·普朗克提出了能量量子化的假设，即能量以最小单元“量子”形式被吸收或释放，这一概念成功解释了黑体辐射的实验数据，并引发了物理学领域的根本性变革。普朗克的理论修正不仅解决了具体问题，而且奠定了量子力学的基础。后来，爱因斯坦、海森堡、薛定谔等通过进一步发展量子理论，彻底改变了人们对微观世界的理解。这些研究不仅修正了旧理论，也开辟了现代物理学的新领域——量子力学，极大地影响了人们对物质结构、化学反应等现象的理解，并推动了计算机、通信技术、医学成像等领域的技术革新。

⑥借鉴其他学科理论和方法。借鉴其他学科的理论和方法可以提供解决现有理论问题的新途径，促使理论修正或整合。例如，1859 年，达尔文提出的自然选择概念的进化理论，最初缺少遗传机制的明确解释和充分的地质化石记录支持。随着地质学的发展，该理论获得了时间框架的支持，地质学的研究表明，地球年龄远超过《圣经》的估计，为生物进化提供了足够的时间尺度。此外，化石记录的发现为生物种类的时间演变提供了直

接证据。20 世纪初，遗传学，尤其是孟德尔遗传学的再发现，为遗传变异提供了机制，帮助人们理解自然选择的遗传基础。这些理论的发展促成了现代进化综合理论的形成，该理论整合了自然选择、遗传学、地质学和古生物学的知识，加深了人们对生物进化机制的理解，并成为生物学的重要理论基石。现代进化综合理论全面解释了从分子到生态系统层面的生物多样化现象，对生物学及其相关领域产生了深远的影响。

科研人员通过跨学科的合作和知识整合，可以解决现有的理论问题，促使科学理论的修正或整合，从而推动科学知识的发展和深化。

（2）理论替代

在科学理论的迭代发展过程中，理论替代是指一个既有理论因无法适应新的证据和技术进步，而被一个全新的理论所取代的现象。这种替代的原因是旧理论无法解释新发现的现象或数据，而应用新理论就能提供更全面、更准确的解释。

理论替代强调科学知识的非线性发展，凸显科学革命的概念。在这种模式下，科学进步不仅是通过在旧理论框架内的修正和细化，而是通过构建一个完全不同的理论框架来实现。科学理论替代过程的基本步骤如下：

①新证据的发现。科学研究发现的新证据与旧理论的预测不符，无法被当前理论框架解释，从而引发科学界对现有理论的重新评估。例如，19 世纪中叶，天文学家发现天王星轨道偏差，无法用牛顿的万有引力定律来解释，促使对该理论重新评估。法国天文学家乌尔班·勒韦里埃（Urbain Le Verrier）通过数学模型预测了未知行星——海王星的存在，挑战当时人们对太阳系的理解。1846 年，德国天文学家约翰·加勒（Johann Galle）基于勒韦里埃计算发现海王星，证实了牛顿理论的准确性，并说明了数学在天文学中的应用。海王星的发现不仅证实了牛顿理论，也是通过数学预测发现新天体的首次实例，标志着理论物理与观测天文学的紧密合作。

②新理论的提出。为了解释新发现的证据，科研人员提出新的理论或模型。这个新理论通常基于不同的假设或概念，能够解释旧理论无法解释的现象。例如，20 世纪初，牛顿经典力学和麦克斯韦电磁理论无法解释如光速恒定和迈克尔逊-莫雷实验结果等现象。1905 年，爱因斯坦提出狭义相对论，基于物理定律在所有惯性参考系的一致性和光速恒定性的假设，彻底改变了时间、空间和质量的理解。相对论提供了新的物理定律，如时间膨胀和长度收缩，并通过引力透镜效应、原子钟实验等得到验证，成为

现代物理学的基础。这还促进物理学的一大飞跃，证明了理论创新在科学发展中的重要性。

③理论之间竞争选择。新旧理论之间会存在一段时间的竞争和对比，这一过程中，科学界通过实验和观察来测试新旧理论的预测准确性。这些测试旨在确定哪个理论能更好解释观察到的现实。例如，胃溃疡致病理论之争。医学界曾普遍认为胃溃疡由压力和生活习惯引起，治疗侧重于制酸。1982 年，马歇尔和沃伦提出胃溃疡主要由幽门螺杆菌引起的新理论，这一理论最初被人们置疑。一系列实验，包括马歇尔的自我感染实验和抗生素治疗成功，证明了这一理论的正确性。随着证据积累，医学界接受了这一新理论，治疗方法转向用抗生素根除幽门螺杆菌。这还促进对其他微生物致病机制研究，显示出通过实验和观察，科学通过证据选择更佳理论的过程。

④科学共同体形成共识。随着越来越多的证据支持新理论，科学共同体逐渐形成共识，认为新理论可以提供对现象更好的解释。这一过程可能需要很长时间，涉及广泛的讨论、批评和验证。例如，20 世纪初，地质学界认为地壳位置固定不变，1912 年，韦格纳提出大陆漂移假说，缺乏解释大陆移动的机制。20 世纪 50 年代至 60 年代，随着海底扩张理论的发展和相关学科证据的积累，如大洋中脊和地磁反转，支持大陆漂移的证据增加。直到 20 世纪 70 年代，板块构造论被广泛接受，成为地质学解释地球动态的主流理论。这一理论转变过程涉及广泛科学讨论和数据分析，展示出科学共同体通过证据积累和辩论形成新理论共识的机制。

⑤接受和整合新的理论。新理论得到充分验证并被科学界广泛接受后，就会取代旧理论，成为解释相关现象的主流框架。这一过程将新理论整合到相关科学领域的知识体系中。例如，20 世纪初，许多物理现象，如黑体辐射和光电效应，挑战了经典物理学。为此，科研人员引入量子力学的能量量子化等新概念。量子力学通过实验，如光电效应验证后被广泛认可，不仅替代了经典理论，还与相对论结合，促进了现代科学技术的发展。

⑥科学范式转变。理论替代伴随着更广泛的科学范式的转变，这意味着科学研究的基本概念和方法论发生了根本性的变化。例如，从牛顿的经典力学到爱因斯坦的相对论的转换。在相对论前，物理学基于牛顿的经典力学成功解释了宏观现象，定义了时间、空间、物质。19 世纪末至 20 世

纪初的科学实验，如迈克尔逊-莫雷实验等，挑战了经典力学。1905年，爱因斯坦提出狭义相对论，基于物理定律的惯性参考系不变性和光速恒定原理，改变了人们对时间、空间、质量、能量的理解，并引入时间膨胀、长度收缩等概念。相对论标志着科学范式转变要求是科研基本概念、方法论发生根本性变化，并采用新的框架设计实验、解释和理解数据。

12.2 科学理论的发展实质

12.2.1 修正与替代

12.2.1.1 修正

在科学理论的发展过程中，科学理论的修正不完全等同于数学理论的修正，但二者确实存在重要联系。科学理论修正涉及对现有理论的更新以适应新的实验数据和科学发现，这通常包括对理论的概念框架、假设、和模型的调整。而数学理论修正则聚焦数学模型和计算方法的精确性、严密性和适用性的提升。

（1）科学理论修正的实质

①适应新发现。科学理论是为了解释或包含最新的科学发现而进行修正和扩展。例如，量子力学的提出和发展是对经典力学，尤其是牛顿力学的重大突破。经典力学虽然精确描述了宏观物体的运动，但在20世纪初，科研人员开始发现其在原子和亚原子粒子层面的局限性。如经典理论无法解释原子的稳定性，因为按照该理论，围绕原子核运动的电子应不断辐射能量并坠入核中。量子力学通过引入能量量子化、波粒二象性和量子叠加等新概念，解决了这些问题。如玻尔的氢原子模型通过量子化轨道解释了氢原子光谱的稳定性和离散性。

量子力学的发展不仅解释了之前无法理解的现象，还预测了如量子纠缠和超导等新的物理效应，这些都在后续实验中得到了证实。虽然量子力学在某种程度上突破了经典力学，但在宏观尺度上，其预测与经典力学的预测往往是一致的，显示了科学理论修正的目的在于拓展和完善，使得理论能适应更广泛的现象。科学理论的迭代发展通过包含最新的科学发现并弥补旧理论的不足，从而推动科学进步。

②修正假设。科学理论的假设基于可观测的现象和实验数据。随着新

技术和新方法的出现，旧有假设需要修正以更加准确地反映现实。

例如，牛顿的万有引力定律，表述为两个质点间的引力与它们的质量成正比，与距离的平方成反比，已成功应用于地球引力和天体轨道计算等方面。然而，当涉及水星的近日点进动或光线在强引力场中的偏折时，牛顿的万有引力定律与实际观测存在差异。爱因斯坦的广义相对论修正了这些问题，提供了在强引力场和高速情况下的精确描述，并引入了时空概念，认为重力是时空曲率的表现。广义相对论成功预测了光线在太阳附近的偏折等现象，这是牛顿的万有引力定律无法解释的。

随着技术的发展和新的观测手段，如射电天文学和空间探测，人们能够探测到更远距离和更精细的宇宙现象，推动了理论的不断修正和发展。牛顿的万有引力定律到爱因斯坦广义相对论的演进，展示出科学理论的动态发展性，即随着技术进步和新发现而不断演化，理论修正帮助科学理论更贴近真实世界的复杂性。

③增强理论的适用性。修正的目的是增强理论的普适性，以适用于更广泛情况或更精确描述现象。例如，19 世纪末，物理学领域面临着一个被称为“紫外灾难”（ultraviolet catastrophe）的问题，即经典物理理论瑞利-金斯定律（Rayleigh-Jeans law）预测，一个理想的黑体在高频率即短波长辐射时，其辐射强度会无限增大。这一预测与实验结果严重不符，显示出经典理论的局限性。

1900 年，马克斯·普朗克提出了一个创新性的解决方案：假设能量不是连续分布的，而是以最小的单元“量子”形式存在，并引入了描述这些能量单元的普朗克常数。这一假设不仅解决了紫外灾难问题，还促使了量子理论的发展。

普朗克的黑体辐射理论的修正，使得人们能够准确描述物体在所有频率上的辐射，标志着物理学进入量子物理新纪元。量子理论的引入不仅解决了一个具体的技术难题，还为理解和描述自然界的基本行为和结构提供了全新视角。这表明科学理论通过修正，可以适应更广泛情况或更精确地描述现象。

（2）数学理论修正的实质

①提高数学模型的精确性。数学在科学理论中扮演模型构建和理论预测的角色。数学理论的修正往往涉及增强模型的精确度或扩展模型的应用范围。

例如，1900 年，为解决黑体辐射问题，马克斯·普朗克提出了量子化的概念，这是为了解释传统物理学无法描述黑体辐射光谱高频区与实验数据不符的“紫外灾难”。普朗克引入了能量量子化的假设，即能量以离散的“量子”形式被吸收或释放，并提出公式：$E = h\nu$ 。其中，E 是能量，ν 是频率，h 是普朗克常数。这个假设不仅解释了现有的实验数据，还预测了其他与黑体辐射相关的物理现象，这些预测随后通过实验得到验证。

另外，爱因斯坦的广义相对论也依靠数学理论的创新来解决问题。相对论利用黎曼几何描述时空弯曲，这一新的数学工具使相对论能在强引力场和高速运动的极端条件下提供精确预测。广义相对论的模型成功预测了多种现象，包括光线在太阳附近的偏折、GPS 系统中的相对论效应，以及引力波的存在，这些都是牛顿的万有引力定律无法预测的现象。

这说明，数学理论修正可以增强模型的精确度和扩展其应用范围，从而使科学能够更全面地描述和理解自然界的复杂现象。

②提升数学的严密性。数学理论修正也可能涉及对理论证明的严密性和逻辑结构的加强，以确保模型在不同的科学背景下保持一致和可靠。

例如，在数学史上，欧几里得几何曾长期被视为描述空间结构的唯一方式。然而，19 世纪，数学家高斯、罗巴切夫斯基等开始探索基于欧几里得的第五公设的替代理论，从而开启了非欧几何的研究，包括双曲几何和椭圆几何。双曲几何允许通过一个点画出无限多条与给定直线平行的线，而椭圆几何则不存在任何与给定直线平行的线。这些非欧几何显示出空间结构的多样性，表明几何结构可以基于不同的数学公式来定义。

这些数学理论的发展为爱因斯坦的广义相对论提供了关键的数学工具。爱因斯坦采用黎曼几何来描述弯曲的时空流形，这不仅增强了理论的严密性，而且使得广义相对论能够准确预测诸如光线偏折和时间膨胀等现象。通过引入这些复杂的数学结构，广义相对论帮助物理学从牛顿的经典力学框架转向更复杂的现代物理视角，显示了数学理论修正在科学进步中的关键作用。

这说明，通过加强理论证明的严密性，可以确保模型在不同的科学背景和实验条件下保持其有效性和可靠性。

③解决新问题的数学工具。随着新科学问题的出现，科研人员可能需要开发新的数学工具或方法来解决这些问题。例如，20 世纪中叶之前，学界主要研究易于解析的线性系统，其行为通常是可预测且稳定的。但实际

中，如天气系统、生态系统和经济系统等是非线性的，表现出复杂且难以用传统线性模型描述的行为，其微小变化就可能引发大的效应。

1963年，气象学家爱德华·洛伦兹（Edward Lorenz）提出了混沌理论。在研究天气模型时，洛伦兹发现极小的初始条件变动可导致系统行为产生巨大差异的“蝴蝶效应”。洛伦兹理论模型包含三个相互作用的非线性微分方程。为理解这种非线性系统的敏感依赖性，人们开发了新的数学工具和技术，如分形理论和李雅普诺夫指数分析，这些工具有助于分析系统的行为和预测其长期表现的局限。混沌理论不仅加深了人们对非线性系统行为的理解，还应用于多个科学领域。在生物学、化学、机械工程中，混沌理论帮助科研人员设计更高效的系统并避免不稳定性。在经济学和社会科学中，混沌理论用于分析市场和人口模型中的复杂波动。

这一实例说明：方法论的创新不仅解决了具体的科学问题，还推动了科学理论的发展，开辟了新的研究领域和应用领域。

（3）科学理论修正的核心是数学修正

虽然科学理论的修正涉及多个方面，包括实验方法、技术进步和理论解释等，但这些修正往往与数学理论的发展密切相关。

例如，19世纪末到20世纪初，物理学家们发现牛顿的经典力学无法解释某些现象，如水星近日点的进动和光在强引力场中的偏折。这些现象的观测数据与牛顿的万有引力定律的预测存在差异。

爱因斯坦提出广义相对论的成功，得益于黎曼几何，这种数学结构为相对论提供了描述复杂时空结构的语言，并使得理论能够进行新的预测，如光线在太阳附近的偏折角度，这在1919年的日食观测中得到了验证，成为广义相对论的一个重要支持点。

此外，广义相对论还预测了引力波的存在，这是一个完全基于数学模型的预测，直到2015年才通过LIGO实验观测到。这一发现不仅验证了广义相对论的正确性，也显示出数学在理论物理中的核心作用，说明科学理论的修正离不开数学理论的发展。

虽然数学理论和科学理论各自有其独特的侧重点和发展动态。科学理论的修正更多反映和解释实际观测和实验数据，而数学理论的修正则更侧重于逻辑性和内部结构的完善。然而，在许多情况下，科学理论的修正依赖于数学模型的改进。例如，在量子力学的发展过程中，数学模型的改进是理论形成和完善的关键。

20世纪初，面对黑体辐射和光电效应等经典物理无法解释的现象，物理学界引入了新的数学方法和模型。普朗克通过量子化能量的假设来解释黑体辐射。

尼尔斯·玻尔进一步在描述氢原子光谱时提出量子化的轨道模型，这种模型虽基于经典的圆轨道理论，但其局限性促进了更深入的数学模型改进。重大突破发生在海森堡的矩阵力学和薛定谔提出的波动力学。海森堡将物理量表述为矩阵，并用矩阵运算描述量子系统，这种方法虽难理解，却为微观粒子的描述提供了有效的数学工具。同时，薛定谔使用偏微分方程即薛定谔方程，直观描述量子态和系统的波函数，这为获取系统的全面信息如能量级和粒子分布提供了方法。

海森堡的矩阵力学和薛定谔的波动力学虽然形式不同，但最终证明是等价的，彰显了数学模型在物理理论中的核心作用。这些数学模型的改进不仅让量子力学能解释先前无法解释的现象，还预测了如量子纠缠等新的物理效应。这些进展不仅解决了传统理论的问题，还为物理学开辟了新领域。

12.2.1.2　替代

因为科学理论的表述和预测是通过数学模型来实现，所以科学理论的替代涉及数学理论的替代。科学理论的替代本质上是因为新的数学工具和模型的引入可以更精确或更全面地描述和理解自然现象，这具体体现在以下四个方面：

（1）数学作为科学语言

数学提供了一种精确和系统的方式来表达科学概念，使得理论的推导和预测变得可能。因此，当科学理论需要更新或改进时，数学模型也需要更新。

例如，牛顿力学曾精确预测宏观物体运动。但在20世纪初，科研人员发现它无法解释微观尺度上的现象，诸如原子内电子的稳定轨道和原子光谱的清晰线条等。因此，科研人员将量子力学作为一个新的理论框架，并用新的数学模型描述微观粒子行为。

量子力学通过波函数概念来描述粒子的概率分布，这一复数函数由时间依赖的薛定谔方程控制。此外，量子力学中的物理量如位置、动量和能量通过作用在波函数上的算符来表达，其测量结果对应算符的本征值，这涉及线性代数和泛函分析。量子力学的数学模型不仅解释了先前无法理解的现象，还预测了新现象如量子纠缠和量子隧穿，这些都已通过实验验证。此外，量子力学为现代技术如半导体和量子计算奠定了理论基础，推动着技术和经济的发展，促进了量子理论的进一步完善。

当科学理论面临新的挑战时，现有数学模型就需要更新或彻底改变以适应新的理论需求。这种更新不仅是解决新问题的关键，也是科学进步的重要推动力。

（2）数学模型的进步

科学理论的进步往往伴随着数学工具的发展。例如，爱因斯坦的广义相对论不仅修正了牛顿的万有引力定律，还引入了黎曼几何这种复杂的数学结构来提供更全面的物理描述。广义相对论的核心是将重力视为时空的曲率，这一点超越牛顿理论中使用的三维欧几里得的空间数学框架。黎曼几何提供了描述和处理四维时空弯曲及其内部几何的数学语言，这使得广义相对论能够解释如水星近日点的进动以及预测如黑洞存在和引力波等新现象，这些都已通过实验和观测得到证实。

广义相对论的数学模型不仅理论完善，还能精确预测实际观测结果，例如全球定位系统（GPS）的运行就需要考虑到相对论效应，尤其是时钟同步问题，其准确计算基于广义相对论的数学模型。通过引入高级的数学理论，广义相对论不仅增强了科学理论的解释力和预测力，还推动了数学和其他科学领域的发展，显示出高级数学在物理现象探索中的关键作用。

（3）预测的精确性

新的数学理论能够提供更精确的预测和更广泛的适用范围。例如，20世纪初，物理学家发现经典力学和电磁理论无法解释如黑体辐射、光电效应和原子光谱线等微观尺度现象。这推动了量子力学的发展，量子力学的建立依赖于概率论和线性代数这两个关键数学领域。

在概率论方面，量子力学使用波函数来描述电子在原子中的位置概率分布，而非确定位置。波函数是通过解薛定谔方程得到的，代表了系统可能结果的概率分布。在线性代数方面，量子态通过向量空间中的向量表示，物理可观测量如位置、动量和能量则通过算子表示，这些算子作用在向量上，遵循线性代数规则，用以计算不同状态间的转换概率和其他物理属性。

量子力学的数学框架极大地提升了预测精度，如精确计算氢原子光谱线位置，并预测了量子纠缠和超导等新现象，这些都通过后续实验得到验证。这显示出新数学理论在提升现象描述精度和预测未知现象方面的重要性，扩展了理论的适用范围并深化了人们对物理世界的理解。

（4）理论的一致性和统一性

数学可以使得科学理论之间建立联系。科学理论的统一依赖于数学框架的统一性和扩展性。例如，19 世纪，麦克斯韦利用偏微分方程描述电场和磁场的相互作用，这些方程不仅解释了静态电磁现象，还预测了电磁波的存在，包括光波。这些预测随后通过赫兹的电磁波实验得到了验证，确认光是电磁波的一种。

20 世纪初，爱因斯坦的相对论进一步统一力学与麦克斯韦的电磁理论。相对论利用黎曼几何描述时空弯曲，有效解释了光在引力场中的传播，如引力透镜效应。相对论通过将时间视为第四维，与空间维度并重，解决了在高速及光速附近现象描述上，经典力学与电磁理论的不一致问题。

这些理论的统一不仅在理论上是一大进展，也在诸如全球定位系统（GPS）等实际应用中展现了其重要性，GPS 系统中的精确性需要考虑到相对论效应。这些统一理论的发展展示了科学理论如何通过数学工具的应用实现跨学科的整合与进步。

因此，科学理论的替代在很大程度上是数学理论的替代。数学工具的进步和创新不仅推动了科学理论的发展，也使得科学理论能够以更加一致和全面的方式来描述复杂的自然现象。

12.2.2 数学的地位与作用

12.2.2.1 核心地位

科学理论发展是一个动态的、迭代的过程。科学理论发展过程中的核心是数学理论的发展，数学理论发展在科学理论发展过程中具有重要的地位。

例如，牛顿在《自然哲学的数学原理》（*Mathematical principles of natural philosophy*）第一版的序言中提出：“致力于发展与哲学相关的数学。”其中，他强调“力学是从将几何学中分离出来”，是将物质的量、运动的量与力用具有方向性的几何形式抽象出来；“理性的力学是一门精确提出问题并加以演示的科学"①，目的是揭示力与运动的量、物质的量之间的数学关系。

在应用数学解决科学问题时，数学抽象或创新程度决定了科学理论的高度。例如，牛顿在发现万有引力定律之前，其实是胡可（Robert Hooke）率先提出了"引力大小与距离平方成反比"的关键观点。1679 年，牛顿与胡可通信时认为"引力是不随距离变化的常量"并认为"物体下落是一个螺旋线"。1684 年，牛顿应用自己创立的微积分理论，在其《论运动》一书中推导出"万有引力"假说，以绝对严谨的数学证明过程论证了"万有引力"的假说，最后通过格林尼治天文台观测数据证明"万有引力"定律。应用数学的过程是系统各个要素数学结构的分析和解析过程，科学理论高度的根本标志是数学理论的高度。

在现代科学研究中，寻求新的数学方法和工具以解决科学问题仍然是科学前沿的一个重要方向。数学不仅为科学提供了描述自然现象的工具，而且在新科学理论的生成、验证及应用中起到了不可替代的核心作用。

例如，在爱因斯坦提出"广义相对论"之前，物理学家主要使用欧几里得几何来描述物理空间。爱因斯坦敏锐地发现时空是弯曲的，而欧几里得几何无法描述弯曲的空间和时空。几何学家格罗斯曼为其推荐黎曼几何理论，正是微分几何的空间曲率理论，为广义相对论提供了科学的思维方式，爱因斯坦按照这种理论的清晰和可靠进行科学研究，使得爱因斯坦成功创立广义相对论的科学体系。广义相对论预测了多种现象，如黑洞、引力波等，这些都是后来通过观测验证的。这些预测的验证过程中，数学工具的创新性应用起到了决定性作用。可以说，没有黎曼几何这样的数学理论，广义相对论的形成几乎是不可能的。爱因斯坦的创新表明，新的科学理念往往需要新的数学工具来表述和验证。

研究广义相对论时，爱因斯坦采用黎曼几何作为描述时空结构的数学工具，将其与物理现象结合，创新性应用于引力理论。在这一过程中，爱因斯坦扩展数学工具的应用范围，使之能够解释物理世界中的非直观现象，如引力对光线路径的弯曲。所以，广义相对论发现"证明从基本经验中用逻辑推出力学的基本概念和基本定律的所有尝试都注定会失败"，"理

---

① 牛顿. 自然哲学的数学原理［M］. 王克迪，译. 北京：北京大学出版社，2006：17.

论物理的公理基础不可能从经验中提取，而且必须自由地创造出来”①。这种研究的突出特点是，对应用的数学进行理论创新，建立公理化知识体系。正如爱因斯坦在论证广义相对论时指出的，在空间里“所遵循的规律，并不完全符合于欧里几得几何所赋予物体的空间规律”，但符合黎曼几何规律，“这就是我们要讲的‘空间曲率’的意义”②。科学创新往往需要依赖于数学工具方面的创新。以数学观念“支配”科学研究，让科学创新理论与数学观念形成“对称”，是现代科学研究的重要特点。

12.2.2.2 决定作用

数学理论的发展与应用对科学理论发展具有决定性作用，这具体体现在以下三个方面：

（1）描述性理论与经验性理论

描述性理论提供了对自然现象的基本观察和分类，这一阶段的数学应用相对简单，主要涉及数据的收集和分类。

经验性理论基于实验和观察，通过分析大量数据来寻找现象之间的关系和规律。在这个阶段，数学的应用更加复杂，开始涉及统计分析和概率论，帮助研究人员从数据中提取有意义的模式和规律。

实现描述性理论到经验性理论的跃迁是科学发展中的一个重要过程，而数学在这一过程中扮演了核心角色。描述性理论通常基于观察和归纳，试图解释自然界的现象；而经验性理论则进一步通过实验和定量分析来验证和精确这些理论。数学提供了一种精确和抽象的语言，以及一套方法论，用于建模、分析和推导，从而使理论更加严谨和可验证。

这说明，数学不仅在建立和发展科学理论中起到了桥梁作用，将描述性的理解转化为具有预测能力的定量理论，还极大地提升了理解宇宙的能力。数学可以一种更深刻、更广泛的方式理解自然界的法则。

（2）经验性理论到科学创新性理论的跃迁

经验性理论基于观察和实验结果而构建，主要目的是对现象进行描述和归纳。这种理论通常不深入探究现象背后的原因或机制，而是侧重于总结规律和建立现象之间的关联。科学创新性理论旨在提供对自然现象深层次的解释，不仅描述现象，还探索其背后的原理和机制。这类理论往往能

---

① 阿尔伯特·爱因斯坦. 我的世界观［M］. 方在庆，编译. 北京：中信出版社，2018：371-372.

② 徐飞. 爱因斯坦［M］. 上海：上海交通大学出版社，2007：37.

够产生新的假设，引领新的研究方向，并推动科学技术的进步。

经验性理论更多依赖于观察和实验数据的归纳，科学创新性理论则依赖于逻辑推理、假设的测试和数学建模。因此，经验性理论常用于建立基础数据和现象之间的初步联系，科学创新性理论则用于指导新的科学研究和技术开发。

在科学知识的发展中，经验性理论和科学创新性理论扮演着不同但互补的角色，前者为后者提供基础和启发，后者则通过深入的理解和预测推动科学前进。

数学在科学从经验性到创新性理论的跃迁中扮演关键角色，这具体体现在以下五个方面：

①抽象和建模。数学提供了将复杂自然现象抽象为数学模型的语言和工具，使科学理论能深入探索现象的内在机制，并揭示其基本规律。

②预测和验证。数学模型使研究人员能够进行理论预测，并通过实验或观察来验证这些预测。这种循环是科学方法的核心。

③统一和通用性。数学的普适性使得不同科学领域如物理、化学、生物和经济学等均可使用数学作为通用语言，促进了跨学科创新和科学整体进步。

④精确和严谨。数学的逻辑严密性和精确性确保了理论的一致性和逻辑严谨性，是科学理论区别于经验总结的关键。

⑤推动技术创新。数学不仅理论上重要，还直接推动了如计算机科学、信息技术、人工智能等技术创新，这些技术的发展为科学研究提供了新工具和方法，加速了理论的创新和应用。

例如，在量子力学发展过程中，数学扮演了核心和关键角色，促使理论从经验性向创新性跃进。20世纪初，经典理论如牛顿力学和麦克斯韦电磁理论未能解释原子和亚原子粒子的行为。量子力学的提出，通过矩阵力学和波动力学等创新数学语言，解释了黑体辐射、光电效应等现象，并预测了电子行为和量子纠缠，其准确性通过实验得到验证。此外，量子力学还通过薛定谔方程和海森堡不确定性原理等，展现了物理理论的数学统一性。总体上，量子力学不仅解释了经典物理无法解释的现象，还推动了如半导体技术和量子计算等新技术的发展，显示了数学在科学理论和理论物理学中的不可替代作用。

（3）科学创新性理论到统一性理论

科学创新性理论和统一性理论是科学理论发展中的两个重要概念，分别代表了科学理论创新的不同方面和目标。

科学创新性理论指的是引入新概念、新原理或新方法，从而在科学知识和理解上实现重大突破的理论。这类理论往往能够提供新的视角来解释已知的现象，或预测之前未被发现的现象，挑战或扩展现有的科学框架，推动科学进入新的领域。如爱因斯坦的相对论就是一种科学创新性理论，不仅改变了人们对时间和空间的理解，还预测了诸如时间膨胀和光线弯曲等新现象。

统一性理论是指试图将多个看似不相关或相互矛盾的理论统一在一个更加基础的框架下的理论。这样的理论旨在揭示自然界的基本统一性，通过一个单一的、更加全面和深刻的理论来描述所有的物理现象。例如，电弱统一理论。这是描述电磁力和弱相互作用统一的理论，由格拉肖（Sheldon L. Glashow）、萨拉姆（Abdus Salam）和温伯格（Steven Weinberg）等人发展，他们也因此获得1979年的诺贝尔物理学奖。电弱统一理论预言弱中性流的存在，并且后来被实验所证实。这一理论的成功标志着物理学大一统迈出重要一步。

科学创新性理论的目标是引入新概念和原理来拓展科学知识和理解，而统一性理论的目标是寻找不同理论之间的内在联系，实现更高层次的理论统一；创新性理论可能通过实验发现、理论假设或数学建模等多种方式提出，而统一性理论则更侧重于通过数学和逻辑推理来揭示不同现象或力之间的基本关系；科学创新性理论可能在特定领域内带来突破，而统一性理论则往往影响整个科学领域，提供一个更加全面和深刻的理解框架。

从科学创新性理论到统一性理论的跃迁是科学进步中的一个重要阶段，涉及将多个原先独立或部分重叠的理论整合成一个更全面、更深入的框架，从而提供对自然界的统一解释。这一跃迁的关键点包括以下五个：

①整合现有知识。统一性理论的构建通常开始于对现有科学理论和知识的深入理解和整合。这包括识别不同理论之间的相似性、联系和潜在的一致性，以及理解它们在解释自然现象时的局限性和不足。

②解决矛盾和填补空缺。在不同科学理论之间，常常存在一些看似不可调和的矛盾或未被覆盖的领域。统一性理论的发展过程需要找到这些矛盾的根源，提出新的假设或理论框架来解决这些问题，填补知识的空白。

③创新的数学工具和概念。数学在这一过程中发挥着至关重要的作用。新的数学工具和概念往往是构建统一性理论的关键，因为，它们提供了一种方式来描述和理解不同理论之间的联系，以及提出新的预测和解释机制。

④预测新现象和实验验证。统一性理论不仅要能够解释已知的现象，还应能够预测以前未被观察或理解的新现象。这些预测随后需要通过实验和观测来验证，这是理论有效性的关键测试。

⑤推广应用和理论的普适性。有效的统一性理论应具有高度的普适性，能够跨越不同的物理条件和尺度应用，不仅解释微观粒子的行为，还能够延伸到宇宙学尺度，提供一个关于自然界统一性的全面视角。

统一性理论的构建是科学发展中一项极具挑战的任务，要求研究人员们不仅深入探索自己的领域，而且还要跨越学科边界，利用创新的思维和技术手段，寻找自然界最基本规律的统一描述。这一过程不断推动着科学的边界向前延伸，加深了人类对宇宙和自然界的理解。

例如，“大统一理论”（grand unified theory，GUT）旨在将强相互作用、弱相互作用和电磁相互作用统一到一个理论框架中。这个理论的构想中，数学提供了关键的语言和框架，能够用统一的数学结构描述不同的物理现象。群论等数学工具在构建这一理论中扮演核心角色，实现了从描述性理论向经验性理论的转变。

大统一理论不仅试图解释已知的物理现象，还基于数学模型预测了新的现象，如质子衰变等。这些预测体现了数学在科学理论中的预测功能，通过实验验证进一步完善科学理论。数学框架在物理学发展中还连接看似不相关的现象，揭示了这些现象之间的内在联系。

此外，大统一理论的探索确保了理论的内部一致性和严谨性，数学的逻辑框架为理论奠定了坚实的基础，使得理论不仅能描述现象，而且能经受逻辑检验。大统一理论的发展也促进了物理学与数学之间的交流，物理学领域提出的需求，不断推动数学特别是群论和几何学等领域的发展。

12.3 科学理论跃迁的数学本质

科学理论跃迁的核心是数学的创新性，是将更加现代和更加抽象的数学理论和方法创新地应用在科学研究中，以突破现有理论限制，实现理论跃迁。

12.3.1 数学应用创新

在科学理论跃迁的过程中，数学应用创新起到的是核心和催化作用。数学为科学研究提供了精确的描述工具，还能开启新的研究方向。

12.3.1.1 关键作用

（1）模型构建和理论框架

科研人员通过构建数学模型来探索和描述自然界的复杂现象。如物理学中，广义相对论的数学基础——黎曼几何，不仅解释了引力现象，也推动了宇宙学的研究。

例如，黎曼几何与广义相对论。广义相对论的数学结构基于黎曼几何，这是一种描述空间中曲率的数学语言。在黎曼几何中，引力不再被视为一种力，而是由物质和能量引起时空变化的几何曲率。爱因斯坦采用黎曼几何中的度量张量来描述时空的结构。

在模型构建中，爱因斯坦的场方程（Einstein's field equations）就是使用黎曼几何描述的，这些方程是一组非线性偏微分方程，涉及复杂的数学处理，这些方程的解决策略直接影响了理论的应用和发展。

在推动科学理论的跃迁方面，广义相对论的提出，从根本上改变了人们对宇宙基本力——引力的理解。将引力视为时空曲率的结果而非牛顿物理学中的作用力，彻底革新了物理学的基本概念。

在宇宙学发展方面，广义相对论预测了宇宙的动态行为，包括宇宙的膨胀以及黑洞等现象。这一理论的预测在后续的观测中得到了验证，如宇宙背景辐射的发现和黑洞的直接观测证据，极大地推动了宇宙学的研究。在新科学现象预测方面，广义相对论还预测了诸如引力透镜效应、引力波等现象，这些都在后来的科学研究中被观测到，进一步证明了理论的正确性和深远的影响。在技术与实验推动方面，为验证广义相对论的预测，开发高精度测量技术和实验设计，如使用卫星技术测试光线在太阳引力场中的偏折以及利用 LIGO 和 VIRGO 观测站探测引力波。

广义相对论不仅显示出数学模型的力量，也说明数学理论可以使科学理论实现跃迁式发展。

（2）问题解决的新方法

数学提供了解决科学问题的新方法和技术。例如，量子力学在化学中应用数学解决科学问题。模型构建的数学基础表现为：量子力学中的数学模型主要基于薛定谔方程，即一个描述微观粒子如电子在原子和分子中行为的波动方程。薛定谔方程是一个线性偏微分方程，使用波函数即一个复数函数来表示粒子的量子态。这个波函数包含了粒子位置的概率信息。

在波函数与概率解释方面，波函数的模方描述了一个粒子出现在特定位置的概率密度。通过解薛定谔方程，化学家可以预测电子在原子或分子中的可能位置，从而揭示化学键的性质。

在能级与光谱方面，量子力学预测了原子和分子的能级结构，这些能级的转变与吸收或发射的光的特定波长直接相关。这种理论的应用在解释和预测光谱数据方面极为重要，光谱分析是现代化学的核心技术之一。

在化学键理论发展方面，量子力学提供了描述和理解化学键如共价键和离子键形成与断裂的框架。如通过量子力学，人们可以理解共价键的形成原因、共价键对分子的结构和性质的影响。

在反应机理认识方面，量子化学计算使化学家能够模拟和研究复杂的化学反应过程，揭示反应的激活能、过渡态以及最终产品。这些计算结果有助于设计新的化学反应和合成路线。

在新材料设计方面，通过量子力学的应用，化学家能够设计具有特定电子性质的新材料，如半导体、超导体和光敏材料。这些材料的开发对科技产业具有重要意义。

在药物化学应用方面，在药物设计中，量子力学的方法可以预测分子与生物靶标的相互作用，帮助科研人员理解药物的活性和副作用。这为更有效、更安全的药物设计提供了科学依据。

这些应用说明，量子力学的数学公式不仅可以加深人们对微观物质世界的理解，还能推动新技术和理论的发展，显示出数学在解决复杂科学问题中的核心作用。

（3）数据分析和处理

随着大数据和计算机技术的发展，数学在数据分析和处理方面发挥了重要作用。机器学习和统计推断等数学工具，已经成为从复杂数据中提取信息和知识的关键。

①机器学习与数据分析和处理。例如，基因组学中的机器学习应用。基因组学是研究生物体遗传材料的科学。测序技术能够生成大量的基因序列数据，但要从这些数据中识别有意义的生物信息则需要复杂的数据分析工具。

机器学习的应用具体体现在：第一，在基因表达模式识别方面，机器学习模型，如聚类算法和主成分分析（PCA），被用于分析和可视化大规模基因表达数据。这些模型帮助科研人员识别在特定环境条件下或在疾病进程中活跃的基因群。第二，在基因功能预测方面，利用监督学习技术，如支持向量机（SVM）和随机森林，科研人员可以预测未知基因的功能，通过学习已知功能基因的模式并应用这些模式来预测新基因。第三，在疾病关联研究方面，机器学习方法在全基因组关联研究（GWAS）中发挥着关键作用，用于识别与特定疾病相关的遗传标记。通过这些数据，科研人员可以更好地理解疾病的遗传基础，并推动个性化医疗的发展。

②统计推断与数据分析和处理。环境科学面临着如何从复杂的环境数据中提取有用信息的挑战，这些数据通常受到多种因素的影响并包含大量的变异性和噪声。统计推断的应用具体体现在以下三个方面：

在环境监测方面，统计模型用于分析时间序列数据，如气候变化监测中的温度和降雨数据。通过时间序列分析，科研人员可以监测和预测环境参数的长期趋势和周期性变化。

在影响评估方面，回归分析和方差分析等统计方法用于评估人类活动对环境的影响，诸如评估污染排放对空气质量或水质的影响等。

在风险评估方面，统计推断被用于环境风险评估，如预测极端天气事件的发生概率。这种分析对于制定灾害预防和应对措施至关重要。

可见，机器学习和统计推断可以从复杂的数据中提取关键信息，推动理论的发展，并在实际应用中实现创新。

（4）预测和模拟

数学模型能够进行预测和模拟实验，这在诸如气候科学和流行病学等领域尤为重要。这些模型可以预测未来的气候变化或疾病传播趋势。

①机器学习进行精确模拟和预测。例如，气候科学中的数学模型，尤其是机器学习和统计推断工具的应用，为理解和预测气候变化提供了强大的技术支持。这些工具可以从复杂的气象数据中提取有价值的信息，进行精确模拟和预测，从而推动气候科学理论的跃迁式发展。

机器学习在气候模型中的应用具体体现为以下两个方面：

——模式识别与分类。机器学习算法，如卷积神经网络（CNNs），被用于分析大量的卫星图像和气象数据，自动识别天气模式和气候现象，如飓风、厄尔尼诺事件等。这种自动化处理极大提高了数据处理的效率和预测的精度。

——趋势预测与变化检测。回归模型和时间序列分析在预测未来气候变化中起着关键作用。如使用这些模型预测全球平均温度变化、海平面上升或极端气候事件的频率，这对于制定适应和缓解气候变化的政策具有重要意义。

②统计推断进行精确模拟和预测。统计推断在气候科学中的重要性体现在以下两个方面：

——在不确定性分析方面，统计推断用于评估气候模型的不确定性和预测的可靠性。通过构建置信区间和执行假设检验，科研人员可以了解模型预测的稳健性，从而更准确地解读模型。

——在多模型融合方面，在气候科学中，常常需要融合来自多个模型的预测结果以得到最佳估计。统计方法，如集成平均（ensemble averaging）被广泛用于整合不同模型的预测，通过减少模型间的偏差来提高预测精度。

③推动科学理论跃迁发展。数学模型可用于预测和模拟实验，从而推动科学理论的跃迁发展，具体体现在以下三个方面：

——加强理论与数据的整合。通过机器学习和统计推断，科研人员能够将观测数据与理论模型更紧密地结合在一起。这不仅提高了模型的实际应用价值，也加深了人们对气候系统作用机理的理解。

——科学决策支撑。精确的气候预测为政策制定者提供了依据。例如，准确的长期气候预测可以指导农业生产、城市规划和灾害管理等领域的策略制定。

——新理论的生成。机器学习和统计推断的结果有时会揭示先前未被认识到的气候现象和相互作用，激发新的科学问题和理论的发展。例如，通过大数据分析，科研人员可能发现新的气候变化影响因素，找到未来的研究方向。

因此，机器学习和统计推断不仅在技术层面上支持了气候科学的发展，也在理论层面推动了科学理论的创新。

（5）理论验证和推广

数学工具和方法在验证科学假说和理论方面是不可或缺的。通过数学论证和实验数据的统计分析，科学理论可以得到验证或修正。例如，“墨丘利轨道的近日点进动”（Mercury's perihelion precession）问题，最终是由爱因斯坦的广义相对论解决的。

在牛顿的万有引力定律的框架下，行星理论上应在各自的椭圆轨道上稳定运行。然而，19 世纪的天文学家观察到，水星围绕太阳运行的椭圆轨道的近日点（即轨道最靠近太阳的点）呈现出一种预期以外的移动。这一现象无法完全通过牛顿的万有引力定律解释，因为牛顿计算的水星近日点进动速率与实际观测到的数据存在差异。

数学论证与数据分析具体包括：①在数学建模方面，基于牛顿的万有引力定律，天文学家尝试使用复杂的数学计算解释这一现象，包括考虑其他行星对水星轨道的扰动等因素，但仍然不能完全解释观测到的近日点进动幅度。在统计分析方面，天文学家对水星轨道的精密测量数据进行了详尽的统计分析，以确保他们的观测结果是准确的。这些数据表明，水星的近日点每个世纪比牛顿力学预测的多转动了大约 43 角秒。

广义相对论这一数学工具和方法对科学理论修正与发展的影响具体体现在以下三个方面：

①创立爱因斯坦的广义相对论。爱因斯坦的广义相对论提供了一个全新的视角来理解重力——将其视为物质在时空中引起的几何曲率。广义相对论的数学基础完全不同于牛顿的万有引力定律，使用了黎曼几何和复杂的场方程。

②正确解释水星近日点进动。爱因斯坦应用广义相对论的方程计算了水星的近日点进动，其结果精确匹配了实际观测数据。这不仅验证了广义相对论的正确性，也标志着对牛顿引力理论的重大修正。

③科学理论的广泛接受与应用。这一成就极大提升了科学界对广义相对论的接受度，随后该理论在宇宙学、黑洞研究、引力波探测等领域得到了广泛应用，推动了整个物理学的发展。

12.3.1.2 基本策略

在科学理论的跃迁发展中，数学应用创新的基本策略如下：

（1）跨学科合作

促进数学与其他科学领域的深度融合和合作，以确保数学理论的开发与实际科学问题相结合。通过这种合作，数学研究人员直接参与到科学发现的过程中，理解具体需求，并有针对性地构建新的数学模型。例如，气候变化研究中，数学家与气象学家合作，开发复杂的气候模型。数学家利用偏微分方程和统计方法帮助模拟和预测气候变化趋势，气象学家提供实际的气象数据和专业知识。这种合作使数学模型能更准确地反映现实世界的问题，从而提高气候预测的精度。

（2）技术驱动的方法创新

利用现代技术，如人工智能、机器学习和高性能计算，来推动数学方法的革新。其中，高性能计算（HPC）技术使得数学家能够进行大规模的数值模拟。如在流体力学中，模拟大气和海洋的流动需要处理大量的偏微分方程。如果利用超级计算机，数学家就可以进行高分辨率的数值模拟，从而更准确地预测天气和气候变化。这些模拟不仅验证了已有的数学模型，还帮助科研人员发现新的流体力学现象。诸如此类的技术可以帮助科研人员处理大数据，执行复杂计算并模拟科学现象，从而为科学研究提供新的数学工具和框架。

（3）理论与实验的协同进展

数学理论的创新不仅需要理论家的推动，还需要实验数据的支撑和验证。科学实验可以提供必要的数据来测试数学模型的准确性和应用效果；反过来，数学模型也可以指导实验设计和数据分析。例如，流体力学中的实验验证，在航空工程中，风洞实验被用来测试飞机模型的空气动力学性能。实验数据如升力和阻力系数，可以用于验证和调整计算流体力学（CFD）模型，确保模型准确预测飞机在真实飞行条件下的表现。

（4）教育与培训

强化数学教育，尤其是在科学和工程学科中的数学教学，以培养未来科研人员对数学工具的深入理解和应用能力。同时，提供专业进修和继续教育机会，使在职科研人员和工程师能够不断更新他们的数学知识和技能。

这些策略有助于数学创新并不断推动科学理论的发展，解决新的科学问题，并在科学研究中实现更大的突破。

12.3.2 应用创新数学

12.3.2.1 引领发展

（1）表现形式

①直接推动科学发展。创新数学理论具有引领作用，表现为直接推动科学基本理论的建立。

例如，希尔伯特空间在量子力学中推动科学发展具体体现在以下四个方面：

——理论表述的精确化。希尔伯特空间为描述量子态提供了完备的数学语言，使得量子力学的表达更加统一和严密，如准确描述量子叠加和纠缠。

——理论发展的推动。希尔伯特空间的数学结构促进了量子力学向更高级理论的发展，如量子场论和量子信息科学。其中，量子位态的表示是量子计算和量子密码学的基础。

——新现象的预测和验证。希尔伯特空间中的工具使理论物理学家能预测并通过实验验证如电子自旋和量子隧穿等新物理现象，这些成果推动了物理学及其技术的发展。

——技术创新的驱动。希尔伯特空间理论的应用如量子计算和量子密钥分发技术，显示出基于量子叠加和纠缠的高效计算和信息安全新方案。

希尔伯特空间的引入和应用使量子力学在理论、实验物理和技术应用方面都取得了重大进展。

②间接推动数学发展。创新数学理论的引领作用，表现为在直接推动科学发展的同时间接推动相关数学领域的创新发展。

例如，图灵机概念在计算机科学和相关数学领域发展。1936 年，阿兰·图灵提出图灵机概念，为现代计算机科学的理论奠定重要基石。这一抽象机器模型能模拟任何计算过程，极大地推动计算机科学、逻辑、算法理论和人工智能等领域的发展。图灵机的具体影响体现在以下四个方面：

——计算模型标准化与理论基础。图灵机定义算法和计算过程，为现代计算机科学奠定理论基础，对编程语言设计、算法开发和复杂系统处理具有深远影响。

——推动相关数学领域的发展。图灵机促进了逻辑学、集合论、算法理论及计算复杂性理论等领域的发展，丰富和拓展了这些学科的研究。

——促进科学理论的跃进。图灵机不仅改变了计算机科学，还影响了物理学和生物学等领域的理论模型，如在量子计算和遗传算法中的应用。

——技术创新与社会价值。图灵机模型对现代计算机设计及理解极具实用价值，并通过图灵测试等概念推动了人工智能领域的发展。

（2）具体体现

在推动科学理论跃迁发展中，数学理论创新的重要作用具体体现在以下四个方面：

①提供精确的语言和工具。数学理论创新为科学提供了一种更加精确的语言。例如，牛顿通过使用微积分的数学工具，成功解释并验证了开普勒的行星运动定律，特别是第二定律。微积分通过将运动分解为无穷小的部分，提出速度和加速度的概念，并运用这些概念解释物体的运动规律。通过微积分，牛顿能够精确计算行星在不同位置的速度变化率，以及这些变化率如何与行星的轨迹和太阳的引力之间的关系联系起来。牛顿利用微积分计算得出，引力正比于 $1/r^2$，其中 r 为行星与太阳的距离。同时，牛顿证明了在这个引力作用下，行星必须以椭圆轨道运动，并且遵循开普勒的面积定律。

通过求导数，牛顿可以精确计算运动过程中的瞬时变化率；通过积分，牛顿可以计算累积的量，如行星扫过的面积。牛顿正是通过这些微积分工具，将复杂的天体运动问题转化为可以量化分析的数学问题。这种方法不仅适用于天体力学，还扩展到了流体力学、热力学、电磁学等各个领域，使得物理学研究从定性描述转向定量分析，大大推动了物理学的发展。

其他数学工具，如微分方程、线性代数等，是理解物理、化学、生物等多个领域内复杂系统的关键。

②理论创新和概念突破。数学理论的创新往往能带来科学观念的重大突破。例如，线性代数发展对量子力学的贡献：量子力学的核心概念之一是量子态，通常用一个被称为“态矢量”的抽象对象表示，这个态矢量存在于一个希尔伯特空间中。这一概念来自线性代数中的向量空间理论。在线性代数的框架下，量子态的演化由薛定谔方程描述，后者实际上是一个在希尔伯特空间中的线性微分方程。此外，物理量如位置、动量、能量等，在量子力学中被表示为“算符”，这些算符作用在态矢量上并可以通过本征值方程求解。通过这一抽象的数学框架，物理学家能更加精确地描

述和预测量子系统的行为。

在理论物理中，尤其是量子力学和粒子物理学领域，抽象数学概念如希尔伯特空间、群论、泛函分析、微分几何、拓扑学、复变函数论、概率论等，这些抽象数学概念的引入，使得理论物理学家能够超越传统物理学的框架，探讨更加深奥和基础的自然规律。这些数学工具不仅加深了对已知现象的理解，还推动了新理论的发展和新现象的预测，极大丰富了人类对宇宙的认识，并为未来的物理学研究提供无限可能。

③促进复杂问题研究。数学作为一门普适的语言，可以连接不同学科，以定量和系统的方式进行研究，为解决复杂的问题提供了强有力的支持。例如，数学模型和计算方法在生物化学中的应用极大增强研究人员处理复杂数据和问题的能力。图论在生物网络分析中具有重要作用，生物化学中的代谢途径、信号传导途径以及基因调控网络通常涉及复杂的相互作用。这些复杂网络可以通过图论进行数学建模，其中的节点表示分子或基因，边表示它们之间的相互作用或反应。

通过计算网络的拓扑性质，如节点度分布、聚类系数和最短路径长度，研究人员可以识别关键的代谢节点或信号通路中的关键调节因子。例如，复杂的代谢网络可以通过代谢控制分析（MCA）或稳态代谢流分析（FBA）进行定量研究，帮助研究人员识别哪些反应是整个网络行为的瓶颈。

数学模型和计算方法使得研究人员能够有效处理和分析复杂的生物化学数据，从而深化对生命过程的理解。这些工具不仅提高了数据处理的效率，还推动了新知识的发现，促进了生物化学、药物开发、精准医学等多个领域的发展。

④提高预测和控制能力。数学更重要的是提升对自然和社会现象的预测能力。例如，经济预测模型中的时间序列分析模型就是利用统计学中的自相关函数、偏自相关函数等工具来识别数据中的模式和趋势。通过对历史数据进行统计分析，模型可以生成概率性预测，使人们能够在面对不确定性时做出更为合理的判断。多元回归模型就是通过概率论中的假设检验和置信区间分析，使人们可以评估模型的预测精度，并不断调整模型以反映最新的数据。

经济风险管理的核心是对不确定性进行量化，而这直接依赖于概率论的发展。如 VaR 模型用于衡量在给定的置信水平下，一个投资组合在特定时间段内可能的最大损失。VaR 模型的精确度依赖于统计分布的假设和大数据分析，凸显概率论在经济和金融领域中的关键作用；机器学习中的回归分析、决策树、随机森林等模型，都是基于统计学和概率论的扩展，通过处理和分析大量经济数据，自动提取规律，并进行高精度预测。数学工具不仅在处理复杂的经济数据时发挥了核心作用，还推动了经济理论的发展和创新。

在更广泛的意义上，自然科学、人的思维和社会科学研究的扩展和深化，确实反映了数学的扩展和深化。这也揭示了自然、人的思维和社会科学研究的扩展和深化在本质上是数学研究的扩展和深化。

12.3.2.2　基本方略

创新数学理论以引领科学理论的跃迁发展的基本方略如下：

（1）跨学科的协作与整合

推动数学家与其他科学领域的专家进行跨学科合作，是创新数学理论应用的关键。这种合作可以使数学理论更有效地解决具体的科学问题，并且可以使数学理论的发展受到实际需求的驱动。

（2）加强数学模型的实验验证

科学的进步依赖于理论与实验的相互验证。数学理论和模型需要通过实际的科学实验进行测试和验证，确保理论的正确性和适用性。同时，实验结果可以推动数学模型的优化和调整。

（3）数学教育和研究的强化

在科学教育中加强数学地位，特别是在研究和高等教育层面，培养具有创新能力数学研究人员，是确保数学理论持续创新并有效应用于科学前沿的基础。

（4）利用现代技术增强数学应用

现代计算技术，如高性能计算、人工智能和机器学习，为数学理论的应用提供了新的可能性。这些技术能够处理大规模数据集，解决传统数学方法难以攻克的问题，从而推动科学理论的发展。

第 13 章　经济增长的数学发展战略定位

如果没有数学，科学就无法前行；没有科学，社会的发展将停滞不前。

——艾萨克·牛顿（Isaac Newton）《自然哲学的数学原理》（1687）

数学上达天文物理，下通人事百工。天人之际，立功之时。不朽之业，其在斯乎。

——丘成桐《我的几何人生：丘成桐自传》（2001）

13.1　科学技术发展与数学人力资本

13.1.1　科学的发生认识论原理

13.1.1.1　数学发生的脑科学理论依据

（1）科学实验证明

从脑科学的角度来看，每个人都拥有一种内在的数学意识和潜能。“不管我们如何估量自己的数学能力，我们全都拥有一种内在的数的意识。这是我们生来就有的”①。数学思维是人类进化的产物，对于这一点，科学实验有如下证明：

①先天的数学能力。实际上，婴儿从出生开始就展示出一定的数量感。例如，在数量辨别实验中，研究人员展示给婴儿两个屏幕，一个屏幕上有两点，另一个屏幕上有三点。结果显示：婴儿更长时间注视点数不同

---

①　基思·德夫林. 数学犹如聊天：人人都有的数学基因［M］. 谭祥柏，等译. 上海：上海科技教育出版社，2022：35.

的屏幕，表明他们能够区分数量的不同。除此之外，还有视觉偏好实验、数值匹配实验和预期物体数量实验都表明：婴儿在生命的早期阶段就展示出一定的数量感，能够区分、匹配和预期数量。这些表明人类具有与生俱来的数学能力。

②脑区特定功能。大脑中有特定的区域，在处理数量、空间关系和抽象逻辑时非常活跃。其中，前额叶皮层（prefrontal cortex），负责高级认知功能、逻辑推理、工作记忆和计划；内侧颞上沟（intraparietal sulcus，IPS），这一区域在数感（numerosity）和数量处理、理解和操作数字发挥作用；下顶叶（inferior parietal lobule，IPL），涉及空间注意和操作，进行复杂数学运算和几何推理，等等。人们进行各种数学活动，从基本数字识别到高级抽象推理，各脑区协同工作，使得人类具备卓越的数学能力。其中，杏仁体进化较早，而前额叶皮层理性逻辑思维相对进化较晚，越是群集动物前额叶皮层越大。前额叶皮层等区域进化使人类具备高水平的认知能力，处理抽象概念和复杂任务，这在数学思维中表现得尤为明显。

③神经可塑性。大脑具有高度的可塑性，可以通过经验和学习来增强数学能力。在教育和训练方面，系统的数学教育能够显著提高学生的数学能力。研究发现，经过一段时间的数学课程学习，学生的大脑在处理数学问题时的活动模式发生了变化，顶叶和前额叶皮层的活跃程度增加，神经网络变得更加高效。在专业技能的训练方面，从事会计和金融工作的专业人士通过持续的数学和统计训练，其大脑在处理数据信息时表现出更高效的神经连接。如经过多年的训练，这些专业人士在进行复杂财务计算时，其大脑相应区域活动更为活跃和协调。在跨领域学习和应用方面，如接受音乐训练的儿童在数学测试中表现更好。这是因为音乐训练中涉及的节奏感、音符计算和时间管理等技能，与数学思维存在一定的共性，通过音乐训练可以增强大脑的数学处理能力。

这些显示出大脑的可塑性以及如何通过不同形式的经验和学习来增强数学能力。这种可塑性对儿童和青少年以及成人和老年人也同样有效。

④进化优势。从进化角度看，数学能力对生存具有重要意义。例如，在狩猎和采集活动中，计算猎物的数量、估算捕获成功率，以及计划最佳的狩猎和采集路径，都是数学能力的应用。这些能力可以提高资源获取的效率和成功率。在空间认知和导航方面，早期人类在迁徙和寻找食物时，需要有效记忆和路径规划。数学能力有助于估算距离、计算时间，并在复

杂的地形中找到最短或最安全的路径，降低迷失和危险的概率。在社会组织和合作方面，在社会组织中，合理分配工作和任务需要一定的数学能力。通过计算和优化，确保每个成员的任务负担均衡，从而提高整个群体的效率和生产力，增强生存竞争力。在时间管理和季节预测方面，计算白天和夜晚的长度，合理安排狩猎、采集和休息的时间，如确定最佳的狩猎时间和地点，避开猛兽出没的时间。这样，可以提高日常生活的效率和安全性。

（2）数学模型阐释

19 世纪 40 年代，德国医生恩斯特·韦伯（Ernst Weber）研究人类知觉的敏感性，让受试者比较手中重物，确定何时能感知到重量差异，发现这种差异是相对的，与比较重物重量成比例，即最小可感知差异约为重量的 1%。这表明人类的知觉能力与刺激量的大小成正比。

19 世纪 50 年代，古斯塔夫·费希纳（Gustav Fechner）通过实验验证了韦伯定律，并用数学公式表达。费希纳发现，感知的感觉强度与刺激强度的对数成正比，此规律适用于重量、视觉和听觉。如灯的亮度感知随其能量输出的对数变化，亮度相差十倍的光源，人们感知亮度差异是固定的，声音的响度感知也是同理。

韦伯-费希纳定律的数学表达式为

$$\delta r/r=k$$

其中，刺激量为 r，同一刺激差别量为 δr，k 为常数。

感觉量 S 与刺激量 R 的关系可以用一个方程式表示为

$$S=K\ln R+C$$

其中，S 是感觉量，R 是刺激量，K、C 是常数。

这是一种对数关系，因为感觉量以算术级数增加，而刺激量则按几何级数增加。这说明，刺激强度的增加不会产生感觉强度的相应增加，而要使学生获得或掌握知识如果以算术级数增加的话，教学信息刺激量按几何级数增加。

有上面脑科学的实验，就可以将人的数学能力发展与教育投入之间关系，用数学模型表示为

$$M = k\log(E/E_0) \tag{13-1}$$

其中，M 表示个人的数学能力，E 表示教育投入或学习时间，E_0 表示教育投入的起始阈值即开始显著提升数学能力所需的最小教育投入，k 是常数，反映了教育投入对数学能力提升的敏感度。

这表明，随着教育投入的增加，数学能力会按照对数函数的形式增长。

13.1.1.2　数学能力的语言与文化环境

（1）数学与语言的比较

数学和语言是只有人类才能掌握的两大心智能力，而学习语言和学习数学的过程在心理机制上有着根本的不同，具体体现在以下四个方面：

①在起源和传播方式方面，语言作为人类沟通的基本工具，源于人类早期社会。每种文化都有其独特的语言系统，这些语言随着时间的推移通过口耳相传、文字记录等方式不断演化和丰富。语言的传播通常伴随着文化交流、移民和征服等社会活动。而数学源于人类对数量、形状和模式的理解需求，起初主要用于计数、测量和天文学等实际应用。数学知识通过教育、书籍和学术交流传播，逐渐发展为一门独立的学科。数学具有较强的普遍性，不同文化在发展数学的过程中相互影响，形成了相对统一的数学体系。

②在文化特异性和普遍性方面，语言高度依赖于特定文化和社会背景，每种语言都蕴含着该文化独特的思维方式、价值观和社会结构。例如，词汇、语法和表达方式在不同语言中有很大的差异。虽然数学源于不同的文化，但其发展逐渐趋向于普遍性和一致性。数学概念和定理一旦被证明，就不再受特定文化的影响，具有全球通用性。例如，几何学、代数和微积分等数学分支在世界各地基本一致。

③文化传承和创新方面，语言随着文化的演变不断发展和创新，同时保留了大量历史和传统的痕迹。语言的变化往往反映了社会变迁、科技进步和文化交流。而数学的发展更多依赖于逻辑推理和科学研究，创新通常以突破性发现或理论的形式出现。虽然数学也受文化影响如阿拉伯数字体系的推广，但其核心内容更注重内在逻辑的一致性和严密性。

④在功能和应用方面，语言是文化交流、思想表达和信息传递的主要工具，广泛应用于文学、艺术、政治、教育等各个领域。语言的发展丰富了文化内涵，促进了社会互动和理解。而数学作为科学和技术的基础工具，主要应用于自然科学、工程、经济等领域。数学的发展推动了科学技术的进步，提升了人类对自然世界的理解和改造能力。

这些说明，在追求普遍真理和科学创新中发挥关键作用方面，人类数学知识和能力是随着时间变化连续递增的函数。

（2）数学心智的体现

数学思考是高度复杂且抽象的心智活动，“数学思考需要巨大的意志和努力，远远大于其他任何心智活动”①，具体体现在以下五个方面：

①高度抽象和逻辑推理。在抽象概念方面，数学涉及抽象符号和概念，这些往往脱离了具体的日常经验，需要通过高度抽象的思维进行理解和操作；在复杂逻辑方面，数学思考需要严密的逻辑推理和论证，要求个体在思维过程中保持高度的精确性和连贯性。

②高度专注和集中。在专注力方面，数学问题常常复杂且多步骤，需要持续的专注和注意力，避免任何思维上的中断或分心；在记忆方面，解决数学问题通常需要同时处理多个信息和步骤，依赖于记忆的强大支持。

③反复练习和解决问题。在持续努力方面，数学学习和问题解决需要反复的练习和长时间的努力，这一过程往往是艰苦和枯燥的；在错误和调整方面，数学思考中不可避免会遇到错误和失败，个体需要具备调整和重新尝试的意志力。

④心理耐力和毅力。在心理承受力方面，由于数学问题的难度和复杂性，个体在思考过程中可能会经历挫折和压力，需要强大的心理承受力来克服困难；在毅力和耐心方面，解决复杂数学问题需要长时间的耐心和毅力而不轻易放弃。

⑤特殊与其他心智活动。在多样性和灵活性方面，其他心智活动，如阅读、写作或艺术创作，虽然也需要努力和技巧，但通常涉及更多的感性和创意元素，可能带来更即时的满足感；在即时反馈方面，许多心智活动提供即时反馈和正强化，而数学问题的解决常常需要更长的时间和更多的努力，反馈周期较长。

13.1.1.3　科学发生认知论依据

数学发现不仅为科学研究提供新的工具和方法，还有助于认知结构和思维方式的深刻转变，从而推动科学发现和理论创新。

（1）认知结构重组

从人的不同发展阶段来看，瑞士心理学家让·皮亚杰（Jean Piaget）的“发生认知论”强调儿童认知发展是一个分阶段的过程，包括四个主要阶段：感知运动阶段（0~2岁）：通过感觉和动作了解世界；前运算阶段

① 基思·德夫林. 数学犹如聊天：人人都有的数学基因［M］. 谭祥柏，等译. 上海：上海科技教育出版社，2022：126.

(2~7 岁)：发展语言和象征性思维，但逻辑推理能力有限；具体运算阶段(7~11 岁)：可以进行逻辑思考，但依赖具体对象和情境；形式运算阶段(11 岁及以上)：可以进行抽象和假设性的思考。

从发生认识论的角度来看，瑞士心理学家让·皮亚杰（Jean Piaget）认为，知识发展是通过同化和顺应不断重组认知结构的过程。同化的“目的是把给定的东西整合到一个早先就存在的结构当中，或者是按照基本的格局形成一个新的结构”①。除“存在着行为内容在遗传时的程序化”等也存在顺应，“存在着个体对多种多样环境的适应，这些适应趋向于顺应环境或者说顺应经验”②。知识的发展是通过同化和顺应不断重组认知结构的过程，同化是将新的信息整合到已有的认知结构中，顺应是调整已有的认知结构以适应新的信息。

数学发现引入新的概念和方法，可以被科研人员同化，融入已有的认知结构中，或迫使科研人员进行顺应，调整认知结构以适应新的数学工具。如非欧几何与广义相对论中，非欧几何挑战了传统的欧几里得几何，提出不同的几何概念，如空间可以是弯曲的。爱因斯坦在提出广义相对论时，利用了非欧几何的概念，将引力解释为时空的弯曲。通过顺应，可以调整人们对时空和引力的认知结构，从而发展出新的科学理论。

这样，反映数学认知发展阶段和质变影响的公式（13-1）修正为下式：

$$M = \sum_i a_i \ln\left(\frac{E_i}{E_{0,i}}\right) \tag{13-2}$$

其中，M 表示个人的数学能力，i 表示不同的认知发展阶段如皮亚杰的认知发展阶段，a_i表示每个阶段教育投入对数学能力提升的敏感度，E_i表示在第 i 阶段的教育投入或学习时间，$E_{0,i}$表示在第 i 阶段开始显著提升数学能力所需的最小教育投入。

这样的数学模型更加精确，具体体现在以下三个方面：

①分段函数形式。分段函数形式能更准确地描述不同认知发展阶段的特点。每个阶段的数学能力提升依赖于该阶段的教育投入阈值和敏感度。如在皮亚杰的具体运算阶段，儿童更依赖于具体实例和操作进行学习，在此阶段 a_i和 $E_{0,i}$可以反映这种特点。

②考虑质变和阶段特性。每个认知阶段有其独特的特性和需求。修正

① 皮亚杰. 发生认知论原理 [M]. 王宪钿，等译. 北京：商务印书馆，2022：26.

② 皮亚杰. 发生认知论原理 [M]. 王宪钿，等译. 北京：商务印书馆，2022：72.

后的公式通过引入分段参数 a_i和 $E_{0,i}$来反映这些特性。如在形式运算阶段，学生的抽象思维能力显著增强，此时的敏感度 a_i 可能更高，而起始阈值 $E_{0,i}$可能不同于具体运算阶段。

③动态调整。随着个体认知发展的推进，不同阶段的参数可以进行适当调整，以反映实际的学习效果和能力提升。

（2）数学抽象思维与科学经验理解

从发生认识论的观点来看，人的最初经验分为两种，一种是“物理经验”，还有一种是“逻辑数学经验”。“物理经验是由作用于物体并通过对物体的抽象所获得的有关物体的一些知识所组成的。例如，要想知道这个烟斗比那块表重一些，儿童就得称这两者的质量，找出这两件物体本身之间的差异。”“第二种类型的经验，称为逻辑数学经验。在这种经验中，知识不是来自物体本身，而是来自作用于物体的动作。当人们作用于物体时，这些物体的确在那里存在，但也存在着一组改变物体的动作”①。这说明，物理经验是通过直接作用于物体并从中抽象出物体的性质。而逻辑数学经验是知识作用于物体的动作过程，通过这些动作的抽象和协调获得。

知识的进步随着认知的平衡而打破和重建，基础在于主体的构建。因为“客体首先只是通过主体的活动才被认识的，因此客体本身一定是被主体建构而成的”。例如，“主体运演的协调能通过演绎而实现，而现实的构成则还得加上一个先决条件：要经常把经验作为参考，而经验的‘直接理解’本身，相对经验的解释一样，也要求有早先的协调”②。这说明，在科学研究中，数学演绎是构建科学理论先决条件，而科学的观察、实验等，只能提供经验的“直接理解”。

在科学研究中，虽然数学演绎与科学观察在科学研究中缺一不可，但数学演绎赋予科学理论以逻辑严密性和系统性，而观察和实验则提供了必要的经验材料。数学演绎是构建科学理论的先决条件，这是因为科学理论需要一个严密的逻辑体系，而数学演绎提供了这种逻辑和结构，使得科学理论可以在逻辑上自洽和严密。相较之下，科学的观察、实验等方法，虽然也非常重要，但只是提供经验的“直接理解”。这些经验数据是科学理论建构的基础，但它们本身并不能构成完整的科学理论。科学研究需要通过数学演绎对这些经验数据进行系统化和理论化，才能形成有解释力和预

① 皮亚杰. 皮亚杰教育论著选［M］. 卢濬选，译. 北京：人民教育出版社，2015：21.

② 皮亚杰. 皮亚杰教育论著选［M］. 卢濬选，译. 北京：人民教育出版社，2015：102.

测力的科学理论。“因为要理解一个现象或一件事情，就要重建产生这个现象或事件转变过程，要重建这些转变，就要建构一种转变的结构，而要建构一种转变的结构，就要有发明或再发明的先决条件”。“理解从属于发明，把发明看作一个不断建立整体结构的表现”[①]。例如，拓扑学在凝聚态物理中的应用打破了传统几何和代数方法的局限，带来了对量子霍尔效应和拓扑绝缘体的新理解。这一过程体现了皮亚杰所描述的知识进步中认知平衡的打破和重建，以及理解与发明在这一过程中的关键作用。

这样，科学和技术的发展提供更多的经验和学习材料即经验的“直接理解”，直接促进了数学能力的提升。根据式（13-1）假设数学能力 M 与科学发展水平 S 和技术进步水平 T 的对数成正比，即：

$$M \propto \ln(S) + \ln(T)$$

引入比例常数 k 和基准常数 S_0 和 T_0 后，可以得到

$$M = k\ln\frac{S}{S_0} + \ln\frac{T}{T_0}$$

其中，M 为数学能力，S 为科学发展水平，T 为技术进步水平，k、S_0、T_0 是常数，e 是自然常数[②]。

根据数学能力提升为科学和技术进步提供主体先决条件的“转变结构”，考虑数学能力、科学发展水平和技术进步水平之间复杂相互关系，提出假说：数学能力 M 提高不仅依赖于科学发展水平 S 和技术进步水平 T，而且 S 和 T 之间存在相互促进的关系，方程如下：

$$M = \frac{1}{k}\ln\left(\frac{S \cdot T}{\mathrm{ST}_0}\right) \qquad (13-3)$$

其中，k 是比例常数，ST_0 是基准常数，e 是自然常数。

式（13-3）表明，数学能力 M 的提升取决于科学发展水平 S 和技术进步水平 T 的乘积，通过对数关系表达两者的综合效应。这种关系表明，科学和技术的进步互相促进，从而整体上提升数学能力。

---

① 皮亚杰. 皮亚杰教育论著选［M］. 卢濬选，译. 北京：人民教育出版社，2015：129.

② 注：虽然 e 在公式中未直接出现，但通常在涉及对数和指数的数学表达中会隐含其存在。

13.1.2 科学研究中的数学“蓝图”

13.1.2.1 从“认知地图”到人工神经网络

（1）“位置细胞”与“认知地图”

20 世纪 30 年代，美国心理学家爱德华·托尔曼（Edward Tolman）通过一系列实验，特别是著名的“小白鼠走迷宫”实验，提出了“认知地图”概念。托尔曼的实验显示，小白鼠能够学习迷宫的布局，并利用这种认知地图来找到食物。这种行为不是简单的刺激-反应模式，而表现出一种有目的性的行为，即动物利用内部的认知地图来指导它们的行动。

1971 年，约翰·奥基夫（John O'Keefe）发现海马体中的位置细胞（place cell），这些细胞在大鼠经过特定空间位置时会被激活，表明了大脑中确实存在与空间位置相关的神经活动。30 多年后，梅-布莱特·莫泽（May-Britt Moser）和爱德华·莫泽（Edvard I. Moser）夫妇在内嗅皮层发现网格细胞（grid cell），这些细胞以六边形网格的形式提供空间坐标，进一步丰富对大脑空间导航系统的认识。

这些发现证实了托尔曼的认知地图理论，并为理解大脑如何控制空间定位和导航提供细胞层面的解释，还为治疗与空间记忆丧失相关的疾病如阿尔兹海默病等提供可能的新方向。2014 年，诺贝尔医学和生理学奖授予约翰·奥基夫、梅-布莱特·莫泽和爱德华·莫泽。

（2）大脑与 AI 计算原理中的数学

“人工智能之父”杰弗里·辛顿（Geoffrey Hinton）自 20 世纪 70 年代开始对神经网络的研究显示，大脑中的生物神经网络与人工智能中的人工神经网络在计算原理上具有相似点，具体包括以下七个方面：

——神经元模型。两者都使用简化的神经元模型来处理信息。在大脑中，神经元通过突触接收信号并发放电脉冲；在人工智能中，人工神经元通过加权求和输入信号，并可能通过激活函数产生输出。

——层次化信息处理。大脑和人工神经网络都采用层次化的信息处理方式，从简单的感官输入到复杂的决策和模式识别。

——学习机制共通。两者都采用共通形式的“学习”。大脑通过突触可塑性学习，而人工神经网络通过调整网络中神经元的权重来学习。

——并行处理信息。大脑的神经网络能够并行处理大量信息，人工神经网络同样可以并行处理数据，这提高了处理速度和效率。

——非线性变换。大脑和人工神经网络都能执行非线性变换，这对于处理复杂的模式和数据至关重要。

——特征数据提取。大脑能够从原始感官数据中提取特征，人工神经网络也能自动学习并提取输入数据的特征表示。

——知识泛化能力。大脑能够将学到的知识泛化到新情境，人工神经网络也能在训练后对新的、未见过的数据进行预测和分类。

大脑中的生物神经网络与人工智能中的人工神经网络在计算原理上的相似性，促进认知科学与人工智能之间的交叉融合，为理解人类认知过程提供了新的视角和工具。其对理解数学在科学研究中的价值具有重要意义，具体体现在以下三个方面：

①捕捉大脑处理信息机制。人工神经网络的成功应用为大脑神经网络的计算模型提供了实证支持，表明这些模型可以捕捉到大脑处理信息的基本机制。辛顿多项研究，包括玻尔兹曼机（Boltzmann machine）和受限玻尔兹曼机（Restricted Boltzmann machine，RBM），都展示人工神经网络如何捕捉大脑处理信息的基本机制。其中，辛顿提出玻尔兹曼机的学习算法，这是一种早期的神经网络模型，能够学习内部表征。玻尔兹曼机是第一个能够学习不属于输入或输出的神经元内部表征的神经网络，其在热量均衡下，系统在任一全局状态的概率服从玻尔兹曼分布，这与信息理论密切相关，并便于使用梯度下降算法进行训练。1985 年，辛顿发表了论文 *A learning algorithm for Boltzmann machines*，进一步阐述这一算法。玻尔兹曼机利用统计物理中的一些概念，通过随机方式更新节点状态并进行学习，其目标是找到能够描述输入数据概率分布的模型。

这些理论和模型不仅在学术界产生了深远影响，也在工业界得到了广泛应用，如语音识别、图像识别等领域。这些应用表明，人工神经网络模型能够模拟大脑的某些计算过程，为理解大脑的工作机制提供新的视角和工具。通过模拟大脑的神经网络，研究人员可以开发出新的算法和学习理论，这些理论不仅适用于机器学习，也可能适用于对大脑学习过程的理解。

②优化和创新计算架构。了解大脑如何处理信息，有助于设计更高效的计算架构。例如，大脑具有出色的并行处理能力，可以同时处理大量信息。在人工神经网络中实现这种并行性，可以通过使用图形处理单元（GPU）等并行计算硬件来加速神经网络的训练和推理过程。再如，大脑

将信息分布式存储在神经元网络中。在人工智能中，这种方法可以通过使用分布式表示来实现，数据的不同特征被编码在不同的神经元或神经元组中，从而提高信息处理的效率和容错性。在计算架构中，可以设计层次化的处理单元，模仿这种层次化的信息流，以提高处理复杂任务的能力，等等。

③数学方法应用。在分析和理解神经网络时，统计方法、数学方法以及思维方式都发挥着关键作用，推动了这些领域的发展和创新。

统计方法在神经网络的参数估计、模型选择和性能评估中扮演着重要角色。例如，在确定模型的总体损失时，通常使用统计方法来衡量模型预测值与实际值之间的差异，如均方误差等，进而优化模型参数。

数学方法则为神经网络提供了理论基础和精确的运算框架。例如，神经网络中的前向传播和反向传播算法就涉及线性代数、微积分和概率论等数学知识。反向传播算法利用了链式法则来计算损失函数对每个参数的梯度，这是神经网络学习过程中不可或缺的一部分。

数学思维方式在解决神经网络中的非线性问题、优化问题以及理解网络的泛化能力方面也至关重要。如通过使用 ReLU 激活函数来解决梯度消失问题，以及通过设计不同的网络结构来提高模型的表达能力。

各种创新方法不断涌现，涵盖注意力机制、空间开发等多个方向。例如，卷积神经网络（CNN）的创新不仅提升了模型性能，还拓展了应用范围，其中包括基于空间开发、深度、多路径、宽度、特征映射、通道和注意力的创新。

13.1.2.2 数学：认知世界的“内嵌虚拟世界”

美国认知科学家道格拉斯·霍夫施塔特（Douglas R. Hofstadter）在《哥德尔、艾舍尔、巴赫：集异璧之大成》一书中，融合了数学、艺术和音乐，探讨了思维、意识和计算机科学中的复杂概念。他提出了“内嵌虚拟世界”理论，认为系统可通过自身结构和规则创造“虚拟世界”或“内嵌世界”，这些世界是系统内部的自我参照或递归结构。在这些结构中，存在“从中‘抽出来’的信息”，“以至于使你感到你放进去的信息比抽出来的还多”[①]。形式系统通过符号和规则构建虚拟世界，其内部的现象和规律由符号及其相互作用决定，这对理解计算机程序、人工智能和人类自

① 侯世达. 哥德尔、艾舍尔、巴赫：集异璧大成［M］. 本书翻译组，译. 北京：商务印书馆，2013：207.

我意识有着重要影响。

形式系统中的推理和计算相当于虚拟世界内的操作。数学模型是内嵌于虚拟世界的实例，它基于抽象符号和规则，却能揭示现实世界的规律和模式。

（1）自指和递归

①自指（self-reference）是指可以想象一面镜子在另一面镜子里无限反射自己。自指的核心是系统或语句引用自身的行为，是逻辑结构中的一个循环，观察者和被观察者交织在一起，创造一种矛盾的情形，挑战一致性和意义的界限。

当一个对象、语句或结构直接或间接引用自己时，就会发生自我引用。这可以以各种形式表现出来，就像“这个语句是假的”这样的简单句子，矛盾声明自己的错误，到数学和计算机科学中的复杂递归函数。其中，一个操作调用自己来解决问题。从本质上讲，自指是一面镜子，通过自指一个系统可以窥见自身的本质，从而打开了一个无限回归、悖论和深刻洞察的世界。

②递归（recursion）是一个在执行过程中调用自己的过程，就像一组俄罗斯套娃，每个套娃都包含一个更小的自己，直到一个难以捉摸的核心。正是这种递归的律动驱动着在意识、艺术甚至宇宙本身中发现的奇怪循环，其中每个部分都包含着整体的反映。以遗传信息为例，一个“遗传型”“通过一个非常复杂的过程被转化成实在的有机体”，即表现型的信息生成过程。“这种从遗传型到表现型的展开，所谓‘建成过程’，是一种盘根错节的递归”①。在最简单的形式中，递归是将函数、过程或规则应用于其自身定义的方法。例如，考虑一下数学中阶乘的经典定义：数字 n 表示为 $n!$ 的阶乘定义为 $n\cdot(n-1)!$，基本设定为 $0!=1$。在这里，计算一个数字的阶乘的过程包括重复计算一个较小数字的阶乘，直到达到基本情况——一个自我维持的循环，只有当它满足停止递归的条件时才会终止。

因此，递归是一个系统使自身永久化的原则，在不同的层次上，无论是在数字序列、树的分支，还是意识本身的层次上，都与它的结构相呼应。它既是从简单规则中解开复杂现象的钥匙，也是反映有限结构中包含的无限潜力的一面镜子。

---

① 侯世达．哥德尔、艾舍尔、巴赫：集异璧大成［M］．本书翻译组，译．北京：商务印书馆，2013：207.

（2）形式系统与内嵌虚拟世界的关系

形式系统的核心是一组符号、公理及其操作规则，构成一个自给自足的数学宇宙。在这个系统中，定律是数学的，而不是物理的。系统的“地形”由符号的可能配置和转换定义，类似于计算机模拟中的虚拟世界。

从这个角度看，形式系统可以被视为一个虚拟世界，但它嵌入在逻辑结构中，而非硅电路或像素中。系统的规则决定了其结构，类似于物理定律决定现实结构。这些虚拟世界能够揭示超出其自身范围的真相。例如，算术的形式系统虽然抽象，但与现实世界密切相关，甚至成为理解世界的工具。Gödel 的不完备性定理揭示了形式系统的极限，暗示着在其边界之外还有未触及的内容。

这些系统允许人们探索宇宙，形式系统的虚拟世界不仅是现实的镜子，也是理解世界本质的工具。计算机程序在形式系统中进行符号处理、规则应用、递归与自指，以及自动化推理，从而展示形式系统与计算机程序的深刻关联，也揭示了人工智能与人类认知过程的潜在联系。

（3）数学模型与现实世界的关系

数学不仅是对符号的操作，而且是对现实底层结构的深刻反映，是一种观察、理解和连接构成宇宙、意识和创造力的基本模式的方式。

哥德尔不完备性定理揭示了形式系统的固有局限性，表明数学虽然植根于符号逻辑，但却深入到真理的核心。抽象逻辑和真理本质之间的这种联系证明：数学可以正确反映现实结构。

音乐、艺术和数学之间的同构性。同构性与结构相似性，可以跨越不同的领域，特别是巴赫的音乐，埃舍尔的艺术和数学逻辑，这些不同形式的表达方式交织在一起，说明符号系统与人们在自然界中观察到的模式之间的深刻联系。

递归结构和奇怪循环。递归的概念是另一个关键主题，对象或进程是根据自身定义的。递归结构不仅仅是抽象的概念；它们在自然界中无处不在，从树木的分支到意识中的自我参照循环。“奇异循环”是递归系统的一个标志，表明自我或意识是一种植根于这些数学原理的复杂的、涌现的现象。

图灵机和可计算性。图灵机和计算本质的讨论展示了数学理论如何建模和预测物理世界中的复杂过程，包括人类思维的运作。大脑可以被理解为一种计算系统，这种想法让人们回到了数学结构可以概括支配自然现象的规律的概念。

（4）意识与计算

人类大脑是一个复杂的形式系统，而意识的过程是一种计算，这具体体现在以下四个方面：

①奇异循环和意识。

意识是从大脑内递归的、自我参照的结构中产生的。当大脑与人工智能程序联系起来后，“在我们的思维过程中，符号激活其他符号，所有符号相互作用而形成异层结构的形式。更进一步来说，符号可以造成相互之间的内部变化，就像程序作用于其他程序一样。由于符号组成了缠结层次结构，这就造成了一种假象，既‘不存在不受干扰的层次’。之所以有人认为不存在这样的层次，是因为它处于我们的视野之外”①。人的思维，就像一个正式的系统，能够以一种创造自我参照过程的方式循环回指自身。这种递归循环被认为是自我意识出现的一种潜在机制，这种想法与形式系统如何通过其内部规则产生意义相似。

哲学家笛卡尔的命题“我思故我在”（Cogito，ergo sum）可以被视为一种自我参照的递归循环，本质上是思维对自身的反思：通过思考，我意识到自己的存在。这种自我指涉与形式系统中的自我参照结构相似。在哥德尔的证明中，形式系统能够表达类似“此命题在此系统中不可被证明”的语句，这种自指结构被视为形式系统生成意义的方式。自我意识可能也以类似方式出现，即通过不断反思和确认自身存在，创造出对自我的意识。

②大脑是一台图灵机。

在符号处理与模式识别方面，大脑不仅是反射装置，更是符号处理器，通过模式识别将外界信息转化为内在符号表示。比如，语言理解过程涉及从声音到单词，再到句子结构的解析。人工神经网络在一定程度上模拟了这一过程，通过训练能够识别和生成复杂模式，如语音识别和自然语言处理，为理解大脑的符号处理机制提供了有力工具。

在自我意识与递归神经网络方面，自我意识被认为是递归过程的产物。类似于递归神经网络（RNNs）在处理信息时“回顾”之前状态的能力，大脑的自我意识也涉及类似的反思过程。通过模拟递归特性，计算模

① 侯世达. 哥德尔、艾舍尔、巴赫——集异璧大成［M］. 本书翻译组，译. 北京：商务印书馆，2013：913.

型帮助人们理解大脑如何反思并意识到自身存在。

在反馈回路与动态系统方面，大脑功能涉及大量反馈机制，这些机制允许大脑不断调整和优化操作。与之类似，计算模型中的反馈回路，如深度学习中的反向传播算法，模拟了这一动态过程，其机制与大脑的学习和适应过程相似。

③大脑与思维——计算机硬件与软件。

思维中的推理、感知、记忆和语言处理等功能都可以视为大脑“硬件”执行的“程序”。例如，当进行数学计算时，大脑中的神经元和突触就像计算机的处理器和内存，通过复杂的电信号传递和化学反应来实现这些计算。这种类比有助于理解思维过程并非神秘或不可知，而是可以通过大脑的物理结构来解释。

④符号操控与逻辑推理。

人类的思维过程主要是符号处理和逻辑推理的过程。例如，在解答一个数学问题时，可以通过符号如数字和运算符，来进行推理和计算。这种符号操作类似于计算机中的算法执行，大脑的“硬件”在执行这些操作时，表现出较强的计算能力。

13.1.2.3 数学模型：科学研究的机器“设计蓝图”

(1)“自复制机器”理论

1966年，冯·诺依曼（John von Neumann）提出“自复制机器”理论。在论文《论自复制的自动机》（Theory of Self-Reproducing Automata）中，他设想了一种能够读取并执行描述其自身结构和操作的指令的自动机。自复制机是一种理论上的机器，在无须外界干预的情况下自行复制。其复制过程包含两个主要部分：一是实际执行操作的机器实体，负责按照特定指令进行复制；二是指导复制过程的蓝图，类似于生物学中的DNA。

在动态运行中，机器利用蓝图制造新的机器实体，这些新实体又会继续使用蓝图复制自己。这种结构具有自指和递归的特性，因为机器不仅复制物理结构，还复制自身的设计。通过这一自治结构，理论上可以实现无限复制和自我维持。这一理论为人工生命、复杂系统和自动化复制的研究提供了重要的数学基础和逻辑框架。

(2) 生产科学知识“机器”的“设计蓝图”

按照冯·诺依曼设计的“自复制机器”理论，在科学研究中，数学模型确实可以作为生产科学知识“机器”的“设计蓝图”。

①形式化和抽象化。自复制机器理论强调了形式系统的重要性。在这种系统中，数学模型提供了一个抽象的描述，能够精确定义机器的结构和操作规则。数学模型本质上是对现实系统的抽象和简化，它通过数学语言和符号描述系统的关键特征和行为。这种模型可以去除复杂系统中的次要细节，提炼出核心机制和关系，提供对系统的深入理解和预测能力。

在机器设计中，数学模型可以作为基础蓝图，通过数学分析和计算，设计者可以预见机器的性能和行为，优化其结构和功能。这种模型不仅为实际工程提供理论指导，还能在设计阶段识别和解决潜在问题，提高设计效率和可靠性。因此，数学模型在机器设计中扮演着至关重要的角色，连接了抽象理论和实际应用。

②描述和指导构建。数学模型通过一组明确的公式和规则来描述系统的行为和属性。这些公式和规则基于系统的基本原理和假设，提供了一种结构化的方式来理解和预测系统的动态变化。通过这些数学表达，模型可以量化系统中各个变量之间的关系，有助于分析、优化和控制系统的性能。简而言之，数学模型是将复杂系统简化为一组可操作的数学表达式，用以精确描述其行为和属性。

这些公式和规则可以直接转化为机器设计的具体步骤和部件。例如，在冯·诺依曼的理论中，自复制机器的各个部分如复制器、构造器和控制器等，都可以通过数学模型来描述，从而指导实际的构建过程。

③模拟和验证。许多机器设计可以通过计算机模拟进行验证。通过持续的模拟和优化，工程师能够设计出性能更优越、结构更可靠的机器，减少了实际试验的次数和成本。这显示出数学模型在机器设计中的关键作用，从初始设计到性能预测，再到优化调整。

④优化和改进。数学模型不仅是初始设计的蓝图，还在优化和改进过程中发挥关键作用。数学模型提供了一个可操作的框架，能够量化系统行为、性能和各变量之间的关系。在设计初期，模型帮助确定基本结构和参数。随着设计的推进，模型可用于敏感性分析、性能预测和方案比较，从而识别并优化设计中的薄弱环节。此外，模型通过仿真和计算实验，指导设计调整，实现持续改进。因此，数学模型在设计的各个阶段都具有重要的指导意义。

⑤通用性和扩展性。自复制机器理论强调通用性，即自复制机器不仅可以复制自身，还能根据给定描述制造其他机器。同样，数学模型具有高

度的通用性和扩展性，能够适应不同类型机器的设计需求，因此在科学研究和工程设计中应用广泛。

例如，在机器人手臂设计中，数学模型也发挥着关键作用。研究人员使用动力学方程模拟手臂的运动，包括关节旋转和末端执行器的路径规划。控制理论模型帮助设计精确的运动控制算法，确保手臂平稳、快速完成任务。工程师还利用有限元分析模型评估手臂结构的强度和应力分布，从而优化材料和结构设计。

数学模型的通用性体现在它们可以适用于不同类型的机器设计，无论是飞行器、机器人，还是其他复杂系统。基础的物理定律（如牛顿运动定律、热力学定律）和数学工具（如微分方程、线性代数），都能在不同应用场景中有效运用。研究人员只需要调整模型参数或方程，即可在各种机器设计中使用同一模型框架。

这种通用性不仅提高了设计的效率和可靠性，还使数学模型成为跨学科研究和创新的重要工具。在交通工具、复杂机器人系统、能源设备和医疗器械的设计中，数学模型都是核心工具，其广泛的应用前景促进了各领域的研究和创新。

综上所述，按照冯·诺依曼的自复制机器理论，数学模型不仅可以作为机器设计的蓝图，而且在科学研究中发挥了至关重要的作用。通过形式化描述、模拟验证、优化改进和通用应用，数学模型为科学进步和工程创新提供了坚实的基础。

（3）科学研究的本质——数学化转型

根据“自复制机器”理论，科学研究正向数学化转型，即将物理世界的问题组件纳入自复制机器的数学模型设计中，这具体体现在以下五个方面：

①问题的形式化。将物理世界中的问题转化为数学模型，是科学研究数学化的第一步，具体步骤如下：

——建立方程：用数学方程描述物理现象和系统行为。

——定义参数和变量：确定系统的关键参数和变量。

——构建规则和约束：制定系统运行的规则和约束条件。

②数学模型的构建。形式化问题后，需要构建详细的数学模型，描述系统的状态及其演化过程，具体步骤如下：

——选择合适的数学工具：如微分方程、线性代数、概率统计等。

——构建模型结构：定义模型的整体结构及子系统间的关系。

——验证模型：通过实验数据和模拟验证模型的准确性。

③自复制机器的设计蓝图。数学模型一旦构建完成，就可以作为自复制机器的设计蓝图，具体步骤如下：

——编码模型：将数学模型转化为机器可以执行的代码或指令。

——集成物理组件：根据模型需求，添加传感器、执行器等物理组件。

——实现自复制功能：设计机器的自复制模块，使其在特定条件下复制自身。

④物理问题组件的集成。将物理世界的问题组件集成到自复制机器的数学模型中，具体步骤如下：

——组件建模：对物理组件建模，描述其特性和行为。

——系统集成：将组件模型集成到整体数学模型中，确保协同工作。

——优化和调试：通过迭代优化和调试，确保模型准确反映物理现实，并具备自复制能力。

⑤应用和验证。将数学模型应用于实际问题，并通过实验验证模型的有效性，具体步骤如下：

——实验验证：通过实验验证模型的预测和设计。

——反馈调整：根据实验结果调整优化模型和机器设计。

——推广应用：将验证后的模型和设计广泛应用于科学研究和工程实践。

总之，将物理问题组件纳入自复制机器的数学模型设计，是科学研究数学化转型的核心步骤。这一过程不仅提高了研究的精确性和效率，还为自动化和智能系统的设计奠定了理论基础，实现了从传统方法向数学化、自动化的深刻转型。

（4）科学与数学发展之间的非线性关系

数学的发展为科学研究提供了新的工具和方法，使科学家能够解决以前无法解决的问题。数值模拟、计算机算法和数据分析等数学方法极大地推动了物理学、生物学和化学等学科的发展。同时，科学研究中的新问题也反过来推动了数学的发展。研究过程中遇到的复杂问题往往需要新的数学理论和方法来解决，这促进了数学的创新与发展，这具体体现在以下三个方面：

①加速科学研究。通过将自复制机器与数学模型结合，科学研究可以大大加速。例如，在药物发现中，自复制机器能自动筛选众多化合物，并将结果反馈至数学模型。模型能够预测潜在的有效化合物，指导机器重点测试，加速药物发现。这种自动化与预测模型的结合提高了实验效率和准确性，有望在多个领域实现突破。

②提高资源利用效率。自复制机器的自动化特性使科学研究更高效地利用资源。传统实验需要重复进行以确认结果，这很耗时耗资。自复制机器能精确执行操作，降低重复实验的必要性。在药物研发中，自复制机器可以准确重复实验，减少误差，提高结果可靠性，减少研究成本和时间，让科研人员专注于创新，促进科学快速发展。

③促进知识传播。自复制机器与数学模型的结合，使得科学知识可以更快速地传递和扩散。例如，在气候变化研究中，各国科学家可利用自动采集数据的自复制机器，并通过数学模型分析气候趋势。这些数据和模型结果能实时共享，使全球科学家能迅速获取并应用于研究，加速气候科学知识的传播。

（5）实现科学研究能力的指数增长

数学的发展不仅提供了科学研究的基础工具，还通过自动化和自复制特性的引入，使科学研究的效率和创新能力实现指数级增长。数学通过自动化和自复制特性提升科学研究的效率和创新能力的具体数学方程如下：

在自动化过程效率提升方面，假设一个科学实验过程的效率可以表示为 $E(t)$，其中，t 是时间。传统情况下，效率随着时间线性提高，用公式可以表示为

$$E(t) = k_1 \cdot t$$

其中，k_1是常数，代表线性增长的速率。

引入自动化和自复制特性后，效率可以实现指数提高，因为每个自复制机器不仅自己工作，还能复制出更多机器来加速过程。此时，效率用公式可以表示为

$$E(t) = E_0 e^{k_2 t}$$

其中，E_0是初始效率，k_2是增长速率常数，e 是自然常数。

在创新能力的指数增长方面，假设科学研究中的创新能力 $I(t)$ 随时间的增长可以表示为一个函数。传统情况下，创新能力可能随着研究投入的资源和时间增加而线性或次线性增长，公式为：

$$I(t)=a\cdot\log(t+1)$$

其中，a 是影响因子。

如果引入自复制和自动化特性，创新能力可能随着知识和工具的扩展呈现更快的指数增长，公式为：$I(t)=I_0 e^{bt}$。其中，I_0是初始创新能力，b 是影响创新增长的常数。

在资源利用效率方面，假设资源利用效率 $R(t)$ 随时间的变化通常受到资源消耗和管理效率的影响。传统方法下，资源利用效率可能趋于一个极限：

$$R(t)=R_{max}(1-e^{-ct})$$

其中，R_{max}是资源利用效率的最大值，c 是调整速率的常数。

引入自动化和自复制后，资源利用效率可以通过优化和自适应调整，逐步提高到新的极限或以更快的速度达到原有极限：

$$R(t)=R_{max}(1-e^{-dt})+f(t)$$

其中，$d>c$，表示更快的调整速率，而$f(t)$ 表示资源利用效率在自复制和自动化影响下的进一步优化。

在科学知识的扩散方面，假设科学知识的扩散率用 $K(t)$ 来表示，传统上，知识的扩散是一个渐进的过程，可能呈现对数增长：

$$K(t)=K_0\cdot\log(t+1)$$

在引入自复制和自动化后，科学知识可以通过更高效的途径，如自动化数据分享和模型传播等，实现加速扩散：

$$K(t)=K_0 t^n$$

其中，$n>1$ 表示知识扩散的加速程度，这个指数表示科学工具和模型使知识有了更快的传播速度。

这些方程式展示出自动化和自复制特性通过数学的表达方式，使科学研究在效率、创新、资源利用和知识扩散等方面实现指数增长。这不仅体现出数学在科学研究中的基础工具作用，还表明数学在现代科学发展中的关键推动力。

可以看出，随着数学的发展，科学研究的不同方面实现指数增长的数学表达式为

$$S(t)=S_0 e^{kM(t)} \tag{13-4}$$

其中，$S(t)$ 表示科学研究产出、科学创新速度、科学知识传播速度、资源利用效率、科学知识积累数量等具体科学发展程度的指标，S_0表示与 S

（t）相对应的初始水平，M（t）表示与 S（t）相对应的数学发展程度的指标，k 是科学研究与数学发展的耦合常数。

式（13-4）作为假说，表示科学发展水平 S 取决于数学能力 M 的提升。这个命题，可以分解成为以下假说予以证明：

假说Ⅰ：科学发展呈现出指数增长规律，用公式表示为

$$S = M_0 e^{kM} \tag{13-5}$$

假说Ⅱ：技术进步呈现出指数增长规律，用公式表示为

$$T = M_0 e^{qM} \tag{13-6}$$

假说Ⅲ：科学发展与技术发展具有同步性，即公式（13-5）和（13-6）存在数学关系，公式如下：

$$q = k \tag{13-7}$$

其中，M 代表个体在数学领域的能力水平，S 和 T 分别代表科学和技术领域的发展水平，k、q 分别表示数学能力与科学发展、数学能力与技术进步关系强度的比例常数，基准 M_0 表示数学发展的基准水平常数。

13.1.2.4　科学发展的数学模型实证研究

（1）科学发展的指数增长规律

对于科学发展的数学描述，1844 年，恩格斯在《政治经济学批判大纲》中就指出："科学的发展则同前一代人遗留下的知识量成比例，因此，在最普通的情况下，科学也是按几何级数发展的。"① 这一定律，描述了科学研究领域发展的定量规律或数学模型，具体体现是科学文献的数量、引用次数、作者合作网络等科学指标随时间呈指数增长。

1951 年，英国数学家和物理学家罗伯特·M. 韦斯特（Robert M. West），在研究科学文献引用的分布时，观察到引用次数呈现出幂律分布的趋势，提出韦斯特-马尔萨斯定律（West-Matthews law），以描述科学文献引用的不均衡分布，如 20%科学文献贡献 80%引用次数。1965 年，德国物理学家德里克·J. 德·普赖斯（Derek J. de Solla Price）提出普赖斯科学指数（Price's law），描述科学研究人员产出分布规律：一个领域中，1/2 重要成果是由科学研究人员数量的算数平方根倒数部分研究的，等等。这样，就证明了假说Ⅰ的公式（13-5）。

---

① 马克思恩格斯列宁斯大林著作编译局. 马克思恩格斯全集（第 1 卷）[M]. 北京：人民出版社，1995：621.

（2）技术进步

技术进步的指数增长规律指的是技术领域中一些指标或参数随着时间的推移呈指数增长的趋势。反映这一规律的模型主要包括以下几个：

①摩尔定律。摩尔定律是指集成电路上可容纳的晶体管数量大约每隔18~24个月翻倍，即呈指数增长。这使得计算机芯片的性能指标不断提升，如处理能力的增强和存储容量的增加。

②光纤传输容量。光纤通信领域中，传输容量也呈指数增长。随着技术的进步，光纤的传输速率不断提高，从几兆比特每秒（Mbps）到几百兆比特每秒（Gbps），再到几十或上百亿比特每秒（Tbps）。

③存储密度。存储技术的存储密度也呈指数增长。硬盘驱动器和闪存存储器等设备的存储容量随着时间的推移大幅增加，从几兆字节（MB）到几千兆字节（GB），再到几千亿字节（TB）或甚至更大。

④基因测序成本。基因测序技术的成本也呈指数下降的趋势。随着技术的改进和创新，基因测序的成本从几百万美元每个基因组到几千美元甚至更低，使得大规模基因测序变得更加可行和普遍。

需要说明的是，不同技术领域和指标的增长规律可能有所不同，也受到技术、市场、经济等多种因素的影响。

1956年，美国经济学家罗伯特·索洛（Robert Solow）提出技术进步对经济增长影响具有指数函数性质①，即“索洛增长模型”（Solow growth model），又称索洛-斯旺增长模型：

$$A(t)=A_0e^{\zeta t}$$

式中，$A(t)$ 是技术进步，t 为时间，A_0、ζ 为常数，e 是自然常数。

索洛增长模型揭示：新技术的发明可以开辟新的产业和市场，而现有技术的改进则可以提升企业竞争力，优化现有产业运行效率。这就证明假说Ⅱ的公式（13-6）。

（3）科学与技术的动态互动关系

科学发展与技术进步是相互依存、相互促进的动态互动关系，具体表现为以下四个方面：

①科学理论探索。通过科学研究发现新物质属性或规律，可以转化为新技术或改进现有技术。如量子物理研究促进了量子计算和量子通信技术

---

① 罗伯特·M. 索洛. 经济增长理论一种解说［M］. 保华，译. 上海：格致出版社，2015：122.

的发展。

②技术进步提供新工具。技术的进步提供了新的研究工具和方法，能够更深入探索自然世界，如电子显微镜的发明推动了细胞生物学的发展。

③验证科学理论。技术不仅是科学的应用，也可验证其正确性。科学在技术中成功应用可以证明理论的有效性，如使用 GPS 技术验证广义相对论的预测。

④形成良性循环。技术进步提高了生产力和生活质量，而科学研究不断为技术创新提供新的可能性，形成良性循环。

（4）科学发展与技术发展同步性

计量学强调数据和量化分析在评估科学和技术发展中的重要性。科学与技术发展同步计量具有合理性和必要性，具体体现在以下三个方面：

①同步必要性。由于科学和技术的密切关联，同步计量可以更准确地把握整个创新系统的健康和活力，有助于更好地理解资源配置效率和创新活动产出。

②共同的影响指标。科学和技术共享相同的影响指标，如论文引用数、技术转让成功率。同步分析这些指标，能更全面评估科研成果市场应用和社会影响。

③评价效率和协同效应。发挥科学研究和技术发展之间的协同效应，如科研成果转化为实际技术的过程及其效率和效益。

因此，科学与技术在理论和实际评估中都应同步计量。这样，假说Ⅲ中的公式（13-7）就足以成为科学发展与技术进步相互依存、相互促进的基本原理。

13.2　数学能力与经济增长

13.2.1　增长与发展模型

13.2.1.1　教育是经济增长的根本动力

（1）教育促进经济增长机制

索洛增长模型没有解释技术进步的来源或机制，使得索洛模型在解释技术进步如何促进经济增长时，无法揭示技术创新的内在驱动因素和过程。1960 年，舒尔茨（Theodore W. Schultz）提出的人力资本理论认为，教育和培训是促进经济增长的关键因素，该模型强调以下三点：

①教育投资。教育被视为一种重要的投资，通过提高劳动者的技能和知识，提高他们的生产力，从而推动经济增长。

②技能和知识。受教育程度较高的劳动者能更有效使用技术和创新，提高整个经济体的效率。

③经济增长。国家应优先投资于教育，以提高人力资本的质量，从而实现长期经济增长和发展。

人力资本理论使得各国在推动经济增长时优先考虑对教育的投入。

1965 年，宇泽弘文（Hirofumi Uzawa）提出的两部门理论则进一步揭示，物质资本生产部门和人力资本生产部门（主要是教育部门）应当均衡发展，才能实现物质资本积累与人力资本积累系统优化，才能保证经济的可持续发展。1986 年，保罗·罗默（Paul Romer）提出，内生经济增长取决于人力资本在技术创新的配置。1966 年，理查德·R. 尼尔森（Richard R. Nelson）和埃德蒙·S. 菲尔普斯（Edmund S. Phelps）提出，人力资本是技术进步的内生变量间接促进经济增长，分别为技术创新和技术模仿。1994 年，这一假说被杰斯·本哈比布（Jess Benhabib）等的研究证实①，说明技术进步不仅需要技术创新型人才，也需要技术应用型人才。以上理论揭示了教育促进经济增长的机制（见图 13-1）。

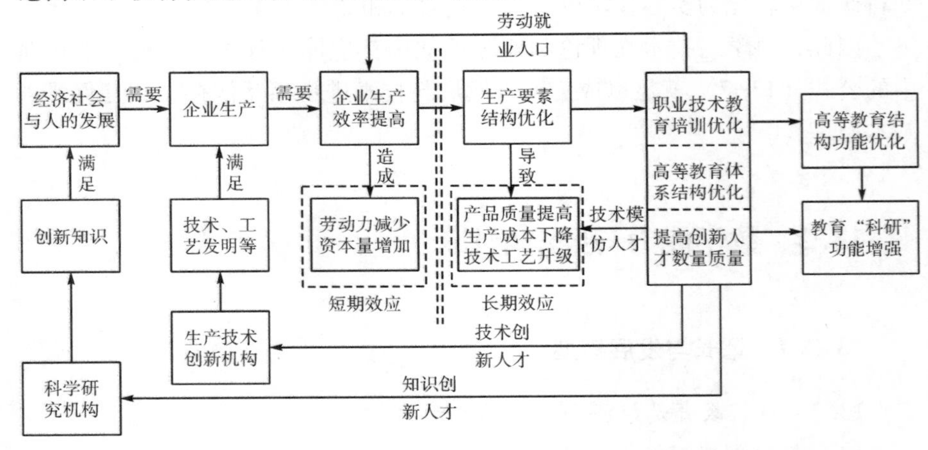

图 13-1　各级各类教育提高人力资本水平促进经济增长的机制

---

① BENHABIB J, SPIEGEL M. The role of human capital in economic development: evidence from aggregate cross-country data [M]. Journal of monetary economic, 1994, 34 (2): 143-173.

教育对经济增长具有长期促进作用，主要通过提升劳动力素质和技术创新实现。一方面，高等教育能够培养科研和技术创新人才，这些人才为企业带来新技术和发明，推动技术进步，同时在科研机构创造新知识，满足经济社会发展需要。另一方面，职业技术教育能够提高劳动力素质，优化生产要素，提升产品质量，降低成本，促进技术升级。教育对人力资本的提升对劳动者素质有长期正面影响，从而推动经济增长。

技术创新的数量与高等教育培养的创新人才数量成正比。高校提供先进的教育和研究平台，培育具有创新思维和专业技能的人才，这些人才在各自领域实现技术突破，增加技术创新数量。因此，高质量的教育是技术进步和经济发展的关键支撑。

（2）教育投入与提高教育技术水平

教育投入指数增长与人力资本水平提高具有同步关系。描述人力资本水平的数学公式如下：

$$H(t) = H_0 e^{kt}$$

其中，$H(t)$ 表示时间 t 时的人力资本水平，H_0表示初始的人力资本水平，k 是一个常数、表示人力资本水平随时间增长的速率，e 是自然常数。

同样，描述教育投入增长的数学公式如下：

$$I(t) = I_0 e^{mt}$$

其中，$I(t)$ 表示时间 t 时的人力资本水平，I_0表示初始的人力资本水平，m 是一个常数、表示人力资本水平随时间增长的速率，e 是自然常数。

如果教育投入的增长直接影响人力资本水平的提高，且两者具有同步关系，则可以假设 $k \approx m$。这表示教育投入的增长速率与人力资本水平提高的速率是相同或相近的。因此，上面两个公式可以简要描述为

$$H(t) = H_0 e^{kt},\ I(t) = I_0 e^{kt}$$

这说明，教育投入的指数增长与人力资本水平提高具有同步关系。

教育投入的核心在于提升教育技术水平，以提高教育效率和效益。学生注意力有限，过度的机械练习不仅无法提高学习效率，反而会使学习效率降低，可能导致身心健康问题。因此，教育应注重学生休息与活动多样化，以维护学生健康并促进其实现全面发展。

教育技术的直接效应体现在个性化学习，使教育内容和方式适应每个学生的学习速度和兴趣，如智能学习系统提供的实时调整和个性化反馈。社会层面上，教育技术的普及扩大了教育资源的覆盖面，通过在线教育等

手段提高了教育水平，促进了教育公平。教育技术的间接效应通过提升人力资本水平，推动技术创新和改进，提高生产效率，促进经济持续健康发展。高水平人力资本还能更好地适应和推动绿色技术升级和可持续发展。

13.2.1.2　教育发展的计量经济学模型

（1）经济稳定增长

曼昆（Mankiw）、戴维·罗默（David Romer）和韦尔（Weil）（1992）提出人力资本作为内生变量纳入技术进步的生产函数的理论，其数学表达式如下：

$$P = A^{\alpha}(t)\ K^{\beta}(t)\ [L_0(t)\ H(t)]^{\gamma} \tag{13-8}$$

其中，P 为产出，A 为社会生产技术进步，K 为社会生产物质资本，L_0劳动力数量，H 为劳动力人均人力资本水平，α、β、γ 为常数。

在生产规模报酬不变条件下，$\alpha+\beta+\gamma=1$。事实上，在劳动年限不变条件下，劳动力人口占总人口比重 $l'=L_0/L$ 也不变。

社会总需求增长的梯度势能如下：

$$\mathrm{grad}Y = \nabla \cdot Y = \partial Y/\partial A\times \mathrm{a}+\partial Y/\partial K\times k+\partial Y/\partial L\times l+\partial Y/\partial H\times h \tag{13-9}$$

公式（13-9）中，a、k、l、h 分别为 A、K、L、H 的单位向量。

$$\mathrm{div}P = \nabla \cdot P = \partial P/\partial A + \partial P/\partial K + \partial P/\partial L + \partial P/\partial H$$

$$\mathrm{div}\mathrm{Y} = \nabla \cdot Y = \partial Y/\partial A + \partial Y/\partial K + \partial Y/\partial L + \partial Y/\partial H$$

生产的目的是满足不断提高和增长的经济社会与人的发展需求。只有科学知识创新才能生产出符合市场需要的产品，才能有效促进经济增长。科学知识创新的方向和空间就是生产发展的方向和空间。当知识创新决定的社会生产与社会需求方向供求一致而且技术进步与人力资本相匹配时，也就是 P 与 Y 的方向一致时，$(P,\ Y)=0$，也就是供求匹配时，$\cos(P,\ Y)=1$，那么，$\mathrm{div}\ P=\mathrm{div}\ Y$，而且 $P=Y$。

在完全市场经济条件下，对于生产函数在任意时刻，$P(A,\ K,\ L,\ H)=P_0$的等产量面上的方向导为：$F_1=(\partial P/\partial A,\ \partial P/\partial K,\ \partial P/\partial L,\ \partial P/\partial H)$。

而沿曲线：$A=A(t)$，$K=K(t)$，$L=L(t)$，$H=H(t)$ 的增长方向如下：

$$F_2=[\mathrm{d}A(t)/\mathrm{d}t,\ \mathrm{d}K(t)/\mathrm{d}t,\ \mathrm{d}L(t)/\mathrm{d}t,\ \mathrm{d}H(t)/\mathrm{d}t]$$

生产增长率如下：

$$\Delta P=[\partial P/\partial A\times A'(t)+\partial P/\partial K\times K'(t)+\partial P/\partial L\times L'(t)+\partial P/\partial H\times H'(t)]\Delta t$$

显然，ΔP 达到最大值的必要条件如下：

$$\partial P/\partial A : A'(t) = \partial P/\partial K : K'(t) = \partial P/\partial L : L'(t) = \partial P/\partial H : H'(t) \quad (13-10)$$

（2）人力资本与技术进步同步

康德拉捷夫曲线理论说明经济增长具有指数函数性质，在人口规模指数增长的条件下，以 y 表示人均经济增长水平，则有：$y = Y/L$，可以得出：

$$\ln y = y_0 e^{\eta t} \quad (13-11)$$

其中，t 为时间，y_0、η 为常数。

公式（13-11）说明：在技术进步与人力资本同步增长的前提下，可以保持经济的稳定指数增长。

人力资本的主要投资内容是教育。教育不仅包括基础教育和高等教育，还涵盖职业培训和继续教育。通过教育，人们可以获得知识、技能和能力，提高其生产力和创新能力。教育投资有助于个体提升在劳动市场上的竞争力，同时促进整体经济的发展和技术进步。

在人口规模不变以及各个年龄阶段人口规模相同的前提下，可以推出：人均经济增长与高等教育毛入学率具有指数函数关系①，用公式表示如下：

$$T = c_0 + c_1 \ln y \quad (13-12)$$

其中，y 为人均经济增长，T 为高等教育毛入学率，c_0、c_1 为常数。

公式（13-12）说明，实现技术进步和经济可持续发展指数增长的战略目标，最为基础的是保证保证创新人才的培养的算数级数增加以及教育投入的几何级数增加。在创新人才培养的算数级数增加方面，逐年稳定增加创新人才的数量，确保每年都有更多具备创新能力和专业技能的人才进入劳动力市场。在教育投入的几何级数增加方面，以指数方式增加教育经费，确保教育系统快速扩展。

这样一来，未来预期效果才能是：人才供应充足，确保经济发展所需的创新人才不断涌现，推动技术进步和产业升级；教育体系逐渐完善，构建高效、优质、可持续的教育体系，为经济可持续发展提供强有力的支撑。

---

① 张宝贵．大学生就业问题形成的根本原因探讨［J］．复旦教育论坛，2017（5）：64-69.

13.2.1.3 人力资本与技术进步的“匹配”保证

(1) 特征

人力资本积累与技术进步相匹配，它们之间的最为重要特征如下：

①技能与技术需求的同步性。技术发展速度快，劳动力需要持续更新和提升技能以适应新技术的应用和发展。教育体系和职业培训必须与技术发展的需求同步，提供相关的知识和技能培训。并且，随着技术进步，新的职业和技能需求不断涌现。教育和培训需要前瞻性地培养这些新兴技能，如人工智能、大数据分析、区块链技术等。

②创新能力与技术研发的支持。高水平的人力资本能够产生较强的科研能力，能够进行基础研究和应用研究，推动技术创新。创新能力与技术研发相匹配，能够促进技术突破和新产品开发。同时，技术进步往往需要多学科知识的融合和创新。具备跨学科知识和合作能力的人力资本，才能够促进技术研发中的多元化创新。

③生产效率与技术应用的优化。技术进步可以显著提高生产效率，而具备相应技能的劳动力能够高效应用新技术，优化生产流程，提升生产效率和产品质量。但是，随着智能制造和自动化技术的普及，劳动力需要具备操作和维护这些先进设备的技能，实现人机协作，提高生产效率。

④市场需求与技术供给的适应性。人力资本的积累需要紧跟市场需求变化，技术进步带来的新产品和服务需要具备相关技能的劳动力来满足市场需求，实现技术的商业化应用。更为重要的是，高素质的劳动人才能够识别和抓住技术进步带来的市场机会，推动技术的市场化和产业化发展，促进经济增长。

(2) 保证

人力资本积累与技术进步相匹配的根本保证，是人力资本的数学内容可以为技术进步提供有力支撑，这具体体现在以下五个方面：

①大数据分析和人工智能。在大数据分析方面，现代技术进步依赖于大数据的处理和分析，而数学是数据分析的基础。统计学、概率论、算法等数学知识能够有效处理和解读大量数据，发现潜在的规律和趋势，为技术创新提供了数据支持。在机器学习和人工智能方面，这些领域的核心算法和模型都基于数学。线性代数、微积分、概率和统计等数学知识是开发和优化算法的必要条件。

②工程和技术开发。在工程设计方面，工程领域中的结构分析、材料

力学、电路设计等都依赖数学模型和计算。数学提供了精确描述和解决工程问题的方法。在软件开发方面，编程语言和算法设计都需要扎实的数学基础，尤其是在复杂系统开发、优化和安全性分析中，数学的作用不可替代。

③理论研究和技术创新。在理论研究方面，科学研究中的许多前沿理论和模型都依赖于数学，数学提供了分析和解决复杂科学问题的工具和方法。在技术创新方面，新技术的开发往往需要数学建模和仿真，通过数学模型预测和优化技术性能，提高技术创新的效率和增强模型效果。

④金融和经济分析。在金融分析方面，金融市场中的风险评估、定价模型、投资组合管理等都需要数学的支持。数学工具能够帮助精确计算和优化金融决策。在经济分析方面，宏观经济模型和微观经济分析都依赖于数学。数学模型能够帮助理解经济现象，预测经济趋势，制定经济政策。

⑤教育和培训。在教育质量提升方面，加强数学教育是提升整体教育质量的重要方面。数学思维的培养有助于提高学生的逻辑思维能力和解决问题的能力，为未来的技术学习打下坚实基础。在技能培训提高方面，数学技能是提升员工技术水平和适应新技术的重要内容。通过数学培训，员工能够更快掌握和应用新技术，提高生产效率和创新能力。

总之，数学是技术进步的重要支撑，人力资本的数学内容能够有效促进技术创新和发展。通过加强数学教育和培训，提升数学在各个领域的应用水平，可以确保人力资本积累与技术进步的匹配，推动社会经济的持续发展。如果说“科学技术是第一生产力”，那么，数学就是第一生产力的核心。

13.2.2 数学、科技与经济增长

13.2.2.1 明瑟方程与数学人力资本

(1) 明瑟方程

人力资本理论认为，劳动者的技能和知识（即人力资本）是经济增长和个人收入的重要决定因素。教育被视为一种投资，通过增加人力资本来提高劳动生产率和收入水平。

明瑟方程（Mincer equation）是一种具体的经济模型，用来量化教育对收入的影响，通常可以表示为

$$\ln(W) = \alpha_0 + \alpha_1 \cdot E + \beta_1 \cdot X + \beta_2 \cdot X^2 + \beta_3 \cdot X^3 + \varepsilon$$

其中，W 是工资，$\ln(W)$ 是工资的对数，E 是受教育年限，X 是工作经验，

X^2、X^3是工作经验的平方和立方，反映经验的边际效应递减，α_0、α_1、β_1、β_2、β_3是回归系数，ε 是误差项。

明瑟方程揭示出，劳动力教育年限与收入之间以及劳动力教育年限与教育投入之间均具有指数函数关系。教育投入的收益，具体体现在以下三个方面：

①个人收益方面。

——专业技能提升：教育可以提升个人的专业技能、软技能和综合素质，使其在工作中表现得更加出色。

——收入增加：随着教育年限的增加，个人的收入也会相应增加。这种收入的增加不仅体现在起薪上，还体现在职业生涯中的薪资增长潜力上。

——就业机会增大：接受更多教育的人通常拥有更多的就业机会，尤其是在技术含量高、竞争激烈的行业中。

——职业发展广阔：高水平的教育有助于个人在职业生涯中获得更快的晋升和更高的职位。

②企业收益方面。

——提升生产能力：企业中拥有高教育水平的员工，可以带来更高的生产力和更高效的工作表现。

——提高创新能力：高素质的员工更具创新能力，能够推动企业在产品和服务上的创新，增强企业的市场竞争力。

——提高产品质量：教育水平高的员工往往在工作中更注重细节和质量控制，减少失误和提高产品或服务的质量。

——增强稳定性：企业为员工提供教育培训机会，可以提高员工的忠诚度和满意度，降低员工流失率。

③社会收益方面。

——促进经济发展：整体劳动力素质的提高，可以促进国家和地区的经济增长，提高社会生产力和创新能力。

——增加社会公平：教育投资有助于缩小社会经济差距，促进社会公平和稳定。受教育机会的增加可以减少贫困和提升社会整体福利。

——增进健康福祉：受过良好教育的人往往具有更好的健康状况和生活质量，教育可以带来更好的健康意识和生活方式。

——增强社会凝聚力：高教育水平的人更可能积极参与社会事务和社

区活动，增强社会凝聚力和公民责任感。

总体而言，教育投入的收益体现为个人收入和职业发展的提升、企业生产力和创新能力的增强以及社会经济发展和公平正义的推进，这些都是教育投入的具体收益。

（2）数学人力资本

数学作为人力资本投资的核心内容，政府、企业和个人在教育投资方面对数学的重视。

①政府层面，表现为：在基础教育方面，加强数学教育在基础教育阶段的比重，改进数学教学方法，推广数学竞赛和活动，激发学生的数学兴趣和能力。在教师素养方面，加大对数学教师的培养和培训力度，提升数学教师的教学水平和专业素质，吸引更多优秀人才从事数学教育工作。在课程改革方面，将数学课程与实际应用结合，更新教材内容，使之更加贴近现代科技和社会发展需求。在科研方面，增加对数学研究的资金支持，鼓励高水平数学研究项目和创新，推动数学在各个领域的应用。

②企业层面，表现为：在职业培训方面，企业在内部培训中强调数学应用技能，特别是在数据分析、统计、算法等领域的应用，提升员工的数学素养。在合作研发方面，与高校和科研机构合作，进行与数学相关的研究和开发项目，推动数学在企业中的具体应用，如优化生产流程、提升技术创新等。在员工能力方面，为员工提供继续教育和进修机会，特别是在数学和相关领域的深造，提高员工的专业知识和技术能力。在人才引进方面，注重招聘具备高水平数学能力的人才，特别是在需要数据处理和分析的岗位上，如数据科学家、统计分析师等。

③个人层面，表现为：在自我提升方面，个人会更加重视数学学习，通过自学、在线课程、培训班等多种方式提升自己的数学能力，以增强职业竞争力。在职业选择方面，选择与数学相关或对数学能力有较高要求的职业，如工程、金融、计算机科学等，借助数学能力获取更高的职业发展潜力。在终身学习方面，持续关注数学领域的新发展和新应用，保持学习热情，不断更新自己的数学知识，适应科技和行业的快速变化。在数学素养培养方面，家长会更加重视子女的数学教育，从小培养孩子数学兴趣和能力，支持参与数学活动，打好数学基础。

这些，将提升整体劳动力的素质和市场竞争力，促进社会经济的持续发展。

13.2.2.2 数学创新：新质生产力的源泉

人力资本积累数量与技术进步成正比例关系，用公式表示为

$$A = \omega L_0 H \tag{13-13}$$

其中，A 表示技术进步的水平，L_0H 表示人力资本的积累数量，ω 是一个比例常数、表示人力资本对技术进步的影响程度。

这样，教育投资有效地保证数学人力资本的增加，技术进步的水平也会相应增加，二者呈正比例关系时，$\omega>1$。

①知识和技能提高：更多的人力资本意味着更多受过良好教育和培训的人，具备更高的尤其是数学方面的知识和技能水平，推动技术创新和改进。

②研发和创新：积累的人力资本尤其是数学人力资本越多，从事研究与开发（R&D）活动的人也越多，进而促进技术进步和创新。

③提升生产效率：高素质的人力资本尤其是数学人力资本，可以更有效运用和改进现有技术，提高生产效率，并推动技术进步。

④技术扩散效率与效益：有更多的人力资本可以更快吸收、应用和扩散新技术，使得技术进步能够更广泛传播和应用。

因此，人力资本的积累数量与技术进步之间存在正比例关系，这种关系有助于解释为什么提高教育和培训水平对一个国家或地区的技术进步和经济增长至关重要。

通过式（13-8）和式（13-13），可以推导出：教育技术提供教育和学习效率及效益的直接效应，教育投入 $I(t)$ 与 L_0H 同步增长；而通过 L_0H 的提高产生的间接效应可以导致 A 增加 ω，至少使经济增长 ω^{α}，其中，$\omega>1$。

所以，在满足式（13-12）的条件下，如果科学发展或技术进步没有呈现出指数增长定律性质，根本原因就是：数学创新没有为科学发展或技术进步提供有力的知识和智力支撑。或者说，创新型人才的数学创新和科技创新中应用数学方面的创新，不能满足经济社会发展对技术进步的需求。因此，如果说“科学技术创新是新质生产力的核心要素”，那么数学创新就是新质生产力的源泉。

13.3 建设数学强国：经济社会发展的战略选择

1988 年 8 月，南开大学数学研究所举办“21 世纪中国数学展望”学术讨论会。“中国数学之父”陈省身在会上提出“中国将成为 21 世纪的数学大国”。进入 21 世纪，陈省身进一步提出猜想：中国将成为数学强国。

13.3.1 大规模数学时代来临

（1）人工智能数学研究效应

2024 年 7 月，菲尔兹奖得主陶哲轩提出“大数学时代”概念，并认为人工智能（AI）在数学和科学领域中的潜力巨大，将与人类的智力协同作用，推动数学进入一个全新的时代。人类将进入大规模数学的时代，未来人工智能会在数学研究产生中巨大协同效应，具体体现在以下六个方面：

①猜测能力。AI 可以被视为一台高效“猜测机器”，通过编码输入信息并结合权重来生成输出，如文本、图像或数字。这个过程在数学上相对基础，但 AI 可以加速这种过程，在需要大量计算和模式识别的数学问题上应用尤为明显。

②加速作用。陶哲轩将 AI 潜力比作喷气发动机的发明——最初只是个玩具但随着发展会变得强大并彻底改变交通方式。同样，AI 的数学应用也会带来革命性的变化，在处理大规模数据和复杂计算时的作用尤为突出。

③辅助数学研究。AI 可以辅助人类数学家进行工作，尤其是在验证证明和解决复杂问题的过程中。AI 可以承担重复性和计算密集型的任务，让科研人员专注于更有创造性和战略性的工作。

④数学研究潜力。AI 在数学证明和计算中的应用已经开始展现出潜力，例如，通过自动化证明来改变传统的数学研究方式。AI 的这种应用不仅可以提高研究效率，还可能开辟新的研究方向和方法。

⑤学习和适应能力。随着技术的发展，AI 系统正在变得更加智能和自适应。它们能够从数据中学习模式，并在给定的函数库内通过组合和算术运算生成函数来拟合数据，这在数学研究中非常有用。

⑥验证和证明。AI 可以帮助验证数学证明的正确性，这对于大型数学项目尤为重要。通过使用形式化验证系统，如 Lean 系统中，AI 可以确保

证明的严谨性和准确性，从而提高数学研究的可靠性。

综上所述，AI 可以推动数学理论和实践创新，催生一个大数学时代。

（2）大众参与数学与科学研究

在大数学时代，数学研究与应用的普及化，根本原因主要是：

①人工智能与数学结合，使得数学研究和应用更加深入和准确化。人工智能（AI）与数学的结合，正在推动数学研究和应用向更深入和准确化的方向发展，其中，AI 可以自动化地检查数学证明的步骤，确保逻辑的严密性和正确性，减少人为错误；AI 有助于识别模式和关系，通过分析大量数学数据，可能揭示新的数学规律或定理；AI 可以基于现有数据生成猜想，为科研人员提供研究的新方向。AI 技术，如强化学习可以优化算法，用于发现更高效算法；AI 可以处理复杂的数学问题，提供解决方案或证明方法，特别是在传统方法难以应用的领域；AI 的应用正在扩展数学研究的方法论，如符号回归技术可以从数据中寻找精确的数学表达式，而强化学习则可以用于构造猜想的反例，验证数学猜想，等等。

这样，AI 与数学的结合，不仅提高了数学研究的准确性和效率，而且开辟了新的研究方向，加深对数学本质的理解。

②人工智能在数学领域的应用，助力数学发明或发现走向“快车道”。人工智能（AI）在数学理论研究中已经开始应用并产生显著效果。例如，在新猜想和定理发现中，伦敦数学科学研究所开发的机器学习分类器，已经开始预测椭圆曲线的排名，对于解决数学中千年难题具有重要意义；Google DeepMind 的研究人员使用神经网络，在拓扑学和纽结理论研究中发现代数和几何结构之间的新关系。

在辅助数学证明方面，AI 技术尤其是大语言模型，可以辅助数学家进行定理证明。例如，陶哲轩在解决一个数学难题时，使用 GPT-4 这一人工智能工具。根据提供的信息，GPT-4 为他提供了最终的解题思路。具体来说，陶哲轩通过与 GPT-4 的交互，得到了关于如何继续进行计算的指导，随后将这些思路应用到自己的工作中，继续进行必要的数学推导和证明。

在数学思维模拟和扩展中，AI 技术，如并行分布式处理（PDP）模型尝试通过大量简单计算单元（类似于大脑中的神经元）的互联互通来模拟人脑处理信息的方式。作为认知科学的一部分，PDP 与数学理论相结合，探索数学思维和问题解决的认知过程。这些模型能够通过学习数据中的模式来改进其性能，类似于大脑通过学习适应新情境的方式。通过观察 PDP

模型如何处理数学问题，研究人员可以洞察人类在进行数学推理时可能采用的策略。这样，在解决数学问题时可能会发现新的或非传统的算法路径，扩展对数学解题过程的认识。PDP 对数学思维的模拟不仅有助于开发更有效的教育工具和方法，以支持个性化学习，还可以模拟大脑在面对新颖问题时产生创造性解决方案过程，这对于理解数学创造性思维尤为重要。

科技与数学发展的相互作用，推动着数学研究创新、科学发现和技术发明的普及化。数学的快速发展，更加有力推动科学技术的发展。

13.3.2 数学强国的内涵、外延

（1）内涵

数学强国的内涵是指各项核心指标全面实现现代化，具体体现在：

①数学教育现代化，包括：在基础教育方面，全面提升基础教育阶段数学教学质量，采用先进的教学方法和工具，确保学生掌握扎实的数学基础知识；在高等教育方面，高等教育机构具备世界一流的数学专业和研究生教育水平，培养出大批具有国际竞争力的数学人才。

②数学研究现代化，包括：在科研水平方面，数学研究在国际上处于领先地位，产生出具有重大影响力的原创性科研成果；在科研环境：提供世界一流科研设施和资源，营造创新和合作的学术氛围。

③数学应用现代化，包括：在跨学科应用方面，数学在科技、工程、经济、金融等多个领域得到广泛应用，促进各行业的技术创新和发展；解决社会问题方面，利用数学方法和工具解决复杂的社会问题，提高公共决策的科学性和有效性。

④数学人才现代化，包括：在培养体系方面，建立完善的数学人才培养体系，吸引和培养顶尖数学人才，构建从基础教育到高等教育的完备人才培养体系；积极参与国际数学交流与合作，培养具有全球视野和竞争力的数学家。

⑤国际影响力现代化，包括：在学术贡献方面，在国际数学界占据重要位置，主导或参与制定国际数学研究和教育的标准与规范；通过国际会议、出版物和交流项目等方式，传播中国数学文化和成果，提升中国数学在全球的影响力。

通过实现上述核心指标的现代化，全面提升我国的数学教育、研究、

应用和人才培养水平，使我国成为在国际上具有重要影响力和竞争力的数学强国。

（2）外延

数学强国的外延是指保证或保障各项内涵指标的环境条件或基础前提指标全面实现现代化，具体体现在：

①政策支持，包括：在政府政策方面，出台支持数学教育和研究的政策措施，包括资金投入、科研奖励、人才引进等，确保各项内涵指标顺利实现；在法律法规方面，完善相关法律法规，保障数学研究和教育的合法权益。

②教育资源，包括：在师资力量方面，加强数学教师的培训和发展，提升教师的专业水平和教学能力，确保教育质量；在教学设施方面，建设现代化的数学教学和研究设施，配备先进的教学工具和资源，提供良好的学习和研究环境。

③科研条件，包括：在科研经费方面，增加对数学研究的经费投入，支持基础研究和应用研究，确保科研项目的顺利开展；在研究机构方面，建设高水平的数学研究中心和实验室，提供良好的科研平台和合作机会。

④社会支持，包括：在公众意识方面，通过科普活动和宣传，提高全社会对数学重要性的认识，营造尊重科学、重视数学的社会氛围；在企业参与方面，鼓励企业参与数学研究和应用，推动产学研结合，促进数学成果转化为实际应用。

⑤国际合作，包括：在交流平台方面，建立和完善国际数学交流与合作平台，促进国际的学术交流和合作研究；在引进人才方面，吸引国际顶尖数学人才来华工作和交流，提升国内数学研究的国际化水平。

⑥信息技术支持，包括：在数字化教育方面，利用信息技术推动数学教育的数字化发展，提升教育的现代化水平和效率；在数据资源方面，建设和共享数学研究和教育的大数据平台，提供丰富的资源支持和数据分析工具。

通过实现这些环境条件和基础前提指标的现代化，为数学强国建设提供坚实的保障，确保各项内涵指标能够全面实现现代化。

13.3.3 经济社会发展的重大战略选择

1954 年，杨振宁与米尔斯共同提出了杨-米尔斯理论，这一理论对于物理学发展具有革命性的意义。其中，陈省身创立的数学理论为杨振宁物理学研究提供了数学工具。由此，陈省身提出的“中国成为数学强国”这一猜想的更为深刻的含义是：提高数学对于科学发展、技术进步和经济增长的贡献率。

（1）增强科学研究的数学支撑

通过提供强大的数学工具和方法，提高科学研究的精确性和效率，推动科学技术的不断进步，这具体体现在以下四个方面：

①数据分析与统计方法。以数据分析和统计方法作为科学研究的基础，从大量数据中提取有价值信息的工具，以统计学方法如回归分析、假设检验和贝叶斯推断等，帮助研究人员理解数据的内在结构和趋势，进行科学假设验证和结果解释。

②建模与模拟。把数学模型作为描述和理解自然现象和系统行为的关键工具，通过建立数学模型，研究人员可以分析复杂系统、预测未来行为，并进行虚拟实验。如微分方程、随机过程和动态系统在生物学、物理学和经济学中的广泛应用。

③优化与算法。用优化方法和算法在科学研究中寻找问题的最优解，解决资源分配、实验设计和参数估计等问题。运用线性规划、非线性规划和动态规划等优化技术帮助研究人员在复杂决策过程中找到最佳解决方案，提升研究效率和结果的准确性。

④数值计算。针对无法通过解析方法直接求解的科学问题，通过数值计算来获得近似解。数值方法如有限元法、蒙特卡罗方法等，在解决大规模计算问题和复杂模型的数值模拟中发挥着重要作用，特别是在工程、物理和气象等领域。

（2）推动技术进步的数学应用

通过数学提供理论基础和应用工具，推动技术进步和创新，促进各个行业的发展和变革，这具体体现在以下四个方面：

①算法与计算复杂性。算法设计和分析在计算机科学和信息技术中至关重要，有效的算法可以大幅提升计算效率，解决复杂问题。另外，计算复杂性研究可以优化算法，减少计算资源的消耗，促进高效计算设备和软件的开发。

②数值分析与数值计算。数值分析提供了求解复杂数学问题的近似方法，如数值积分、微分方程的数值解等。数值计算在工程、物理模拟、金

融预测等领域应用广泛，支持高性能计算技术的发展，提升了模拟精度和计算速度。

③统计学与机器学习。统计学方法在数据分析、预测和决策支持中发挥关键作用，广泛应用于各个领域。机器学习结合统计学和算法，通过训练模型从数据中提取模式和规律，推动人工智能的发展，在自动化、医疗、金融等领域产生深远影响。

④优化理论与应用。优化理论为资源分配、系统设计和控制等提供了数学工具，能够帮助科研人员找到最优解决方案。应用领域包括供应链管理、交通网络设计、能源分配等，通过优化技术提升效率、降低成本，实现技术进步和经济效益最大化。

（3）促进经济增长的数学创新

数学创新通过提高金融市场稳定性、优化资源配置、增强数据分析能力和支持经济政策制定，推动了经济的持续增长和发展，具体体现在以下四个方面：

①金融数学与风险管理。金融数学通过复杂的数学模型和数值方法，可以分析和预测金融市场行为，评估和管理金融风险。数学工具如期权定价模型、风险值（VaR）分析等，可以提高金融市场的稳定性和投资决策的科学性，推动金融产品创新和市场效率的提升。

②优化与资源配置。发挥技术在资源配置、供应链管理、物流和生产计划中关键作用，帮助企业在各种约束条件下实现效益最大化。通过线性规划、整数规划和多目标优化等方法，企业能够优化生产流程、降低成本、提高效率，从而促进经济增长。

③数据分析与大数据应用。数据分析利用统计方法和机器学习技术，从大量数据中提取有价值的信息和模式，支持商业决策和市场分析。大数据技术，能够进一步增强市场洞察力和客户行为预测能力，推动精准营销、产品创新和服务优化。

④经济建模与政策分析。通过经济学中的数学模型，科研人员可以理解和预测经济行为和市场动态，从而为政策制定提供科学依据。

（4）实现环境与经济的可持续发展

①绿色金融与环境经济学。发挥数学模型和统计方法在评估环境影响和制定绿色金融产品中的关键作用，通过碳定价模型、环境风险评估和生态系统服务估值，推动企业和政府采取可持续的经济活动和投资决策，促

进环境保护和经济增长的平衡。

②资源优化与可持续管理。通过优化分配和管理技术实现资源可持续利用；通过线性规划、动态规划等方法，优化自然资源的开采和利用，减少浪费，提高资源利用效率，支持可再生能源的发展和循环经济模式的实施。

③大数据与智能决策。在可持续发展中，应用大数据分析和机器学习技术，支持智能决策和精准管理。通过实时数据监控和预测模型，减少能源消耗、减少污染排放、提高生产效率，推动智能城市和智慧农业的发展，实现经济和环境的协调发展。

④经济政策与系统建模。运用数学模型和系统动力学为分析和制定经济政策提供科学依据。通过宏观经济模型、投入产出分析和博弈论，评估政策对经济、社会和环境的综合影响，制定支持可持续发展的政策措施，促进社会公平和长期经济稳定。

参考文献

［1］波特兰·罗素. 西方哲学史［M］. 解志伟，等译. 北京：应急管理出版社，2019：182-189.

［2］亨利·庞加莱. 科学是什么［M］. 宋秋池，译. 武汉：湖北科学技术出版社，2017：291-342.

［3］内格尔. 科学的结构：科学说明的逻辑问题［M］. 徐向东，译. 上海：上海译文出版社，2020：172-227，355-365.

［4］亨利·庞加莱. 科学与假设［M］. 李醒民，译. 北京：商务印书馆，2021：127-141.

［5］莫里斯·克莱因. 古今数学思想（第一册）［M］. 张理京，等译. 上海：上海科学技术出版社，2014：172-174.

［6］R·柯朗等. 什么是数学：对思想和方法的基本研究［M］. 左平，等译. 上海：复旦大学出版社，2017：224-236.

［7］安德鲁·埃德，莱斯利·科马克. 科学通史：从哲学到功用［M］. 刘晓，译. 北京：生活·读书·新知三联书店，2023：1-29，150.

［8］杰弗里·戈勒姆. 人人都该懂的科学哲学［M］. 石雨晴，译. 杭州：浙江人民出版社，2019：62-99.

［9］爱德华·沙伊纳曼. 美丽的数学［M］. 张缘，译. 长沙：湖南科学技术出版社，2020：94-113.

［10］牛顿. 自然哲学之数学原理［M］. 王克迪，译. 北京：北京大学出版社，2006：19-139.

［11］爱因斯坦. 狭义与广义相对论浅说［M］. 杨润殷，译. 北京：北京大学出版社，2006：16-77.

［12］普里戈金. 从存在到演化［M］. 曾庆宏，等译. 北京：北京大学出版社，2007：3-40.

［13］丘成桐. 丘成桐的数学观［M］. 南京：江苏凤凰文艺出版社，

2023：105-142.

［14］史蒂夫·斯托加茨. 微积分的力量［M］. 任烨，译. 北京：中信出版社，2021：265-309.

［15］弗朗西斯·苏. 数学的力量［M］. 沈吉儿，等译. 北京：中信出版社，2022：126-137.

［16］基思·德林. 数学犹聊天：人人都有数学基因［M］. 谈祥柏，等译. 上海：上海科技教育出版社，2022：50-133.

［17］高水裕一. 统治宇宙的24个公式［M］. 连线，译. 南京：江苏凤凰科学技术出版社，2014：1-91，204-213.

［18］大栗博司. 用数学的语言看世界［M］. 尤斌斌，译. 北京：人民邮电出版社，2023：1-19.

［19］伊恩·斯图尔特. 改变世界的17个方程［M］. 劳佳，译. 北京：北京大学出版社，2023：205-220.

［20］克里利. 影响数学的20个大问题［M］. 王耀杨，译. 北京：北京邮电出版社，2012：10-20，184-202.

［21］伊莱·马奥尔. e的故事：一个常数的传奇［M］. 周昌智，等译. 北京：北京邮电出版社，2018：190-203.

［22］J. F. NASH，JR. The bargaining problem［J］. Econometrica，1950，18（2）：155-162.

［23］J. FARAUT，A. KORÁNYI. Analysis on symmetric cones［J］. Oxford Mathematical Monographs，New York，1994.

［24］A. MAS-COLELL，M. D. WHINSTON，J. R. GREEN. Microeconomic theory［M］. Oxford Student Edition. Oxford University Press，1995.

［25］R. TYRRELL ROCKAFELLAR. Convex analysis［M］. Princeton University Press，Princeton，1997.

［26］D. H. GREENE，D. E. KNUTH. Mathematics for the analysis of algorithms［M］. Progress in Computer Science. Birkhäuser，1981.

［27］A. BEN-TAL，A. NEMIROVSKI. Lectures on modern convex optimization：Analysis，algorithms，and engineering applications［M］. MPS-SIAM Series on Optimization. Society for Industrial and Applied Mathematics，2001.

［28］C. GODSIL，G. ROYLE. Algebraic graph theory［J］. Springer-verlag，2001（3）：52-58.

[29] F. FACCHINEI, J. S. PANG. Finite-dimensional variational inequalities and complementarity problems [M]. New York: Springer-Verlag, 2003.

[30] S. BOYD, L. VANDENBERGHE. Convex optimization [M]. Cambridge: Cambridge University Press, 2004.

[31] P. D. LAX. Linear algebra and its applications [J]. Wiley, 2007 (10): 110-115.

[32] J. VON NEUMANN, O. MORGENSTERN. Theory of games and economic behavior [M]. Princeton: Princeton University Press, 2007.

[33] M. AGHASSI, D. BERTSIMAS. Robust game theory [J]. 2006, 107 (1-2): 231-273.

[34] M. MASCHLER, E. SOLAN, S. ZAMIR. Game theory [M]. Cambridge: Cambridge University Press, 2013.

[35] S. Z. NÉMETH, G. ZHANG. Extended lorentz cones and mixed complementarity problems [J]. Global optim., 2015, 62 (3): 443-457.

[36] S. Z. NÉMETH, G. ZHANG. Extended lorentz cones and variational inequalities on cylinders [J]. Theory appl., 2016, 168 (3): 756-768.

[39] S. Z. NÉMETH, J. XIE, G. ZHANG. Positive operators on extended second order cones [J]. Acta Mathematica Hungarica, 160: 390-404, 2020.

[40] S. AXLER. Measure, Integration & Real analysis [J]. Springer-verlag, 2020 (3): 78-92.

[41] Y. LI, B. LI, G. ZHANG, Z. CHEN, et al. sRIFD: A shift rotation invariant feature descriptor for multi-sensor image matching [J]. Infrared physics & technology, 2023 (11): 135-149.

[42] AI深度研究员. 菲尔兹奖得主陶哲轩牛津大学演讲：坚信AI正在改变世界，AI与人协作从重复劳动中解放[EB/OL].(2024-08-09)[2024-08-25].https://www.bilibili.com/video/html.

[43] 科技行者. 从“神经网络之父”到“人工智能教父”：Geoffrey Hinton的传奇人生 那才叫精彩[EB/OL].(2024-08-28)[2024-08-25].https://www.techwalker.com/2017/0828/3097419. shtml.

后　记

提高科学研究质量的关键在于运用科学方法解决问题。科学研究经验积累的根本目的，就是不断追寻科学研究方法的本质。如果连科学研究方法的本质都弄不清楚，显然就不可能进行高质量的科学研究，高水平理论创新也就无从谈起。

2017 年 8 月，作者之一于英国伯明翰大学取得博士学位后，在中国科学院数学与系统科学研究院从事博士后研究，2019 年 6 月至今，在北京邮电大学理学院承担数学方面的最优化算法、数学建模与模拟、数学试验等教学任务，并一直从事“数值优化的理论与算法”方向的研究工作。在参与的“微纳光学结构设计中若干偏微分方程约束优化问题的数学和算法研究”和承担的“单调拓展二阶锥优化及相关问题研究”的课题研究中，笔者深刻体会到：技术，包括科学研究技术，其每一步创新发展都离不开基础数学创新理论的支撑。因为，解决技术创新发展难题或矛盾焦点背后的真正问题，是需要抛弃建立在过去的有关知识和经验之上的旧观念，而采用创新性数学自洽理论来应对新的挑战。因此，笔者非常认同的科学研究理念是：一切科学发现和技术创造，都源于数学。

另一作者在天津财经大学经济学院经济学系从事经济学教学以及宏观经济增长与教育发展战略方面的研究。在教育、经济等方面的课题研究中，该作者发现学界存在一种现象是：使用无法对现实问题进行理论解释的数学模型进行实证研究。即在数学化各个要素之间关系时，使用统计和计量经济学方法进行数据分析和预测时，忽略数学模型对于教育、经济系统运行机制的科学理解和阐释。实际上，不断追求数学之美，深刻阐释复杂事实的真相，应当是科学研究的最终目标。因此，该作者非常认同的科学研究理念是：一切科学研究，都是运用数学描述来阐释各种规律和本质的艺术。

两种理念的融合，让我们将多年学习体会和研究经验汇聚成此书。

哈代说过，“我一生的经历，或者说与我有相同经历的任何数学家的一生经历是：我给知识增添了一些东西，同时又帮助他人给知识增添了更多的东西；这些东西的价值与伟大数学家们的创造性相比，或者与那些在身后留下了某种纪念的或大或小的艺术家们的创造性价值相比，只有程度上的不同，没有性质上的不同”①。正是这样的信念，驱使我们艰苦探索，以揭示“科学的数学本质”。

科学研究本身就是繁杂探寻路上追求数学之美的过程。明确要解决的问题并提出合理假设，就要抽象出准确的数学模型来描述复杂现象。构建理论和模型，利用数学工具和方法解释和预测问题，就要追求对称性和统一性，揭示现象间的内在联系。设计实验和数据分析，就要通过收集实验数据验证假设和模型，采用严格的统计方法和计算技术确保数据分析和结果解释的准确性。验证结论和理论，就要基于实验和数据分析结果，通过数学方法结合实验数据对理论模型进行修正，形成自洽理论体系，以揭示事物发展的内在机制、机理和运动、变化规律。

虽然我们多年思考科学与数学的关系，并选择“科学的数学本质”课题进行深入研究，但我们知道，科学和数学的本质都是极其复杂且难以全面理解和把握的。科学具有多样性和广泛性，涵盖物理学、化学、生物学、思维科学和社会科学等多个领域，每个领域的研究对象和理论框架各不相同。将数学视为所有科学的本质，需要理解这些学科的差异性和独特性，并发挥数学的创造性。数学处理抽象的逻辑结构和关系，而科学特别是自然科学依赖实验和观测数据。因此，强调数学是科学的本质时，会面临经验事实的不可预见性和科学研究方法的复杂性等方面的挑战。

如果问此书是否成功解析“科学的数学本质”这一命题，我们的回答是：“当然没有！”庄子曰：“始生之物，其形必丑。”从这个意义上讲，根据科学发展历史逻辑构建的理论体系，期望揭示“科学的数学本质”的尝试，只是探索真理的开始。我们深知：如果真的存在一种“机械演算”能够解决所有数学问题，那么数学不仅将失去魅力，人类的科学探索也将被机械所统治，解决数学问题将变成演练数学习题。然而，正是数学知识的不完备性，数学研究的创造力永远是必需的，科学发现和技术发明是永无止境的！唯有如此，我们投身的科学研究方可彰显进步的意义而充满人性

① 刘兵. 认识科学 [M]. 北京：中国人民大学出版社，2006：87-88.

的光辉，我们才有机会使用“AI”弥补人类自身创造性思维的缺憾，我们才能发挥灵感和直觉优势来挑战“最伟大的人类心灵”。

需要强调的是，书中引用的科学研究案例，如有任何缺点和不妥之处，责任全在作者，与他人无关。历史上著名科学家的成功经验，不只是科学思考的某个侧面和角度，也不仅体现在科学研究的某个阶段和环节，而是指引科学探寻道路前进方向的航标和灯塔，是指导发觉科学研究本真模样的范型和模板，教导我们寻找和修筑数学的“把手点”和“踏足点”，从而攀登人类科学知识巅峰的“光辉顶点”——成功挑战“最伟大的人类心灵”。

我们当然希望读者都能成功到达这一“光辉顶点”。祝各位顺利。

北京邮电大学理学院　张国涵
天津财经大学经济学院　张宝贵
2024 年 7 月 28 日